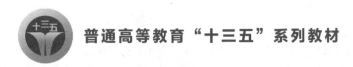

普通高等教育"十三五"系列教材

画法几何及土木工程制图
（第二版）

主　编　张　华

副主编　陆　萍

U0208507

中国水利水电出版社
www.waterpub.com.cn
·北京·

内 容 提 要

本教材是根据近年来出版的有关国家制图标准和国家建筑标准设计图集的行业规定而编写的。教材结合当前设计院施工图编排顺序安排章节，主要内容包括：制图基本知识，投影基本知识，点、直线和平面的投影，直线与平面间的图解法，换面法，平面立体，曲线与曲面，曲面立体，两立体表面的相贯线，标高投影，组合体，轴测投影，图样画法，建筑施工图，结构施工图，给水排水施工图，建筑阴影，透视投影，道路工程图，水利工程图。

本教材可供大专院校土木工程、给水排水工程、水利工程、建筑学、城市规划、环境艺术以及土木、建筑、水利等工程的管理类各专业使用，也可供函授大学、电视大学、职工大学等选用。

图书在版编目（CIP）数据

画法几何及土木工程制图 / 张华主编. -- 2版. --
北京：中国水利水电出版社，2016.8(2021.8重印)
普通高等教育"十三五"系列教材
ISBN 978-7-5170-1465-2

Ⅰ. ①画… Ⅱ. ①张… Ⅲ. ①画法几何-高等学校-
教材②土木工程-建筑制图-高等学校-教材 Ⅳ.
①TU204

中国版本图书馆CIP数据核字(2016)第193165号

书　　名	普通高等教育"十三五"系列教材 **画法几何及土木工程制图（第二版）** HUAFA JIHE JI TUMU GONGCHENG ZHITU
作　　者	主编　张华　副主编　陆萍
出版发行	中国水利水电出版社 （北京市海淀区玉渊潭南路 1 号 D 座　100038） 网址：www.waterpub.com.cn E-mail：sales@waterpub.com.cn 电话：(010) 68367658（营销中心）
经　　售	北京科水图书销售中心（零售） 电话：(010) 88383994、63202643、68545874 全国各地新华书店和相关出版物销售网点
排　　版	中国水利水电出版社微机排版中心
印　　刷	天津嘉恒印务有限公司
规　　格	184mm×260mm　16 开本　23.75 印张　563 千字
版　　次	2010 年 2 月第 1 版第 1 次印刷 2016 年 8 月第 2 版　2021 年 8 月第 4 次印刷
印　　数	7001—10000 册
定　　价	**69.00 元**

前　言

　　《画法几何及土木工程制图》第一版于 2010 年 2 月由中国水利水电出版社出版发行，供大专院校土木工程、给排水工程、水利工程、建筑学、城市规划、环境艺术以及土木、建筑、水利等工程的管理类各专业本科生作为教材使用，到 2016 年春已使用了 7 届，受到了教师和学生的好评，取得了良好的社会效益。

　　本教材是浙江工业大学和浙江省高校重点建设教材。由于本教材已经使用了 7 届，考虑到教学改革的需要、现行制图国家标准的修订，以及第一版中有些缺点和错误亟待修改，我们决定对本教材进行修订。

　　第二版参照现行制图国家标准，更新了相关的内容和插图，修改和补充了第一版中文字和插图上存在的一些错漏，调整了各章部分内容、例题和插图，增加了建筑阴影、透视投影两章，主要内容包括：制图基本知识、投影基本知识、点直线和平面的投影、直线与平面间的图解方法、换面法、平面立体、曲线与曲面、曲面立体、两立体表面的相贯线、标高投影、组合体、轴侧投影、图样画法、建筑施工图、结构施工图、给水排水施工图、建筑阴影、透视投影、道路工程图、水利工程图。《画法几何及土木工程制图》（第二版）更具有系统性、科学性、先进性和实用性。

　　本教材修订的主要依据是 GB/T 50001—2010《房屋建筑制图统一标准》、GB/T 50103—2010《总图制图标准》、GB/T 50104—2010《建筑制图标准》、GB/T 50105—2010《建筑结构制图标准》、GB/T 50106—2010《建筑给水排水制图标准》、GB/T 50114—2010《暖通空调制图标准》等六项现行土建类制图国家标准，修订工作力求做到以下几点：

　　1. 加强系统性，根据课程性质合适取材、恰当篇幅、由浅入深、由简到繁、由易到难、循序渐进。编排章节时，兼顾不同专业的特点，便于取舍、便于教学、便于自学，便于因材施教。

　　2. 力求言简意赅、明确重点、图文并茂、读画结合，体现新颖的编写思想和技巧，展现土木工程专业的特色。

　　3. 理论与实践统一。本课程的实践性很强，修订本教材的目的是学生学习本课程后，能够表达设计思想和意图，能够动手绘制土木工程施工图样，能够动手绘制建筑阴影透视图，因此，各章对作图步骤的讲述尽可能详尽透彻。

本教材由张华主编，陆萍副主编，参加第二版编写和修订工作的有：张华（第一～十三章）、陆萍（第十四～十六章）、唐瑜（第十七章）、施韬（第十八章）、马杰（第十九章）、李荼青（第二十章）。

与本版配套的《画法几何及土木工程制图习题集》（第二版）也已修订完毕，将与本书同时出版。

由于编者的水平有限，难免存在一些错漏，恳请各位同仁和读者批评指正。

编　者

2016 年 8 月

第 一 版 前 言

本套教材是根据教育部批准印发的《普通高等院校工程图学课程教学基本要求》、全国土木工程专业指导委员会下发的课程教学大纲、国家质量监督检验检疫总局等部门联合发布的中华人民共和国有关国家制图最新标准和国家建筑标准设计图集的行业规定而编写的。本套教材分为《画法几何及土木工程制图》和《画法几何与土木工程制图习题集》两本，由中国水利水电出版社同时出版发行。

本教材是浙江省高校重点建设教材。作者结合高等学校实际需要，根据课程性质，取材合适，深浅适宜，篇幅恰当，体现了新颖的编写思想和技巧，具有鲜明的土建专业特色，是一套方便学生掌握画法几何及土木工程制图知识的系统性、科学性、先进性和实用性的教材。教材适合土木工程专业多学时的要求，也适合其他专业学生对该行业的了解，本教材可供大专院校土木工程、给排水工程、水利工程、建筑学、城市规划以及土木、建筑、水利等工程的管理类各专业使用，也可供函授大学、电视大学、职工大学等有关专业选用。

为了适应各专业不同教学内容和教学时数的需要，本教材对现有的教学内容进行整合，主要内容包括：制图的基本知识、投影的基本知识、点、直线和平面的投影、直线与平面间的图解方法、换面法、平面立体、曲面立体、两立体表面的相贯线、工程曲面、标高投影、组合体、轴侧投影、图样画法、建筑施工图、结构施工图、给水排水施工图、道路工程图、水利工程图。其中画法几何部分内容丰富，叙述流畅，由浅入深，读画结合，重点明确，循序渐进，通过对点、直线、平面、曲面、立体等投影的综合表述，逐步过渡到工程实例的阅读与绘制，及时地与工程实例相结合。土木工程图部分重点介绍专业施工图的基本规范与基本要求，以现行国家制图标准条文为准则描述有关建筑施工图、结构施工图、给排水施工图、道路工程图、水利工程图的基本理论，结合当前设计院施工图出图编排顺序安排章节，联系工程实际，着重培养学生的空间想象力、图示与图解的能力以及对工程实例图样的阅读与绘制的能力，激发学生学习兴趣和提高学生的能力与素质，提高教学效果。

本教材由张华主编，参加编写工作的教师有：浙江工业大学（张华、陆萍、马杰、缪佳）、树人大学（周赵凤、赵阳）、浙江科技学院（顾列英）、浙江水利水电专科学校（李荼青），在教材的编写过程中，还得到了应四爱、杜国标等许多同行教师和有关设计单位的大力支持，谨此表示感谢。

编写一套适用于多数高等院校、不同专业的土木类工程制图教材，是我们孜孜以求的目标，但由于编者的水平有限，难免存在一些问题和不足，恳请各位同仁和读者批评指正，以便我们在再版时予以修改和补充。

编　者

2009 年 10 月

目　　录

绪 论

一、本课程的研究对象和地位

本课程是高等学校各工科专业必修的一门技术基础课。它以投影法和有关专业的国家制图标准为基础，研究工程图样的绘制、阅读以及图解空间几何问题的理论和方法。

现代建设工程中，无论是建造高楼大厦，还是建造厂房、住宅、道路、桥梁，或者是设计和制造车、船、飞机、机电及化工设备或仪表电器等，都要根据设计完善的图纸才能施工，这是因为图纸可以借助一系列的图样，将设计者所要表达作品的外观艺术造型、内部形状布置、结构构造设置、地理位置环境以及其他施工要求，准确而详尽地表达出来。因此，建设工程离不开工程图样，所有从事工程技术的人员，都必须首先掌握制图技能，否则，不会读图，就无法理解别人的设计意图；不会画图，就无法表达自己的设计思想。

工程图样不但是一切工程建设和设计制造的重要技术资料，而且也是技术引进和技术交流的工具，是国际通用的"工程技术界的语言"，各国的工程界经常以工程图纸为媒介，进行讨论、交流和引进。因此，本课程是工程技术人员必须掌握和精通的一门技术。

二、本课程的学习目的和任务

本课程主要是培养学生的空间想象能力和空间逻辑思维能力，研究解决空间几何问题的图示和图解方法、绘制和阅读土木工程图样的理论和方法，是学生学习后续课程和完成课程设计与毕业设计必不可少的重要基础知识。

本课程的任务是：

(1) 学习投影法，主要是正投影法的基本理论及其应用。

(2) 培养对三维形体与相关位置的空间逻辑思维和空间形象分析的能力。

(3) 培养空间几何元素之间的图示和图解能力。

(4) 培养绘制和阅读土木工程相关专业图样的基本能力。

(5) 培养认真负责的工作态度和严谨细致的工作作风。

此外，还应培养自学能力、分析问题和解决问题以及审美等能力。

三、本课程的学习方法

本课程包括画法几何、制图基础和土木工程制图三个部分，它们既有各自的特点，又有密切的联系，学习时应注意以下几点。

1. 养成空间思维的习惯

对于空间几何元素的投影以及其相对位置，要从它们的空间关系去理解，解题时，应首先进行空间分析，可参考教材中所给的立体图，或自制一些简单的模型，帮助理解"从空间到投影"的转化过程，然后再按投影规律进行作图。

2. 从点的投影开始，循序渐进

画法几何是从点的投影开始，依次进行直线、平面和立体投影的画法学习，因此在学习时，应完全理解和掌握前面的概念和作图方法，才能进行后续内容的学习。

3. 积极思考，提高课堂学习的效率

上课时要集中注意力，积极思考，不仅要听懂老师所讲授的内容，还要多问几个为什么，举一反三，真正掌握所学的内容，提高课堂效率。

4. 多做练习，认真完成作业

为了正确掌握所学的投影理论和作图方法，必须完成相当数量的习题，才能灵活运用所学概念和方法，解决实际问题。画法几何是用图来解答问题，因此在做作业时必须作图准确，否则会使答案"失之毫厘，差之千里"。

5. 养成一丝不苟的工作作风

工程图样是施工的主要依据，画图时要严格遵守有关国家制图标准，不可草率马虎，如有一字一线的差错，就可能给施工带来严重的后果，因此要养成耐心细致、一丝不苟的良好工作习惯，做到图面正确、清晰、美观。

6. 从画图入手，培养读图能力

画图首先要明确所表达对象的内容与特点、绘图方法与步骤，然后画出其投影图；读图就是根据形体的多面正投影图想象出它的空间形状。阅读工程图样，一般是从全局到细部，先对图样作概括了解，再分析细部构造，最后加以综合，这样反复进行，直至完全读懂为止。

画图和读图，都要注意空间几何关系的分析及空间形体与其投影之间的对应关系，要掌握形体分析的方法，提高空间思维的能力，这是学好本课程的关键。

第一章　制图基本知识

工程图样是工程技术界的语言，是工程建设中最重要的技术文件，为了统一工程图样的制图规格，保证制图质量，提高制图效率，做到图面清晰、简明，符合设计、施工、审查、存档的要求，适应工程建设的需要，中华人民共和国住房和城乡建设部和国家质量监督检验检疫总局联合发布了有关房屋建筑制图的六项国家标准，现行制图国家标准于2010 年 8 月 18 日发布，2011 年 3 月 1 日起实施。这六项标准是 GB/T 50001—2010《房屋建筑制图统一标准》、GB/T 50103—2010《总图制图标准》、GB/T 50104—2010《建筑制图标准》、GB/T 50105—2010《建筑结构制图标准》、GB/T 50106—2010《建筑给水排水制图标准》、GB/T 50114—2010《暖通空调制图标准》。

国家标准是所有工程技术人员在设计、施工、管理中必须严格执行的条例，熟悉和掌握国家标准，是每个工程技术人员必须具备的基本素质，因此，我们从开始学习制图的第一天起，就应该严格遵守国标中的每一项规定。本章先对《房屋建筑制图统一标准》（GB/T 50001—2010）中的部分内容作一介绍，其他内容和其他标准将在后续有关章节中逐一介绍。

第一节　图纸幅面、图线、字体、比例、尺寸标注

一、图纸幅面规格与图纸编排顺序

（一）图纸幅面

图纸幅面是指图纸宽度与长度组成的图面。图框是图纸上可以用作绘图的范围边线。图纸的幅面及图框尺寸应符合表 1-1 的规定及图 1-1 的格式。

表 1-1　　　　　　　　　　　　　图纸幅面及图框尺寸　　　　　　　　　　　　单位：mm

尺寸代号　　　幅面代号	A0	A1	A2	A3	A4
$b \times l$	841×1189	594×841	420×594	297×420	210×297
c	10			5	
a	25				

表 1-1 中 b 为幅面短边尺寸，l 为幅面长边尺寸，c 为图框线与幅面线之间的宽度尺寸，a 为图框线与装订边之间的宽度尺寸。

需要微缩复制的图纸，其一个边上应附有一段准确米制尺度，四个边上均附有对中标志，米制尺度的总长应为 100mm，分格应为 10mm。对中标志应画在图纸内框各边长的中点处，线宽 0.35mm，并应伸入内框边，在框外为 5mm。对中标志的线段于 l_1 和 b_1 范

围取中。

　　图纸的短边尺寸不应加长，A0～A3 幅面长边尺寸可以加长，但应符合表 1-2 的规定。有特殊需要的图纸，可采用 $b×l$ 为 841mm×891mm 与 1189mm×1261mm 的幅面。

　　图纸以长边作为水平边时称为横式，以短边作为水平边时称为立式。A0～A3 图纸宜横式使用，必要时也可立式使用。一个工程设计中，每个专业所使用的图纸，除图纸目录及表格采用 A4 幅面外，不宜多于两种幅面。

表 1-2　　　　　　　　　　　　　　图纸长边加长尺寸　　　　　　　　　　　　　单位：mm

幅面代号	长边尺寸	长边加长后的尺寸
A0	1189	1486(A0+1/4l)　1635(A0+3/8l)　1783(A0+1/2l)　1932(A0+5/8l)　2080(A0+3/4l)　2230(A0+7/8l)　2378(A0+l)
A1	841	1051(A1+1/4l)　1261(A1+1/2l)　1471(A1+3/4l)　1682(A1+l)　1892(A1+5/4l)　2102(A1+3/2l)
A2	594	743(A2+1/4l)　891(A2+1/2l)　1041(A2+3/4l)　1189(A2+l)　1338(A2+5/4l)　1486(A2+3/2l)　1635(A2+7/4l)　1783(A2+2l)　1932(A2+9/4l)　2080(A2+5/2l)
A3	420	630(A3+1/2l)　841(A3+l)　1051(A3+3/2l)　1261(A3+2l)　1471(A3+5/2l)　1682(A3+3l)　1892(A3+7/2l)

　　（二）标题栏

　　（1）图纸中应有标题栏、图框线、幅面线、装订边和对中标志。图纸标题栏及装订边的位置应符合图 1-1 和图 1-2 的规定，其中横式使用的图纸，按图 1-1 的形式进行布置，立式使用的图纸，按图 1-2 的形式进行布置。

　　（2）图纸的标题栏应按图 1-3 所示的规定绘制，根据工程的需要选择确定其尺寸、格式及分区。签字栏应包括实名列和签名列。涉外工程的标题栏内，各项主要内容的中文下方应附有译文，设计单位的上方或左方应加"中华人民共和国"字样。在计算机制图文件中当使用电子签名与认证时，应符合国家有关电子签名法的规定。

　　（三）图纸编排顺序

　　工程图纸应按专业顺序编排，应为图纸目录、总图、建筑图、结构图、给水排水图、暖通空调图、电气图等。各专业的图纸，应按图纸内容的主次关系、逻辑关系进行分类排序。

　　二、图线

　　图线是指起点和终点间以任何方式连接的一种几何图形，形状可以是直线或曲线，连续或不连续线。

　　（一）线宽

　　图线的宽度 b 宜从 1.4mm、1.0mm、0.7mm、0.5mm、0.35mm、0.25mm、0.18mm、0.13mm 线宽系列中选取。图线宽度不应小于 0.1mm。每个图样应根据复杂程度与比例大小，先选定基本线宽 b，再选用表 1-3 中相应的线宽组。

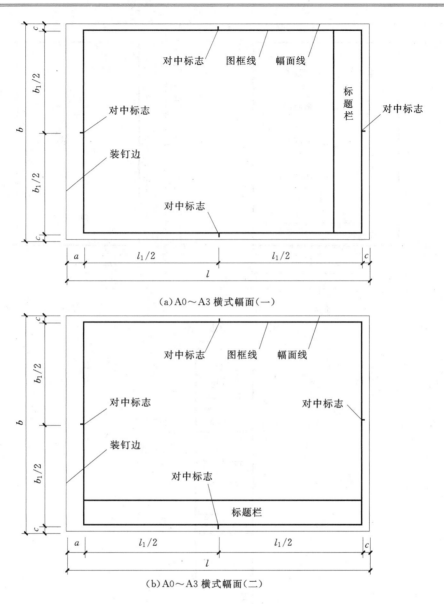

（a）A0～A3 横式幅面（一）

（b）A0～A3 横式幅面（二）

图 1-1　图纸幅面（一）

表 1-3　　　　　　　　　　　线　宽　组　　　　　　　　　　单位：mm

线宽比	线宽组			
b	1.4	1.0	0.7	0.5
$0.7b$	1.0	0.7	0.5	0.35
$0.5b$	0.7	0.5	0.35	0.25
$0.25b$	0.35	0.25	0.18	0.13

　　在选择图线时，需要微缩的图纸，不宜采用 0.18mm 以及更细的线宽。同一张图纸内，各不同线宽中的细线，可统一采用较细的线宽组中的细线。

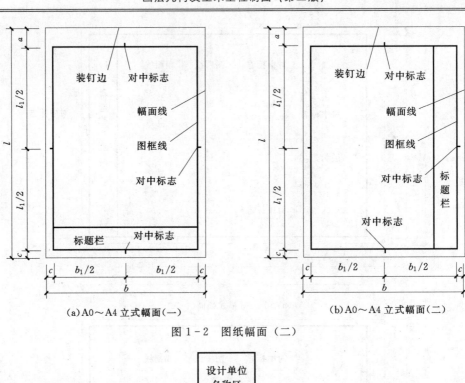

（a）A0～A4 立式幅面（一）　　　　　　（b）A0～A4 立式幅面（二）

图 1-2　图纸幅面（二）

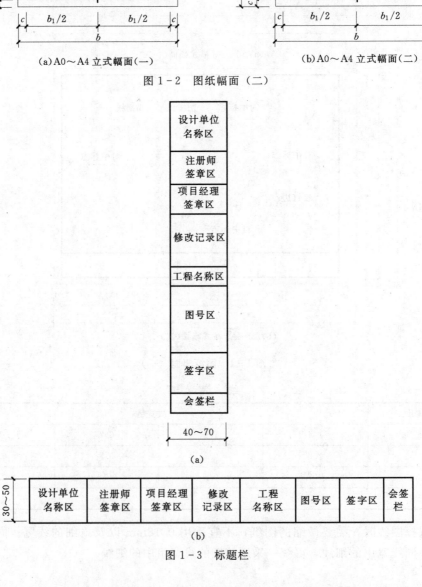

图 1-3　标题栏

（二）线型

工程建设制图应选用表1-4所示的图线。

表1-4　　　　　　　　　　　　图　　线

名称		线　型	线宽	用　途
实线	粗	————————	b	主要可见轮廓线
	中粗	————————	$0.7b$	可见轮廓线
	中	————————	$0.5b$	可见轮廓线、尺寸线、变更云线
	细	————————	$0.25b$	图例填充线、家具线
虚线	粗	— — — — —	b	见各有关专业制图标准
	中粗	- - - - -	$0.7b$	不可见轮廓线
	中	– – – – –	$0.5b$	不可见轮廓线、图例线
	细	- - - - - -	$0.25b$	图例填充线、家具线
单点长画线	粗	—·—·—·—	b	见各有关专业制图标准
	中	—·—·—·—	$0.5b$	见各有关专业制图标准
	细	—·—·—·—	$0.25b$	中心线、对称线、轴线等
双点长画线	粗	—··—··—	b	见各有关专业制图标准
	中	—··—··—	$0.5b$	见各有关专业制图标准
	细	—··—··—	$0.25b$	假想轮廓线、成型前原始轮廓线
折断线	细	———／＼———	$0.25b$	断开界线
波浪线	细	∿∿∿∿	$0.25b$	断开界线

（三）图线画法

（1）同一张图纸内，相同比例的各图样，应选用相同的线宽组。

（2）图纸的图框线和标题栏线，可采用表1-5的线宽。

表1-5　　　　　　　　图框线和标题栏线的宽度　　　　　　　　单位：mm

幅面代号	图框线	标题栏外框线	标题栏分格线
A0、A1	b	$0.5b$	$0.25b$
A2、A3、A4	b	$0.7b$	$0.35b$

（3）相互平行的图例线，其净间隙或线中间隙不宜小于0.2mm，如图1-4（a）所示。

　　间距≥线宽
　　间距≥0.7mm

（a）　　　　　　　　　　　　　　　　　（b）

图1-4　图线画法（一）

（4）虚线、单点长画线或双点长画线的线段长度和间隔宜各自相等，如图1-4（b）所示。

（5）单点长画线或双点长画线，当在
较小图形中绘制有困难时可用实线代替，
如图1-5所示。

（6）单点长画线或双点长画线的两端
不应是点。点画线与点画线交接或点画线
与其他图线交接时，应是线段交接。

（7）虚线与虚线交接或虚线与其他图
线交接时，应是线段交接。虚线为实线的
延长线时，不得与实线连接，应留有一间
隔，如图1-6所示。

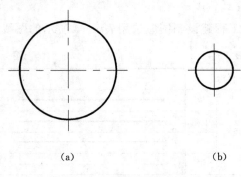

(a)　　　　　　　　　　(b)

图1-5　图线画法（二）

图1-6　虚线连接

（8）图线不得与文字、数字或符号重叠、混淆，不可避免时，应首先保证文字等的清晰。

三、字体

字体是指文字的风格式样，又称书体。图纸上所需书写的文字、数字或符号等，均应
笔画清晰、字体端正、排列整齐。标点符号应清楚正确。

文字的字高应从表1-6中选用，字高大于10mm的文字宜采用True type字体，当
需书写更大的字时，其高度应按$\sqrt{2}$的倍数递增。

表1-6　　　　　　　　　　　　　　　文字的字高　　　　　　　　　　　　　　　单位：mm

字体种类	中文矢量字体	True type字体及非中文矢量字体
字高	3.5、5、7、10、14、20	3、4、6、8、10、14、20

（一）汉字

图样及说明中的汉字，应采用长仿宋体或黑体，同一图纸字体种类不应超过两种。长
仿宋体的高宽关系应符合表1-7的规定，黑体字的宽度与高度应相同。大标题、图册封
面、地形图等的汉字也可书写成其他字体，但应易于辨认。汉字的简化书写应符合国家有
关汉字简化方案的规定。

表1-7　　　　　　　　　　　　　　长仿宋体字高宽关系　　　　　　　　　　　　　单位：mm

字高	20	14	10	7	5	3.5
字宽	14	10	7	5	3.5	2.5

长仿宋体具有横平竖直、起落分明、笔锋满格、布局均匀的特点，如图 1-7 所示为不同大小的长仿宋体汉字。

建筑制图投影基础土木水利工程
设计总说明建筑结构平立剖面图详图水泥砂浆
楼板承重墙梁板柱基础构配件钢筋混凝土材料工程厂房商场住宅

图 1-7　长仿宋体字示例

（二）拉丁字母和数字

图样及说明中的拉丁字母、阿拉伯数字与罗马数字，宜采用单线简体或 ROMAN 字体，其书写规则，应符合表 1-8 的规定。如需写成斜体字时，其斜度应是从字的底线逆时针向上倾斜 75°。斜体字的高度和宽度应与相应的直体字相等。拉丁字母、阿拉伯数字与罗马数字的字高，不应小于 2.5mm，如图 1-8 所示。

表 1-8　　　　　　　　拉丁字母、阿拉伯数字与罗马数字的书写规则

书 写 格 式	字体	窄字体
大写字母高度	h	h
小写字母高度（上下均无延伸）	$7/10h$	$10/14h$
小写字母伸出的头部或尾部	$3/10h$	$4/14h$
笔画宽度	$1/10h$	$1/14h$
字母间距	$2/10h$	$2/14h$
上下行基准线的最小间距	$15/10h$	$21/14h$
词间距	$6/10h$	$6/14h$

ABCDEFGHIJKLMNOPQRSTUVWXYZ
abcdefghijklmnopqrstuvwxyz1234567890
abcdefghijklmn1234567890

图 1-8　拉丁字母和数字示例

数量的数值注写，应采用正体阿拉伯数字。各种计量单位凡前面有量值的，均应采用国家颁布的单位符号注写。单位符号应采用正体字母。分数、百分数和比例数的注写，应采用阿拉伯数字和数学符号，如四分之三、百分之二十五和一比二十应分别写成 3/4、25％和 1:20。当注写的数字小于 1 时，必须写出个位的"0"，小数点应采用圆点，齐基准线书写，如 0.05。

长仿宋体、拉丁字母、阿拉伯数字与罗马数字示例应符合现行国家标准 GB/T 14691《技术制图——字体》的有关规定。

四、比例

（1）比例是指图中图形与其实物相应要素的线性尺寸之比。比例的符号应为"："，比例应以阿拉伯数字表示，如1:1、1:2、1:100。比例的大小是指其比值的大小，如用1:50绘制的图形大于用1:100绘制的图形。

图1-9是同一形体采用不同比例所绘制的图形，图1-9（a）图中按1:1绘制的图形与实物大小相等，图1-9（b）图按1:2绘制的图形，其线性尺寸比实物缩小一半，图1-9（c）图的图形是按2:1绘制，线性尺寸比实物放大了一倍。绘图时不论选用多大的比例，所标注的尺寸数字均为图形的实际尺寸。

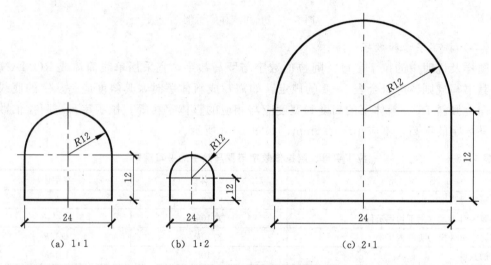

图1-9　不同比例绘制的图形

（2）图名注写在图形的下方，并在图名下用粗实线画一条横线，其长度应以图名所占长度为准。比例宜注写在图名的右侧，与图名的基准线平齐，比例的字高宜比图名的字高小一号或二号，使用详图符号作图名时，详图符号下不画横线，图1-10所示。

图1-10　比例的注写

（3）绘图所用的比例，应根据图样的用途与被绘对象的复杂程度，从表1-9中选用，并优先采用表中常用比例。

表1-9　　　　　　　　　　绘图所用的比例

常用比例	1:1、1:2、1:5、1:10、1:20、1:30、1:50、1:100、1:150、1:200、1:500、1:1000、1:2000
可用比例	1:3、1:4、1:6、1:15、1:25、1:40、1:60、1:80、1:250、1:300、1:400、1:600、1:5000、1:10000、1:20000、1:50000、1:100000、1:200000

（4）一般情况下，一个图样应选用一种比例。根据专业制图需要，同一图样可选用两种比例。特殊情况下也可自选比例，这时除应注出绘图比例外，还应在适当位置绘制出相应的比例尺。

五、尺寸标注

图样除了画出建筑物及其各部分的形状外，还必须准确、详尽和清晰地标注尺寸，作为施工的依据。

（一）尺寸的组成

尺寸由尺寸界限、尺寸线、尺寸起止符号和尺寸数字组成，图1-11所示。

（1）尺寸界线。尺寸界线应用细实线绘制，应与被注长度垂直，其一端应离开图样轮廓线不小于2mm，另一端宜超出尺寸线2~3mm。图样轮廓线可用作尺寸界线，如图1-12所示。

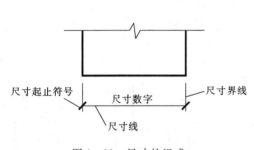

图1-11　尺寸的组成

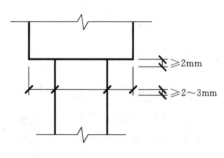

图1-12　尺寸界线

（2）尺寸线。尺寸线应用细实线绘制，应与被注长度平行，图样本身的任何图线均不得用作尺寸线。

（3）尺寸起止符号。尺寸起止符号用中粗斜短线绘制，其倾斜方向应与尺寸界线成顺时针45°角，长度宜为2~3mm。半径、直径、角度与弧长的尺寸起止符号，宜用箭头表示，箭头的画法如图1-13所示。

（4）尺寸数字。图样上的尺寸，应以尺寸数字为准，不得从图样上直接量取。图样上的尺寸单位，除标高及总平面图以米为单位外，其他必须以毫米为单位。尺寸数字的方向，按图1-14

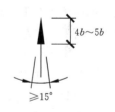

图1-13　箭头尺寸
起止符号

（a）所示的规定注写，即尺寸数字的字头应保持向上，注写在尺寸线的上方。当尺寸线为竖直时，尺寸数字注写在尺寸线的左侧，字头朝左，若尺寸数字在30°斜线范围内时，为避免误读，宜采用两种方式注写，如图1-14（b）所示。尺寸数字应依据其方向注写在靠近尺寸线的上方中部。如没有足够的注写位置，最外边的尺寸数字可注写在尺寸界限的外侧，中间相邻的尺寸数字可错开注写，引出线端部用圆点表示标注尺寸的位置，如图1-15所示。

（二）尺寸的排列与布置

（1）尺寸应标注在图样轮廓线以外，若标注在图样轮廓线内时，不宜与图线、文字及

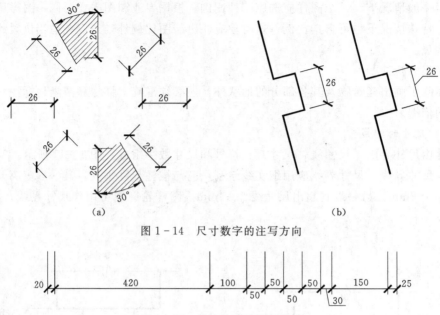

（a）   （b）

图 1-14 尺寸数字的注写方向

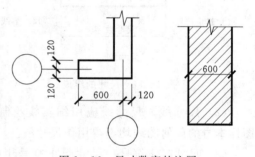

图 1-15 尺寸数字的注写位置

符号等相交，如图 1-16 所示。

（2）互相平行的尺寸线，应从被注写的图
样轮廓线由近向远整齐排列，较小尺寸应离轮
廓线较近，较大尺寸应离轮廓线较远。

（3）靠近图样轮廓的尺寸线，距图样最外轮
廓之间的距离，不宜小于 10mm。平行排列的尺
寸线的间距，宜为 7～10mm，并应保持一致。

图 1-16 尺寸数字的注写

（4）总尺寸的尺寸界线应靠近所指部位，
中间的分尺寸的尺寸界线可稍短，但其长度应
相等，如图 1-17 所示。

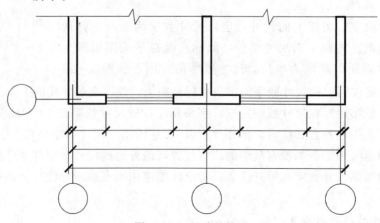

图 1-17 尺寸的排列

（三）半径、直径、球的尺寸标注

（1）半径尺寸线的一端从圆心（周）开始，另一端画箭头指向圆周（心），半径数字前加注半径符号"R"，如图1-18（a）所示。标注较小圆弧的半径，如图1-18（b）所示；标注较大圆弧的半径，如图1-18（c）所示。

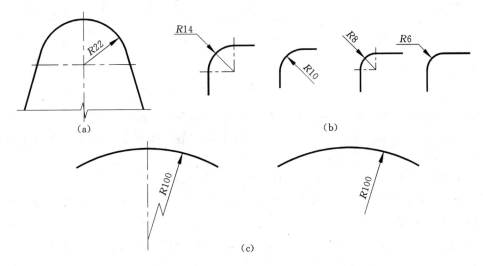

图1-18　半径的尺寸标注

（2）标注圆的直径尺寸时，直径数字前加注直径符号"φ"。在圆内标注的尺寸线应通过圆心，两端画箭头指向圆弧，如图1-19（a）所示；在圆外标注直径时，如图1-19（b）所示；标注较小圆的直径时，直径数字可标注在圆的外面，如图1-19（c）所示。

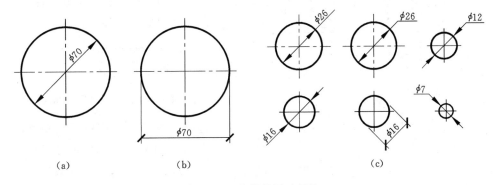

图1-19　直径的尺寸标注

（3）标注球的半径尺寸时，应在尺寸数字前加注符号"SR"。标注球的直径尺寸时，应在尺寸数字前加注符号"Sφ"。注写方法与圆弧半径和圆直径的尺寸标注方法相同。

（四）角度、弧度、弧长的标注

（1）角度的尺寸线应以圆弧表示，圆弧的圆心应是该角的顶点，角的两条边为尺寸界线。起止符号应以箭头表示，如没有足够位置画箭头，可用圆点代替，角度数字按水平方向注写，如图1-20（a）所示。

（2）标注圆弧的弧长时，尺寸线应以与该圆弧同心的圆弧线表示，尺寸界线应垂直于该圆

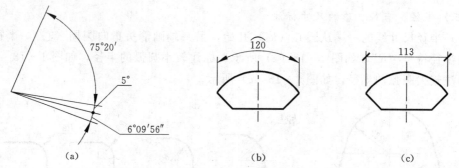

图 1-20　角度、弧长、弦长的尺寸标注

弧的弦，起止符号用箭头表示，弧长数字上方应加注圆弧符号"⌒"，如图 1-20（b）所示。

（3）标注圆弧的弦长时，尺寸线应以平行于该弦的直线表示，尺寸界线应垂直于该弦，起止符号用中粗斜短线表示，如图 1-20（c）所示。

（五）薄板厚度、正方形、坡度、非圆曲线等尺寸标注

（1）标注薄板板厚尺寸时，除标注平面几何的尺寸外，还应在厚度数字前加厚度符号"t"，如图 1-21 所示。

（2）标注正方形的尺寸时，可在边长数字前加正方形符号"□"，也可用"边长×边长"的形式，如图 1-22 所示。

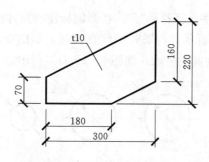

图 1-21　薄板厚度的尺寸标注

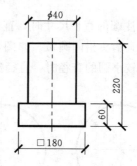

图 1-22　正方形的尺寸标注

（3）标注坡度时，除标注坡度数字外，还应加注坡度符号，坡度符号用单面箭头表示，箭头指向下坡方向，如图 1-23（a）所示；图 1-23（b）中平面图的坡度除了用数字和单面箭头表示外，坡顶处还画出了示坡线；图 1-23（c）所示的屋面坡度用直角三角形标注。

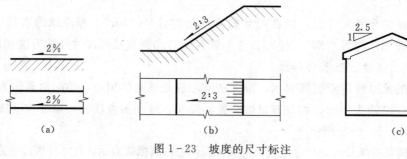

图 1-23　坡度的尺寸标注

（4）外形为非圆曲线的构件，可用坐标的形式标注尺寸，如图1-24（a）所示。

（5）复杂的图形，可用网格的形式标注尺寸，如图1-24（b）所示。

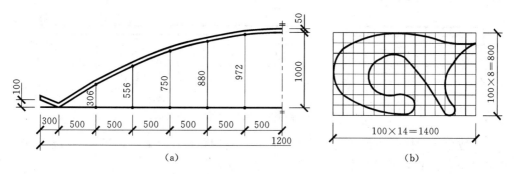

图1-24 非圆曲线的尺寸标注

（六）尺寸的简化标注

尺寸的简化标注在实际工程中应用较广。

（1）杆件或管线的长度，在单线图，如桁架简图、钢筋简图、管线简图上，可直接将尺寸数字注写在杆件或管线的一侧，如图1-25所示，单线图上尺寸数字的注写和阅读方向，应符合图1-14的规定。

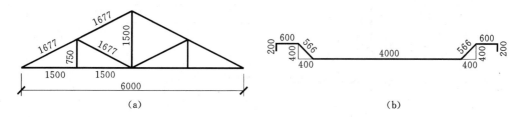

图1-25 单线图的尺寸标注

（2）连续排列的等长尺寸，用"等长尺寸×个数＝总长尺寸"的形式标注，如图1-26（a）所示；构配件内的构造因素，如孔、洞、槽等若相同，可仅仅标注其中一个要素的尺寸，并在该尺寸前注明数量，如图1-26（b）所示。

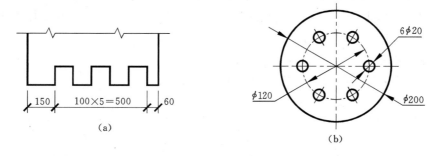

图1-26 等长构件、有相同要素构件的尺寸标注

（3）对称构配件采用对称省略画法时，该对称构配件的尺寸线应略超过对称符号，仅在尺寸线的一端画尺寸起止符号，尺寸数字应按该构配件的全尺寸注写，其注写位置与对

称符号对齐。若两个构配件，如个别尺寸数字不同，可在同一图样中将其中一个构配件的不同尺寸数字注写在括号内，如图 1-27 所示。

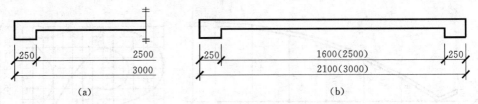

图 1-27　对称构件、相似构件的尺寸标注

（4）数个构配件，如仅某些尺寸不同，这些有变化的尺寸数字，可用字母注写在同一图样中，并列表格写明其具体尺寸，如图 1-28 所示。

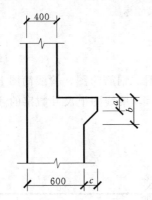

构件编号	a	b	c
Z1	200	200	200
Z2	250	450	200
Z3	200	450	250

图 1-28　相似构件表格式的尺寸标注

第二节　几　何　作　图

虽然工程形体的形状多种多样，但它们基本都是由直线、圆弧和其他一些曲线所组成的，在绘制图样时，经常要运用一些最基本的几何图形的作图方法，我们在中学阶段已学过一些基本的几何作图方法，如：作线段的平行线、垂直线、任意等分线段、过三点作圆、作角平分线等，对这类作图，本章不再介绍，下面介绍几种常用的几何作图方法。

一、等分线段

已知直线段 AB，将 AB 分成五等分，作图步骤如图 1-29 所示。

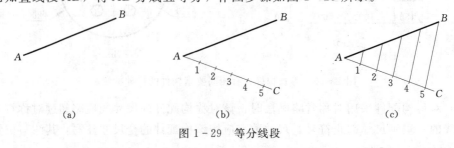

图 1-29　等分线段

（1）过点 A 任意作一条直线段 AC，用直尺在 AC 上从点 A 起以任意长度量取五等分，得点 1、2、3、4、5。

（2）连接 $B5$，分别过点 1、2、3、4 作直线 $B5$ 的平行线，这些平行线与 AB 的交点，即为直线 AB 的五等分点。

二、画正多边形

（一）正六边形

已知正六边形的外接圆，作圆的内接正六边形，作图步骤如图 1-30 所示。

（1）分别以圆直径的两个端点 A、D 为圆心，以半径为半径画圆弧，交圆周于六个顶点 A、B、C、D、E、F。

（2）依次连接 $ABCDEFA$，即为正六边形。

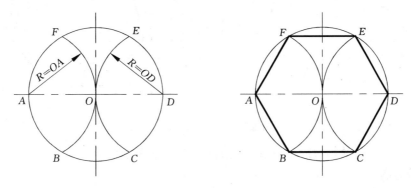

图 1-30 作正六边形

（二）正五边形

已知正五边形的外接圆，作圆的内接正五边形，作图步骤如图 1-31 所示。

（1）以 N 为圆心，ON 为半径作圆弧，得到 ON 的中点 M。

（2）以 M 为圆心，AM 为半径作圆弧，交水平直径于 H 点，AH 即为内接正五边形的边长。

（3）以 AH 为长度，在圆周上作出等分点 B、C、D、E，依次连接 $ABCDEA$，即为正五边形。

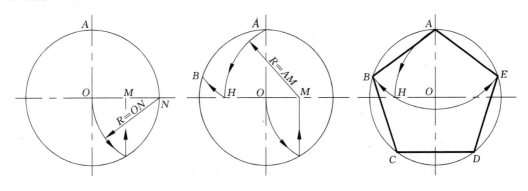

图 1-31 作正五边形

（三）正七边形

已知正七边形的外接圆，作圆的内接正七边形，作图步骤如图 1-32 所示。

（1）将外接圆直径分为七等份。

（2）以 7 点为圆心，以外接圆直径 A7 为半径作圆弧，交水平直径于点 M、N 两点。

（3）过 M、N 分别与偶数点连接，并延长交外接圆周于七个顶点 A、B、C、D、E、F、G。也可以过 M、N 分别与奇数点连接得到七个顶点，请读者自行完成。

（4）依次连接 ABCDEFGA，即为正七边形。

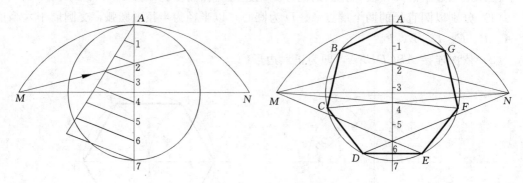

图 1-32　作正七边形

掌握了正七边形的画法后，任意多边形都可以用这种方法画出。

三、画椭圆

（一）四心法

已知椭圆的长、短轴，用四心法作椭圆，作图步骤如图 1-33 所示。

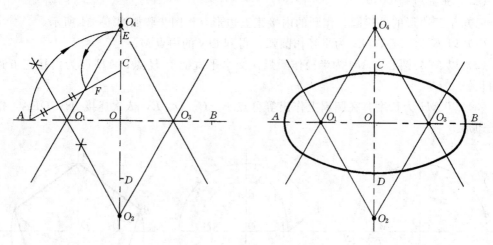

图 1-33　四心圆法作椭圆

（1）连接长、短轴的端点 A、C。

（2）以 O 为圆心，OA 为半径作圆弧，交短轴于 E 点；以 C 为圆心，CE 为半径作圆弧，交 AC 于 F 点。

（3）作 AF 的中垂线，交长、短轴于点 O_1、O_2 两点，O_1、O_2 分别为椭圆两段圆弧的两个圆心。

（4）作 O_1 对短轴 CD 的对称点 O_3，作 O_2 对长轴 AB 的对称点 O_4，O_3、O_4 分别为椭圆另外两段圆弧的两个圆心。

（5）分别以 O_1、O_2、O_3、O_4 为圆心，以 O_1A、O_2C、O_3B、O_4D 为半径作圆弧，这四段圆弧合在一起即为所作的椭圆。

（二）同心圆法

已知椭圆的长、短轴，用同心圆法作椭圆，作图步骤如图 1-34 所示。

（1）以 O 为圆心，OC、OA 为半径作两个大小不等的同心圆。

（2）将圆周分成 12 等分，过圆心 O 分别作等分点的射线。

（3）过小圆的第一个等分点 1_1 向外作水平线，过大圆的第一个等分点 1_2 向内作竖直线，两直线的交点 1 即为椭圆上的点。

（4）用同样的方法作出椭圆上一系列的点 1、2、…

（5）用曲线板将这些交点光滑连接，即为所作的椭圆。

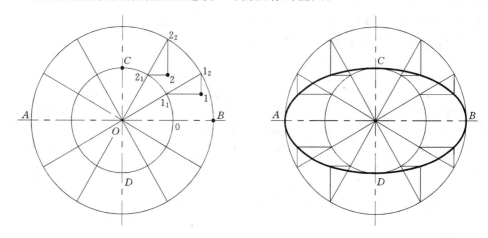

图 1-34　同心圆法作椭圆

四、画切线

画切线就是用直线将点和圆弧、圆弧和圆弧连接起来，其中的连接点就是切点。作图时先要准确找到切点的位置，然后将两个已知元素光滑连接起来即为切线。下面就介绍几种画切线的方法。

（一）过点 A 作圆 O 的切线

作图步骤如图 1-35 所示。

（1）连接 OA。

（2）以 OA 为直径作圆，交圆周于两点，即为切点 C_1、C_2。

（3）连接 AC_1、AC_2 即为所求。

（二）作 O_1、O_2 两圆的外公切线

作图步骤如图 1-36 所示。

（1）以 O_1 为圆心，R_1-R_2 为半径作辅助圆。

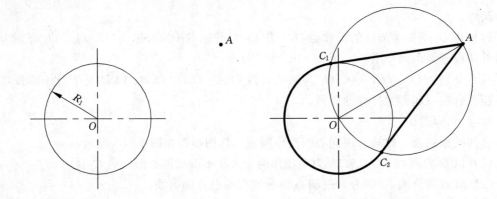

图 1-35　过点作圆的切线

（2）过 O_2 作辅助圆的切线 O_2C，方法如图 1-35 所示。

（3）连接 O_1C，并延长交 O_1 圆于第一个切点 C_1。

（4）过 O_2 作 O_1C_1 的平行线，交 O_2 圆于第二个切点 C_2。

（5）连接 C_1C_2，即为两圆的外公切线。

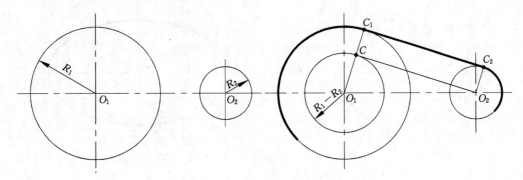

图 1-36　作两圆的外公切线

（三）作 O_1、O_2 两圆的内公切线

作图步骤如图 1-37 所示。

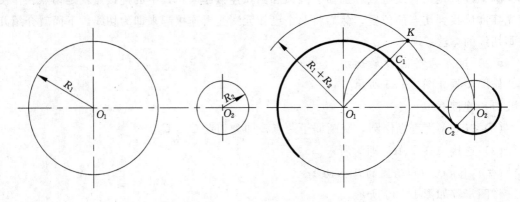

图 1-37　作两圆的内公切线

（1）以 O_1O_2 为直径作辅助圆。

（2）以 O_1 为圆心，R_1+R_2 为半径作圆弧，交辅助圆于点 K。

（3）连接 O_1K，交 O_1 圆于第一个切点 C_1。

（4）过 O_2 作 O_1C_1 的平行线，交 O_2 圆于第二个切点 C_2。

（5）连接 C_1C_2，即为两圆的内公切线。

五、圆弧连接

画平面图形时，常遇到圆弧连接的问题，即用已知半径的圆弧连接两直线，或连接一条直线和一个圆弧，或连接两段圆弧，这是相切问题，其中的连接点就是切点。为了确保圆弧间的光滑连接，应准确作出连接圆弧的圆心和切点，作图时先求出连接圆弧的圆心，再求出两个切点，最后过所求的圆心用已知半径画圆弧就能将两个元素光滑连接起来。

无论是哪种形式的连接，连接圆弧的圆心都是利用动点运动轨迹相交的概念求得，如与已知直线等距离的点的轨迹是直线的平行线，与已知圆弧等距离的点的轨迹是同心圆弧。直线上的切点是过连接圆弧的圆心向已知直线作垂线的交点，圆弧上的切点在已知圆弧圆心和连接圆弧圆心的连线上。下面就介绍几种圆弧连接的作图方法。

（一）用半径为 R 的圆弧连接两已知直线

用圆弧连接图 1-38 中的两条分别为钝角、锐角和直角直线，作图方法相同，步骤如下：

（1）作两条辅助线分别与两已知直线平行且相距 R，交点 O 即为连接圆弧的圆心。

（2）过点 O 分别向两已知直线作垂线，垂足 C_1、C_2 为所求的两个切点。

（3）以点 O 为圆心，C_1 为起点，R 为半径画圆弧至 C_2，即得到所求的连接圆弧。

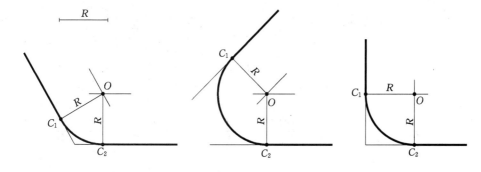

图 1-38　用圆弧连接两已知直线

（二）用半径为 R 的圆弧连接已知圆弧和直线

作图步骤如图 1-39 所示。

（1）以 O_1 为圆心、R_1+R 为半径画圆弧。

（2）作与已知直线平行且相距为 R 的直线，交圆弧于点 O，O 点即为连接圆弧的圆心。

（3）连接 O_1O，交已知圆弧于第一个切点 C_1。

（4）过 O 向已知直线作垂线，交已知直线于第二个切点 C_2。

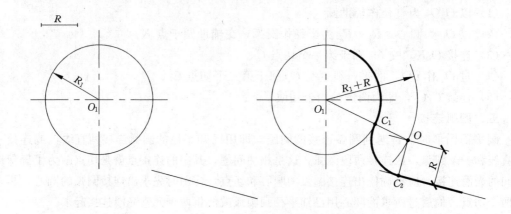

图 1-39 用圆弧连接已知圆弧和直线

（5）以 O 为圆心，C_1 为起点，R 为半径画圆弧至 C_2，即得到所求的连接圆弧。

（三）用半径为 R 的圆弧内接两已知圆弧

作图步骤如图 1-40 所示。

（1）以 O_1 为圆心、$R-R_1$ 为半径画圆弧。

（2）以 O_2 为圆心、$R-R_2$ 为半径画圆弧，两圆弧的交点为连接圆弧的圆心 O_3。

（3）连接并延长 O_3O_1，交已知圆 O_1 于第一个切点 C_1，连接并延长 O_3O_2，交已知圆 O_2 于第二个切点 C_2。

（4）以 O_3 为圆心、C_1 为起点、R 为半径画圆弧至 C_2，即得到所求的连接圆弧。

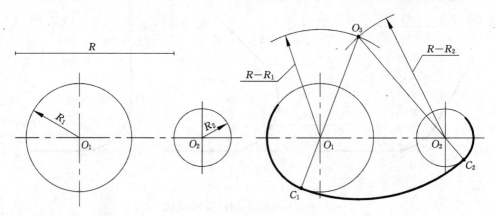

图 1-40 用圆弧内接两已知圆弧

（四）用半径为 R 的圆弧外接两已知圆弧

作图步骤如图 1-41 所示。

（1）以 O_1 为圆心、R_1+R 为半径画圆弧。

（2）以 O_2 为圆心、R_2+R 为半径画圆弧，两圆弧的交点为连接圆弧的圆心 O_3。

（3）连接 O_1O_3，交已知圆 O_1 于第一个切点 C_1，连接 O_2O_3，交已知圆 O_2 于第二个切点 C_2。

（4）以 O_3 为圆心、C_1 为起点、R 为半径画圆弧至 C_2，即得到所求的连接圆弧。

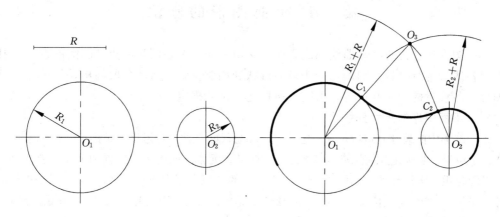

图 1-41　用圆弧外接两已知圆弧

（五）用半径为 R 的圆弧内、外连接两已知圆弧

图 1-42（a）的连接圆弧作图步骤如下：

（1）以 O_1 为圆心、$R+R_1$ 为半径画圆弧。

（2）以 O_2 为圆心、$R-R_2$ 为半径画圆弧，两圆弧的交点为连接圆弧的圆心 O_3。

（3）连接 O_1O_3，交已知圆 O_1 于第一个切点 C_1，连接并延长 O_3O_2，交已知圆 O_2 于第二个切点 C_2。

（4）以 O_3 为圆心、C_1 为起点、R 为半径画圆弧至 C_2，即得到所求的连接圆弧。

图 1-42（b）的连接圆弧作图步骤如下：

（1）以·O_1 为圆心，R_1-R 为半径画圆弧。

（2）以 O_2 为圆心，R_2+R 为半径画圆弧，两圆弧的交点为连接圆弧的圆心 O_3。

（3）连接并延长 O_1O_3，交已知 O_1 圆弧于第一个切点 C_1，连接 O_2O_3，交已知 O_2 圆弧于第二个切点 C_2。

（4）以 O_3 为圆心，C_1 为起点，R 为半径画圆弧至 C_2，即得到所求的连接圆弧。

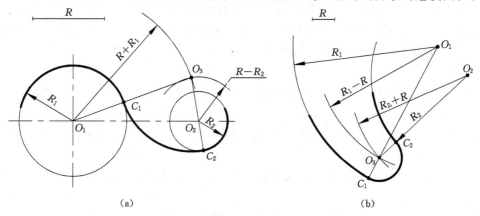

（a）　　　　　　　　　　　（b）

图 1-42　用圆弧内、外连接两已知圆弧

第三节　平面图形的画法

平面图形通常由直线和曲线围成，曲线又由一条或多条圆弧组成。画图前首先要对平面图形各线段进行分析，明确每一线段的形状和相对位置，然后分段画出，最后连接成平面图形。各线段的大小和位置，由图中所标注的尺寸确定。

一、平面图形的尺寸分析

平面图形中的尺寸有定形尺寸、定位尺寸和总尺寸三种。定形尺寸是确定几何元素大小的尺寸，定位尺寸是确定几何元素与基准之间或各几何元素之间的相对位置的尺寸。有些定形尺寸可以同时用作定位尺寸。如图 1-43 （a）所示的花瓶，图中 100、200、$R100$、$R280$ 是定形尺寸，70、95、380 是定位尺寸，$R100$、$R280$ 既是定形尺寸，又是定位尺寸，450 是总尺寸。

二、平面图形的线段分析

平面图形的线段，有的可以直接画出，有的不能直接画出，根据其定位尺寸的完整性，平面图形的线段可分为 3 种。

1. 已知线段

定形尺寸和定位尺寸齐全的线段称为已知线段，即能直接画出的圆弧或直线段。

2. 中间线段

定形尺寸和一个定位尺寸的线段称为中间直线，如过点与已知圆弧相切的直线。中间线段在作图时，比已知线段要稍后一步。

3. 连接线段

定形尺寸和定位尺寸全部未知的线段称为连接线段。只给定半径的圆弧称为连接圆弧，连接圆弧只能根据与相邻两线段的相切关系才能确定其位置，连接线段只能最后画出。

三、平面图形画图举例

【例 1-1】　绘制图 1-43 （a）所示的花瓶。

分析：图示花瓶由直线和弧线组成，花瓶的上部直线和下部直线为已知线段，根据尺寸可以直接画出；上部左右两段圆弧和下部左右两段圆弧为中间线段，尺寸分别为 200、70、$R100$ 和 100、95、$R100$。中间 $R280$mm 的圆弧是连接圆弧，没有给定圆心和切点的尺寸，必须用圆弧连接的方法由作图得到。

作图：

（1）在轴线上部作长度为 200 的直线，并根据定位尺寸 70 和 $R100$，作出圆心 O_1，如图 1-43 （b）所示。

（2）以 O_1 为圆心，100 为半径画圆弧，作左边圆弧，同样，作出右边的对称圆弧，如图 1-43 （c）所示。

（3）在轴线下部作长度为 100 的直线，并根据定位尺寸 95 和 $R100$，作出圆心 O_2，如图 1-43 （c）所示。

（4）以 O_2 为圆心，100 为半径画圆弧，作下左边圆弧，再作出右边对称圆弧，如图 1-43 （d）所示。

（5）以 O_1 为圆心，380mm 为半径画圆弧，以 O_2 为圆心，180mm 为半径画圆弧，两圆弧的交点为连接圆弧的圆心 O_3，如图 1-43（e）所示。

（6）连接 O_1O_3，交上部圆弧于第一个切点 C_1，连接 O_3O_2，延长交下部圆弧于第 2 个切点 C_2，如图 1-43（e）所示。

（7）以 O_3 为圆心，280mm 为半径从 C_1 画圆弧到 C_2，得到左边的连接圆弧，同样作出右边的连接圆弧，最后加深所画的图形，如图 1-43（f）所示。

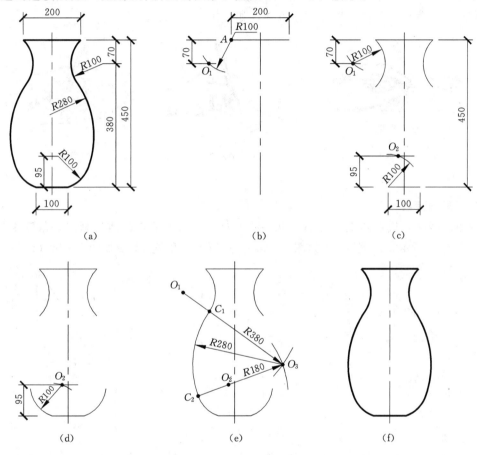

图 1-43　花瓶的作图步骤

第四节　徒 手 画 图

用绘图工具画出的图，称为仪器图，不使用绘图工具，徒手画出的图称为草图。草图是目测比例、徒手绘制的图样，在设计初始阶段，工程技术人员往往先绘出草图，进行构思和表达设计思想。在参观、调查和技术交流时，也常常用草图进行记录、研究和讨论相关问题，因此，工程技术人员必须学习和掌握徒手绘图的技能。

草图是徒手绘制的图样，决不是潦草之图，草图上的线条要粗细分明，基本平直，方向正确。画草图时要手眼并用，目测估计各部分之间的相互位置和大小，图样要协调均匀，长短大致符合比例。手执笔的位置不要太低，画图时用力不要太大，各种线型应符合国家标准的基本规定，要按照投影关系和比例关系正确绘制。

画草图一般用较软的铅笔，如 HB、B，铅芯磨成圆锥形，画中心线和尺寸线等细线时，磨得稍尖些，画可见轮廓线时，磨得圆钝些。

一、画直线

画直线时，小手指微触纸面，铅笔稍向运动方向倾斜，沿着画线方向，保持图线平直，眼睛要看着终点部位，以便控制方向，如图 1-44 所示。

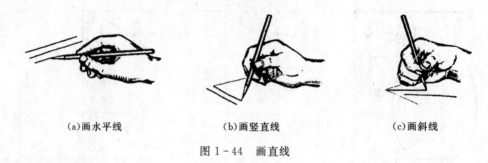

（a）画水平线　　　　　　　（b）画竖直线　　　　　　　（c）画斜线

图 1-44　画直线

二、画角度线

画角度线时，根据两直角边的比例关系，先定出两个端点，然后画线。角度 45°线如图 1-45（a）所示，角度 30°线如图 1-45（b）所示，角度 60°线如图 1-45（c）所示。

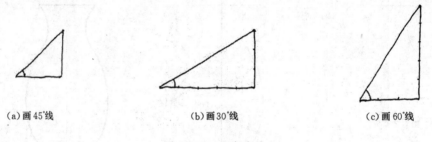

（a）画45°线　　　　　　　（b）画30°线　　　　　　　（c）画60°线

图 1-45　画角度线

三、画圆

画圆时，先画两条互相垂直的中心线，再根据半径的大小在中心线上定出四点，过该四点徒手画圆，如图 1-46（a）所示。若是画较大的圆，可过圆心加画两条 45°的斜直线，并在其上按半径大小再定四点，然后过八点徒手画圆，如图 1-46（b）所示。

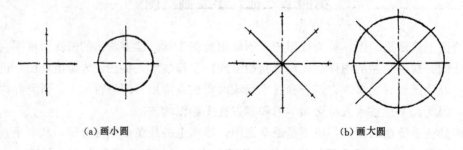

（a）画小圆　　　　　　　　　　　　　（b）画大圆

图 1-46　画圆

四、画椭圆

画椭圆时，先画出椭圆的长短轴，如图 1－47（a）所示；再画出椭圆的外切矩形及对角线，并将对角线的每一侧三等分，如图 1－47（b）所示；最后，徒手依次光滑连接长短轴的端点和对角线上的最外等分点（稍偏外一点），即为椭圆，如图 1－47（c）所示。

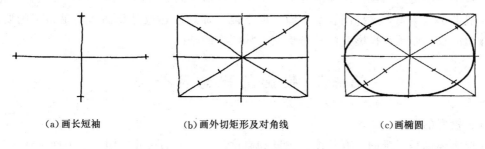

(a)画长短袖　　　　　(b)画外切矩形及对角线　　　　　(c)画椭圆

图 1－47　画椭圆

若已知椭圆的外接菱形时，先定出与椭圆相切的四点，然后徒手画出内切的椭圆，如图 1－48 所示。

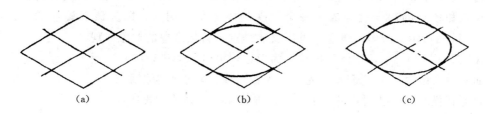

(a)　　　　　　　　(b)　　　　　　　　(c)

图 1－48　已知外接菱形画椭圆

第二章 投影基本知识

工程中所使用的图样，必须准确地表达出工程形体的真实形状和大小，而我们经常看到的一般都是立体图，这种图容易看懂，但不能全面地表达设计意图，满足施工的要求。下面介绍的投影原理和投影方法就是绘制工程图样的基础。

第一节 投影的概念及分类

一、投影的概念

任何物体都是三维的，有长度、宽度和高度三个方向的尺寸，用二维平面图形表达三维物体形状和大小的理论基础是投影法。

如图 2-1（a）所示，若在墙面和电灯之间，放一个三棱柱，墙面上就会有该物体的影子，它反映了三棱柱轮廓的暗影，但不能表示出组成该三棱柱的点、直线和平面等全部的几何元素。假设光线能透过该三棱柱，将棱柱的各个顶点、各条棱线都投射到墙面上，这些顶点和棱线的影子就构成了一个反映物体形状的图形，即为该三棱柱的投影，如图 2-1（b）所示，投影的概念，可以看成是这种自然现象的抽象体现。

在图 2-1（b）中，物体三棱柱称为形体，电灯称为投射中心，用 S 表示，影子所在的墙面称为投影面，用 P 表示，光线称为投射线，影子称为投影。

要得到投影图，必须具备三个要素，即形体、投射线和投影面。

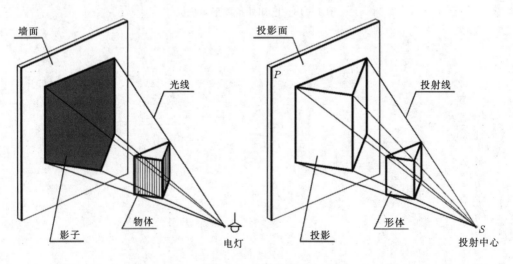

图 2-1　投影的概念

二、投影的分类

根据投射中心与形体之间距离的远近，投影分为中心投影和平行投影两大类。

（一）中心投影

当投射中心 S 距离投影面有限远时，所有的投射线都交于一点——投射中心，用这样一组交于一点的投射线所得到的投影称为中心投影，这种投影的方法称为中心投影法，如图 2-2 所示。

用中心投影法得到的投影大小与原形体不等，当形体在投影面和投射中心之间移动时，形体距离投影面越远，得到的投影就越大，形体距离投影面越近，投影的大小与原形体的大小越接近。

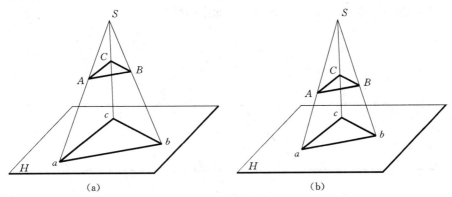

图 2-2 中心投影

（二）平行投影

如果把投射中心 S 移至距离投影面无穷远处，各投射线就成为相互平行的直线，用这样一组互相平行的投射线得到的投影称为平行投影，这种投影的方法称为平行投影法，如图2-3所示。用平行投影法作出的投影，其大小和形状不随形体对投影面的距离远近而变化。

平行投影又分为正投影和斜投影两种。

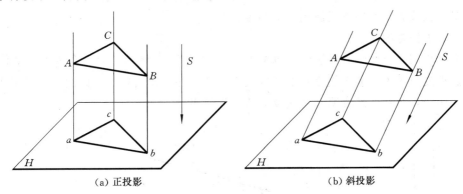

图 2-3 平行投影

1. 正投影

用垂直于投影面的平行投射线进行投影时，得到的投影称为正投影，如图 2-3（a）所示，此时，投射线 S 垂直于投影面 H。

2. 斜投影

用不垂直于投影面的平行投射线进行投影时，得到的投影称为斜投影，如图 2-3

（b）所示，图中的投射线 S 倾斜于投影面 H。

三、投影的特性

无论是中心投影还是平行投影，都具有如下特性：

（1）要得到任何一种投影图，都必须具备三个要素，即形体、投射线和投影面。

（2）当投射线和投影面确定后，空间一个点在投影面上只有唯一一个投影。如图2－4（a）所示，A 确定后，a 是 A 在 H 面上的唯一投影。

（3）空间点的一个投影不能确定该点在空间的位置，如图 2－4（b）所示。投影 a 是 A 在 H 面上的投影，也是 A_1、A_2、A_3 在 H 面上的投影。

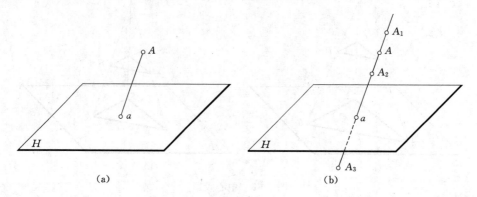

（a）　　　　　　　　　　　　　　　　（b）

图 2－4　投影特性

第二节　工程中常用的投影图

中心投影和平行投影在工程中被广为应用，工程中常用的四种投影图分别是：透视投影图、多面正投影图、轴测投影图和标高投影图。

一、透视投影图

透视投影图是根据中心投影法绘制的图样，如图 2－5 所示。它形象逼真，立体感很强，但透视投影图中不能直接度量形体的大小尺寸，并且作图较繁，因此，一般用作工程中的辅助图样，如在产品说明和建筑物介绍时常使用。

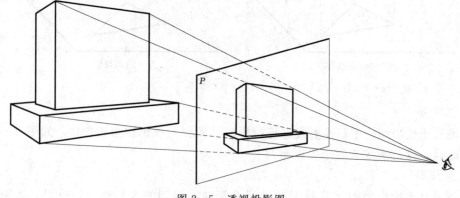

图 2－5　透视投影图

二、轴测投影图

轴测投影图是用平行投影法绘制的图样，常被称为立体图，如图 2-6 所示。这种图样有立体感，并能沿一定的方向量取尺寸，但它不能反映形体所有表面的真实几何形状，所以一般也只能用作辅助图样。

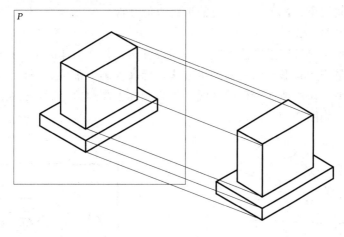

图 2-6　轴测投影图

三、多面正投影图

多面正投影图是用平行正投影法绘制的图样。前面所述，一个投影不能确定空间形体的确切形状，那么两个互相垂直的投影面（$V \perp H$）上的投影，可反应形体上下、前后和左右三个方向的尺寸，但对于某些形体，仅仅靠这两面投影，仍不能确定其唯一的形状。如图 2-7（a）中上、下两个形体，它们在 V、H 面上的投影完全相同，此时需要再增加一个投影才能将形体表达清楚，新增的 W 投影面与 V、H 面均垂直，W 面上的投影可以

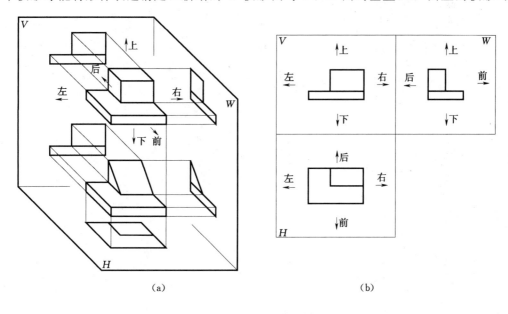

（a）　　　　　　　　　　　　　（b）

图 2-7　三面正投影图

看出这两个形体的不同，将这三个投影按一定的规律摊平在一个平面上，称为三面正投影图，图2-7（b）所示为上面那个形体的三面投影图。三面投影图的画法及投影规律是画图及读图的理论基础。工程中应用最广的施工图样是多面投影图，即根据需要再增加相应的投影图，多面投影作图简单，便于量度，但它的立体感差，缺乏直观性，绘制和阅读这种图样，要有空间想象力，需经过一定的训练方能掌握。

四、标高投影图

标高投影图是用平行正投影法绘制的单面投影图，是在形体的水平投影上，用数字标注出各处的高程来表达其形状的一种图示方法。标高投影中常用的等高线，是用一组假想的、等间距的水平面切割地面所得的交线，等高线标上高程数字后，就可以明确地表达地面的起伏形状了，如图2-8所示。

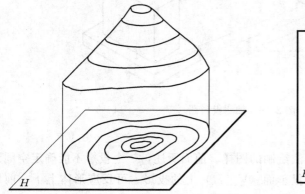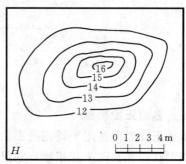

图2-8 标高投影图

第三章 点、直线和平面的投影

点、直线和平面是构成形体最基本的几何元素，任何复杂的形体都可以看成是点、线、面的集合，因此，要画出形体的投影图，必须首先掌握最基本元素点线面的投影规律和投影特性。线有直线和曲线之分，面有平面和曲面之分。本章介绍的是点、直线和平面的投影，曲线和曲面的投影将在后面的章节中介绍。

第一节 点 的 投 影

一、点的单面投影

点的投影就是通过点的投射线与投影面的交点。

有一个空间点 A，设立一个水平投影面 H，称该投影面为水平面，或 H 面，过点 A 向 H 面作垂线，其垂足即为点 A 在 H 面上的正投影，如图 $3-1$（a）所示，投影用小写字母 "a" 表示，a 称为点 A 的水平投影。

在投影图中，约定空间点用大写字母表示，如 A，投影用相应的小写字母表示，如 a。由投影特性可知，空间点 A 的位置确定后，就能得到 A 在 H 面上的一个投影 a，反之，一个投影 a 不能确定点 A 在空间的高度位置，投影 a 也是 A_1、A_2 在 H 面上的投影，如图 $3-1$（b）所示，点在投射线上移动，其投影不变。因此，点的一个投影 a 不能确定点 A 的空间位置。

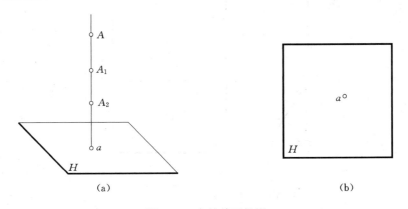

（a）	（b）

图 $3-1$ 点的单面投影

二、点的两面投影

设立两个互相垂直的投影面，如图 $3-2$（a）所示，在原来的水平投影面上，增加一个投影面，使之相互垂直，形成一个两投影面体系，新增加的投影面面向观察者正立放置，称为正立投影面，又称 V 面。V 面和 H 面的交线称为投影轴，用 OX 表示。

在两投影面体系中，分别过 A 向 H 面和 V 面作垂线，其垂足即为点 A 在 H 面和 V

面上的正投影。

在两面投影图中，水平投影仍用 a 表示，正面投影用相应的小写字母 a 加"′"表示，如 a'，a' 称为点 A 的正面投影，过 a、a' 分别向 OX 轴作垂线，三条直线的交点称为 a_x，如图 3-2（b）所示。

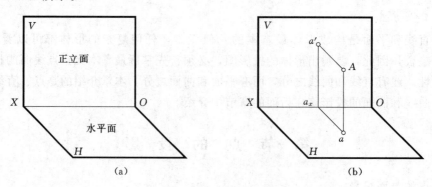

图 3-2　点的两面投影

（一）投影图的展开

要把空间互相垂直的两个投影面连同其投影一起摊平在一张图纸上，规定的展开方法如图 3-3（a）所示，即 V 面不动，H 面连同其上的水平投影 a 绕 OX 轴向下旋转 $90°$，与 V 面重合，即得到点 A 的两面投影，V 面投影位于 OX 轴的上方，H 面投影位于 OX 轴的下方，如图 3-3（b）所示。

投影面是可以无限扩展的，投影面的边框线没有作用，通常不画，如图 3-3（c）所示。

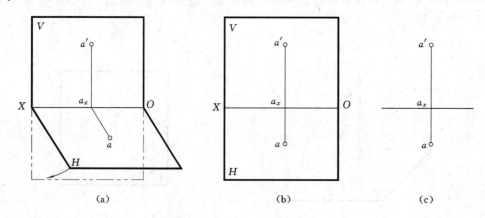

图 3-3　两面投影图的展开

（二）投影特性

由图 3-2（b）可知，投射线 Aa' 和 Aa 所决定的平面是一矩形，且与 V 面和 H 面垂直相交，交线分别是 $a'a_x$ 和 aa_x，V 面和 H 面的交线 OX 轴必定与平面 $Aa'a_xa$ 垂直，也与 $a'a_x$ 和 aa_x 垂直，因此，得到点 A 的两面投影特性：

（1）点 A 的正面投影与水平投影的连线垂直于 OX 轴，即 $a'a \perp OX$。

（2）点 A 的水平投影到 OX 轴的距离，等于点 A 到 V 面的距离，即 $aa_x = Aa'$；点 A

的正面投影到 OX 轴的距离，等于点 A 到 H 面的距离，即 $a'a_x = Aa$。

在点 A 的两投影面体系中，V 面投影能够确定点的上下位置，H 面投影能够确定点的前后位置，但点的左右位置在两投影面体系中不能确定，因此，还应该再增加一个投影面。

三、点的三面投影

设立三个互相垂直的投影面，如图 3-4（a）所示，在原来的两投影面体系中，再增加一个侧立投影面，称为 W 面，使 W 面与 V 面和 H 面都垂直。由正立投影面 V、水平投影面 H 和侧立投影面 W 三个互相垂直的投影面构成的投影面体系，称为三投影面体系，V 面与 H 面的交线称为 OX 轴，H 面与 W 面的交线称为 OY 轴，V 面与 W 面的交线称为 OZ 轴，三条轴线 OX、OY、OZ 的交点 O 称为原点。

在空间点 A 的三面投影图中，投影都用小写字母表示，规定正面投影加一撇，侧面投影加两撇。如图 3-4（b）所示，点 A 的水平投影和正面投影分别用 a 和 a' 表示，侧面投影用相应的小写字母带 """ 表示，如 a''。

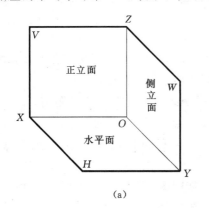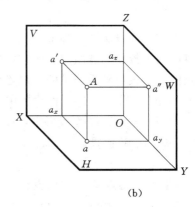

图 3-4　点的三面投影

（一）投影图的展开

要把空间互相垂直的三个投影面连同其投影一起摊平在一张图纸上，规定的展开方法如图 3-5（a）所示。

V 面保持不动，H 面连同其上的水平投影 a 绕 OX 轴向下旋转 $90°$，与 V 面重合，W 面连同其上的侧面投影 a'' 绕 OZ 轴向后旋转 $90°$，也与 V 面重合，即可得到点 A 的三面投影图。此时 OY 轴分为两条，一条随 H 面旋转到与 OZ 轴在同一铅垂线上，标注为 OY_h，另一条随 W 面旋转到与 OX 轴在同一水平线上，标注为 OY_w，于是三条投影轴成为两条正交的直线，如图 3-5（b）所示。

在投影图中不必画出投影面的边框线，也不必标出投影面的名称，通常点的三面投影图如图 3-5（c）所示。

（二）投影特性

在图 3-5（c）中，V 面投影与 H 面投影的连线 $a'a$ 垂直于 OX 轴，通常称为"长对正"；V 面投影与 W 面投影的连线 $a'a''$ 垂直于 OZ 轴，通常称为"高平齐"；H 面投影的 Y 坐标与 W 面投影的 Y 坐标相等，通常称为"宽相等"。

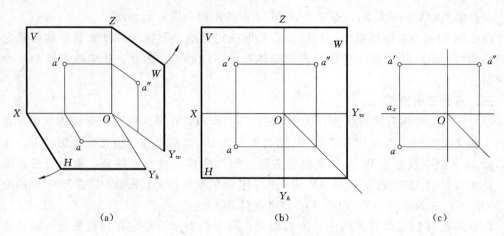

图3-5　三面投影图的展开

"长对正，高平齐，宽相等"是投影的基本特性，不仅适合于点的投影，也适合于形体的投影。

因此，点的三面投影特性如下：

（1）点的两个投影的连线垂直于它们的投影轴，即"长对正，高平齐，宽相等"。

（2）点的一个投影到投影轴的距离等于点到相应投影面的距离。

如图3-4（b）所示，在V面投影中，$a'a_x = Aa =$点A到H面的距离，$a'a_z = Aa'' =$点A到W面的距离。在H面投影中，$aa_x = Aa' =$点A到V面的距离，$aa_y = Aa'' =$点A到W面的距离。在W面投影中，$a''a_y = Aa =$点A到H面的距离，$a''a_z = Aa' =$点A到V面的距离。

【例3-1】　已知点A的两面投影a和a'，如图3-6（a）所示，求W面投影a''。

解：根据点的投影特性"长对正，高平齐，宽相等"，作图步骤如下：

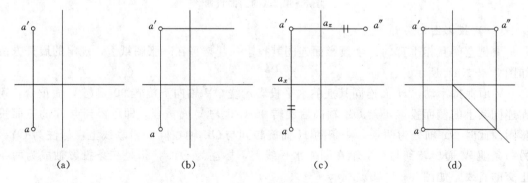

图3-6　已知点的两面投影求第三投影

（1）过a'作水平线，如图3-6（b）所示。

（2）在过a'所作的水平线上量取$a''a_z = aa_x$，如图3-6（c）所示，即得到W面投影a''。

为方便作图，我们可以从原点O向右下方作45°斜线，由"宽相等"，过a作水平线与斜线相交，由交点向上作垂线，与过a'的水平线相交，交点即为a''，如图3-6（d）所示。

【例 3 - 2】　已知点 B 的两面投影 b' 和 b''，如图 3 - 7（a）所示，求 H 面投影 b。

解：根据点的投影特性，作图步骤如下：

（1）由"长对正"，过 b' 向下作竖直线，如图 3 - 7（b）所示。

（2）过原点 O 向右下方作 45°斜线，由"宽相等"，过 b'' 作竖直线与斜线相交，由交点向左作水平线，与过 b' 所作的竖直线相交，交点即为 H 面投影 b，如图 3 - 7（c）所示。

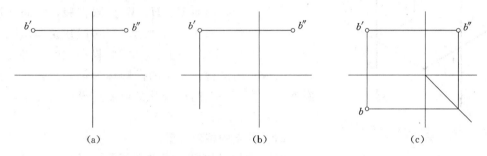

图 3 - 7　已知点的两面投影求第三投影

（三）投影与坐标

点的一个正投影只反映了点两个方向的尺寸，而互相垂直的三投影面体系上的正投影，可同时反映出长、宽、高三个方向的尺寸。

由图 3 - 4（b）可知，点 A 的 V 面投影反映了点的 X 和 Z 坐标，即 $a'a_x = Z_a$ 坐标，$a'a_z = X_a$ 坐标；H 面投影反映 X 和 Y 坐标，$aa_y = X_a$ 坐标，$aa_x = Y_a$ 坐标；W 面投影反映了 Y 和 Z 坐标，$a''a_y = Z_a$ 坐标，$a''a_z = Y_a$ 坐标。由此可见，在点的三面投影中，任意两个投影都含有三个坐标，因此，只要已知点的任意两个投影，定能作出点的第三个投影。

【例 3 - 3】　已知点 C 的坐标（15，5，10），点 D 的坐标（10，15，5），单位为 mm，求 C、D 两点的三面投影。

解：根据点的投影，在坐标上量取相应的值，由点的三面投影特性分别作出点的三面投影，作图步骤如下：

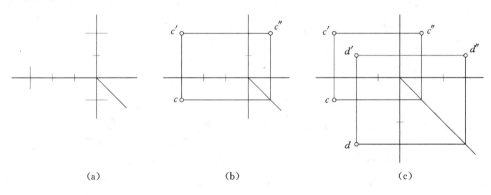

图 3 - 8　投影与坐标

（1）在 X 坐标上量取 15 mm，并作 X 坐标的垂线，在 Y 坐标上量取 5mm，并作 Y 坐标的垂线，在 Z 坐标上量取 10 mm，并作 Z 坐标的垂线，各垂线的交点即为 C 点的投影 c、c' 和 c''，如图 3 - 8（a）、（b）所示。

（2）用同样的方法作出 D 点的投影 d、d' 和 d''，如图 3-8（c）所示。

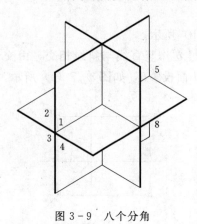

图 3-9　八个分角

若 X、Y、Z 三个坐标中有一个值为 0，则该点在投影面上；若 X、Y、Z 三个坐标中有两个值为 0，则该点在投影轴上；若 X、Y、Z 三个坐标中有三个值为 0，则该点在原点上。

若将三个投影面 V、H、W 无限扩展，空间就被划分为八个分角，如图 3-9 所示，《房屋建筑制图统一标准》（GB/T 50001—2010）规定画投影图时，将形体放在第一分角内进行，所得的投影称为第一角投影。在投影面上和投影轴上的点以及其他需要投影的元素，都视为在第一分角内。

四、两点的相对位置

两点的相对位置是指空间两个点的上、下、左、右和前、后六个方向的相对位置，这些方位关系是以选定其中一个点作为参照物比较而言的。

（一）投影的方位关系

按照观察者的习惯，规定了形体在三投影面体系中的方位关系，如图 3-10（a）所示。在投影图中，V 面投影反映了上、下和左、右关系，H 面投影反映了左、右和前、后关系，W 面投影反映了上、下和前、后的关系，并且 X 坐标大的在左，小的在右；Y 坐标大的在前，小的在后；Z 坐标大的在上，小的在下。

如图 3-10（b），我们把 A、B 两点的投影作一比较，以 A 点为参照物，在 V 面投影中，$X_b < X_a$，说明 B 在 A 的右边；$Z_b > Z_a$，则 B 在 A 的上面；在水平投影中，$Y_b < Y_a$，那么，点 B 就在点 A 的后面了。

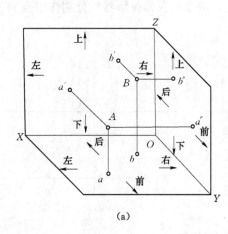

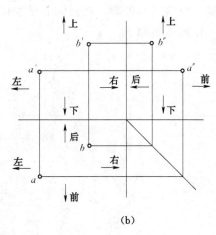

（a）　　　　　　　　　　　　　　（b）

图 3-10　投影的方位关系

【例 3-4】　已知点 A 的两面投影，如图 3-11（a）所示，点 B 在 A 的下方 10mm，在 A 的右边 15mm，在 A 的前方 5mm，求点 B 的三面投影。

解：根据投影的方位关系，作图步骤如下：

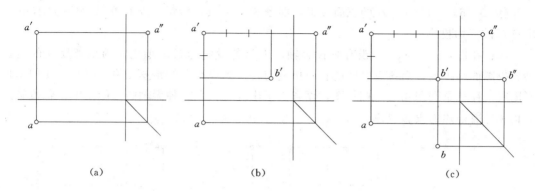

(a)   (b)   (c)

图 3-11 两点的相对位置

（1）过 a' 向下量取 10mm，并作一水平线，则 b' 和 b'' 都在此水平线上；过 a' 向右量取 15mm，并作一竖直线，b' 和 b 在此竖直直线上，所作水平直线与竖直直线的交点即为 b'，如图 3-11（b）所示。

（2）过 b' 向下作竖直线，在 a 前量取 5mm，即为 b。

（3）由"高平齐"和"宽相等"，作出 b''，如图 3-11（c）所示。

（二）重影点的投影及其可见性

当空间两点位于某一投影面的同一条投射线上时，这两点在该投影面上的投影重合，称这两点为该投影面的重影点。对于重影点，应该表明其可见性。距离投影面较远的点，即坐标值大者称为可见点；反之，是不可见的点。对于不可见点投影的字母应加上括号，有时也可以不加括号写在可见点的后面。

如图 3-12 所示，A、B 两点的 X、Y 坐标相等，它们的水平投影重合为一点，称 A、B 两点为 H 面上的重影点。从 V 面投影可知，两点的 Z 坐标不等，A 点在 B 点的正上方，因此，水平投影 a 可见，b 被 a 挡住为不可见，标注为 $a(b)$，如图 3-12（b）所示。

同理，C、D 两点的 X、Z 坐标相等，它们的正面投影重合为一点，称 C、D 两点为 V 面上的重影点。从 H 面投影可知，两点的 Y 坐标不等，C 点在 D 点的正前方，所以在正面投影中，c' 可见，d' 在后为不可见，标注为 $c'(d')$。

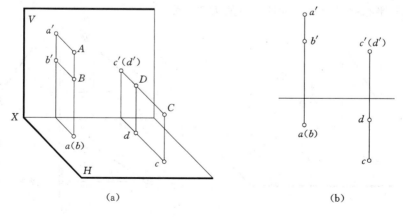

(a)   (b)

图 3-12 重影点的投影及其可见性

【**例 3 – 5**】　已知点 A 的三面投影，如图 3 – 13（a）所示，点 C 在 A 的下方 10mm，求点 C 的三面投影。

解：在图 3 – 13（a）中没有画投影轴，因为各投影与投影轴之间的距离反映的是点到各投影面的距离，而各点之间的相对位置与各点到投影面的距离无关，因此，我们画投影图时，往往是利用相对坐标作图，而省去了坐标轴。在这种无轴的投影图中，各投影之间仍保持着前述的投影规律。

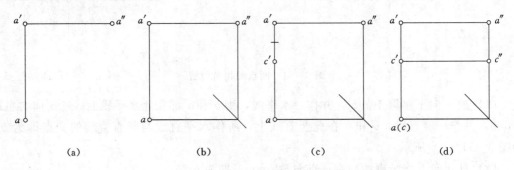

(a)　　　　　　　(b)　　　　　　　(c)　　　　　　　(d)

图 3 – 13　求重影点的投影并判断其可见性

（1）过 a 向右作水平线，过 a'' 向下作竖直线，过两直线的交点作 45°斜线，如图 3 – 13（b）所示。

（2）过 a' 向下量取 10mm，在 $a'a$ 上得到点 c'，如图 3 – 13（c）所示。

（3）C 距 A 的左右和前后位置均为 0，则 A、C 两点在 H 面上是重影点，A 在上，C 在下，标注为 $a(c)$。

（4）由"高平齐、宽相等"作出 c''，如图 3 – 13（d）所示。

第二节　直线的投影

直线的投影一般仍然是一条直线，如图 3 – 14（a）中的 AB 直线；当直线垂直于投影面时，其投影积聚为一点，如图 3 – 14（a）中的 CD 直线；当直线平行于投影面时，其投影与直线本身平行并且等长，如该图中的 EF 直线。

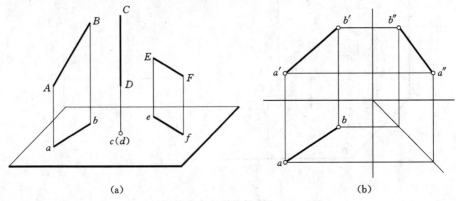

(a)　　　　　　　　　　　　　　　(b)

图 3 – 14　直线的投影

　　直线是点的集合，因此直线的投影就是直线上各点投影的集合。直线是无限长的，在投影图中，通常用直线上两个端点间的线段来表示直线的投影，线段的投影是由两点的同面投影连接而成，同面投影就是指在同一投影面上的投影。

　　若已知空间两个点 A、B 的三面投影，将其同面投影互相连接，即得到直线 AB 的三面投影 ab、$a'b'$、$a''b''$，如图 3 - 14（b）所示。

一、各种位置的直线

　　根据直线与三投影面的相对位置，可分为一般位置直线、投影面平行线和投影面垂直线三种，后两种为特殊位置的直线。

（一）一般位置直线

　　一般位置的直线与 V、H 和 W 三个投影面都倾斜，直线与 H 面的倾角用 α 表示，与 V 面的倾角用 β 表示，与 W 面的倾角用 γ 表示，如图 3 - 15（a）所示。

　　由于 AB 与三个投影面都倾斜，投影 ab、$a'b'$、$a''b''$ 都不反映直线 AB 的实长，投影与投影轴的夹角也不反映直线 AB 对投影面的倾角，从图 3 - 15（b）中可以看出，其投影都小于其实长。

1. 一般位置直线的投影特性

（1）三个投影与各投影轴都倾斜，长度均小于直线的实长。

（2）三个投影与投影轴的夹角都不反映直线与各投影面的倾角。

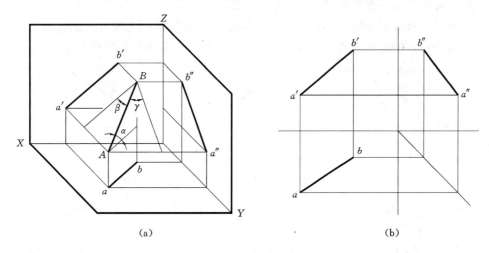

　　　　　　（a）　　　　　　　　　　　　　　　　　（b）

图 3 - 15　一般位置直线

　　直线的实长 AB，投影 ab、$a'b'$、$a''b''$ 和倾角 α、β、γ 之间的关系可以用下式表示：

$$ab = AB \times \cos\alpha$$
$$a'b' = AB \times \cos\beta$$
$$a''b'' = AB \times \cos\gamma$$

2. 求一般位置直线的实长和倾角

　　一般位置直线的投影不能反映直线的实长和对投影面的倾角，分析直线的空间位置和投影之间的几何关系，可以用图解的方法求得。下面介绍用直角三角形法求一般位置直线的实长和直线对投影面的倾角。

以求直线 AB 对 H 面的倾角 α 为例，在图 3-16（a）中，$ABba$ 是直角梯形，为求得线段 AB 的实长，过 A 点作 $AC /\!/ ab$，得到直角三角形 ABC，在该直角三角形 ABC 中，$AC=ab$，BC 等于 A、B 两点的 Z 坐标差，称 ΔZ，即 $BC=Bb-Aa=\Delta Z$，$\angle BAC$ 为直线对 H 面的倾角 α，斜边 AB 为实长，如图 3-16（b）所示。

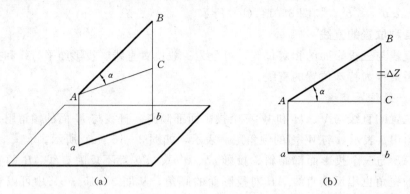

图 3-16　直角三角形法

这种用直线的一个投影（如水平投影 ab）和直线的两个端点到该投影面的坐标差（如 ΔZ），求一般位置直线的实长及与投影面倾角的方法称为直角三角形法。

同理，可以求出一般位置直线的 β 角和 γ 角。

用直角三角形法求直线的实长和三个倾角的关系如图 3-17 所示。在直角三角形中，只要已知四个元素中的任意两个，就能作出直角三角形，求出其他两个元素。

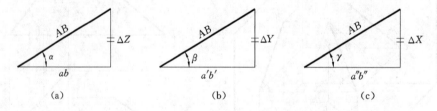

图 3-17　直角三角形中投影、倾角与实长的关系

【**例 3-6**】　已知直线 AB 的两面投影 ab 和 $a'b'$，如图 3-18（a）所示，求直线 AB 的实长和对 H 面的倾角 α。

解：根据已知条件，取图 3-17（a）中的直角三角形，两条直角边分别是水平投影 ab 和 ΔZ，斜边是直线 AB 的实长，实长 AB 与投影 ab 的夹角就是直线对 H 面的倾角 α。

作图：

（1）过 a' 作水平线，得到 A、B 两点的高差 ΔZ，如图 3-18（b）所示。

（2）过 b 作 ab 的垂线，并在该垂线上量取 $bB_0=\Delta Z$，如图 3-18（c）所示。

（3）连接 aB_0，即为直线的实长 AB，$\angle baB_0$ 就是 AB 对 H 面的倾角 α，如图 3-18（d）所示。

（二）投影面平行线

平行于某个投影面，并且倾斜于另外两个投影面的直线称为投影面平行线。平行于水

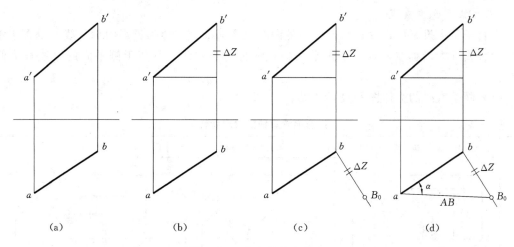

图 3-18　求直线的实长与 α

平面的直线称为水平线，平行于正平面的直线称为正平线，平行于侧平面的直线称为侧平线。

投影面平行线的立体图和投影图见表 3-1。

表 3-1　　投影面平行线

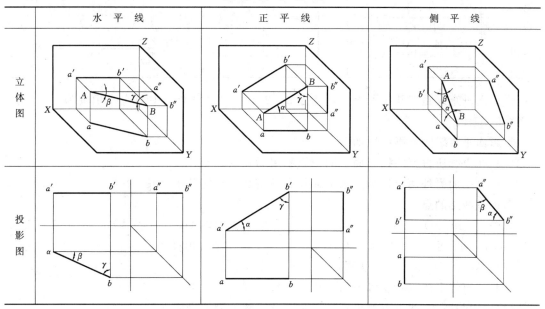

	水 平 线	正 平 线	侧 平 线
立体图			
投影图			

投影面平行线是特殊位置直线，从表 3-1 中可以看到，投影图中直接可以得到直线的实长和倾角。

投影面平行线的投影特性如下：

（1）在直线所平行的投影面上的投影（斜直线）反映实长，直线的另外两个投影呈水平或竖直的直线，且小于实长。

（2）斜直线与投影轴的夹角反映直线对另外两个投影面的倾角。

（三）投影面垂直线

垂直于某个投影面，并且平行于另外两个投影面的直线称为投影面垂直线。垂直于水平面的直线称为铅垂线，垂直于正平面的直线称为正垂线，垂直于侧平面的直线称为侧垂线。

投影面垂直线的立体图和投影图见表 3-2。

表 3-2　　　　　　　　　　　投影面垂直线的投影特性

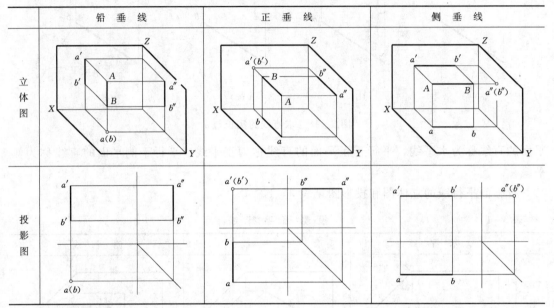

	铅垂线	正垂线	侧垂线
立体图			
投影图			

投影面垂直线是特殊位置直线，从表 3-2 中看出，投影图中的直线积聚为一点或反映直线的实长。

投影面垂直线的投影特性如下：

（1）在直线所垂直的投影面上的投影积聚为一点。

（2）直线的另外两个投影呈水平或竖直的直线，长度等于实长。

二、直线上的点

如图 3-19（a）所示，C 是直线 AB 上的一个点，AB 与其投影 ab 组成了一个过 AB，并且与 H 面垂直的投射平面 $ABba$。$ABba$ 是一个直角梯形，C 在 AB 上，c 必在 ab 上，并且 $AC:CB=ac:cb$，如图 3-19（b）所示。

因此，直线上的点具有以下两个投影特性：

（1）从属性。直线上点的投影，一定在该直线的同面投影上。

（2）定比性。直线上的点分割线段的长度之比等于其同面投影的长度之比。

如 $AC:CB=ac:cb$，$AC:CB=a'c':b'c'$，$AC:CB=a''c'':c''b''$

【例 3-7】　已知直线 AB 的两面投影，如图 3-20（a）所示，点 C 在 AB 上，且 $AC:CB=2:3$，求 C 的 V 面和 H 面投影。

解：根据直线上点的从属性，C 点在直线 AB 上，c 必定在 ab 上，c' 必定在 $a'b'$ 上；根据直线上点的定比性，由 $AC:CB=2:3$，可以作图得出 $ac:cb=a'c':c'b'=2:3$。

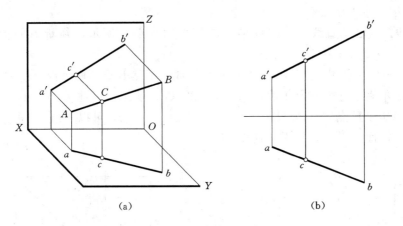

(a)　　　　　　　　　　　　　　(b)

图 3-19　直线上的点

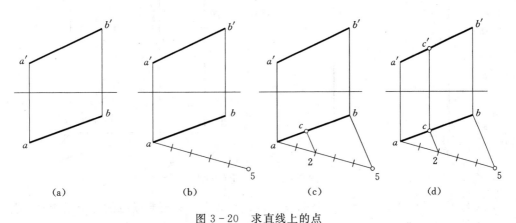

(a)　　　　　　(b)　　　　　　(c)　　　　　　(d)

图 3-20　求直线上的点

作图：

（1）过 a 点向任何方向作一射线，并在此射线上以任意长度量取五等分，端点为 5，如图 3-20（b）所示。

（2）连接 b5，在 a5 上取第二个等分点 2，过 2 作 b5 的平行线，与 ab 的交点即为 c，如图 3-20（c）所示。

（3）由 c 向上作垂线，与 a'b' 的交点即为 c'，如图 3-20（d）所示。

【例 3-8】　已知直线 AB 的投影，如图 3-21 所示，判断 C、D 两点是否在直线 AB 上。

解：根据直线上点的从属性来判断，C 点的三个投影 c、c'、c'' 均在直线 AB 的同面投影上，则 C 点在直线 AB 上。而 D 点只有一个投影 d' 在 a'b' 上，另外两个投影均不在

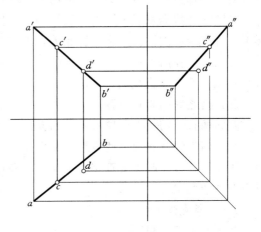

图 3-21　判断点是否在直线上

其同面投影上，所以 D 点不在直线 AB 上。

【例 3 - 9】　已知直线 AB 的投影，如图 3 - 22（a）所示，判断 E 点是否在直线 AB 上。

解：图 3 - 22（a）中的直线 AB 是一条侧平线，虽然 E 点的两个投影在直线 AB 的同面投影上，但不满足直线的定比性，如图 3 - 22（b）所示，因此 E 点不在直线 AB 上。若作出直线 AB 和 E 点的 W 面投影，如图 3 - 22（c）所示，可以看出 e'' 不在 $a''b''$ 上，不满足直线的从属性，所以 E 点不在直线 AB 上。

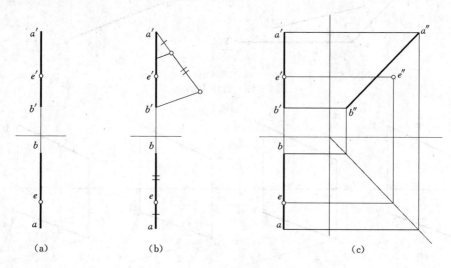

(a)　　　　　　　　(b)　　　　　　　　　(c)

图 3 - 22　直线上的点

从以上两个例题中可以得出，判断点是否在直线上，只要判断点的各个投影是否都在直线的同面投影上，若在，该点一定在该直线上；若不在，该点一定不在该直线上。

在两面投影中判断点是否在直线上，如果是一般位置直线上的点，可根据直线的从属性来判断，点的两个投影在直线的同面投影上，点必定在直线上。

对于特殊位置直线上的点，可用以下两种方法来判断。

方法一：根据直线上点的从属性和定比性一起来判断。点的两个投影在直线的同面投影上，且各线段的同面投影之比相等，则点在该直线上。

方法二：作出第三投影，若点的三个投影都在直线的同面投影上，则点在该直线上；否则，点就不在该直线上。

三、两直线的相对位置

空间两直线的相对位置有共面和异面两种。共面的两直线在同一平面上，如平行两直线、相交两直线；异面的两直线不在同一平面上，如交叉两直线。在共面和异面的两直线中，正交的直线又归类为垂直。因此，我们将两直线的相对位置分为平行、相交、交叉和垂直四种情况来讨论。

（一）两直线平行

两直线平行，其同面投影也相互平行。如图 3 - 23 所示，$AB /\!/ CD$，则 $ab /\!/ cd$，$a'b' /\!/ c'd'$，$a''b'' /\!/ c''d''$。反之，如果两直线的三个同面投影相互平行，则两直线在空间也一定平行。

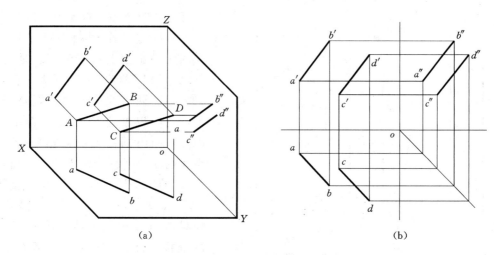

(a)　　　　　　　　　(b)

图 3-23　两直线平行

【例 3-10】　已知 AB 和 C 的两面投影，如图 3-24 (a) 所示，求直线 CD 的 V 面和 H 面投影，使 $CD \parallel AB$，且 $CD = AB$。

解：两直线平行，同面投影亦平行，两直线长度相等，其投影长度也相等。

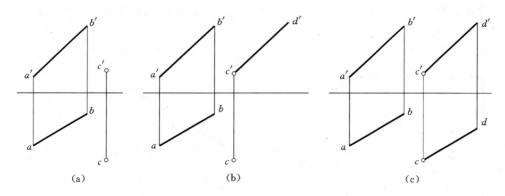

(a)　　　　　　　(b)　　　　　　　(c)

图 3-24　求平行两直线

作图：

(1) 过 c' 作 $c'd' \parallel a'b'$，且 $c'd' = a'b'$，如图 3-24 (b) 所示。

(2) 过 c 作 $cd \parallel ab$，且 $cd = ab$，$c'd'$、cd 即为所求，连接 $d'd$，则 $d'd$ 必定与 OX 轴垂直，如图 3-24 (c) 所示。

【例 3-11】　判断图 3-25 (a) 中 AB 和 CD 两直线是否平行。

解：AB 和 CD 是两条侧平线，判断特殊位置的两条直线是否平行，判断方法有以下两种：

方法一：直接判断。图 3-25 (a) 中的两直线是侧平线，虽然 V 面和 H 面投影平行，但两直线的指向不同，如 AB 直线是由后上指向前下，而 CD 直线是由前上指向后下，因此，AB、CD 两直线不平行。

方法二：作出第三投影。在 W 面上的投影 $a''b''$ 与 $c''d''$ 不平行，则 AB、CD 两直线不

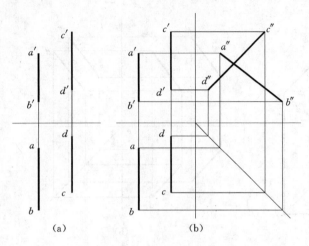

图 3-25　判断两直线是否平行

平行，如图 3-25（b）所示。

从以上两个例题中可以得出，在两面投影图上判断两直线是否平行时，如果两直线为一般位置线，只需判断两直线的同面投影是否平行，就可以断定两直线是否平行，即任意两组同面投影互相平行，其空间也互相平行。如图 3-23 所示，直线 AB、CD 都是一般位置直线，$a'b' \parallel c'd'$、$ab \parallel cd$，则 $AB \parallel CD$。如果两直线为侧平线，除了 V 面、H 面投影互相平行外，该两面投影还应是指向相同，比值相等，才能断定两直线平行，否则两直线不平行。

（二）两直线相交

两直线相交，其同面投影必定相交，交点是两直线的公共点。如图 3-26 所示，AB、CD 两直线相交于 K 点，K 点为 AB、CD 的公共点，交点 K 的投影连线，必定是"长对正、高平齐、宽相等"。

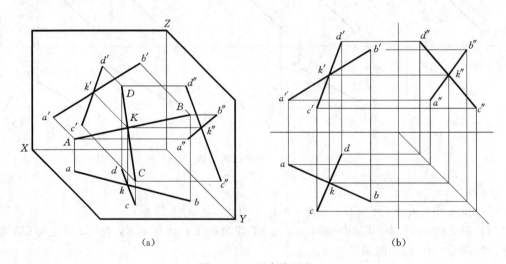

图 3-26　两直线相交

【例 3-12】　已知 AB、CD 相交，如图 3-27（a）所示，求 CD 的 V 面投影。

解：两直线相交，交点 K 是公共点，K 点既在直线 AB 上，又在直线 CD 上。

作图：

（1）过 k 向上作垂线，交 a'b' 于 k'，如图 3-27（b）所示。

（2）连接 c'k'，并延长，过 d 向上作垂线，与 c'k' 延长线的交点即为 d'，如图 3-27（c）所示。

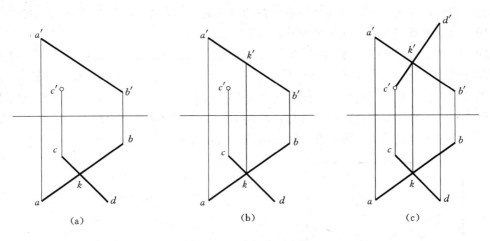

图 3 - 27　求相交两直线

【例 3 - 13】　判断图 3 - 28（a）中的 AB 和 CD 两直线是否相交。

解：从图 3 - 28（a）可以看出，AB 是侧平线，CD 是一般位置线，虽然 V 面和 H 面的投影有交点，但不是两直线的公共点，图中的 K 点在 CD 直线上，但不在 AB 直线上，投影的交点不满足直线上点的定比性，因此，AB、CD 两直线不相交。

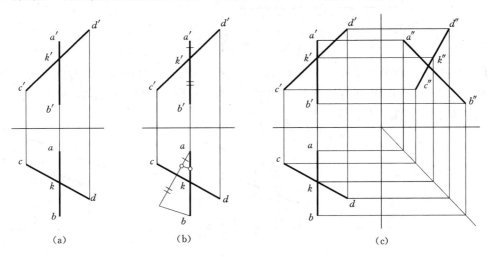

图 3 - 28　判断两直线是否相交

在两面投影图上判断两直线在空间是否相交，若是一般位置的两直线，根据两面投影就可以直接判断，如图 3 - 26 所示。但如果两直线中有一条是特殊位置的直线，则要用直线的定比性来判断 K 是否为公共点，判断方法有如下两种：

方法一：用直线的定比性判断 K 是否公共点，如图 3 - 28（b）所示。

方法二：作出第三投影，用三面投影来判断 K 是否为公共点，如图 3 - 28（c）所示。

（三）两直线交叉

空间既不平行，也不相交的两直线称为交叉直线。交叉两直线的某个投影有时可能平行，但不可能三个投影同时平行，交叉两直线没有平行两直线的投影特性。交叉两直线的同面投影有时也可能相交，但这个交点不是两直线的公共点，而是两直线在同一投影面上的重影点，它没有相交两直线的投影特性。

图 3-29 中 AB 和 CD 两直线交叉。交叉两直线的投影相交处，是位于一条投射线上分别属于两条直线上两个点的重合投影。在图 3-29（b）的 H 面投影中，两投影的交点实际上是 AB 直线上的 Ⅰ 点与 CD 直线上的 Ⅱ 点在 H 面上的重影点，位于 AB 线上的 Ⅰ 点比位于 CD 线上的 Ⅱ 点高，因此 1 可见，2 不可见，标注为 1(2)。同理，$4'(3')$ 是 CD 直线上的 Ⅳ 点与 AB 直线上的 Ⅲ 点在 V 面上的重影点，Ⅳ 点在前，标注为 $4'(3')$。

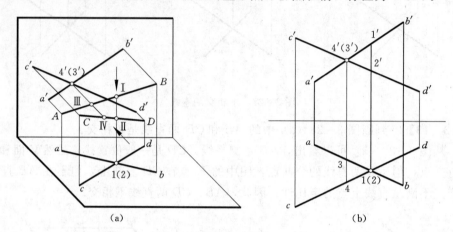

图 3-29　两直线交叉

【例 3-14】　判断图 3-30（a）中 AB、CD 两直线的相对位置，并标明其可见性。

解：图 3-30（a）中两直线的 V 面投影 $a'b'$ 与 $c'd'$ 平行，H 面投影 ab 与 cd 相交，因此 AB、CD 两直线是交叉直线。

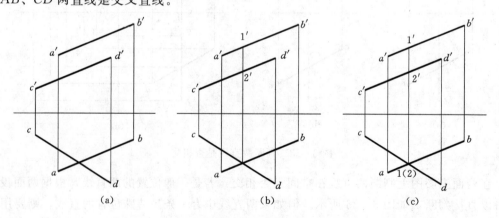

图 3-30　判断两直线的相对位置

作图：

（1）过 ab 与 cd 的交点向上作垂线，与 $a'b'$ 交于 $1'$，$c'd'$ 交于 $2'$，如图 3-30（b）所示。

（2）$1'$ 在上，$2'$ 在下，则 H 面的重影点标注为 1(2)，如图 3-30（c）所示。

（四）直角的投影

两条成直角的相交直线，其直角边相对投影面有三种位置，投影特性分别如下：

（1）当成直角的两条边线同时平行于某个投影面时，此直角在该投影面上的投影仍为直角。

（2）当成直角的两条边线都不平行于某个投影面时，此直角在该投影面上的投影，一般都不反映直角。

（3）当成直角的两条边线中有一条边是某个投影面的平行线，另一条边是一般位置的直线时，此直角在该投影面上的投影仍为直角。证明如下：

已知：$AB \perp BC$，其中 $AB /\!/ H$ 面，BC 为一般位置直线，如图 3-31（a）所示。

求证：$ab \perp bc$

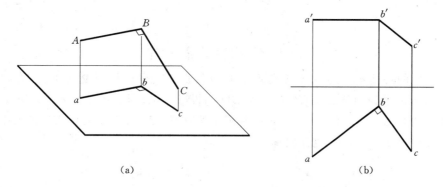

（a）　　　　　　　　　　　　　（b）

图 3-31　直角的投影

证明：

$\because\quad AB \perp BC，AB \perp Bb$

$\therefore\quad AB \perp$ 平面 $BCcb$

又 $\because\quad ab /\!/ AB$

$\therefore\quad ab \perp BCcb$

即　$ab \perp bc$

因此，当垂直相交的两直线中有一条直线平行于某个投影面时，此两直线在该投影面上的投影仍然互相垂直。反之，当相交两直线在某一投影面上的投影互相垂直，且其中一条直线为该投影面的平行线时，此两直线在空间也一定互相垂直。

【例 3-15】　已知直线 BC 和直线外一点 A 的两面投影，如图 3-32（a）所示，求 A 点到直线 BC 的距离。

解： 距离问题即为垂直问题。过 A 点作直线 BC 的垂线 AK，K 为两直线的交点，求出 AK 的实长，即为点 A 到直线 BC 的距离。图中 BC 为水平线，根据直角的投影特性，其水平投影反映直角。

作图：

（1）过 a 向 bc 作垂线 ak，交点 k 为垂足，ak 为垂线的 H 面投影。

（2）过 k 向上作垂线与 $b'c'$ 交于 k'，连接 $a'k'$，即为垂线 AK 的 V 面投影，如图 3-32（b）所示。

（3）用直角三角形法求得 AK 的实长，即为所求 A 点到直线 BC 的距离 AK，如图 3-32（c）所示。

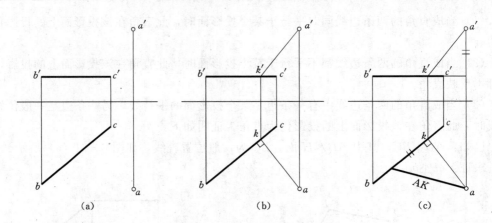

图 3-32　求点到直线的距离

直角投影的特性不仅适用于相交垂直的两条直线，也适用于交叉垂直的两条直线。图 3-33（a）所示为两条交叉直线 AB 与 CD 的投影，AB 是正平线，$a'b' \perp c'd'$，因此这两条交叉直线互相垂直。图 3-33（b）中两交叉直线 EF、GH，其中 EF 为水平线，且 $ef \perp gh$，则空间 EF 与 GH 也互相垂直。

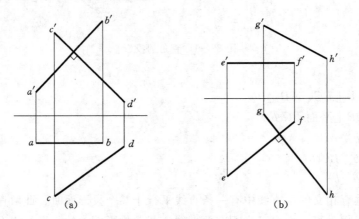

图 3-33　两直线交叉垂直

第三节　平 面 的 投 影

不在同一直线上的三个点可以确定一个平面，因此平面的投影可由图 3-34 中的任何一组几何元素的投影来表示。

（1）不在同一直线上的三个点，如图 3-34（a）中 A、B、C 三点。

（2）一直线和该直线外的一点，如图 3-34（b）中直线 AB 和点 C。

（3）两条相交直线，如图 3-34（c）中直线 AB 和 AC。

（4）两条平行直线，如图 3-34（d）中直线 AB 和 CD。

（5）平面图形，如图 3-34（e）中平面△ABC。

这五种表示平面的方式可以互相转换，常用的平面表示方式为三角形平面。平面是可

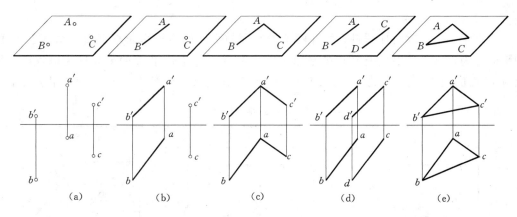

图3-34 平面的表示

以无限扩展的,在画投影图时,通常用有限平面的投影来表示空间无限的平面。一般情况
下,平面多边形的投影为该平面多边形的类似形,类似形的平面,其边数、边数的平行关
系、平面的凹凸形状、直线或曲线等特征保持不变,如图3-35中的△ABC,特殊情况下
平面多边形的投影积聚为一条直线,如图3-35中的△DEF,或者反映平面的实形,如
图3-35中的△GHI。

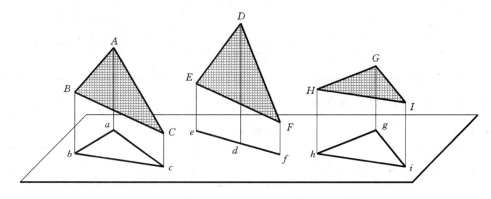

图3-35 平面的投影

一、各种位置的平面

根据平面与投影面的相对位置,可分为投影面平行面、投影面垂直面和一般位置平面
三种,前两种是特殊位置的平面。

(一)投影面平行面

平行于一个投影面且垂直于另外两个投影面的平面称为投影面平行面。平行于 H
面的平面称为水平面,平行于 V 面的平面称为正平面,平行于 W 面的平面称为侧
平面。

投影面平行面的立体图和投影图见表3-3。

投影面平行面是特殊位置平面,投影有实形性和积聚性。投影面平行面的投影特性如下:

平面在所平行的投影面上投影反映实形,在另外两个投影面上的投影积聚为水平或竖
直的直线。

（二）投影面垂直面

垂直于一个投影面且倾斜于另外两个投影面的平面称为投影面垂直面。垂直于 H 面的平面称为铅垂面，垂直于 V 面的平面称为正垂面，垂直于 W 面的平面称为侧垂面。平面对 H 面的倾角用 α 表示，平面对 V 面的倾角用 β 表示，平面对 W 面的倾角用 γ 表示。

表 3 - 3   投 影 面 平 行 面

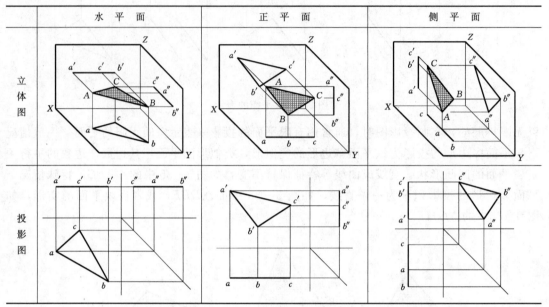

	水 平 面	正 平 面	侧 平 面
立体图			
投影图			

投影面垂直面的立体图和投影图见表 3 - 4。

表 3 - 4   投 影 面 垂 直 面

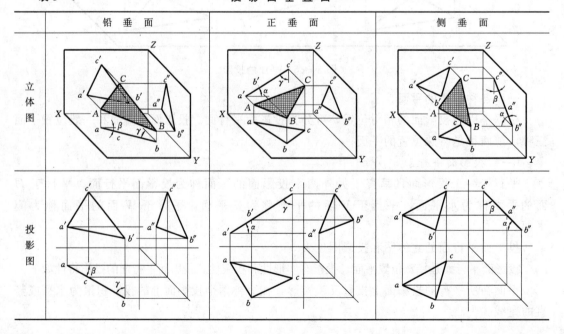

	铅 垂 面	正 垂 面	侧 垂 面
立体图			
投影图			

投影面垂直面是特殊位置平面，投影有积聚性和类似性，并且在投影图上反映平面对投影面的倾角，其投影特性如下：

（1）平面在所垂直的投影面上的投影积聚为一条斜直线，平面在另外两个投影面上的投影为类似形。

（2）斜直线与投影轴的夹角反映了平面与另两个投影面的倾角。

【例 3 - 16】 已知平面 $\triangle ABC$ 垂直于 H 面，且 C 点距离 V 面为 20mm，距离 H 面为 30mm，如图 3 - 36（a）所示，求平面的 V、H 面投影。

解： $\triangle ABC$ 为铅垂面，其 H 面投影 abc 积聚为一条直线，c 点必定在 ab 上，由 C 点的 Y 坐标为 20mm，即可求得 c，由 c 再求得 c'。

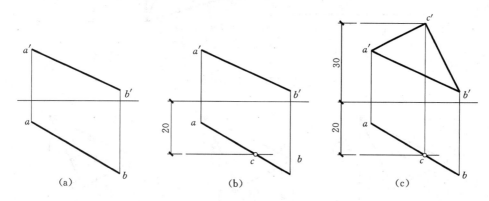

图 3 - 36 求铅垂面的 V、H 面投影

作图：

（1）在 H 面上作一条距 X 轴为 20mm 的直线，直线与 ab 的交点即为 c，直线 abc 为平面 $\triangle ABC$ 的 H 面投影，如图 3 - 36（b）所示。

（2）由 c 向上作垂线，垂线上 Z 坐标为 30mm 的点即为 c'。

（3）连接 $a'b'c'$ 即为平面 $\triangle ABC$ 的 V 面投影，如图 3 - 36（c）所示。

（三）一般位置平面

与三个投影面都倾斜的平面称为一般位置平面，一般位置平面的三个投影均小于实形，并且三个投影均为类似形，如图 3 - 37 所示。

在一般位置平面的投影图中不反映平面与投影面的倾角。

二、平面上的直线和点

（一）平面上的直线

平面上直线的几何条件是：直线通过平面上的两个点或直线通过平面上一个点并且平行于平面上的一条直线。

在投影图中，如果一直线通过平面上的两个已知点或通过平面上的一个已知点并且平行于平面上一条已知直线，则直线就在该平面上。

【例 3 - 17】 已知直线 EF 在 $\triangle ABC$ 平面上，如图 3 - 38（a）所示，求 EF 的 H 面投影。

解： 直线 EF 在平面 $\triangle ABC$ 上，那么 EF 上一定有两点在 $\triangle ABC$ 平面上，将 EF 延

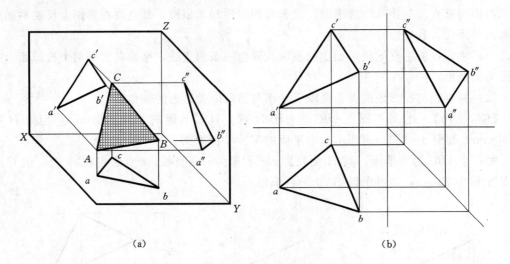

(a)　　　　　　　　　　　　　　　(b)

图 3-37　一般位置平面

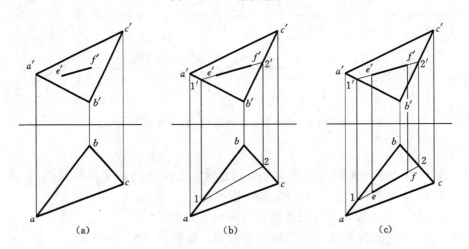

(a)　　　　　　(b)　　　　　　(c)

图 3-38　求平面上的直线

长，与 AB、BC 的交点为 Ⅰ、Ⅱ，Ⅰ、Ⅱ 就是平面上的那两个点。

作图：

(1) 延长 $e'f'$，分别交 $a'b'$、$b'c'$ 于点 $1'$ 和 $2'$。

(2) 由 $1'$、$2'$ 作出 H 面投影 1、2，连接 12，如图 3-38 (b) 所示。

(3) 由 e'、f' 向下作垂线，与 12 的交点即为 ef，如图 3-38 (c) 所示。

（二）平面上的点

点在平面上的几何条件是：点在平面上的任意一条直线上。

一般情况下平面上求点，必须先在平面上作辅助直线，然后通过辅助直线来求点。

【例 3-18】　已知 K 点在 △ABC 平面上，如图 3-39 (a) 所示，求 K 点的 V 面投影。

解： K 点在平面 △ABC 上，那么 K 一定在平面内的一条直线上，通过 K 点作一条辅助线 AK，并延长交 BC 于 Ⅰ，若 K 在 AⅠ上，K 就在 △ABC 上。

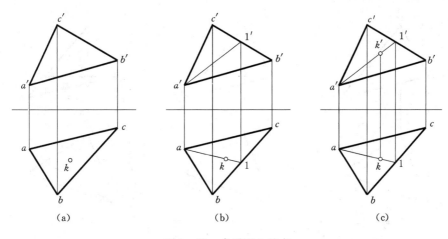

图 3-39 求平面上的点

作图：

（1）连接 ak，并延长，交 bc 于点 1。

（2）由 1 作出 V 面投影 $1'$，连接 $a'1'$，如图 3-39（b）所示。

（3）过 k 向上作垂线，与 $a'1'$ 的交点即为所求的 k'，如图 3-39（c）所示。

如果平面的某个投影有积聚性，平面上求点时可利用该平面的积聚投影来确定点的其他投影，而不必在平面上作辅助直线。但如果仅仅已知点在平面的积聚投影上的一个投影，则不能确定其他投影，除非有附加条件，如点在某条已知线上。

【例 3-19】 判断图 3-40 中的两点 M、N 是否在平面△ABC 上。

解： 平面△ABC 是铅垂面，H 面投影有积聚性，在图 3-40（a）的 V 面投影中，m' 虽然在△$a'b'c'$ 上，但一个投影不能确定点的空间位置，也就是说 m' 的前后位置不确定，故点 M 不一定在平面△ABC 上。在图 3-40（b）的 H 面投影中，n 在平面△ABC 的积聚投影上，则 N 点一定在△ABC 平面上，由于 N 的高度未知，因此 n' 的答案有无数种。

（三）平面上的投影面平行线

平面上有两种特殊位置的直线，一种是平面上与投影面平行的直线，这种直线与投影面的倾角等于零，称为平面上的投影面平行线。

平面上的投影面平行线，具有投影面平行线的投影特性，同时也满足平面上直线的几何条件。

【例 3-20】 如图 3-41（a）所示，在平面△ABC 上过 A 点作一条水平线 AD。

解： 水平线的 V 面投影平行于 X 轴，如 $a'd' /\!/ OX$，且 D 在 BC 上，那

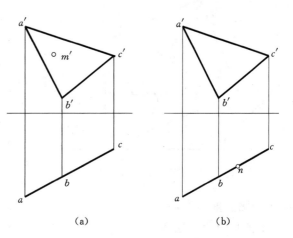

图 3-40 判断点是否在平面上

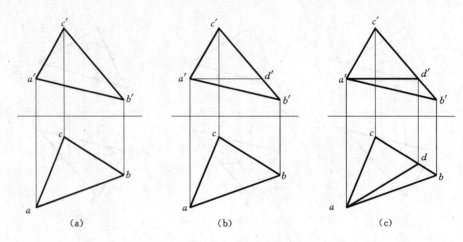

图 3-41　平面上的水平线

么 AD 就在△ABC 上。

作图：

（1）过 a' 作直线平行于 OX 轴，与 $b'c'$ 的交点即为 d'，如图 3-41（b）所示。

（2）由 d' 向下作垂线与 bc 的交点即为 d。

（3）连接 ad，则 $a'd'$、ad 即为所求，如图 3-41（c）所示。

（四）平面上的最大斜度线

平面上的另一种特殊位置的直线，是平面上与投影面成最大倾角的直线，称为平面上对该投影面的最大斜度线。图 3-42 中 AB 是 P 平面上一条 H 面的最大斜度线，它反映了平面的坡度，故也称为坡度线。

在平面内的所有直线中，坡度线对 H 面的倾角最大，证明如下：

图 3-42 中有两个直角三角形，在直角△ABa 中，$\sin\alpha = Aa/AB$，在△ACa 中，$\sin\varphi = Aa/AC$，因为 $AB < AC$，所以 $\alpha > \varphi$。

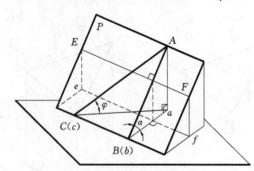

图 3-42　平面上的最大坡度线

由此可见，平面与 H 面的倾角 α 等于直线 AB 与 H 面的倾角，因此，求平面的倾角问题就转化为求平面上坡度线 AB 的倾角问题，即求出了平面上的坡度线，就可以用直角三角形法求出一般位置平面 P 对 H 面的倾角 α。

平面上坡度线，垂直于平面上的水平线，如图 3-42 中的坡度线 AB 垂直于水平线 EF，根据直角投影特性可知，平面上的坡度线的 H 面投影必定垂直于该平面上水平线的 H 面投影，即 $ab \perp ef$。

【例 3-21】　求平面△ABC 对 H 面的倾角 α，如图 3-43（a）所示。

解：△ABC 对 H 面的倾角 α，就是平面的坡度线对 H 面的倾角 α。因此，只要求出平面上坡度线的两面投影，然后用直角三角形法，即可求得坡度线的倾角 α。

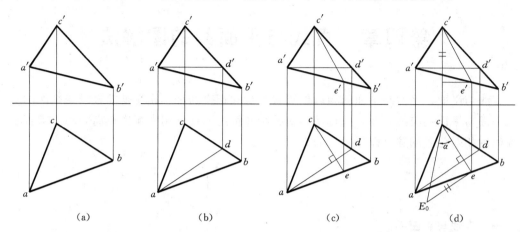

图 3 - 43　求平面对 H 面的倾角

作图：

（1）在△ABC 平面上作水平线 AD。过 a′作水平直线交 b′c′于 d′，由 d′向下作直线交 bc 于 d，连接 ad 即为所求，如图 3 - 43（b）所示。

（2）在△ABC 平面上作坡度线 CE。过 c 向 ad 作垂线，交 ab 于 e，由 e 向上作直线交 a′b′于 e′，连接 c′e′即为所求，如图 3 - 43（c）所示。

（3）用直角三角形法求出 CE 的 α，该角度即为平面对 H 面的倾角 α，如图 3 - 43（d）所示。

第四章 直线与平面间的图解法

直线与平面、平面与平面的相对位置有平行和相交两种，相交是求直线与平面的交点和求平面与平面的交线问题，垂直是相交的特殊情况，通常用来解决距离问题。求直线与平面间的相对位置问题可以用图解的方法解决。

第一节 平 行

一、直线与平面平行

直线与平面平行的几何条件是：如果一直线与平面上的任何一条直线平行，则此直线与该平面平行。

（一）直线与一般位置平面平行

从立体几何中知道，若一直线和平面上的任一直线平行，则此直线与该平面平行。如图 4-1（a）所示，直线 EF 平行于 $\triangle ABC$ 平面上的直线 AD，则直线 EF 与平面 $\triangle ABC$ 平行。

在投影图中，一般位置直线和平面是否平行，通常需借助二直线是否平行以及直线是否在平面上的投影特性来判断。如图 4-1（b）所示，判断直线 EF 与 $\triangle ABC$ 是否平行，只要判断两点：第一，EF 与 AD 是否平行；第二，AD 是否在平面 $\triangle ABC$ 上。图中 $e'f'$ $/\!/a'd'$，$ef/\!/ad$，则 $EF/\!/AD$；AD 在 $\triangle ABC$ 上，因此直线 EF 与平面 $\triangle ABC$ 平行。

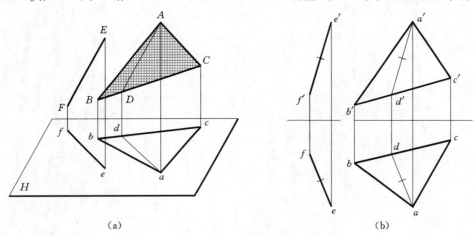

(a)　　　　　　　　　　　(b)

图 4-1　直线与一般位置平面平行

【例 4-1】　过点 M 作一条水平线 MN，如图 4-2（a）所示，使 $MN/\!/\triangle ABC$，且 $MN=30\text{mm}$。

解：如 MN 平行于 $\triangle ABC$ 上的一条水平线，则 MN 就与 $\triangle ABC$ 平行。因此在 $\triangle ABC$ 上作一水平线 AD，使 $MN/\!/AD$。水平线的水平投影反映实长，即 $mn=30\text{mm}$。

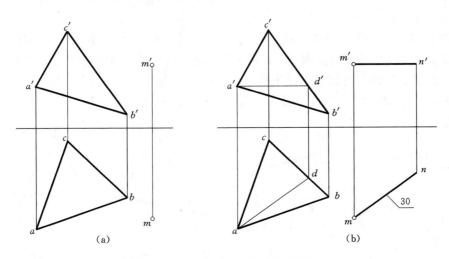

图 4-2　求直线与一般位置平面平行

作图：

（1）过 a' 作一水平直线，与 $b'c'$ 交于 d'。

（2）由 d' 向下作垂线，交 bc 交于 d，连接 ad。

（3）过 m 作直线平行于 ad，长度为 30mm 的端点即为 n。

（4）过 m' 向右作水平线，与过 n 向上作竖直线的交点即为 n'，连接并加深 $m'n'$ 和 mn 即为所求，如图 4-2（b）所示。

（二）直线与投影面垂直面平行

当平面在投影面上有积聚性时，直线的该面投影与平面的积聚投影互相平行，如图4-3（a）所示；反之，如果直线与平面的积聚投影平行，则此直线就与该平面平行，如图 4-3（b）所示，$ef /\!/ abc$，则 $EF /\!/ \triangle ABC$。

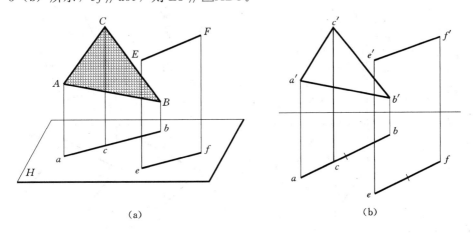

图 4-3　直线与投影面垂直面平行

二、平面与平面平行

两平面互相平行的几何条件是：如果一平面上的两条相交直线分别平行于另一平面上的两条相交直线，此两平面平行。

（一）两一般位置平面平行

如图 4-4（a）所示，$AB /\!/ DE$，$AC /\!/ DF$，其中 AB、AC 在平面 P 上，DE、DF 在平面 Q 上，所以，平面 $P /\!/$ 平面 Q。如果两条相交直线与另外两条相交直线的同面投影互相平行，则相交直线所在的两平面平行。如图 4-4（b）所示，$a'b' /\!/ d'e'$，$ab /\!/ de$，则 $AB /\!/ DE$，$a'c' /\!/ d'f'$，$ac /\!/ df$，则 $AC /\!/ DF$，所以，平面 $\triangle ABC$ 与平面 $\triangle DEF$ 平行。

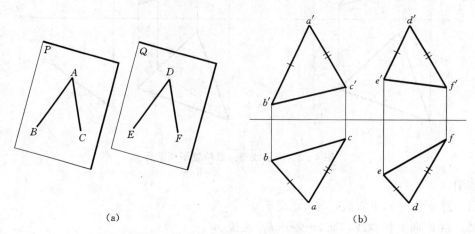

图 4-4　两一般位置平面平行

【例 4-2】　过点 K 作一平面 KMN，使平面 KMN 与两条平行线表示的平面（$AB /\!/ CD$）平行，如图 4-5（a）所示。

解：如过 K 点有两条相交直线 KM、KN 分别平行于平面上的两条相交直线，则两平面平行。由于平面 $AB /\!/ CD$ 由两条平行线组成，因此还需要在平面上作一条辅助线 AC，如果 $KM /\!/ AB$，$KN /\!/ AC$，那么两条相交直线 KM、KN 组成的平面即为所求。

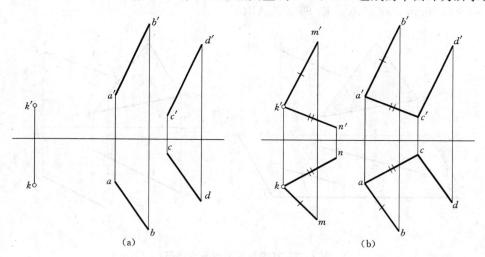

图 4-5　求互相平行的两一般位置平面

作图：

（1）过 k' 作直线 $k'm' /\!/ a'b'$，过 k 作直线 $km /\!/ ab$。

（2）连接 $a'c'$、ac。

（3）过 k' 作 $k'n'$ // $a'c'$，过 k 作 kn // ac，则 $k'm'$、$k'n'$ 和 km、kn 即为所求，如图 4 - 5（b）所示。

（二）两同一投影面的垂直面平行

当两个同一投影面的垂直面平行时，两平面的积聚投影就互相平行，如图 4 - 6（a）所示，平面 P 和 Q 都是铅垂面，若平面 P // 平面 Q，则投影 P_h // Q_h。如果平面 $\triangle ABC$ 和平面 $\triangle DEF$ 的积聚投影平行，abc // def，则平面 $\triangle ABC$ 与平面 $\triangle DEF$ 平行，如图 4 - 6（b）所示。

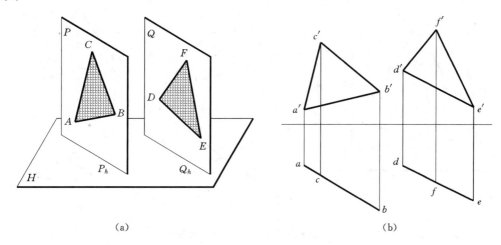

（a）　　　　　　　　　　　　　　（b）

图 4 - 6　两同一投影面的垂直面平行

第二节　相　　交

一条直线与一个平面相交，必定有一个交点，交点是直线与平面的公共点，它的投影兼有直线上的点和平面上的点的投影特性。

平面与平面相交必定有一条交线，交线是两平面的公共线，具有平面上直线的投影特性。

一、特殊位置的相交问题

特殊位置的相交问题，是指两个相交元素中至少有一个元素的投影有积聚性。当平面或直线处于特殊位置时，平面或直线的一个投影有积聚性，交点或交线的两个投影中有一个可以在投影图上直接确定，另一个投影可利用在直线上或平面上定点的方法求出。

设平面不透明，交点把直线分为两段，则一段可见，一段不可见，根据投影图的方位关系，位于平面之上、之前、之左的部分线段，在平面投影轮廓线内的部分为可见，位于平面之下、之后、之右的部分线段，在平面投影轮廓线内的部分被平面遮住为不可见。可见的部分画实线，不可见的部分画虚线。

（一）一般位置直线与投影面垂直面相交

一般位置直线与投影面垂直面相交求交点的问题，是求解相交问题的基础，作图的依据为交点是直线和平面的公共点，如图 4 - 7（a）所示。一般位置直线与投影面垂直面相交的交点，其投影必定落在投影面垂直面的积聚投影上，同时又在该直线的同面投影上，也就是在投影面垂直面的积聚投影和直线的同面投影的交点上，因此就得到了交点的一个投影，根据直线上点的投影特性，便可作出交点的另一个投影。

【例4-3】　　求直线 EF 与平面△ABC 的交点 K，如图4-7（b）所示。

解：平面△ABC 是铅垂面，H 面投影有积聚性，交点 K 的 H 面投影 k 必定在平面的积聚投影 abc 上，同时 K 又在 EF 上，因此 abc 与 ef 的交点就是 K 点在 H 面上的投影 k。V 面投影 k' 用线上定点的方法求出。

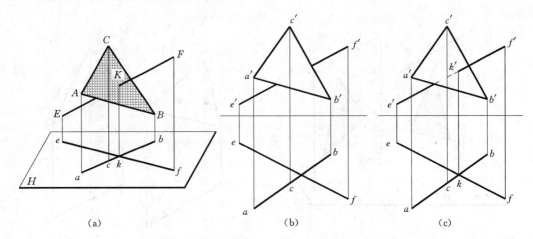

图4-7　一般位置直线与投影面垂直面相交

作图：

（1）abc 与 ef 的交点即为 k。

（2）由 k 向上作垂线，与 $e'f'$ 的交点即为 k'。

（3）判断可见性。K 把直线 EF 分为两段，一段 EK，一段 KF。由 H 面投影可知，在交点 k 的两边，kf 在平面 abc 前面，故 V 面投影 $k'f'$ 可见，画实线；ke 在平面 abc 的后面，则 V 面投影 $e'k'$ 被平面遮住的部分为不可见，画虚线，如图4-7（c）所示。

（二）投影面垂直线与一般位置平面相交

投影面垂直线与一般位置平面相交时，直线有积聚性，直线的积聚投影也是交点的该面投影，因此，平面上交点的一个投影可以直接确定，另一个投影则可利用面上定点的方法求出，如图4-8（a）所示。

【例4-4】　　求直线 EF 与一般位置平面△ABC 的交点 K，如图4-8（b）所示。

解：直线 EF 是铅垂线，H 投影有积聚性，所以交点 K 的 H 面投影 k 必定和直线的积聚投影 $e(f)$ 重合。又因为交点 K 是△ABC 上的点，因此用面上定点的方法，便可求出 K 点的 V 面投影 k'。

作图：

（1）k 在直线的积聚投影 $e(f)$ 上，积聚投影标注为 $e(f)(k)$。

（2）连接 ak，并延长交 bc 与1，由1求得 $1'$，连接 $a'1'$，与 $e'f'$ 的交点即为 k'。

（3）判断可见性。由 H 面投影可知，ab 在 ef 的前面，因此，V 面投影 $a'b'$ 可见，与

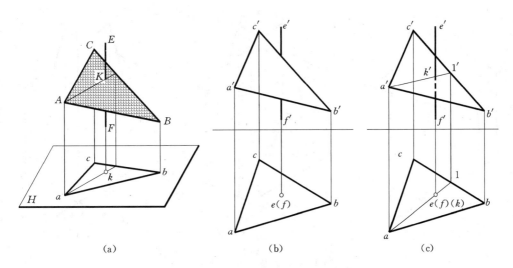

图 4-8　投影面垂直线与一般位置平面相交

$a'b'$交叉的直线$k'f'$不可见，$k'f'$被平面挡住的部分画虚线；$e'k'$可见，画实线，如图 4-8 (c) 所示。

（三）两投影面垂直面相交

两投影面垂直面相交求交线的问题比较简单，在建筑形体中常常见到，如相邻两个墙面的交线垂直于地面，由此可见，垂直于同一个投影面的两平面的交线，也垂直于该平面，并且为该平面的投影面垂直线，如图 4-9 所示，两相交平面△ABC 与△DEF 都是铅垂面，它们的交线KL 必定是铅垂线。

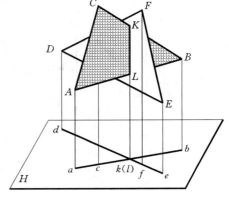

图 4-9　两投影面垂直面相交

【例 4-5】　求两铅垂面△ABC 与△DEF 的交线KL，如图 4-10 (a) 所示。

解：已知两平面为铅垂面，两个平面积聚投影的交点就是交线KL 的 H 面投影kl，并且交线KL 是一条铅垂线，V 面投影$k'l'$用面上取线的方法求出。

作图：

（1）两积聚投影的交点就是交线的 H 面投影kl。

（2）由kl 向上作垂线，在 V 面上求出$k'l'$，$k'l'$是两个平面的公共线，如图 4-10 (b) 所示，k'在$b'c'$上，l在$d'e'$上，连接$k'l'$，即为交线 V 面投影。

（3）判断可见性。①交线是可见部分与不可见部分的分界线，$k'l'$必定可见，画实线；②从 H 面投影可知，在kl 的左边，边线ac 在前，所以 V 面投影$a'c'$可见，画实线；③其余边线的可见性由交叉直线的投影特性来判断，如图 4-10 (c) 所示。

（四）投影面垂直面与一般位置平面相交

投影面垂直面与一般位置平面相交求交线的问题，实质上是求一般位置平面上的两条

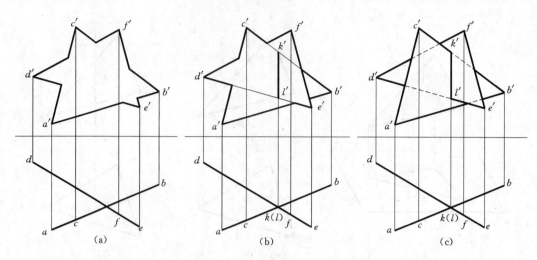

图 4-10 求两铅垂面的交线

边线与投影面垂直面相交求交点的问题，如图 4-11 所示。交线 KL 上的 K 点是平面 $\triangle ABC$ 上的边线 AB 与平面 $DEFG$ 的交点，L 点是边线 BC 与平面 $DEFG$ 的交点，两交点的连线 KL 即为交线。作图时可以用交线的一个投影必定在投影面垂直面的积聚投影上的思路，通过一般位置平面上取线的方法求得。

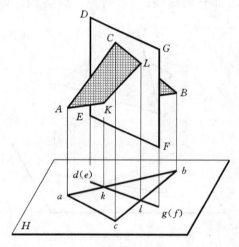

图 4-11 投影面垂直面与一般位置平面相交

【例 4-6】 求一般位置平面 $\triangle ABC$ 与铅垂面 $DEFG$ 的交线 KL，如图 4-12（a）所示。

解：如图 4-12（a）所示的平面 $DEFG$ 是铅垂面，在 H 面上有积聚性，交线 kl 必定在积聚投影 $d(e)g(f)$ 上，因此交线 kl 在 H 面上的投影可以直接求得，V 面投影用面上取线的方法求出。

作图：

（1）在 H 面上直接求出 kl，其中 k 在 ab 上，l 在 bc 上。

（2）在 $a'b'$ 上求出 k'，在 $b'c'$ 上求出 l'，连接 $k'l'$，即为交线的 V 面投影如图 4-12（b）所示。

（3）判断可见性。①交线 $k'l'$ 必定可见，画实线；②边线 ac 在前，则 V 面投影 $a'c'$ 可见，画实线；由于 c' 可见，$c'l'$ 必定也可见，画实线；③根据交叉直线的投影特性，判断出其余线段的可见性，如图 4-12（c）所示。

二、一般位置的相交问题

一般位置的直线和平面相交，或两个一般位置的平面相交，两者都没有积聚性，不能直接在已知的投影图上得到交点或交线的投影，要作辅助平面才能求出。

（一）一般位置的直线与平面相交

一般位置的直线与平面相交求交点，可以通过作辅助平面，把求直线与平面的交点问

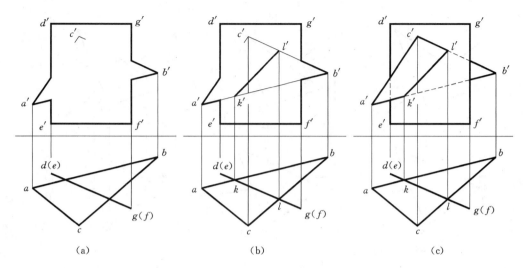

图 4-12　求一般位置平面与铅垂面的交线

题，转化为求同一平面上两直线的交点问题。

如图 4-13 所示，包含直线 AB 作一铅垂面 P，得到一条铅垂面 P 与已知平面 $\triangle CDE$ 的交线 12，12 与 AB 的交点 K 既在直线上，又在平面上，那么 K 就是直线与已知平面的交点，这种方法称为线面交点法，作图步骤如下：

（1）作辅助平面。如包含 AB 作铅垂面 P_H。

（2）求辅助交线。利用 P_H 的积聚性，求出 P 平面与已知平面 $\triangle CDE$ 的交线 12。

（3）求交点。AB 与 12 的交点即为直线与平面的交点 K。

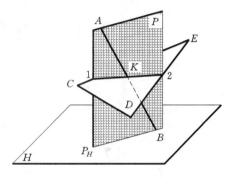

图 4-13　辅助平面法

（4）判断可见性。用重影点的投影特性，判断直线在 H 面和 V 面投影中的可见性。

辅助平面也可以是通过直线 AB 作正垂面，所求交点的结果是一样的。

【例 4-7】　求一般位置直线 AB 与平面 $\triangle ABC$ 的交点 K，如图 4-14（a）所示。

解：两相交的直线 AB 与平面 $\triangle ABC$ 均为一般位置，因此用辅助平面法来求直线与平面的交点。

作图：

（1）作辅助平面。在 H 面上过 ab 作一铅垂面 P_H，如图 4-14（b）所示。

（2）求辅助交线。作 P_H 与 $\triangle cde$ 的交线 12，由 12 作出 $1'2'$，如图 4-14（c）所示。

（3）求交点 K。$1'2'$ 与 $a'b'$ 的交点为 k'，由 k' 向下作垂线，与 ab 的交点即为 k，如图 4-14（d）所示。

（4）判断可见性。①判断 V 面投影的可见性。在 V 面上取直线 AK 与边线 CE 的重影点 $3'(4')$，过 $3'(4')$ 向下作垂线，ak 上的 3 在前，ce 上的 4 在后，因此 V 面投影上的 $a'k'$ 为可见，画实线；另一段 $k'b'$ 被平面 $\triangle abc$ 遮住而不可见，画虚线，如图 4-14（e）

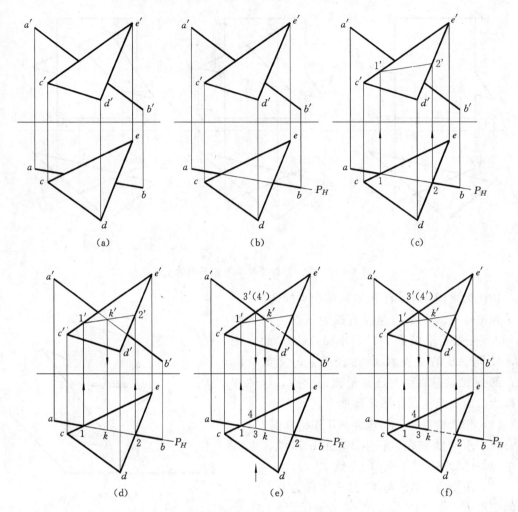

图 4-14　辅助平面法求一般位置直线与平面的交点

所示。②同样的方法，可以判断出 H 面投影的可见性，ak 可见，画实线；kb 不可见，画虚线，如图 4-14（f）所示。

（二）两个一般位置的平面相交

两个一般位置平面相交，交线是两个一般位置平面的公共线，也是两个一般位置平面上两个公共点的连线。

线面交点法求两个一般位置平面的交线，就是在两平面上取两条边线，分别求出这两条边线对另一个平面的两个交点，将这两个交点连接起来成为两平面的交线。这两条边线可以同在一个平面上，如图 4-15（a）所示的 DE 和 EF；也可分别属于两个平面，如图 4-15（b）中的 BC 和 DE，作出的交线是同一条，只是平面图形有一定的范围，两平面的相交部分也有一定的范围，而交线必定是两个平面的公共部分。由此可见，两个一般位置平面相交求交线的问题，可以转化为求直线与平面的交点问题。

两个一般位置平面交线的可见性判断，仍用交叉直线重影点的判别方法来进行判断。

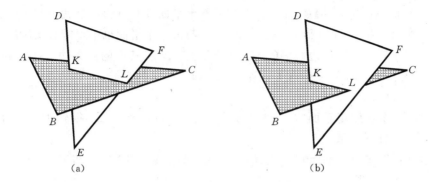

图 4-15 两个一般位置的平面相交

【例 4-8】 求两个一般位置平面△ABC 和△CDE 的交线，如图 4-16（a）所示。

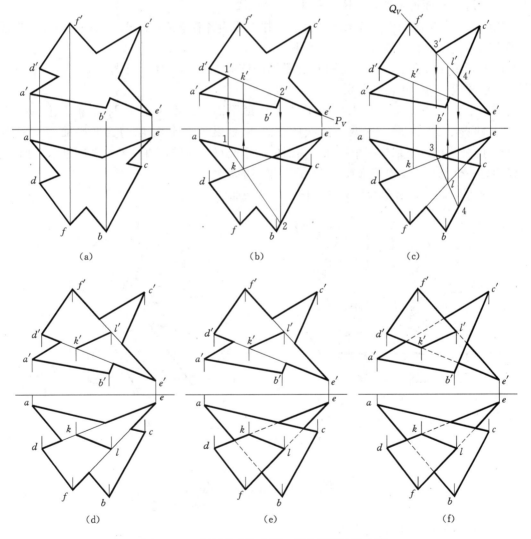

图 4-16 线面交点法求两一般位置平面的交线

解： 在 V 面投影中，边线 $a'b'$、$d'f'$ 与另一个平面没有重影，这就说明了交点不可能在这两条边线上，在 H 面投影上，边线 df、bc 与另一个平面也不可能有实际的交点，因此交点只可能在其余的三条边线 AC、DE、EF 上。选取其中的两条边线 DE 和 EF，分别作出它们与 $\triangle ABC$ 的交点 K 和 L，连接 KL 即为所求的交线。

作图：

（1）过 $d'e'$ 作辅助正垂面 P_V，求出 P_V 与 $\triangle ABC$ 的交线 12，得到 12 与 DE 的交点 K，如图 4 – 16（b）所示。

（2）过 $f'e'$ 作辅助正垂面 Q_V，求出 Q_V 与 $\triangle ABC$ 的交线 34，得到 34 与 EF 的交点 L，如图 4 – 16（c）所示。

（3）连接 $k'l'$ 和 kl，即为交线的两面投影，如图 4 – 16（d）所示。

（4）判断 H 面可见性，如图 4 – 16（e）所示。

（5）判断 V 面可见性，如图 4 – 16（f）所示。

因图 4 – 16 例题的作图线太多、太密，作者怕读者看不清，故将作图线在后面的作图步骤中隐去，但读者在自行作图时应保留。

两平面相交的第三种情况是两相交平面的交线在两平面图形之外，如图 4 – 17（a）所示，这种情况通常用辅助平面法求得交线。

辅助平面法是设立一个水平面 P 作为辅助平面，分别求出 P 与已知平面 $\triangle ABC$、$\triangle DEF$ 的交线 12 和 34，这两条交线的交点 K 就是辅助平面 P 与已知平面 $\triangle ABC$ 和 $\triangle DEF$ 的公共点，也是这两个平面扩展后的一个交点，同样，再设立一个辅助水平面 Q，可得到另一个交点 L，连接 KL，即为这两平面的交线。

如图 4 – 17（b）所示为用辅助平面法求两平面的交线。

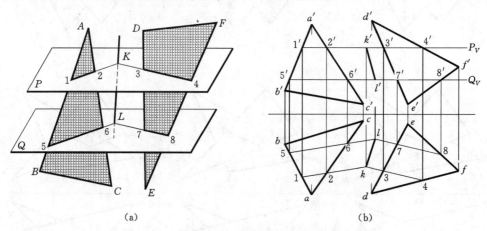

（a）　　　　　　　　　　　　　　　（b）

图 4 – 17　辅助平面法求两一般位置平面的交线

第三节　垂　直

一、直线与一般位置平面垂直

直线与平面垂直的几何条件是：如果直线垂直于平面上的两条相交直线，则直线与该平面垂直；反之，若直线与平面垂直，那么此直线就垂直于该平面上的任何直线。

如图 4-18（a）所示，直线 AB 与 CD、EF 两条相交直线垂直，那么 AB 就垂直于这两条直线所组成的平面 $CD \times EF$。

在投影图上如何选择这一对相交直线，是求垂直问题的关键。一般情况下通常选择平面上的一条水平线和一条正平线，根据直角投影的特性，如果直线与正平线的正面投影在 V 面上成直角，与水平线的水平投影在 H 面的上成直角，那么该直线就与这两条特殊位置直线所在的平面垂直。如图 4-18（b）所示，AD 为 $\triangle ABC$ 上的一条水平线，其 H 面投影与直线 KL 垂直，即 $kl \perp ad$，CE 为 $\triangle ABC$ 上的一条正平线，其正面投影与直线 KL 垂直，即 $k'l' \perp c'e'$，因此，直线 AB 与平面 $\triangle ABC$ 垂直。

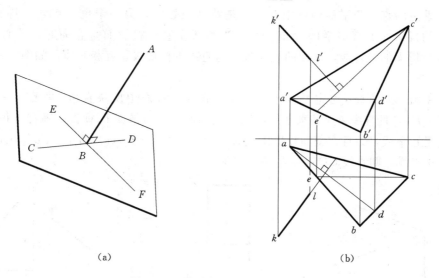

(a)   (b)

图 4-18 直线与一般位置平面垂直

【例 4-9】 过点 A 作平面 $\triangle ABC$ 垂直于一般位置直线 EF，如图 4-19（a）所示。

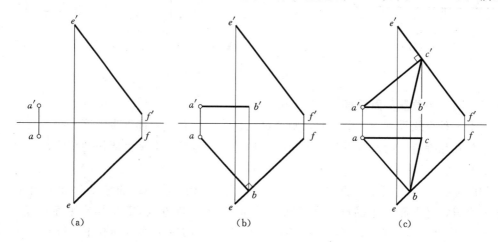

(a)   (b)   (c)

图 4-19 过点作平面垂直于一般位置直线直线

　　解：根据直线与平面垂直的几何条件，若平面△ABC与直线EF垂直，那么直线EF就必须垂直于平面上的两条相交直线。过A点分别作两条相交直线，一条为水平线AB，另一条为正平线AC，若AB⊥EF，AC⊥EF，则由AB和AC所组成的平面必定垂直于直线EF。

　　作图：

　　（1）过a作ab⊥ef，过a′作OX轴的平行线a′b′，此时AB⊥EF，如图4-19（b）所示。

　　（2）过a′作a′c′⊥e′f′，过a作OX轴的平行线ac，此时AC⊥EF。

　　（3）连接b′c′、bc，△a′b′c′和△abc即为所求，如图4-19（c）所示。

二、直线与投影面垂直面垂直

　　互相垂直的直线与平面两者中有一个是特殊位置时，另一个也一定处于特殊位置，并在相应的投影面上直接反映直角关系。当直线垂直于投影面垂直面时，此直线必定是一条该投影面的平行线，平面的该面投影与直线的同面投影互相垂直，如图4-20（a）所示。

　　垂直于铅垂面的直线必定是水平线，并且在水平投影中反映直角，如图4-20（b）所示，ab⊥P_H，且直线AB是水平线，则直线AB必定与平面P垂直。垂直于正垂面的直线必定是正平线，并且在正面投影中反映直角，如图4-20（c）所示，c′d′⊥Q_V，且直线CD是正平线，则直线CD必定与平面Q垂直。

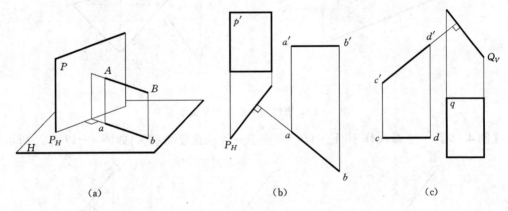

图4-20　直线与投影面垂直面垂直

三、两一般位置平面垂直

　　如果一条直线垂直于一个平面，则通过此直线的所有平面都垂直于该平面；反之，如果两平面互相垂直，则通过第一个平面上的任意一点向第二个平面所作的垂线，一定在第一个平面上。

　　如图4-21（a）所示，直线AB垂直于平面P，则包含AB的平面Q和平面R都垂直于平面P，过平面Q上的点C向平面P作垂线CD，则直线CD必定在平面Q上。

　　如图4-21（b）所示，直线EF垂直于平面T，但EF不在平面S上，则平面S和平面T不垂直。

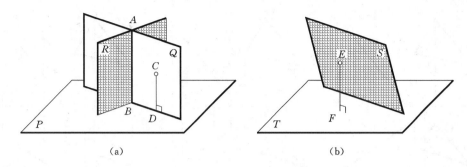

图 4 - 21　两一般位置平面垂直

第四节　点、直线、平面的综合题

空间几何元素大多数不是单一的，而是点、直线和平面的综合，这些问题的图解通常分为定位问题和度量问题。定位问题是指满足一定要求的几何元素的位置问题，度量问题是解决几何形体本身的或相互间的形状、大小、方向和距离等问题。

当点、直线和平面本身或相互之间对投影面处于的特殊位置时，通常能够在投影图中直接反映定位和度量问题，或使问题简化。当直线和平面处于一般位置时，就要通过作图来解决。有些问题比较复杂，解题时需要同时满足几个条件，这种类型的题目称为综合题。

解综合题时，通常要用到轨迹的概念。当一个问题要满足几个条件时，可先考虑一个条件，这时满足这个条件的解往往有无数个，形成了一个轨迹，然后再考虑满足另一个条件的解，又形成了一个轨迹，有 n 个条件就有 n 个轨迹，最后求出它们的交轨，这就是满足所有条件的解。

在解题的过程中，要注意以下几点：

（1）分析题意。主要是分析已知条件和求作的几何元素之间的关系，建立空间模型。

（2）确定方案。根据点、直线和平面及其相对位置的投影特性和几何条件，用推理的方法确定解题的步骤。

（3）作投影图。按照确定的解题方案，在投影图中逐步准确作图，最后得出求解结果。

【例 4 - 10】　过点 F 作直线 FG，使 FG 与 $\triangle ABC$ 平面平行，与直线 DE 相交，且 G 点在直线 DE 上，如图 4 - 22（a）所示。

解： FG 与 $\triangle ABC$ 平面平行，则 FG 必定在过 F 点并且与 $\triangle ABC$ 平行的平面 $\triangle F12$ 上；G 点在过 F 点的平面 $\triangle F12$ 上，同时又在 DE 直线上，那么平面 $\triangle F12$ 与直线 DE 的交点即为 G 点，连接 FG 即为所求。

作图：

（1）过 f' 作平面 $\triangle f'1'2' /\!/ \triangle a'b'c'$，过 f 作平面 $\triangle f12 /\!/ \triangle abc$，如图 4 - 22（b）所示。

（2）求直线 DE 与 $\triangle F12$ 的交点 g'、g。

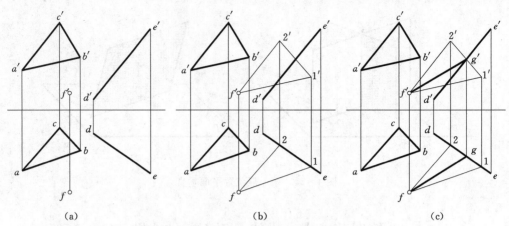

图 4-22　求直线 FG 与平面平行与直线相交

（3）连接 $f'g'$、fg 即为所求，如图 4-22（c）所示。

【例 4-11】　求矩形 ABCD 的两面投影，如图 4-23（a）所示。

解：矩形的邻边互相垂直，即 $AB \perp BC$，BC 是一般位置的直线，AB 和 BC 的垂直关系在投影图上不反映，但 AB 必定在过 B 点且垂直于 BC 的平面上，先过 B 作平面垂直于直线 BC，然后在平面上求出 A 点的水平投影 a，最后根据矩形的对边平行且相等，分别过 A 和 C 作矩形的对边 AD 和 CD。

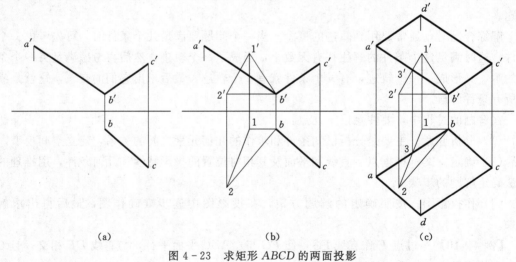

图 4-23　求矩形 ABCD 的两面投影

作图：

（1）过 B 作平面 $\triangle B12 \perp BC$。$B1$ 为正平线，作水平直线 $b1$，$b'1' \perp b'c'$；$B2$ 为水平线，作水平直线 $b'2'$，$b2 \perp bc$；连接 $1'2'$、12，如图 4-23（b）所示。

（2）A 点在 $\triangle B12$ 上，由辅助点 3 求出 A 点的水平投影 a。

（3）分别过 a' 和 a 作直线 $a'd' // b'c'$、$ad // bc$，过 c' 和 c 作直线 $c'd' // a'b'$、$cd // ab$，矩形 $a'b'c'd'$、$abcd$ 即为所求，如图 4-23（c）所示。

【例 4-12】　求点 K 到平面 $\triangle ABC$ 的距离 KL，如图 4-24（a）所示。

解： 距离问题就是垂直问题，直线与平面都是一般位置，投影图上不反映垂直关系，从点 K 向平面 $\triangle ABC$ 作垂线，求出垂线与 $\triangle ABC$ 的垂足 L，用直角三角形法求出 KL 的实长，即为点 K 到 $\triangle ABC$ 的距离。

作图：

（1）在平面 $\triangle ABC$ 上作正平线 AD，即 ad、$a'd'$；过 k' 作直线垂直 $a'd'$，如图 $4-24$（b）所示。

（2）在平面 $\triangle ABC$ 上作水平线 BE，即 $b'e'$、be；过 k 作直线垂直 be，此时过 K 点的直线必定垂直于 $\triangle ABC$，如图 $4-24$（c）所示。

（3）求过 K 点的垂线与 $\triangle ABC$ 的交点 L，如图 $4-24$（d）所示。

（4）用直角三角形求出实长 KL，KL 即为点 K 到 $\triangle ABC$ 的距离，如图 $4-24$（e）所示。

（5）判断可见性，如图 $4-24$（f）所示。

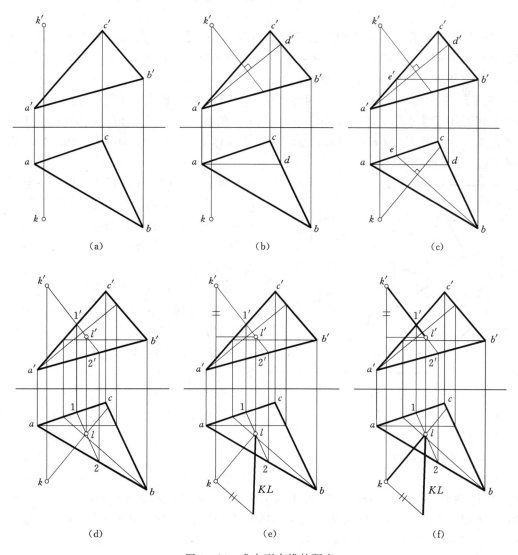

图 $4-24$　求点到直线的距离

第五章 换 面 法

前已述及，当直线或平面平行于投影面时，其投影反映实长或实形；当直线或平面垂直于投影面时，其投影有积聚性，当几何元素对投影面处于一般位置时，作图比较复杂，为了作图简捷和求解方便，可改变空间几何元素与投影面的相对位置，这种方法称为投影变换。

投影变换有变换投影面和旋转空间几何元素两种方法，变换投影面法简称换面法。

第一节 概 述

换面法是在两投影面体系中设置一个新的投影面，新投影面与原有的一个投影面垂直，并取代另一个原有的投影面，从而构成一个新的两投影面体系，在这个新的两投影面体系中，空间几何元素处于有利于解题的位置。

如图 5-1 所示，在 V/H 投影面体系中，平面 $\triangle ABC$ 垂直于 H 面，它在 H 面和 V 面的投影都不反映实形。若设立一个垂直于 H 面的新投影面 V_1，使新投影面 V_1 平行于平面 $\triangle ABC$，则在 V_1 与 H 面构成的新的两投影面体系 V_1/H 中，平面 $\triangle ABC$ 在 V_1 面上的投影 $\triangle a_1'b_1'c_1'$ 反映实形。

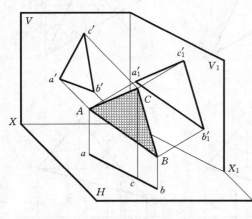

图 5-1 换面法

从图 5-1 中可以看出，换面法就是保持空间几何元素的位置不变，设立一个新的投影面体系来代替旧的投影面体系，使空间几何元素在新的投影面体系中处于有利于解题的特殊位置。

新投影面设置的基本条件：

（1）几何元素在新的投影面体系中处于有利于解题的位置。

（2）新投影面必须垂直于原来的一个投影面，如图 5-1 中的 $V_1 \perp H$。

新的投影面体系建立后，怎样根据原有的投影作出新投影呢？点的变换规律是投影变换的基础。

一、点的变换规律

如图 5-2（a）所示，a 和 a' 是点 A 在 V/H 投影面体系中的两面投影，现增设一个垂直于 H 面的 V_1 面，在新的投影面体系 V_1/H 中，称 V_1 为新投影面，H 为保留投影面，V 为旧投影面，X 为旧投影轴，简称旧轴，V_1 面和 H 面的交线 X_1 为新投影轴，简称新轴。点 A 在 V_1 面上的投影称为新投影，新投影加注角1，用 a_1' 表示，H 面上的投影 a 称为保留投影，V 面投影 a' 称为旧投影。

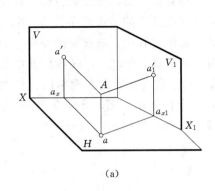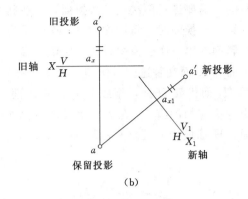

(a)   (b)

图 5-2　点的变换规律

投影图展开如图 5-2（b）所示，将 V_1 面绕新轴 X_1 旋转 90°，使 V_1 面与 H 面重合，旋转方向由 V_1 面的位置而定，V_1 面又随同 H 面一起绕 X 轴旋转与 V 面重合，旋转后的新投影、保留投影和旧投影不宜重叠，这样就得到点 A 在 V/H 投影面体系和在 V_1/H 投影面体系中的投影图。为了区别不同的投影面体系，应在投影轴的两侧注上相应的投影轴和投影面名称。

由于 $V_1 \perp H$，根据投影特性，a_1' 和 a 的连线必定与 X_1 轴垂直，即 $a_1'a \perp X_1$。H 面是新旧投影面体系的公共投影面，点 A 到 H 面的距离在新旧投影面体系中都能反映出来，即 $a_1'a_{x1} = Aa$，$a'a_x = Aa$，由此可得点在换面法中的变换规律：

（1）点的新投影和保留投影的连线垂直于新轴。

（2）点的新投影到新轴的距离等于点的旧投影到旧轴的距离。

若设垂直于 V 面的 H_1 面为新投影面，如图 5-3（a）所示，此时的旧投影面为 H 面，保留投影面为 V 面，点 A 在 H_1 面上的新投影用 a_1 表示。根据点的变换规律，点 A 在 H_1 面上的新投影 a_1 的作图步骤如图 5-3（b）所示。

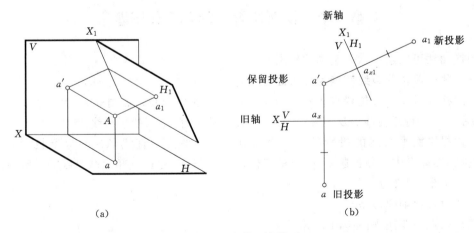

(a)   (b)

图 5-3　点的一次换面

二、点的二次换面

上述建立的新投影面体系 V_1/H 和 V/H_1 都是变换了一次投影面。有时一次换面不能达到目的，需要进行两次或三次换面，即在新的投影面体系中继续增加更新的投影面。

在第二次换面时，新增加的投影面应垂直于第一次变换中的新投影面，第一次变换时的新投影面在第二次变换中就成为保留投影面。在换面的过程中，每次只能变换一个投影面，V 面和 H 面交替进行。例如，第一次由 V_1 面代替 V 面，组成 V_1/H 投影面体系，第二次用 H_2 面代替 H 面，组成 V_1/H_2 投影面体系，第二次变换时的新投影面、新轴以及新投影等都应加注脚 2，在第二次换面时仍然用点的变换规律作图，此时 V_1 面成为保留投影面，H 面成为旧投影面，X_2 成为新轴，X_1 成为旧轴，如图 5-4（a）所示。

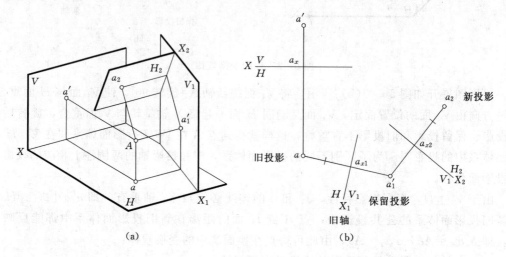

图 5-4　点的二次换面

点的二次换面的作图步骤如图 5-4（b）所示，第一次变换 V_1 面，设立新轴 X_1，过 a 向 X_1 作垂线，$aa_{x1} \perp X_1$，由 $a_1'a_{x1} = a'a_x$ 得到 a_1'；第二次变换 H_2 面，设立新轴 X_2，过 a_1' 向 X_2 作垂线，$a_1'a_{x2} \perp X_2$，由 $a_2 a_{x2} = aa_{x1}$ 得到 a_2。

第二节　换面法解决的基本作图题

用换面法可以解决六个基本的作图问题。

一、将一般位置直线变换为投影面平行线

一次换面可将一般位置直线变换为另一投影面的平行线，如图 5-5（a）所示，设置新投影面 V_1 平行于直线 AB，在 V_1 面上，直线 AB 为 V_1 面的平行线。

根据投影面平行线的投影特性，设置新轴 X_1 平行于直线 AB 的保留投影 ab，在 V_1/H 投影面体系中，新投影 $a_1'b_1'$ 反映实长，$a_1'b_1'$ 与 X_1 轴的夹角反映直线 AB 对 H 面的倾角 α，作图步骤如图 5-5（b）所示。

（1）设置新轴 $X_1 /\!/ ab$。

（2）按点的变换规律作出 a_1' 和 b_1'。

（3）连接 $a_1'b_1'$，即为 AB 在 V_1 面上的新投影。

同样，可用 H_1 面替代 H 面，作 $X_1 /\!/ a'b'$，在 V/H_1 的投影面体系中，直线 AB 变换成为 H_1 面的平行线，可以得到直线 AB 对 V 面的倾角 β。

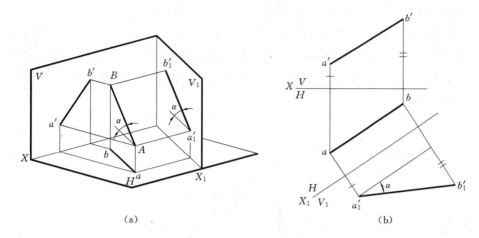

(a)   (b)

图 5-5　将一般位置直线变换为投影面平行线

二、将投影面平行线变换为投影面垂直线

一次换面可将投影面平行线变换成另一投影面的垂直线，如图 5-6（a）所示，设置新投影面 H_1 垂直于直线 AB，在 H_1 面上，直线 AB 为 H_1 面的垂直线。

根据投影面垂直线的投影特性，设置新轴 X_1 垂直于直线 AB 的投影 $a'b'$，在 V/H_1 投影面体系中，新投影 $a_1(b_1)$ 积聚为一点，作图步骤如图 5-6（b）所示。

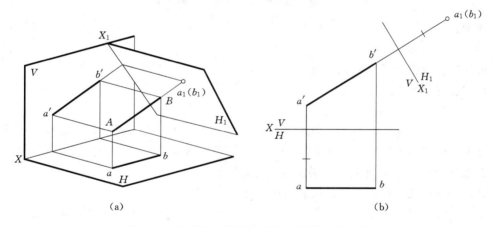

(a)   (b)

图 5-6　将投影面平行线变换为投影面垂直线

作图：

（1）设置新轴 $X_1 \perp a'b'$。

（2）按点的变换规律作 a_1 和 b_1，此时 a_1、b_1 必定积聚为一点，标注为 $a_1(b_1)$。

三、将一般位置直线变换为投影面垂直线

要将一般位置直线变换为投影面垂直线，只作一次换面是不可能实现的，因为垂直于一般位置直线的平面，必然也是一般位置平面，不符合换面法中设置新投影面的基本条件。若直线为某投影面的平行线，则可以设立一个新的投影面，同时垂直于直线和相应的投影面，如图 5-6（a）中的 H_1 面，而投影面平行线可以经一次换面变为投影面垂直线，

此时的新轴应垂直于直线的实长投影，如图 5-6（b）所示中 $X_1 \perp a'b'$。

　　因此，两次换面可将一般位置直线变换成投影面垂直线，如图 5-7（a）所示，第一次设置新投影面 V_1 平行于直线 AB，先将一般位置直线变换为 V_1 面的平行线，第二次设置新投影面 H_2 垂直于直线 AB，再将 V_1 面的平行线变换为 H_2 面的垂直线，作图步骤如图 5-7（b）所示。

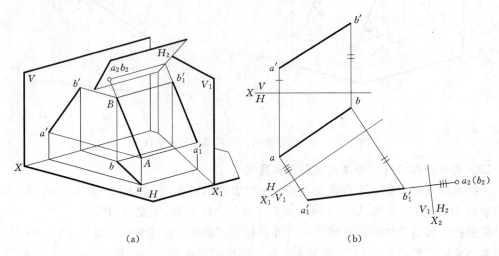

(a)　　　　　　　　　　　　　　(b)

图 5-7　将一般位置直线变换为投影面垂直线

作图：

（1）设置新轴 $X_1 /\!/ ab$。

（2）作出投影面平行线 $a_1'b_1'$。

（3）设置新轴 $X_2 \perp a_1'b_1'$。

（4）作出投影面垂直线 a_2b_2。

　　如果先作 H_1 面代替 H 面，同样也能将一般位置直线变换为投影面垂直线。先设 H_1 面，在 V/H_1 投影面体系中，直线 AB 成为 H_1 面的平行线，再作 V_2 面代替 V 面，在 V_2/H_1 投影面体系中，直线 AB 则成为 V_2 面的垂直线。

四、将一般位置平面变换为投影面垂直面

　　由几何知识可知，如果平面内有一直线垂直于另一平面，则两平面互相垂直。因此，只要在一般位置平面内取一直线，将该直线变换为投影面的垂直线，平面也随之变换为该投影面的垂直面。由前述直线的变换可知，一般位置直线需要二次换面才能成为投影面的垂直线，而投影面平行线只需一次换面即可成为投影面垂直线。

　　如图 5-8（a）所示，先在平面内取一条水平线 AD，设置新投影面 V_1 垂直于直线 AD，将 AD 变换为投影面垂直线，在新的 V_1/H 投影面体系中平面 $\triangle ABC$ 即变为投影面垂直面，同时还能反映平面对 H 面的倾角 α，作图步骤如图 5-8（b）所示。

作图：

（1）在 $\triangle ABC$ 平面上作一条水平线 AD，其投影为 $a'd'$、ad。

（2）设置新轴 $X_1 \perp ad$。

（3）作出 $\triangle ABC$ 的新投影 $a_1'b_1'c_1'$，此时 $a_1'b_1'c_1'$ 必定积聚为一条直线。

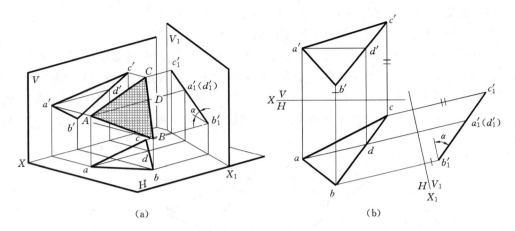

图 5-8 将一般位置平面变换为投影面垂直面

（4）平面的积聚投影 $a_1'b_1'c_1'$ 与 X_1 轴的夹角等于平面 $\triangle ABC$ 对 H 面的倾角 α。

如果在平面上取一条正平线，则应设立 H_1 面垂直于该正平线，同样也可将 $\triangle ABC$ 变换为 H_1 面的垂直面，得到平面对 V 面的倾角 β。

五、将投影面垂直面变换为投影面平行面

一次换面可将投影面垂直面变换成投影面平行面，如图 5-9（a）所示，设置新投影面 V_1 平行于平面 $\triangle ABC$，在 V_1 面上，$\triangle a_1'b_1'c_1'$ 反映实形。在图 5-9（b）中，根据投影面平行面的投影特性，设新轴 X_1 平行于平面 $\triangle ABC$ 的积聚投影 abc，在 V_1/H 投影面体系中，新投影 $\triangle a_1'b_1'c_1'$ 必定为平面的实形，作图步骤如图 5-9（b）所示。

作图：

（1）设置新轴 $X_1 /\!/ abc$。

（2）按点的变换规律作出新投影 a_1'、b_1' 和 c_1'。

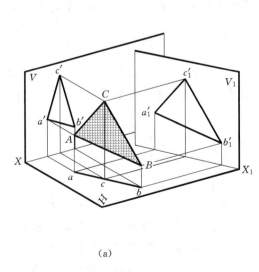

(a)

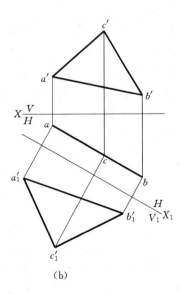

(b)

图 5-9 将投影面垂直面变换为投影面平行面

（3）连接△$a_1'b_1'c_1'$，此时△$a_1'b_1'c_1'$ 为平面△ABC 的实形。

六、将一般位置平面变换为投影面平行面

如果设立一个新的投影面平行于一般位置平面，该新投影面必定还是一般位置平面，因此，一次换面不能将一般位置平面变为投影面平行面，需要进行两次换面才能将一般位置平面变换为投影面平行面，如图 5 - 10（a）所示，第一次先将一般位置平面变换为投影面垂直面，第二次再将该投影面垂直面变换为投影面平行面，作图步骤如图 5 - 10（b）所示。

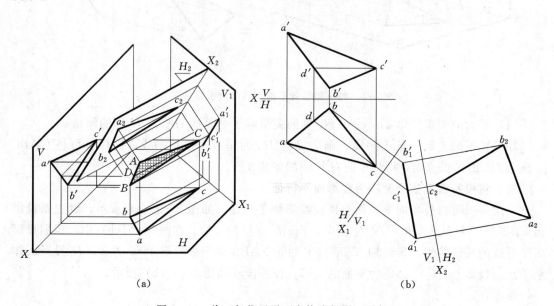

（a）   （b）

图 5 - 10   将一般位置平面变换为投影面平行面

作图：

（1）一次换面。在△ABC 平面上作一条水平线 CD，设置 $X_1 \perp cd$，作出△ABC 平面在 V_1 面上的积聚投影 $a_1'b_1'c_1'$。

（2）二次换面。设置 $X_2 // a_1'b_1'c_1'$。

（3）作出△ABC 在 H_2 面上的投影△$a_2b_2c_2$，此时△$a_2b_2c_2$ 即为平面△ABC 的实形。

也可以第一次换面将△ABC 变换为 H_1 面的垂直面，第二次换面将△ABC 变换为 V_2 面的平行面，请读者自己试作。

第三节   换 面 法 的 应 用

从前几章中得知，能在投影图中直接反映点、直线、平面定位和度量关系的部分例子如图 5 - 11 所示，在这些特殊位置时，实长、实形、倾角、距离和夹角等都在水平投影中直接反映出来，图 5 - 11 中 D 表示距离，φ 表示夹角，填充图形表示平面实形。

解题时，如果点、直线、平面不处于上述位置，可根据具体情况用换面法将它们进行变换，使几何元素在新的投影面体系中处于上述位置后再进行解题。

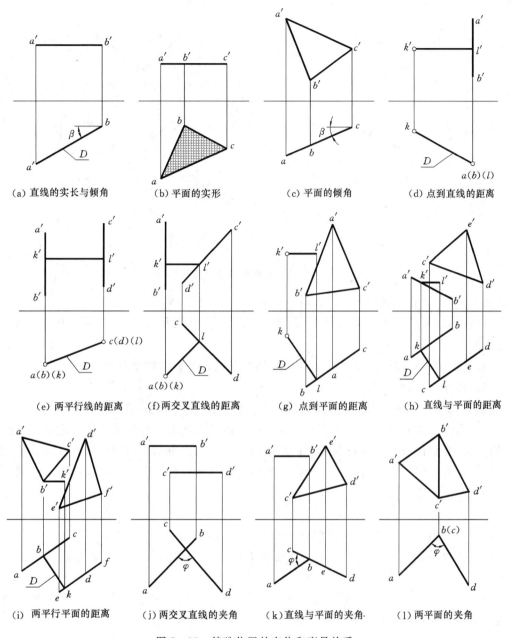

图 5-11 特殊位置的定位和度量关系

【例 5-1】 已知直线 $AB \perp BC$，求直线 AB 的 H 面投影，如图 5-12（a）所示。

解： 根据直角投影定理，当垂直相交的两条直线中有一条直线是某个投影面的平行线时，此两直线在该投影面上的投影仍然互相垂直，如图 3-31 所示。为了能在投影图中作出直角，需将一般位置直线 BC 变换为投影面的平行线，使两直线在新投影面中互相垂直，作图步骤如图 5-12（b）所示。

作图：

（1）把直线 BC 变换为投影面平行线。建立 V_1/H 投影体系，设置新轴 $X_1 \mathbin{/\mkern-6mu/} bc$，将 $b'c'$

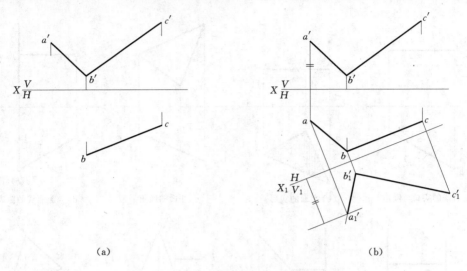

（a）　　　　　　　　　　　　　（b）

图 5 - 12　求矩形的两面投影

变换到 V_1 面上，作出投影 $b_1'c_1'$，此时 $b_1'c_1'$ 为 V_1 面的平行线。

（2）过 b_1' 作 $b_1'c_1'$ 的垂线；再作 X_1 轴的平行线，间距为点 a' 到 X 轴的距离，两直线的交点即为 a_1'。

（3）过 a' 向 X 轴作垂线，过 a_1' 向 X_1 轴作垂线，两直线的交点即为 a。

（4）连接 ab 即为所求。

【例 5 - 2】　求两交叉直线 AB、CD 的公垂线 KL，如图 5 - 13 （a）所示。

解：当两交叉直线中有一条直线是某投影面的垂直线时，公垂线 KL 必定是该投影面的平行线，在该面投影上 KL 反映实长，如图 5 - 11 （f）所示。由于已知两直线 AB、CD 均为一般位置直线，需进行二次换面，作图时选择 AB 直线来设置新的投影面，作图步骤如图 5 - 13 （b）所示。

作图：

（1）设置新轴 $X_1 /\!/ ab$，作出两直线在 V_1 面上的投影 $a_1'b_1'$、$c_1'd_1'$。

（2）设置新轴 $X_2 \perp a_1'b_1'$，作出两直线在 H_2 面上的投影 a_2b_2、c_2d_2，此时 a_2b_2 积聚为一点。

（3）公垂线上 K 点的投影 k_2 必定在 a_2b_2 上，过 $a_2(b_2)$ 作 $k_2l_2 \perp c_2d_2$，k_2l_2 即为公垂线 KL 在 H_2 面上的投影，它反映了 KL 的实长。

（4）将 k_2l_2 返回到 V_1/H、V/H 投影体系中，得到投影 k'、l'、k、l，连接 $k'l'$、kl，即得两交叉直线的公垂线的两面投影。

【例 5 - 3】　已知直线 AB 平行于平面 $\triangle CDE$，求 AB 与 $\triangle CDE$ 的距离 D 及直线 AB 的 H 面投影，如图 5 - 14 （a）所示。

解：当直线与平面是某投影面的平行线和垂直面时，该面投影可以反映直线和平面的距离，如图 5 - 11 （h）所示。已知 $\triangle CDE$ 是一般位置平面，一次换面即可将 $\triangle CDE$ 变换为投影面的垂直面，作图步骤如图 5 - 14 （b）所示。

作图：

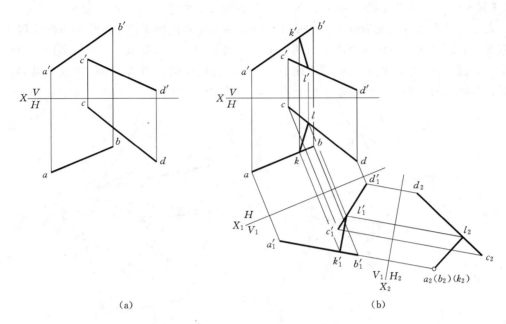

(a)   (b)

图 5-13 求两交叉直线的公垂线

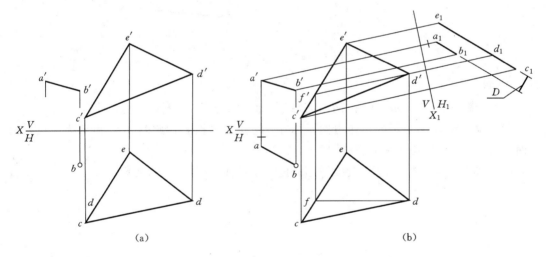

(a)   (b)

图 5-14 求直线与平面的距离

（1）在△CDE 上作一条正平线 DF，投影为 df、d'f'。

（2）设置新轴 $X_1 \perp d'f'$，作出△CDE 在 H_1 面上的积聚投影 $c_1 d_1 e_1$ 和点 B 的投影 b_1。

（3）过 b_1 作 $c_1 d_1 e_1$ 的平行线，过 a' 向 X_1 作垂线，两直线的交点即为 a_1。

（4）连接 $a_1 b_1$，$a_1 b_1$ 与 $c_1 d_1 e_1$ 之间的距离即为直线 AB 与△CDE 的距离 D。

（5）将 a_1 返回到 V/H 投影体系中，得到投影 a，连接 ab，即得到直线 AB 的 H 面投影。

【**例 5 - 4**】　求两平面△ABC、△ABD 的夹角 φ，如图 5 - 15（a）所示。

　解：当两平面的交线为投影面的垂直线时，两平面在该投影面上的投影分别积聚为两条直线，它们之间的夹角即为两平面的夹角，如图 5 - 11（l）所示。已知两平面为一般位置平面，需进行二次换面，选择两平面的交线 AB 进行换面，当 AB 变换为投影面的垂直线时，两平面均变换成了该投影面的垂直面，作图步骤如图 5 - 15（b）所示。

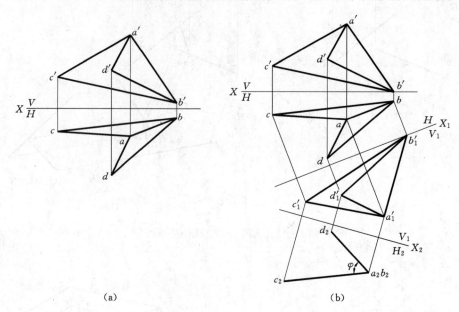

（a）　　　　　　　　　　　　　　　　　　　　　（b）

图 5 - 15　求两平面的夹角

作图：

（1）设置新轴 $X_1 \parallel ab$，作出两平面在 V_1 面上的投影△$a_1'b_1'c_1'$、△$a_1'b_1'd_1'$。

（2）设置新轴 $X_2 \perp a_1'b_1'$，作出两平面在 H_2 面上的投影，此时 a_2b_2 积聚为一点，两平面 $a_2b_2c_2$、$a_2b_2d_2$ 均积聚为直线。

（3）在 H_2 面上两平面积聚投影的夹角 $\angle c_2a_2d_2$ 即为两平面的夹角 φ。

第六章 平 面 立 体

基本形体分为平面立体和曲面立体两大类，由若干个多边形平面围成的立体称为平面立体，常见的平面立体有棱柱、棱锥、棱台等，又可归纳为棱柱和棱锥两种。本章介绍平面立体的投影、平面立体的截交线以及同坡屋面交线的作图方法。

第一节 平面立体的投影图

平面立体的各个表面都是平面，平面立体的投影由其表面的投影来表示，即画出各个平面的投影。平面与平面的交线是棱线，棱线与棱线的交点是顶点，因此平面立体的投影，实际上就是作出组成平面立体的平面、棱线和顶点的投影。

假设平面立体是不透明的，则平面立体的每个投影图都有可见表面和不可见表面的投影，因此画平面立体的投影图，应先判断其可见性，可见的棱线画实线，不可见的棱线画虚线，虚线和实线的投影重合时画实线。可见性的判断规律和画法如下：

（1）平面立体各个投影的外轮廓线都是可见的。

（2）可见棱面与可见棱面的交线必定可见，不可见棱面与不可见棱面的交线必定不可见。

（3）在轮廓线内如有三条棱线交于一点，则这三条棱线的可见性是相同的，或全可见，或全不可见。

一、棱柱

棱柱由两个多边形表面和多个棱面组成，多边形表面也称底面（或端面），它反映了棱柱的特征，相邻棱面的交线称为棱线，棱柱的各条棱线互相平行，棱线垂直于底面的棱柱称为直棱柱，棱线倾斜于底面的棱柱称为斜棱柱，底面（或端面）为正多边形的直棱柱，称为正棱柱。

画投影图时应先画出能反映棱柱特征的底面（或端面）的投影图，再画出棱线的投影图。底面（或端面）的投影为平面多边形，棱柱底面（或端面）的边数等于棱面数，也等于棱线数，如底面为三角形，我们称该棱柱为三棱柱。

直棱柱的两面投影是矩形，斜棱柱的两面投影是平行四边形。

（一）棱柱的投影

如图 6-1（a）所示为正五棱柱。正五棱柱的上下表面为正五边形，五个棱面为铅垂面，五条棱线为铅垂线。

正五棱柱的投影图如图 6-1（b）所示，上表面 $ABCDE$ 和下表面 $A_1B_1C_1D_1E_1$ 的 H 面投影重合，反映了上下表面的实形，是五棱柱特征面的投影，其 V 面和 W 面投影积聚为水平的直线；后表面 DD_1EE_1 为正平面，V 面投影反映实形，H 面和 W 面投影积聚为竖直的直线；其他四个棱面为铅垂面，H 面投影积聚为斜直线，V 面和 W 面投影为类似

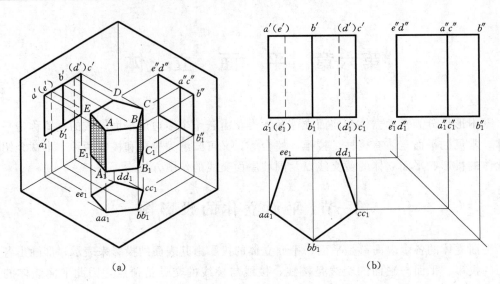

（a）　　　　　　　　　　　　　（b）

图 6-1　五棱柱的投影图

形；各条棱线均为铅垂线，H 面投影积聚为一点，其 V 面和 W 面投影反映实长，并且相互平行。

【例 6-1】　已知六棱柱的两面投影，如图 6-2（a）所示，求作棱柱的 W 面投影。

解：从图 6-2（a）中得知，该六棱柱为直立放置，其上下表面为水平面，W 面投影积聚为两条水平的直线；前后表面为正平面，W 面投影积聚为两条竖直的直线；其他四个棱面为铅垂面，W 面投影为棱面的类似形。六条棱线均为铅垂线，W 面投影平行并且反映实长。根据投影规律，作图步骤如图 6-2（b）所示。

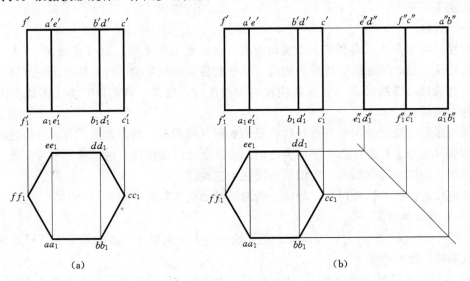

（a）　　　　　　　　　　　　　（b）

图 6-2　六棱柱的投影图

作图：

（1）作出上表面 $ABCDEF$ 的 W 面投影 $a''b''c''d''e''f''$，该投影积聚为一直线。

（2）作出下表面 $A_1B_1C_1D_1E_1F_1$ 的 W 面投影 $a_1''b_1''c_1''d_1''e_1''f_1''$，该投影积聚为一直线。

（3）分别连接 $a''a_1''$、$b''b_1''$、$c''c_1''$、$d''d_1''$、$e''e_1''$ 和 $f''f_1''$，即为各条棱线的 W 面投影，此时各条棱线平行且反映实长。

从以上正五棱柱和正六棱柱的投影图中可以看出，H 面投影中的平面多边形是棱柱上下表面的重合投影，由于棱柱的棱线平行并且等长，因此 V 面和 W 面投影是矩形，矩形的两条竖直线等于棱线的实长。

【例 6 - 2】 已知三棱柱的两面投影，如图 6 - 3（a）所示，求作三棱柱的 W 面投影。

解： 如图 6 - 3（a）所示为一个斜三棱柱的两面投影图。三棱柱的上、下底面为水平面，H 面投影反映了底面的实形，V 面投影积聚为两条水平的直线。V 面投影 $a'b'c'$ 在上，H 面投影 △abc 可见，V 面投影 $a_1'b_1'c_1'$ 在下，H 面投影 △$a_1b_1c_1$ 不可见。三条棱线的两面投影为斜直线，因此三条棱线为一般位置直线，求斜三棱柱的 W 面投影与求直棱柱相同，作图步骤如图 6 - 3（b）所示。

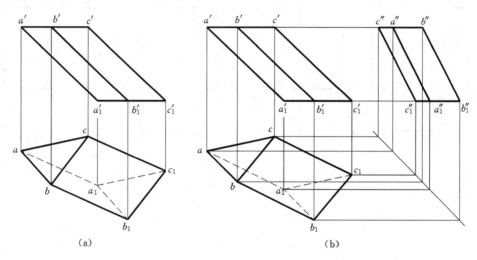

图 6 - 3 斜三棱柱的投影图

作图：

（1）作出上、下表面的 W 面投影 $a''b''c''$、$a_1''b_1''c_1''$，它们分别积聚为水平的直线。

（2）分别连接并加深各条棱线的 W 面投影 $a''a_1''$、$b''b_1''$ 和 $c''c_1''$，即为斜三棱柱的 W 面投影。

从以上斜三棱柱的投影图中可以看出，H 面投影中的三角形是斜三棱柱上、下表面的实形投影，上表面可见，下表面不可见。在三面投影中，三条一般位置棱线互相平行，三个棱面均为平行四边形。

（二）棱柱表面上的点和直线

求平面立体表面上的点和直线时，首先要分析该平面立体的投影特点，判断点或直线在哪个棱面（或表面）上，再根据平面上求点和求直线的方法求出点和直线的投影，若点和直线所在的棱面（或表面）有积聚性，可利用平面的积聚性直接求得。

平面立体表面上的点和直线的可见性，与他们所在的棱面（表面）或棱线的可见性一致，如棱面可见，棱面上所有的点和线都可见，棱面不可见，棱面上的所有点和线都不可见。若棱廓线内有一个点可见，则通过该点的所有直线都可见。点和直线所在棱面（或表面）的某一投影可见，则点和直线的该面投影也可见，反之不可见，不可见点的字母一般要加括号表示，但若点和直线的投影在立体的积聚投影上，那么不论可见与否，通常不加括号。

【例 6 - 3】   已知六棱柱表面上两点 M、N 的单面投影 m'、n''，如图 6 - 4（a）所示，求作它们的两面投影。

解： 观察 m' 所在的位置，M 点只能在左前棱面 AA_1FF_1 和左后棱面 EE_1FF_1 上，从图 6 - 4（a）中已知，m' 可见，则 M 点必定位于左前棱面 AA_1FF_1 上，AA_1FF_1 棱面为铅垂面，利用铅垂面的积聚性，先求 m，再求 m''。观察投影 n'' 所在的位置和可见性，可以断定 N 点必定在右后棱面 CC_1DD_1 上，该棱面也是铅垂面，故先求 n，再求 n'，作图步骤如图 6 - 4（b）所示。

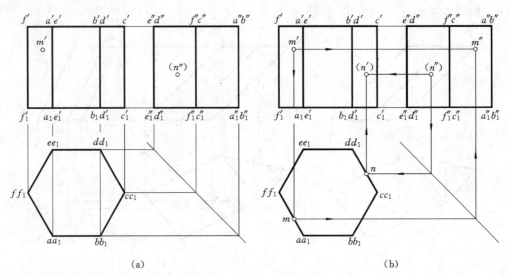

（a）   （b）

图 6 - 4   六棱柱表面上的点

作图：

（1）过 m' 向下作垂线，与 aa_1ff_1 的交点为 m，由 m' 和 m 求出 m''，左前棱面 AA_1FF_1 的 W 面投影可见，因此 m'' 也可见。

（2）先由 n'' 求出 n，再由 n'' 和 n 求出 n'，右后棱面 CC_1DD_1 的 V 面投影不可见，因此 n' 也不可见。

由于棱柱表面有积聚性，所以求棱柱表面上的点和线的投影，通常都利用投影的积聚性来求得。

二、棱锥

棱锥是由一个多边形表面和多个共顶点的三角形组成，通常将多边形表面称为底面，各个三角形称为棱面，相邻棱面的交线称为棱线，三角形共同的顶点称为顶点。当底面是正多边形，且锥顶在多边形底面上的正投影与其中心重合时，称该棱锥为正棱锥。

画投影图时先画出能反映棱锥特征的底面投影图，其投影为平面多边形，再画出锥顶的投影，最后连接锥顶和平面多边形的顶点，即得到棱锥的三面投影图。

（一）棱锥的投影

如图6-5（a）所示为正四棱锥。正四棱锥的底面是一个正四边形，四条棱线的交点为顶点，顶点的水平投影与底面的中心重合。

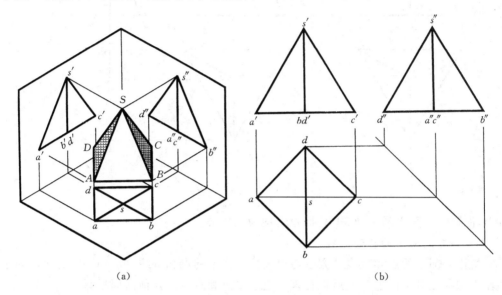

图6-5 四棱锥的投影图

在图6-5（b）所示的投影图中，底面 ABCD 为水平面，其 H 面投影 abcd 反映了底面的实形，是四棱锥的特征投影，其 V 面和 W 面投影积聚为水平的直线；顶点的 H 面投影 s 重合在底面 abcd 的中心，V 面投影 s′ 在底面 a′b′c′d′ 的中垂线上，W 面投影 s″ 在底面 a″b″c″d″ 的中垂线上；四条棱线中 SA 和 SC 为正平线，V 面投影 s′a′、s′c′ 反映实长；SB 和 SD 为侧平线，W 面投影 s′b′、s′d′ 反映实长。

【例6-4】 已知三棱锥的两面投影，如图6-6（a）所示，求作三棱锥的 W 面投影。

解：从图6-6（a）中得知，该三棱柱的底面 ABC 为水平面，水平投影 abc 反映底面的实形，V 面投影和 W 面投影积聚为两条水平的直线；后棱面 SAC 为侧垂面，W 面投影 s″a″c″ 积聚为一条斜直线；左右两个棱面为一般位置平面，其三面投影均为类似形，三条棱线中 SB 为侧平线，其 W 面投影反映实长，SA 和 SC 两条棱线为一般位置直线，作图步骤如图6-6（b）所示。

作图：

（1）作出底面 ABC 的 W 面投影 a″b″c″，该投影积聚为一条水平的直线。

（2）作出后棱面 SAC 的 W 面投影 s″a″c″，该投影积聚为一条斜直线。

（3）连接 s″b″，s″a″b″ 即为三棱锥的 W 面投影。

从以上四棱锥和三棱锥的投影图中可以看出，底面的投影图是棱锥的特征投影，四棱锥的底面是四边形，三棱锥的底面是三角形，底面平行于 H 面，其 H 面投影反映实形，作投影图时先求底面和顶点，然后将顶点与平面多边形底面各点相连，便得到棱锥的 V

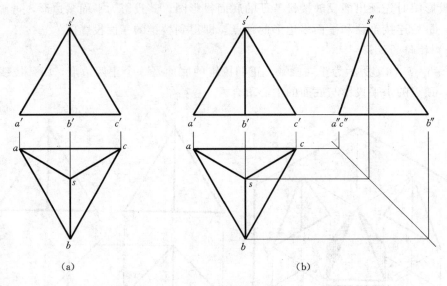

图 6-6　三棱锥的投影图

面和 W 面投影，图中的 V 面和 W 面投影均为三角形。

（二）棱锥表面上的点和直线

求棱锥表面上的点和直线的方法与求棱柱表面上的点和直线方法相同，先由已知条件判断出点和线在哪个面上，然后再在该面上求出点和直线的其他两面投影。

【例 6-5】　已知三棱锥表面上两点 K、L 和线 MN 的单面投影，如图 6-7（a）所示，求作其他两面投影。

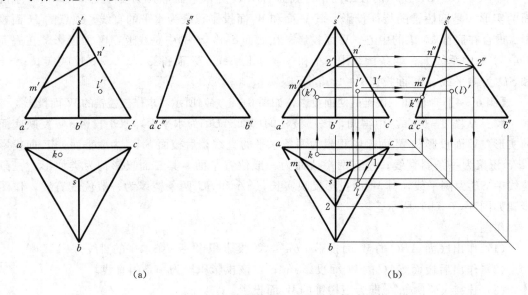

图 6-7　三棱锥表面上的点和线

　　解：在 H 面投影中，棱锥的各个棱面均为可见。在 V 面投影中，三棱柱的左前棱面 SAB 和右前棱面 SBC 可见，后棱面 SAC 不可见。在 W 面投影中，后棱面 SAC 积聚为一条直线，左前棱面 SAB 可见，右前棱面 SBC 不可见。根据点和线的可见性，分别作出点和线的其他两面投影，作图步骤如图 6-7（b）所示。

作图：

（1）已知 k，求作 k′ 和 k″。从图 6-7（a）所示的 H 面中可知，k 在后棱面 sac 上，后棱面 SAC 的 W 面投影 s″a″c″ 积聚为一条直线，所以 k″ 必定在此直线上。先过 k 作一条水平直线，与 45°的交点向上作直线，与 s″a″c″ 的交点即为 k″，再由 k 和 k″ 求出 k′。V 面投影 s′a′c′ 不可见，则 k′ 必定不可见。

（2）已知 l′，求作 l 和 l″。因为 l′ 可见，所以 L 在右前棱面 SBC 上。过 l′ 作辅助线 l′1′ 平行于底边 b′c′，交棱线 s′c′ 于 1′，过 1′ 向下作垂线，交 sc 于 1，过 1 作 bc 的平行线，由 l′ 向下作垂线与之交点即为 l；然后再由 l′ 和 l 求出 l″。由于右前棱面的 H 面投影 sbc 可见，侧面投影 s″b″c″ 不可见，所以 l 可见，l″ 不可见。

（3）已知 m′n′，求作 mn 和 m″n″。在 V 面投影图中，m′n′ 横跨了两个棱面，因此 MN 是一条折线，转折点在 SB 上，取名为 2。直线 M2 上的 M 点在 SA 上，由 m′ 向下作垂线，与 sa 的交点为 m，由 m′ 向右作水平直线，与 s″a″ 的交点为 m″。2 点在 SB 上，由 2′ 向右作水平线，与 s″b″ 的交点为 2″，由 2″ 向下作垂直线，与 45°的交点向左作水平线，与 sb 的交点即为 2。再求 N 点的投影，N 点在 SC 上，由 n′ 向下作垂线，与 sc 的交点为 n，由 n′ 向右作水平直线，与 s″c″ 的交点为 n″。

在 H 面投影上，连接 m2、2n，直线 M2、2N 所在的两个棱面都可见，所以 m2、2n 可见，画实线。在 W 面投影上，连接 m″2″、2″n″，M2 所在的棱面 SAB 可见，m″2″ 可见，画实线，2N 所在的棱面 SAC 不可见，2″n″ 不可见，画虚线。

第二节　平面立体的截交线

平面与平面立体相交，在立体表面就会产生交线，这些交线称为截交线，由截交线围成的平面图形称为截断面，如图 6-8 所示为截平面截切平面立体后的图形，图 6-8 中的双点画线是截切前平面立体的原始形状。

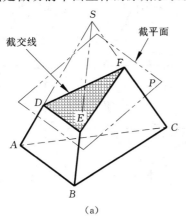
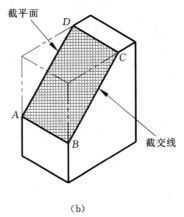

（a）　　　　　　　　　　　　　（b）

图 6-8　平面立体的截交线

由于平面立体的表面都是平面，所以平面立体的截交线是一个封闭的平面多边形，边数由截平面所截到的棱面（或表面）数而定，多边形的顶点是截平面与平面立体棱线的交点，如图 6-8（a）所示，三角形的顶点 D、E、F 分别是截平面 P 与棱线 SA、SB、SC 的交点。平面多边形的每一条边也是截平面与平面立体的一个棱面（或表面）的交线，如图 6-8（b）所示，截交线段 CD 是截平面与上表面的交线，截交线既在截平面上又在平面立体表面上，因此，平面立体截交线有如下特性：

（1）截交线是截平面与平面立体表面的公共线。

（2）截交线是一条封闭的平面折线（平面多边形）。

求截交线的主要依据是"在直线上求点和在平面上求点或求线"的原理和方法，首先求出截交线平面多边形的顶点，然后再把它们连成截交线。当截平面或棱面的某个投影有积聚性时，可以利用投影的积聚性求作截交线，此时截交线在该投影面上的投影必定与这个积聚投影重合，也就是说截交线的该面投影可以在投影面上直接得到，然后根据立体表面求点和求线的方法，由截交线的单面投影求出其他两面投影。具体步骤如下：

（1）求点。求平面多边形的顶点，即求截平面与棱线的交点。

（2）求线。求截交线段，即求棱面（或表面）与截平面的交线。

（3）连点。依次连接同一棱面上的两个点，即为截交线。

（4）补全平面立体棱线的投影，并判别断可见性。

截交线上各线段投影的可见性问题，根据其所在棱面的可见性而定，棱面可见，棱面上的截交线段也可见；否则不可见。

一、棱锥的截交线

【例 6-6】　　三棱锥被正垂面切去锥顶，如图 6-9（a）所示，求作该三棱锥截交线的 H、W 面投影。

解：由图 6-9（a）可知，正垂面切到了三棱锥的三个棱面，因此，截交线为三角

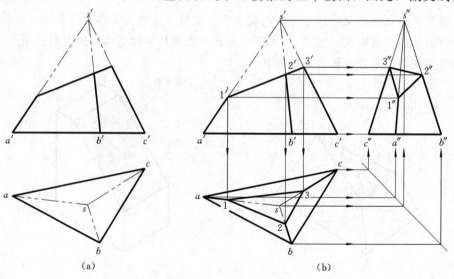

（a）　　　　　　　　　　　　　　（b）

图 6-9　求三棱锥的截交线

形，三角形的三个顶点是截平面与三棱锥三条棱线的交点。因为截平面在 V 面上有积聚性，因此截交线的 V 面投影必定在截平面的积聚投影上，即棱线 SA、SB 和 SC 与截平面的交点Ⅰ、Ⅱ、Ⅲ分别这在三条棱线上，且他们的 V 面投影 1′、2′、3′可直接得到，再按照直线上求点的作图方法，作出交点Ⅰ、Ⅱ、Ⅲ的 H 面和 W 面投影，依次连接三点的同面投影，便得到截交线的 H、W 面投影图，作图步骤如图 6-9（b）所示。

作图：

（1）V 面投影上截平面与棱线的交点就是截交线上三个顶点的 V 面投影 1′、2′、3′。

（2）求 H 面投影。由 1′向下作垂线，与 sa 的交点为 1；由 2′向下作垂线，与 sb 的交点为 2；由 3′向下作垂线，与 sc 的交点为 3；连接 1231，即得到截交线的 H 面投影△123。

（3）求 W 面投影。由 1′向右作水平线，与 s″a″的交点为 1″；由 2′向右作水平线，与 s″b″的交点为 2″；由 3′向右作水平线，与 s″c″的交点为 3″；连接 1″2″3″1″，即得到截交线的侧面投影△1″2″3″。

（4）补全三棱锥的投影，并判断可见性。截交线和棱线在水平投影和侧面投影上全部可见，连接并加深棱线 1a、2b、3c 和 1″a″、2″b″、3″c″，即完成了三棱锥的三面投影。

【例 6-7】　求作四棱锥截交线的 H、W 面投影，如图 6-10（a）所示。

解：正四棱锥被两个截平面 P、Q 截切，截交线是两个平面多边形，除了要求出这两条截交线外，还要求出这两个截平面的交线。其中 P 是水平面，Q 是正垂面，这两个截平面的 V 面投影都有积聚性，因此截交线的 V 面投影可以在该面投影中直接得到，由此再求出它们的 H 面和 W 面投影，作图步骤如图 6-10（b）所示。

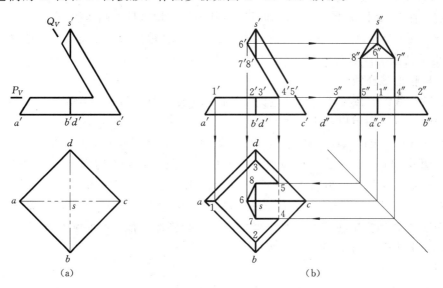

图 6-10　求四棱锥的截交线

作图：

（1）求 P 平面的截交线。图 6-10（a）中的 P 平面与底面平行，其截交线的 H 面投影也平行于底面，是一个正四边形。P 平面与棱线 SA 的交点为 1′，与 SB、SD 的交点为 2′和 3′，与 SC 没有交点，两个截平面的交线为 4′5′。过 1′向下作垂线，与棱线 sa 的交点即为 1，过 1 作 ab 的平行线，与 sb 的交点为 2，过 1 作 ad 的平行线，与 sd 的交点为 3，分别过 2、3 作 bc、dc 的平行线，由 $4'5'$ 向下作垂线与它们的交点即为 4、5。连接 124531，就得到 P 平面截交线的 H 面投影，其中两个截平面的交线 45 不可见。

截平面 P 为水平面，截交线的 W 面投影 $1''2''4''5''3''1''$ 积聚为一条水平的直线。

（2）求 Q 平面的截交线。图 6-10（a）中的 Q 平面是正垂面，与三条棱线相交，并且与平面 P 相交，因此截交线是一个五边形。Q 平面与棱线 SA 的交点为 $6'$，与 SB、SD 的交点为 $7'$ 和 $8'$，两个截平面的交线为 $4'5'$。过 $6'$ 向下作垂线，与棱线 sa 的交点为 6，过 $6'$ 向右作水平线，与棱线 $s''a''$ 的交点为 $6''$；过 $7'$ 向右作水平线，与棱线 $s''b''$ 的交点为 $7''$，过 $7''$ 向下作垂线，遇 45°斜线向左作水平线，与 sb 的交点为 7；与求 7 的方法一样，可作出 8 的投影 $8''$ 和 8。

当多边形的顶点多于三个时，在同一个棱面上的两个点才能相连。如图 6-10（b）所示的 6 和 7 点在同一个棱面上，因此可以连成截交线段，6 和 4 点不在同一个棱面上，就不能相连。Q 平面截交线为平面多边形 674586，连接 674586，就得到 Q 平面截交线的 H 面投影，连接 $6''7''4''5''8''6''$，得到 Q 平面截交线的 W 面投影。

在 V 面投影中，截交线段 $7'4'$、$8'5'$ 与棱线 $s'c'$ 平行，因此在 H 面和 W 面投影中，74 和 85 也应该与棱线 SC 平行，即 $74 // sc$、$85 // sc$、$7''4'' // s''c''$、$8''5'' // s''c''$。

（3）补全四棱锥棱线的投影，并判断可见性。在 H 面上剩余棱线的投影全部可见，连接并加深棱线 $s6$、$1a$、$s7$、$2b$、$s8$、$3d$ 和 sc，即得到截切后四棱锥在 H 面上的投影。在 W 面投影上，连接并加深棱线 $s''6''$、$1''a''$、$s''7''$、$2''b''$、$s''8''$、$3''d''$ 和 $s''c''$，其中 SC 是右边的棱线，在 W 面投影上不可见，画虚线；其余棱线均可见，画实线。

注意：棱线 SA 已被平面截切为三段，其中 16 已被切去，因此 16 不能相连。同样 72、83 也被切去了，不能相连。

二、棱柱的截交线

棱柱截交线的作图方法与棱锥截交线的作图方法一样。棱柱的表面有积聚性，求棱柱的截交线时，可以利用积聚性来求。

【例 6-8】 求作八棱柱截交线的 H、W 面投影，如图 6-11（a）所示。

解：图 6-11（a）中的八棱柱被正垂面切去一角，截平面切到了所有的棱线，故截交线为八边形，它的八个顶点为截平面与八条棱线的交点。棱柱的 H 面投影有积聚性，截交线在 H 面上的投影与棱线的 H 面投影重合，称截交线为 123456781。截平面为正垂面，截交线的 V 面投影在正垂面的积聚投影上，投影图中能直接得到。本题只需作出 W 面投影，作图步骤如图 6-11（b）所示。

作图：

（1）在 H 面上标出截交线的名称 123456781。

（2）由截交线的可见性，标出其 V 面投影 $1'8'$、$2'3'$、$7'6'$、$4'5'$，从图 6-11（b）中可以看出，这四条截交线段都是正垂线。

（3）由截交线的 V 面和 H 面投影求出 W 面投影，并连接成封闭的八边形 $1''2''3''4''5''6''7''8''1''$，其形状与 H 面投影的形状类似，也是八边形。

（4）截交线的 W 面投影可见，画实线，八棱柱棱线的 W 面投影只有一条棱线不可

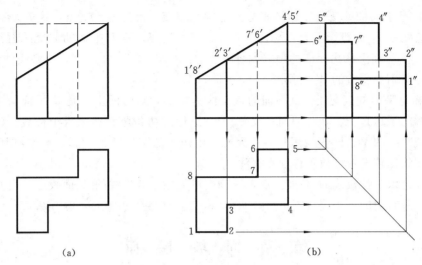

图 6-11 求凸棱柱的截交线

见，画虚线；其余均为可见棱线，画实线。

【例 6-9】 求作六棱柱截交线 H、W 面投影，图 6-12（a）所示。

解： 六棱柱被 P、Q 两个截平面截切，这两个截平面的 V 面投影都有积聚性，因此截交线的 V 面投影可以在该面投影中直接得到。P、Q 两平面相交，交线为正垂线，P 平面是正垂面，切到了五条棱线，故截交线为七边形，Q 平面是侧平面，截交线为矩形；作图步骤如图 6-12（b）所示。

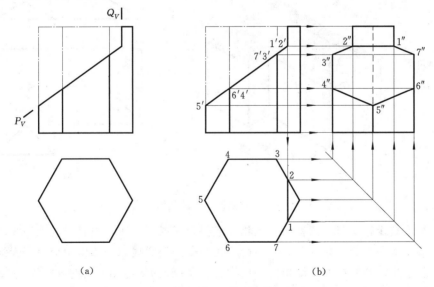

图 6-12 求六棱柱的截交线

作图：

（1）求 P、Q 两平面的交线。P、Q 两平面均垂直于 V 面，因此它们的交线是正垂线，V 面投影标注为 $1'2'$，过 $1'2'$ 向下作垂线，交棱柱于 1、2 两点，由 $1'2'$ 和 1、2 求出 W 面投影 $1''$、$2''$，连接 12、$1''2''$，得到交线的 H、W 面投影。

（2）求 P 平面的截交线。P 平面与五条棱线相交，得到五个交点，这五个交点的 H 面投影与棱线的 H 面投影重合，标注为 3、4、5、6、7，故 P 平面的截交线就是七边形12345671，在 V 面上标出相应的顶点编号 $1'$、$2'$、$3'$、$4'$、$5'$、$6'$、$7'$，由截交线的 V、H 面投影，可求出截交线的 W 面投影 $1''2''3''4''5''6''7''1''$。

（3）求 Q 平面的截交线。Q 平面的截交线为矩形，矩形的上边是 Q 平面与上表面的交线，矩形的下边是 P、Q 两平面的交线 12，矩形的两条竖直线平行于棱线。Q 平面为侧平面，截交线的 V、H 面投影都有积聚性，由矩形的 V、H 面投影，可作出其 W 面投影，本截交线比较简单，故不作顶点标注。

（4）补全六棱柱棱线的 W 面投影，并判断可见性。截交线的 W 面投影均可见，画实线；六棱柱最右边的一条棱线不可见，画虚线，其余均为可见棱线，画实线。

第三节　同　坡　屋　面

在房屋建筑中，如果屋面与地面有一定的角度，称该屋面为坡屋面。坡屋面是常见的一种屋面形式，一般有单坡屋面、双坡屋面和四坡屋面等。如果每个屋面与地面的倾角相同，并且房屋四周的屋檐同高，则称为同坡屋面。

如图 6-13（a）所示的是同坡屋面上一些交线的名称。求同坡屋面的交线，实际上就是求两平面的交线。同坡屋面交线的投影图如图 6-13（b）所示，其投影特性如下：

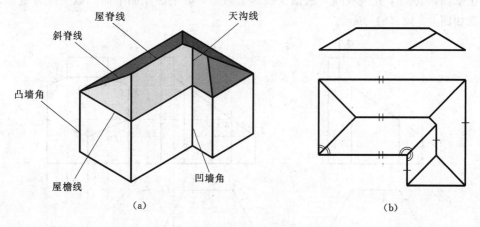

图 6-13　同坡屋面的名称和投影特性

（1）两屋檐线相交时，两屋面必定相交成斜脊线或天沟线，斜脊线或天沟线的水平投影是两屋檐线水平投影的角平分线。凸墙角相交得到斜脊线，凹墙角相交得到天沟线。如果两屋檐线正交，斜脊线与凸墙角的屋檐线成45°，天沟线与凹墙角的屋檐线成135°。

（2）两屋檐线平行时，两屋面必定相交成水平的屋脊线，屋脊线的水平投影到两屋檐线的水平投影的距离相等。

（3）由于三个平面相交，它们的三条交线必定交于一点，因此在屋面上如有两条交线交于一点时，必定有第三条交线通过该点，这个点就是三个屋面的交点。如相邻屋檐线正交时，在 H 面上交汇于一点的三条交线中，两条为45°线，另一条为两平行屋檐线的中线。

　　根据上述同坡屋面的投影特点，在已知屋檐线 H 面投影的情况下，可以作出同坡屋面交线的 H 面投影，然后再由已知的屋面倾角，便可作出同坡屋面的 V 面和 W 面投影。

　　【例 6 - 10】　已知同坡屋面屋檐线的 H 面投影，屋面的倾角为 $30°$，求作同坡屋面交线的三面投影，如图 6 - 14（a）所示。

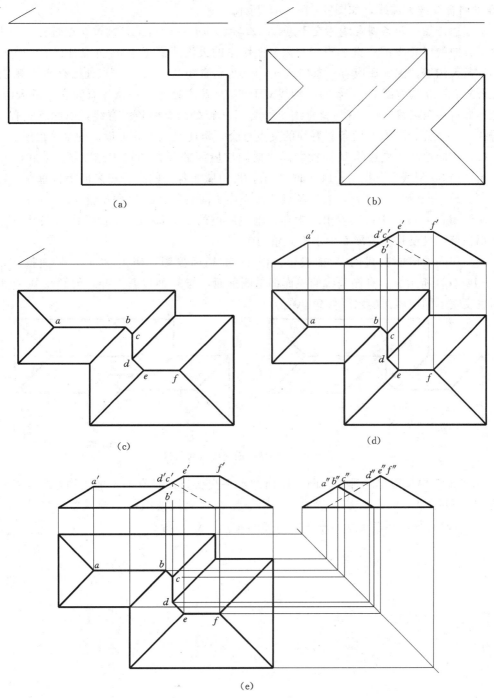

图 6 - 14　求同坡屋面的交线

解：根据同坡屋面交线的投影特性，先作出屋面交线的 H 面投影，再作出其他两面投影。

作图：

(1) 作同坡屋面交线的 H 面投影。在水平投影中过各相邻屋檐的交点作与屋檐线成 45°角的斜脊线或天沟线，如图 6-14（b）所示。

从左边开始，两条斜脊线相交于点 a，如图 6-14（c）所示，则过 a 点必有一条平行于水平方向的屋脊线 ab，此屋脊线与来自凹墙角的天沟线交于点 b。b 点处已有一条屋脊线和一条天沟线，因此还应有一条斜线 bc，bc 与斜脊线交于点 c。c 点处已有两条斜脊线，因此还应有一条屋脊线 cd，cd 与天沟线交于点 d。d 点处已有一条屋脊线和一条天沟线，因此还应有一条斜线 de，de 与斜脊线交于点 e。e 点处已有两条斜脊线，因此还应有一条屋脊线 ef，f 点应与右边两条斜脊线的交点重合。至此完成了同坡屋面的水平投影。

(2) 作同坡屋面交线的 V 面投影。根据同坡屋面的倾角和投影作图规律，由左边檐口开始，画 30°斜线，如图 6-14（d）所示，再由屋面各点的水平投影向上作垂线，得到交点 a'、b'、c'、d'、e'、f'，连接各点，便完成了同坡屋面的 V 面投影。

从图 6-14（d）中可以看出，含有正垂线屋檐的屋面都是正垂面，他们在 V 面上的投影都积聚，且反映同坡屋面的水平倾角 30°。

(3) 作同坡屋面交线的 W 面投影。由 H 和 V 面投影，作出屋面的 W 面投影，如图 6-14（e）所示。含有侧垂线的屋面都是侧垂面，与 V 面投影一样，他们在 W 面上的投影也反映了同坡屋面的水平倾角 30°。

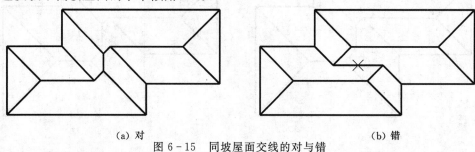

(a) 对   (b) 错

图 6-15　同坡屋面交线的对与错

为了便于屋顶雨水的排放，同坡屋面的水平交线只能是脊而不能是沟，当建筑物外形的 H 面投影如上例而不是矩形时，求同坡屋面的交线要按一个建筑整体来处理，如图 6-15（a）所示；不能出现水平天沟，如图 6-15（b）所示。

第七章 曲线与曲面

现代建筑工程中，经常采用各种各样的曲面。图 7-1 所示为南京奥林匹克体育中心，其中体育馆、网球中心、游泳馆、新闻中心等建筑物都采用了不同形式的曲面，组成这些建筑物的曲面包括柱面、双曲抛物面、球面等。由于曲面在建筑工程中的运用，使建筑物更具动感，所表达的内涵更为时尚。

图 7-1　南京奥林匹克体育中心

第一节　曲　线

曲线是动点的运动轨迹。曲线按点的运动有无规律，分为规则曲线和不规则曲线；按曲线上点的分布，分为平面曲线和空间曲线两类，曲线上所有点都在同一平面上的曲线称为平面曲线，若曲线上任意连续四个点不在同一平面上的曲线称为空间曲线。常见的平面曲线有圆、椭圆、双曲线、抛物线等，常见的空间曲线为圆柱螺旋线。

一般情况下，曲线的投影仍然是曲线，作曲线的投影就是作出曲线上一系列点的同面投影，为了准确绘制曲线的投影，应先作出控制曲线形状的特殊点，如极限位置点、分界点等，然后依次光滑连接起来，如图 7-2 所示。本节介绍圆和圆柱螺旋线的形成及投影图。

一、平面曲线

圆为平面曲线，根据圆平面与投影面的相对位置，圆的投影有三种状态。

（1）当圆平面平行于投影面时，圆在该投影面上的投影反映实形，图 7-3（a）所示为圆平面平行于 H 面，其 H 面投影是一个等大的圆，V 面投影积聚为水平的直线，长度等于圆的直径。

（2）当圆平面垂直于投影面时，圆在该投影面上的投影积聚为一条斜直线，如图 7-3（b）所示为圆平面垂直于 V 面，其 V 面投影积聚为一条斜直线，长度等于圆的直径，H 面投影为椭圆，长轴等于圆的直径，短轴由圆平面的 α 决定。

（3）当圆平面倾斜于投影面时，圆的三面投影面均为椭圆，椭圆的长轴为圆的直径，

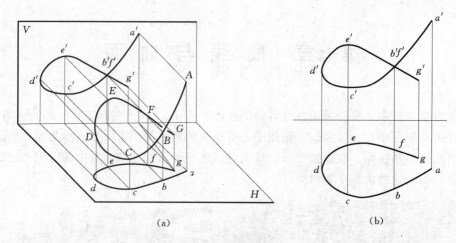

图 7-2　曲线的投影

短轴垂直于长轴，长度由作图决定，如图 7-3（c）所示。

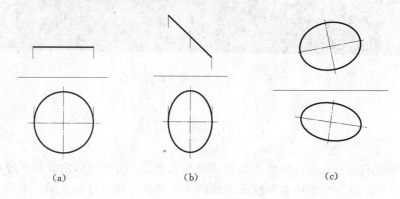

表 7-3　圆的投影图

【例 7-1】　已知水平圆 O 在 V/H 投影体系中的两面投影，求圆 O 在 H_1 面上的投影，如图 7-4（a）所示。

解：在 V/H_1 投影体系中，圆 O 在 V 面上的投影积聚，则圆 O 垂直于 V 面，它在 H_1 面上的投影为椭圆，用换面法可求出圆 O 在 H_1 面上的投影。已知新轴 X_1，先求出直径 AC 和 BD 在 H_1 面上的投影，再求出四个一般位置点 1、2、3、4 在 H_1 面上的投影，然后依次光滑连接这八个点，即为所求椭圆，作图步骤如图 7-4（b）所示。

作图：

（1）过点 a'、$b'(d')$、c' 向 X_1 轴作垂线，作出投影 a_1、b_1、c_1、d_1，此时 b_1d_1 等于圆 O 的直径，b_1d_1 为椭圆的长轴，a_1c_1 为椭圆的短轴。

（2）在圆上任取对称的一般位置点 1、2、3、4，作出投影 1_1、2_1、2_1、4_1，然后依次光滑连接成椭圆。

二、空间曲线

圆柱螺旋线是空间曲线，当一动点 A 沿着一直线作等速直线运动，同时该直线又绕与它平行的一轴线作等速度圆周运动时，动点 A 的运动轨迹就是一条圆柱螺旋线。直线旋转

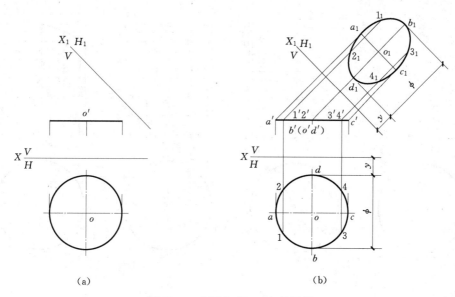

图 7-4　求圆在 H_1 面上的投影

形成的圆柱称为导圆柱，动点 A 旋转一周后沿轴线方向移动的距离称为导程，如图 7-5（a）所示。圆柱螺旋线按动点的旋转方向，分为右螺旋线和左螺旋线两种，大拇指指向动点作直线运动的方向，其余四指指向动点作圆周运动的方向，符合右手的称为右螺旋线，符合左手的称为左螺旋线，如图 7-5（b）、（c）所示。

　　若已知圆柱螺旋线的三要素：导圆柱、导程和旋向，便可画出圆柱螺旋线的投影图。

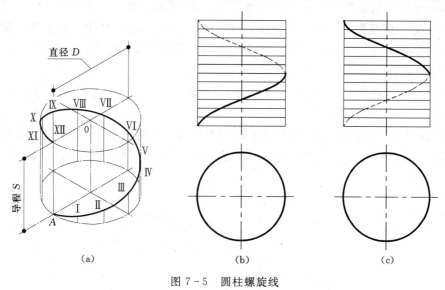

图 7-5　圆柱螺旋线

　　【例 7-2】　已知右螺旋线的直径和导程，图 7-6（a）所示，作出以 A 为起点的圆柱螺旋线的投影图。

　　解：圆柱螺旋线是动点的运动轨迹，当动点旋转 $1/n$ 角度时，就会上升 $1/n$ 高度，因此，分别将圆周和导程分为 n 等分，作出动点的运动轨迹，光滑连接即可。

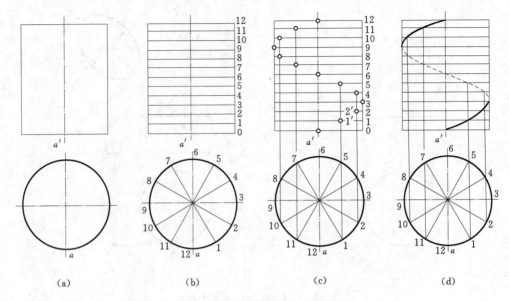

图 7-6 圆柱螺旋线投影图

作图：

（1）将圆柱面的 H 面投影十二等分，以 a 为起点，逆时针顺序标出各等分点的名称 a、1、2、3、…、12；将导程的 V 面投影也分成十二等分，并在各等分点上作水平线，水平线上也标出名称 0、1、2、3、…、12，如图 7-6（b）所示。

（2）作动点的运动轨迹。过 1 向上作垂线，与 V 面投影上标号为 1 的水平线相交，即得到点 1 的 V 面投影 $1'$，过 2 向上作垂线，与 V 面投影上标号为 2 的水平线相交，即得到点 2 的 V 面投影 $2'$，以此类推，分别作出其余各点的 V 面投影 $3'$、$4'$、…、$12'$，如图 7-6（c）所示。

（3）光滑连接各点 a'、$1'$、$2'$、…、$12'$，即得到圆柱螺旋线的 V 面投影，如图 7-6（d）所示。

将导圆柱展开成矩形，螺旋线是该矩形的对角线。如图 7-7 所示，对角线与底边的倾角为 α，α 是螺旋线每点的切线与 H 面的倾角，倾角与圆柱直径和导程的关系是：$\tan\alpha = S/\pi D$。

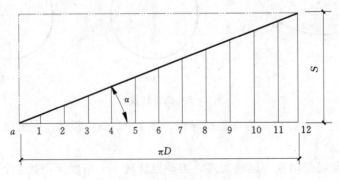

图 7-7 圆柱螺旋线展开图

第二节 曲 面 概 述

一、曲面的形成

曲面是动线在空间连续运动的轨迹。运动的线称为母线，曲面上任意一位置的母线称为素线。曲面在形成过程中，限制母线运动的条件称为约束条件。约束条件可以是点（称为定点）、直线或曲线（称为轴线或导线），也可以是平面（称为导平面），母线的不同，或约束条件的不同，形成的曲面就不同。曲面也可以看作是素线的集合。如图 7-8 所示的曲面，是由母线 AA_1 始终平行于直导线 MN，并沿曲导线 AB 移动而形成的。

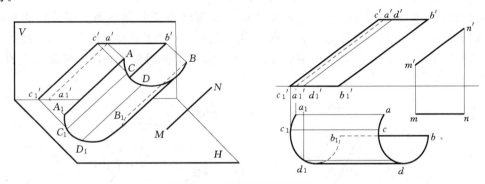

图 7-8 曲面的形成与画法

二、曲面的分类

根据不同的分类标准，曲面有多种不同的分类方法，一般按如下方式分类。

（1）根据母线运动方式的不同，曲面可分为回转面与非回转面。

回转面是由母线绕轴线旋转一周所形成的曲面，如圆柱面、圆锥面、球面等；非回转面是母线根据其他约束条件运动形成的曲面，如图 7-8 所示的曲面。

（2）根据母线形状的不同，曲面可分为直线面和曲线面。

凡可以由直母线运动而形成的曲面称为直线面，如圆柱面、圆锥面等；只能由曲母线运动而形成的曲面称为曲线面，如球面、环面等。

（3）按曲面是否能无皱褶地摊平在一个平面上，曲面可分为可展曲面和不可展曲面。

按以上各种方法分类时，同类曲面可能会有跨种类的现象，如同属直线面的两个曲面，就有可能分别属于可展曲面和不可展曲面，见表 7-1。

表 7-1 曲 面 的 分 类

曲面	直线面	柱面、锥面		可展曲面
		直线回转面	圆柱面、圆锥面	
			单叶双曲回转面	不可展曲面
		柱状面、锥状面、双曲抛物面		
	曲线面	曲线回转面		
		椭圆面、椭圆抛物面		

三、曲面的投影图

画曲面的投影图，就是画曲面的运动轨迹，一般应画出形成曲面几何元素的投影，如定点、轴线、导线、导平面等的投影，画出曲面边线的投影，如图 7 - 8（b）中的 $a'a_1'$、$b'b_1'$ 和 aa_1、bb_1；画出曲面外形轮廓线的投影，如图 7 - 8（b）中的 $c'c_1'$、cc_1；画出一些素线的投影，如图 7 - 8（b）中的 $d'd_1'$、dd_1。

第三节　回　转　面

回转面是由一条动线（直线或曲线）绕一条定直线旋转而成的曲面，其中动线称为母线，定直线称为轴线，母线在回转面上的任何位置都称为素线，图 7 - 9（a）所示为直母线旋转而成的回转面，图 7 - 9（b）所示为曲母线旋转而成的回转面。按旋转的运动特性，母线上每一点的运动轨迹都是一个圆，称为纬圆，回转面上有无数个纬圆，最大的纬圆称为赤道圆，最小的纬圆称为颈圆，纬圆的半径是该点到轴线的距离，纬圆所在的平面都垂直于轴线。

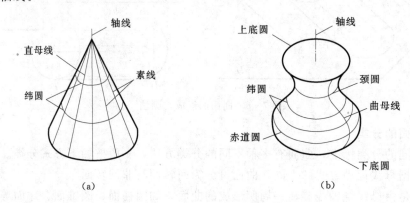

图 7 - 9　回转面的形成

一、直纹回转面

工程上常见的直纹回转面有圆柱面、圆锥面和单叶双曲回转面。

（一）圆柱面

圆柱面是由直母线绕与它平行的轴线旋转一周而形成的曲面，如图 7 - 10（a）所示。

圆柱面的 H 面投影积聚为一个圆，是上下纬圆的投影；圆柱面的 V 面和 W 面投影都是矩形，由圆柱面上、下纬圆的积聚投影和圆柱面上的特殊素线围成，V 面投影是最左边的素线 AA_1 和最右边的素线 CC_1，W 面投影是最前边的素线 BB_1 和最后边的素线 DD_1，圆柱面的三面投影如图 7 - 10（b）所示。

（二）圆锥面

圆锥面是由直母线绕与它相交的轴线旋转一周而形成的曲面，如图 7 - 11（a）所示。

圆锥面的 H 面投影是圆锥面底纬圆的投影；圆锥面的 V 面和 W 面投影都是等腰三角形，底边是圆锥面底纬圆的积聚投影，两腰是圆锥面上特殊素线的投影，V 面投影是最左边的素线 SA 和最右边的素线 SC，W 面投影是最前边的素线 SB 和最后边的素线 SD，圆

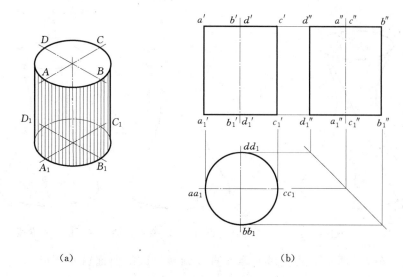

（a）　　　　　　　　　　　　　　　（b）

图 7 - 10　圆柱面

锥面的三面投影如图 7 - 11（b）所示。

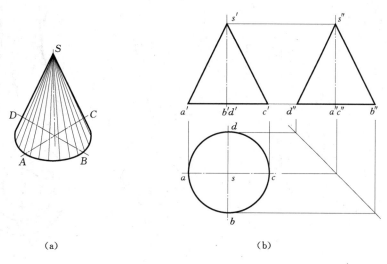

（a）　　　　　　　　　　　　　　　（b）

图 7 - 11　圆锥面

（三）单叶双曲回转面

单叶双曲回转面是由直母线绕与它交叉的轴线旋转一周而形成的曲面，如图 7 - 12 所示，也可以看作是一条双曲线作为母线绕其虚轴旋转形成。可以用直线面解释的曲面归为直线面，故单叶双曲回转面是直线面。

在同一个单叶双曲回转面内，有两组指向不同、斜度相同的素线，如图 7 - 13 所示，同组素线互不相交，相邻素线都是交叉直线，若把素线延长后，每一素线与另一组所有素线都相交。

【例 7 - 3】　已知直线 AB、OO 的两面投影，如图 7 - 14（a）所示，作出 AB 绕 OO 旋转而成的曲面的两面投影图。

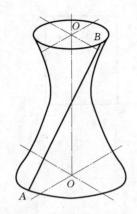

图 7-12　单叶双曲回转面

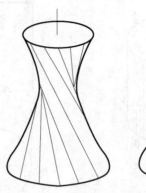
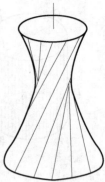

图 7-13　单叶双曲回转面的两组素线

解：AB、OO 是两条交叉直线，因此直线旋转形成的曲面就是单叶双曲回转面，作图时先作出母线的运动轨迹，再作出各条素线的包络线。

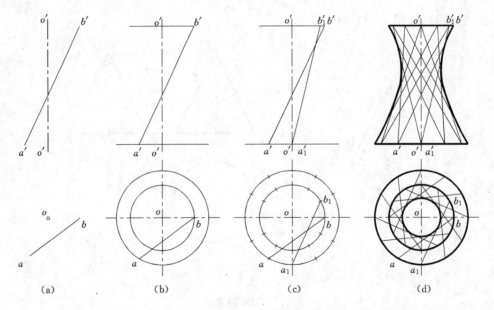

（a）　　　　　　　（b）　　　　　　　（c）　　　　　　　（d）

图 7-14　单叶双曲回转面的投影图

作图：

（1）作母线端点的运动轨迹。母线 AB 旋转时，端点 A、B 的运动轨迹是两个垂直于轴线 OO，且平行于 H 面的纬圆。分别以轴线的积聚投影 o 为圆心，以 oa 与 ob 为半径画圆，即为母线端点 A、B 的 H 面投影。端点的 V 面投影是过 a'、b' 的两条水平直线，长度等于纬圆的直径，如图 7-14（b）所示。

（2）作母线的运动轨迹。在 H 面上分别把两纬圆从 a、b 点开始相同地等分，如十二等分。AB 旋转 30° 后的位置就是素线 A_1B_1，作出素线 A_1B_1 的 H 面投影 a_1b_1，根据 H 面的投影 a_1b_1 作出 V 面投影 $a_1'b_1'$，如图 7-14（c）所示。依次作出每旋转 30° 后的各素线的

H、V 面的投影。

（3）作单叶双曲回转面的 V 面投影，即作平滑曲线为包络线与各素线 V 面投影的切线，该切线是一对双曲线。曲面素线的 H 面投影也有一根包络线，它是一个圆，即曲面颈圆的 H 面投影，每根直母线的 H 面投影均与颈圆的 H 面投影相切，如图 7-14（d）所示。

单叶双曲回转面的 V 面投影是双曲线，即该曲面也可以由这条双曲线为母线，绕轴线 OO 旋转而成。

图 7-15 所示为单叶双曲回转面在工程中的应用。

图 7-15　冷却塔

二、曲线回转面

（一）球面

球面是由一个圆母线绕圆内一条直径旋转而成的曲面，如图7-16（a）所示。

无论向哪个投影面进行投影，球面的投影都是大小相等的圆，且直径等于球径，但它们不是球面上同一个圆的投影。H 面上的圆是球面上赤道圆的投影，V 面上的圆是球面上平行于正面的最大圆的投影，W 面上的圆是球面上平行于侧面的最大圆的投影，球面的三面投影如图 7-16（b）所示。

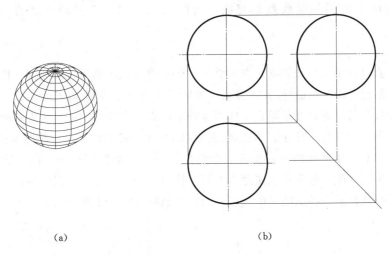

(a)　　　　　　　　　　(b)

图 7-16　球面

（二）圆环面

圆环面是由一个圆母线绕与该圆共面的圆外一直线旋转而成的曲面，靠近轴线的半圆母线旋转形成内环面，远离轴线的另一半圆母线旋转形成外环面，如图 7-17（a）所示。

圆环面在 H 面上的投影是两个同心圆，分别是赤道圆和颈圆的投影，圆环面的 V 面和 W 面投影都是由两条直线、两个圆组成的，直线是上下两个纬圆的积聚投影，V 面的两个圆是最左和最右的素线，两个虚线半圆是圆环面内被挡住的部分，W 面的两个圆是最前和最后的素线，同样，内部被挡住的部分用虚线表示，如图 7-17（b）所示。

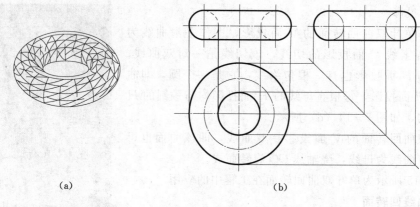

（a）   （b）

图 7 - 17　圆环面

第四节　直线非回转面

直线非回转面根据其表面能否无皱褶地摊平在一个平面上，分为可展直线面和不可展直线面。

一、可展直线面

可展直线面上相邻两素线是相交或平行的共面直线，常见的可展直线面有柱面、锥面。

1. 柱面

柱面是由直母线沿曲导线移动，并始终平行于一直导线时所形成的曲面。图 7 - 18 所示的溢流坝面，是直母线沿着曲导线 M 移动，并始终平行于 Y 轴所形成的曲面。柱面一般以它的正截面形状命名，正截面是垂直于柱面素线的截面。当柱面的正截面为圆时称为正圆柱面，投影图如图 7 - 19（a）所示；当正截面为椭圆时称为椭圆柱面，投影图如图 7 - 19（b）所示；图 7 - 19（c）中曲面的正截面是一个椭圆，因此它是椭圆柱面，由于它的曲导线是圆，母线是正平线，所以通常称该曲面为为斜圆柱面。柱面上相邻的素线都是平行直线，如用一组互相平行且与素线相交的平面截切柱面，所截断面的大小和形状完全相同。

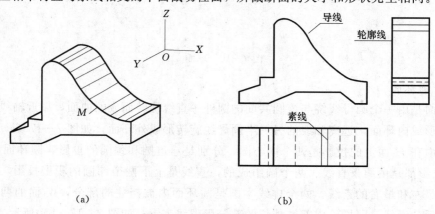

（a）   （b）

图 7 - 18　柱面的形成和投影图

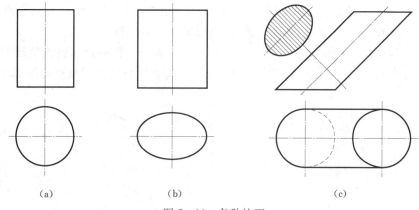

（a）　　　　　　（b）　　　　　　（c）

图 7－19　各种柱面

柱面在工程中的应用较广，图 7－20 所示为某山庄别墅的屋面。

图 7－20　柱面的应用

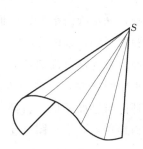

图 7－21　锥面的形成

2. 锥面

锥面是由直母线沿一曲导线移动，并始终通过一个固定点 S 时所形成的曲面，如图 7－21所示。锥面一般也以它的正截面形状命名。锥面的正截面为圆时称为正圆锥面，投影图如图 7－22（a）所示；当正截面为椭圆时称为椭圆锥面，投影图如图 7－22（b）所

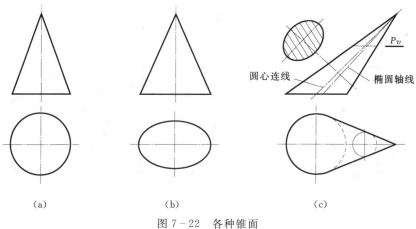

（a）　　　　　　（b）　　　　　　（c）

图 7－22　各种锥面

示；图 7-22（c）中曲面的正截面是一个椭圆，因此它是椭圆锥面，由于它的曲导线是圆，轴线与圆所在的平面倾斜，所以通常称该曲面为为斜圆锥面。

锥面在工程中的应用也很广，图 7-23（a）中圆管与方管的连接表面是四个 1/4 正圆锥面和四个三角形平面的组合面，图 7-23（b）中渠道转弯处的斜坡面是锥面。

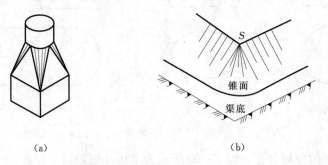

（a）　　　　　　　　　　　　　　　（b）

图 7-23　锥面的应用

尾水管是水力发电站将从河道上游引来的河水发电后的尾水又排到下游河道的水电站建筑物，尾水管由锥面、柱面、环面、平面等 8 个面组成，其结构形状由水轮机厂经过水流实验而得到，如图 7-24 所示，其中 Ⅰ 为斜椭圆锥面，轴线为 OO_1；Ⅱ 为三角形一般位置平面；Ⅲ 为部分内圆环面，半径为 R_2；Ⅳ 为直立圆柱面，半径为 R_1；Ⅴ 为铅垂面；Ⅵ 为正垂轴圆柱面，半径为 R_6；Ⅶ、Ⅷ 为上、下两个水平面，大部分的连接是相切过渡，只有环面与平面相贯，斜椭圆锥面与直立圆柱面相贯，正垂轴圆柱面、斜椭圆锥面、直立圆柱面相贯，画投影图时注意这些相贯线的画法。

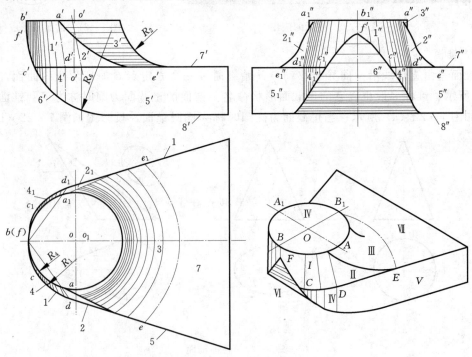

图 7-24　尾水管的投影图

二、不可展直线面

不可展直线面上相邻两素线是不共面的交叉直线，常见的不可展直线面有双曲抛物面、柱状面、锥状面。

1. 双曲抛物面

双曲抛物面是由直母线沿两交叉直导线移动，并始终平行于一个导平面而形成的曲面。图 7-25 所示的是由直母线 AD 沿两交叉直线 AB、CD 移动，并始终平行于 Q 平面而形成的双曲抛物面，该双曲抛物面也可以看成由直母线 AB 沿两交叉直线 AD、BC 移动，并始终平行于 P 平面而形成，因此，同一个双曲抛物面上也有两组素线，同组素线都是交叉直线，且另一组所有素线都相交。

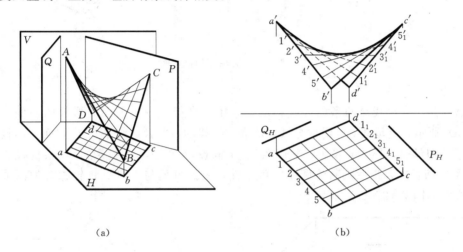

(a) (b)

图 7-25 双曲抛物面的形成

【例 7-4】 已知两直线 AB、CD 的两面投影，平面 Q 的 H 面投影，如图 7-26 (a) 所示，作出以 AB、CD 为导线，Q 为导平面，AD 为母线运动而成的曲面的投影图。

解： 从图 7-17 (a) 中可知，AB、CD 是两条交叉直线，Q 是铅垂面，因此母线 AD 运动形成的曲面是双曲抛物面。作图时先作出母线的运动轨迹，再作各条素线的包络线，作图步骤如图 7-26 (b) 所示。

作图：

(1) 将直导线 AB 为若干等分，如六等分，作出各等分点的 H 面投影 a、1、2、3、4、5、b，并作出各等分点的 V 面投影 a'、1'、2'、3'、4'、5'、b'。

(2) 作平行于导平面 Q 的素线。素线的 H 面投影都平行于 Q_H，在 H 面上过 1 作 11_1 // Q_H，过 2 作 22_1 // Q_H，……；在 V 面上作出 $1_1'$、$2_1'$、$3_1'$、$4_1'$、$5_1'$，并连接 $1'1_1'$、$2'2_1'$、…。

(3) 作与各条素线 V 面投影相切的包络线，即为双曲抛物面 V 面投影的轮廓线，这是一条抛物线。

(4) 根据可见与不可见将轮廓线加深或改为虚线，完成投影如图 7-26 (b) 所示。

如果用水平面 R 截切双曲抛物面，其截交线为双曲线，故而称其为双曲抛物面。图 7-26 (c) 所示为水平面 R 和双曲抛物面的截交线的投影。

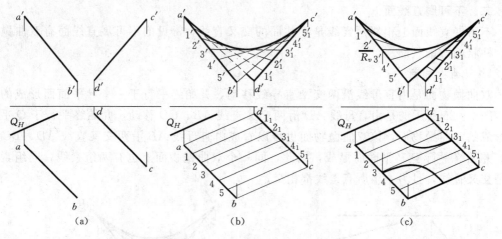

图 7-26　双曲抛物面的投影图

2. 柱状面

柱状面是一直母线沿两条曲导线移动，并始终平行于一导平面而形成的曲面。如图 7-27（a）所示，直母线 AC 沿曲导线 AB 和 CD 移动，并且始终平行于 V 面。画投影图时，根据已知母线、导线的投影，先画素线 H 面投影（或 W 面投影），再根据投影关系画出素线 V 面投影，最后判断轮廓线的可见性，根据可见与不可见将轮廓线加深或改为虚线，投影如图 7-27（b）所示。

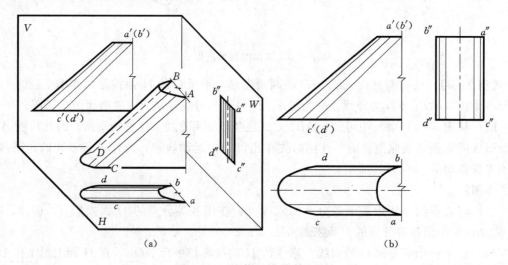

图 7-27　柱状面的形成及画法

3. 锥状面

锥状面是一直母线沿一直导线和一曲导线移动，并始终平行于某一导平面而形成的曲面。如图 7-28（a）所示，直母线 AC 沿直导线 CD 和曲导线 AEB 移动，并始终平行于 W 面，投影如图 7-28（b）所示。画投影图时，根据已知母线、导线的投影，先画出各素线 H 面投影（或 V 面投影），再根据投影关系画出素线的 W 面投影，最后判断轮廓线的可见性，根据可见与不可见将轮廓线加深或改为虚线。

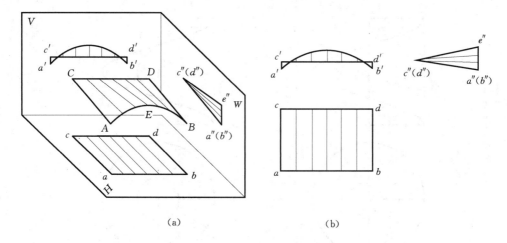

图 7－28　锥状面的形成与投影图

图 7－29 所示为多个锥状面的房屋屋顶。

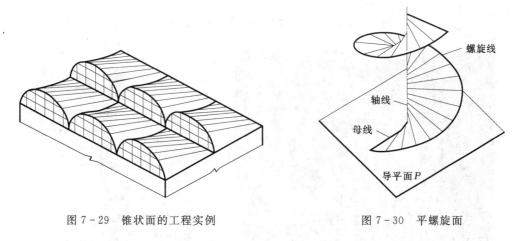

图 7－29　锥状面的工程实例　　　　　　图 7－30　平螺旋面

三、平螺旋面

平螺旋面是一种锥状面，它的曲导线是一条圆柱螺旋线，直导线是该圆柱螺旋线的轴线，当直母线运动时，一端沿着曲导线，另一端沿着直导线移动，并始终平行于与轴线垂直的导平面 P，如图 7－30 所示。

画平螺旋面的投影图时，先画出圆柱螺旋线（曲导线）和其轴线（直导线）的两面投影，然后再画出若干条（一般为十二条）素线的投影，由于平螺旋面的母线平行于 H 面，所以平螺旋面的素线也都是水平线，如图 7－31（a）所示。若平螺旋面被一同轴小圆柱相截，它的交线是一条小圆柱螺旋线，其导程与平螺旋面外侧的圆柱螺旋线相同，由此形成一中空平螺旋面，如图 7－31（b）所示。

螺旋楼梯就是常见平螺旋面在工程中的应用，图 9－32 所示的是两个螺旋楼梯的工程实例。

【例 7－5】已知导程为 S，导圆柱的内、外直径为 $\phi 1$、$\phi 2$，踏步高 T 为 $S/12$，踏板竖向厚度与踏步的高度相等，如图 7－33（a）所示，求作右向旋转楼梯的投影图。

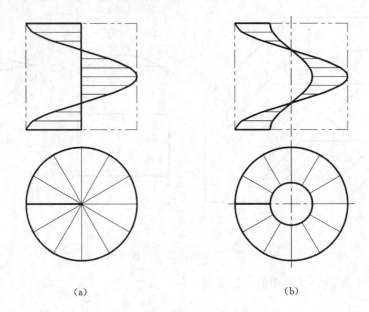

(a)   (b)

图 7-31　平螺旋面与中空平螺旋面

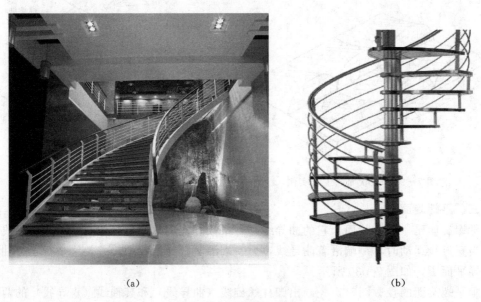

(a)   (b)

图 7-32　螺旋楼梯

解：该旋转楼梯由一块中空的具有设计厚度的右旋平螺旋面楼梯板，以及浇筑在这块楼梯板上的扇形踏步所组成，踏步的高为矩形，一圈有十二个踏步，如图 7-33（a）所示。

作图：

（1）画由相同导程及内、外圆柱 $\phi1$、$\phi2$ 的中空平螺旋面，如图 7-33（b）所示。

（2）画踏步。把螺旋面的 H 面投影十二等分，每一等分就是旋转楼梯上一个踏面的投影。

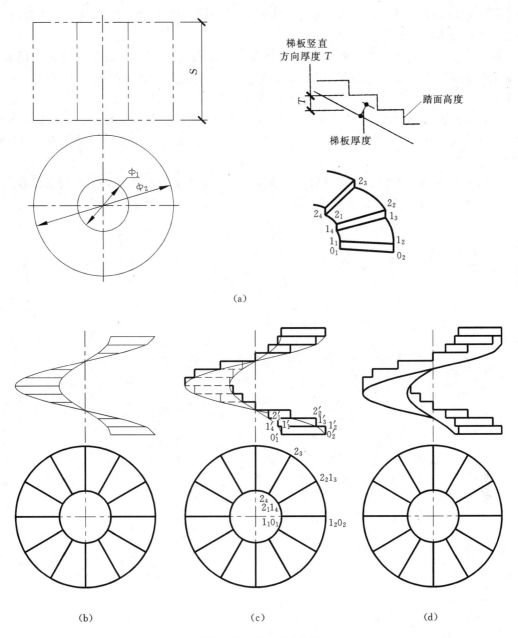

图 7 - 33 螺旋梯的画法

第一个踏步踢面 $0_1 0_2 1_1 1_2$ 的高度为 $S/12$，其 H 面投影积聚为一水平线 $1_1 0_1 1_2 0_2$，V 面投影为一矩形 $0_1' 0_2' 1_1' 1_2'$，反映了踢面的实形。第一个踏面 $1_1 1_2 1_3 1_4$ 的 H 面投影是一扇面 $1_1 1_2 1_3 1_4$，V 面投影 $1_4' 1_1' 1_3' 1_2'$ 积聚为一水平线，如图 7 - 33（c）所示。

第二个踏步踢面 $1_4 1_3 2_2 2_1$ 的 H 面投影是一条水平线 $2_1 1_4 2_2 1_3$，V 面投影为矩形 $2_1' 1_1' 1_3' 2_2'$。第二个踏面 $2_1 2_2 2_3 2_4$ 也是一个扇面，H 面投影为 $2_1 2_2 2_3 2_4$，V 面投影积聚为一水平线 $2_4' 2_1' 2_3' 2_2'$，如图 7 - 33（c）所示。

由此可见，螺旋楼梯十二个踏面的 H 面投影，分别是 H 面投影中的十二个扇面，V

面投影积聚为水平的直线，高度相差为 $S/12$。十二个踢面的 H 面投影积聚在两踏面的分界线上，V 面投影为矩形。

以此类推，依次画出其余各级踢面和踏面的 V 面投影，其中第五至第九级的踢面，被螺旋楼梯所遮挡，它的 V 面投影只能看见部分轮廓线，各级的投影如图 7 - 33（c）所示。

（3）画螺旋楼梯的底板。螺旋楼梯的底板也是一个平螺旋面，它的形状、大小与梯级的螺旋面完全一样，两者相距沿竖直方向的厚度为 T，底板的 H 面投影与各梯级的 H 面投影重合。

底板的 V 面投影对应于梯级螺旋面上各点，向下截取相同的高度，并光滑连接各点，即得到底板的 V 面投影，如图 7 - 33（d）所示。

第八章 曲 面 立 体

曲面立体是由曲面或者曲面和平面所围成的立体，工程上常见的曲面立体是回转体，即由母线绕轴线旋转而成，本章介绍的是回转体的投影以及截交线的作图方法。

第一节 曲面立体的投影图

常用的曲面立体是回转体，回转体是由母线绕轴线旋转而成的立体，也就是由回转面和平面或单个回转面所围成的立体，如圆柱、圆锥、球和环等。若轴线垂直放置，上、下纬圆分别称为上底圆和下底圆，若轴线水平放置，左、右纬圆分别称为左端面和右端面。

回转体的投影与相对应回转面的投影相同，作图时画出轴线、底圆（或端面）、特殊素线（转向轮廓线）的投影即可。转向轮廓素线是投射线与回转面切点的集合，当轴线平行于某一投影面时，该投影面的转向轮廓线就是轴线两侧最远的素线，转向轮廓线也是回转体投影中可见与不可见的分界线。

求曲面立体表面上点的作图方法与求平面立体表面上的点相同，首先要分析该曲面立体的投影特点，若曲面立体有积聚性，可利用积聚性的投影特性直接求得点的投影，若曲面立体没有积聚性，则需要在曲面立体表面上通过该点作一条辅助线来求得。

一、圆柱

（一）圆柱的投影图

圆柱是由圆柱面和上下底圆围成的立体，圆柱上的每条素线都与轴线平行且距离相等，图 8 - 1（a）所示为一直立圆柱。

圆柱的 H 面投影为一个圆，是圆柱上所有铅垂素线的集合，也是上、下底圆的重合投影，上底圆可见，下底圆不可见；圆柱的 V 面和 W 面的投影都是矩形，由圆柱上、下底圆的积聚投影和圆柱转向轮廓线的投影围成，V 面投影的转向轮廓线把圆柱分为前、后两部分，前半圆柱可见，后半圆柱不可见；W 面投影的转向轮廓线把圆柱分为左、右两部分，左半圆柱可见，右半圆柱不可见，如图 8 - 1（b）所示。

（二）圆柱表面上的点和线

圆柱表面有积聚性，求圆柱表面的点可利用其积聚投影直接求得。若要在圆柱表面求线，应该先判断是直线还是曲线，平行于轴线的是直线，垂直于轴线的是与上、下表面等大的圆，其他位置的是非圆曲线。求曲线的投影首先要求出曲线上若干个点的投影，然后把这些点光滑地连接起来，才能得到曲线的投影。

【例 8 - 1】 已知圆柱面上两点 M、N 的单面投影，如图 8 - 2（a）所示，求作其他两面投影。

解：圆柱的 H 面投影是有积聚性的圆，M、N 两点的水平投影必定落在该圆周上。从图 8 - 2（a）中 m' 可见和 n'' 不可见可以断定，M 点在圆柱面的左前表面上，N 点在圆

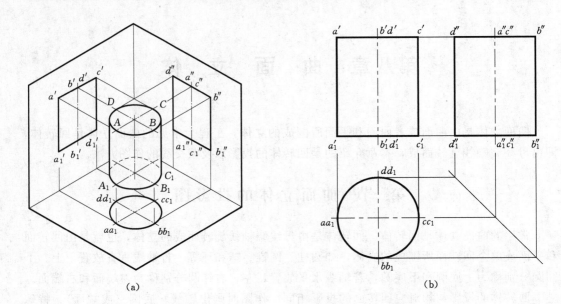

图 8-1　圆柱的投影

柱的右后表面上，因此，M 点的水平投影 m 应位于 H 面投影的左前 $1/4$ 圆周上，N 点的水平投影 n 应位于 H 面投影的右后 $1/4$ 圆周上，作图步骤如图 8-2（b）所示。

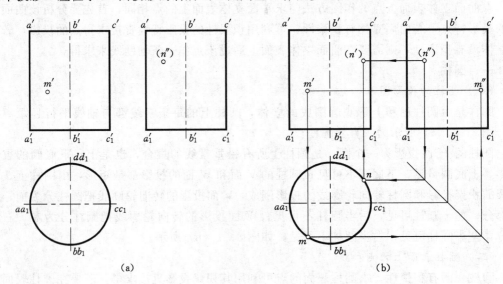

图 8-2　圆柱表面上的点

作图：

（1）求 M 点的投影。先求 H 面投影，过 m' 向下作垂线，与圆周前半部分的交点即为 m，由 m' 和 m 求出 m''。M 点在左表面上，m'' 可见。

（2）求 N 点的投影。同样先求 H 面投影，由 n'' 作出 n，再由 n'' 和 n 求出 n'。N 点在后表面上，因此 n' 不可见。

二、圆锥

（一）圆锥的投影图

圆锥是由圆锥面和下底圆围成的立体，圆锥上的每条素线都与轴线相交于一点——锥顶，图 8-3（a）所示为一直立圆锥。

圆锥的 *H* 面投影为一个圆，是下底圆的投影，圆锥面的 *H* 面投影可见，下底圆不可见；圆锥的 *V* 面和 *W* 面的投影都是等腰三角形，由圆锥下底圆的积聚投影和圆锥转向轮廓线的投影围成，*V* 面投影的转向轮廓线把圆锥分为前、后两部分，前半圆锥可见，后半圆锥不可见；*W* 面投影的转向轮廓线把圆锥分为左、右两部分，左半圆锥可见，右半圆锥不可见，如图 8-3（b）所示。

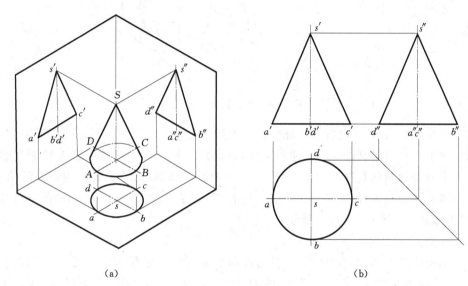

（a）　　　　　　　　　　　　　　（b）

图 8-3　圆锥的投影

（二）圆锥表面上的点和线

圆锥表面没有积聚性，求圆锥表面上的点需要在圆锥表面上通过该点作一条辅助线来求得，所作的辅助线必须是直线或圆。对于圆锥来说，能利用的辅助线是该曲面立体上的素线或纬圆。若要在圆锥表面求线，先判断是直线还是曲线，过锥顶的是直线，平行于底面的是圆，其他位置的均是非圆曲线，求曲线的投影要先求出若干个点后，再连接成光滑的曲线。

【例 8-2】　已知圆锥面上两点 *M*、*N* 的单面投影，如图 8-4（a）所示，求作其他两面投影。

解：圆锥的投影没有积聚性，必须通过作辅助线才能求得其他两面投影。从图 8-4（a）中可以断定，*M* 点在圆锥的左前表面上，*H* 面和 *W* 面投影均可见。*N* 点在圆锥的右后表面上，其 *V* 面和 *W* 面投影都不可见。下面分别用作纬圆和作素线两种作图方法求作 *M* 点和 *N* 点，作图步骤如图 8-4（b）所示。

作图：

（1）辅助纬圆法。

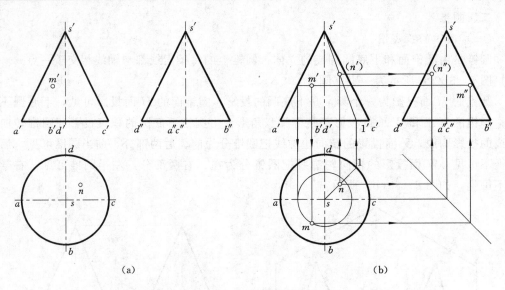

图 8-4 圆锥表面上的点

用辅助纬圆法求 M 点的投影，此时的辅助线为纬圆。先作纬圆的 V 面投影，过 m' 作一条与底面平行且与轮廓线相交的水平直线，该直线是包含 M 点的纬圆在 V 面上的积聚投影，长度就是纬圆的直径。再求纬圆的 H 面投影，纬圆的 H 面投影为圆，反映实形，是圆锥底圆的同心圆，过 m' 向下作垂线，与前半纬圆的交点即为 m。由 m' 和 m 作出 m''，m 和 m'' 均可见，如图 8-4（b）所示。

（2）辅助素线法。

用辅助素线法求 N 点的投影，此时的辅助线是素线。在 H 面上连接 sn 并延长交底圆于 1，$s1$ 就是圆锥面上过 N 点素线 $S1$ 的 H 面投影。在 V 面上作出该素线的投影 $s'1'$，由 n 向上作垂线与 $s'1'$ 的交点即为 n'，从 H 面投影中得知，N 在后表面，所以 n' 不可见。由 n' 和 n 作出 n''，N 在右后表面，所以 n'' 也不可见，如图 8-4（b）所示。

应当注意的是，当圆锥素线的投影太陡时，用素线法作图不易准确，此时建议采用纬圆法作图。

三、球

（一）球的投影图

球是由球面围成的立体，球上的每一个点到球心的距离均相等，如图 8-5（a）所示。

球的三面投影均为圆，是球对 H、V、W 面的三条转向轮廓线的投影，H 面上的赤道圆把球分为上、下两部分，上半球可见，下半球不可见；V 面上转向轮廓线的投影，把球分为前、后两部分，前半球面可见，后半球面不可见；W 面上转向轮廓线的投影，把球分为左、右两部分，左半球面可见，右半球面不可见，如图 8-5（b）所示。

（二）球表面上的点

球表面的投影没有积聚性，也没有直线，因此在球表面上求点时可以利用的辅助线只有圆。

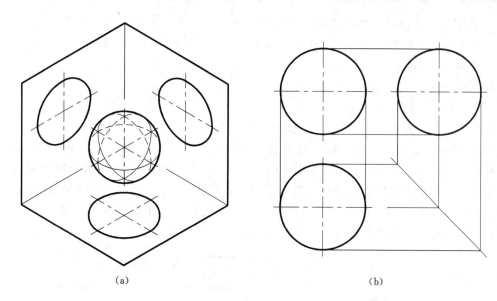

图 8-5 球的投影

【例 8-3】 已知球面上两点 A、B 的单面投影，如图 8-6（a）所示，求作其他两面投影。

解： 从图 8-6（a）中可知，a' 在球的 V 面轮廓线上，即在球面上平行于 V 面的正面大圆上，因此 A 点是特殊点，A 点的 H 面和 W 面投影都在球的轴线上，由于 a' 处在右上球面上，故其 H 面投影可见，W 面投影不可见。B 点是一般位置点，可用纬圆法求作，b 不可见，B 点就在球的左、下、后球面上，作图步骤如图 8-6（b）所示。

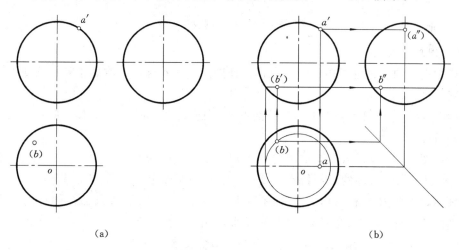

图 8-6 球表面上的点

作图：

（1）求特殊点 A 的投影。过 a' 向下作垂线，与轴线的交点即为 a，a' 在轴线的上方，a 可见。过 a' 向右作水平线，与轴线的交点即为 a''，a' 在轴线的右边，a'' 不可见。

（2）用纬圆法求一般位置点 B 的投影。过 b 作纬圆，以 o 为圆心、ob 为半径作纬圆，

并作出纬圆的 V 面投影，纬圆的 V 面投影为水平直线，由于 b 不可见，则 B 在球的下半部上，过 b 向上作垂线，得到 b'，B 在球的后半部分，b' 不可见。由 b 和 b' 求出 b''，B 在球的左半部分，b'' 可见。

四、圆环

（一）圆环的投影图

圆环是由圆环面围成的立体，如图 8 - 7（a）所示。

圆环 H 面投影的两个同心圆是赤道圆和颈圆，这两个圆把圆环分为上、下两部分，上半圆环可见，下半圆环不可见；V 面和 W 面投影都是由两条直线、两个圆组成的，V 面投影是前、后半圆环的重合投影，前半部分的外环面可见，后半部分的外环面和前、后内环面都不可见；W 面投影是左、右半圆环的重合投影，左半部分的外环面可见，右半部分的外环面和左、右内环面都不可见，如图 8 - 7（b）所示。

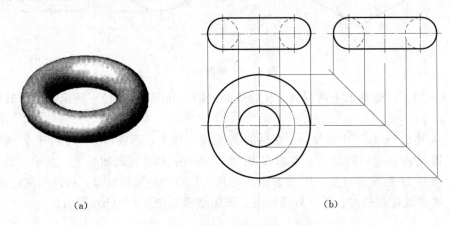

（a）   （b）

图 8 - 7　圆环的投影

（二）圆环表面上的点

圆环表面上的点，可以用纬圆法求得。作图时应注意圆环上有属于外环面和内环面的两个纬圆。

【例 8 - 4】 已知圆环表面上 A、B 两点的 V 面投影，如图 8 - 8（a）所示，求作它们的 H、W 面投影。

解： 由图 8 - 8（a）可知，a' 可见，可以断定 A 点必定在前半圆环上，A 有唯一的解。b' 不可见，根据圆环的投影特点，B 点可能在外环面上，也可能在内环面上，内环面有两个表面，因此 B 点有三解，分别称为 B_1、B_2、B_3。A 和 B 点都在圆环的上半表面上，它们的 H 面投影都可见；W 面上的投影 A 和 B_3 在外环面，B_1 和 B_2 在内环面，所以 A 和 B_3 可见，B_1 和 B_2 不可见，作图步骤如图 8 - 8（b）所示。

作图：

（1）过 a' 作水平线，与圆环轮廓线的交点即为纬圆的 V 面投影，这里的纬圆有两个，轮廓线之间的直线是外环面上的纬圆，长度等于外纬圆的直径，在两个虚线半圆之间的直线是内环面上的纬圆，长度等于内纬圆的直径。

（2）作出外纬圆的水平投影，过 a' 向下作垂线，与前半外纬圆的的交点就是 A 点的

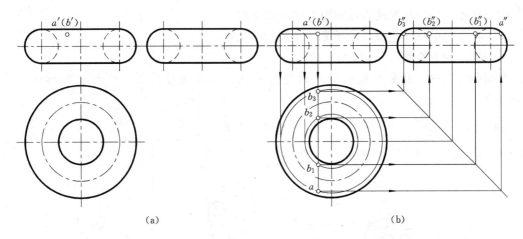

图 8 - 8 圆环表面上的点

H 面投影 a，与后半外纬圆的的交点就是 b_3。再作内纬圆的水平投影，过 b' 向下作垂线，与前半内纬圆的的交点就是 b_1，与后半内纬圆的的交点就是 b_2，四个点的 H 面投影都可见。

（3）由四个点的 V 面和 H 面投影，即可作出它们的 W 面投影，其中 a''、b_3'' 可见，b_1''、b_2'' 不可见。

第二节 曲面立体的截交线

平面与曲面立体相交时，在曲面立体表面产生的交线称为截交线。曲面立体的截交线在一般情况下是一条封闭的平面曲线，或者是由平面曲线和直线所围成的平面图形，特殊情况下也可能是一个平面多边形。截交线的形状取决于曲面立体的形状和截平面与曲面立体的相对位置。

曲面立体的截交线是截平面与曲面立体表面的共有线，截交线上的每一个点都是它们的公共点，求截交线就是求出若干个公共点的投影，然后再将这些点的同面投影依次光滑连接起来，即得到截交线的投影。由此可见求曲面立体截交线的问题实质上就是求曲面立体表面上点的问题。

求曲面立体的截交线时，先根据曲面立体的形状和截平面与曲面立体的相对位置判断出截交线的形状，当截平面的某个投影有积聚性时，截交线的该面投影与之重合，在投影图中可以直接得到，然后再在该投影上选取若干个点，用素线法或纬圆法作出截交线的其他投影。

求截交线的作图步骤如下：

（1）由曲面立体与截平面的相对位置，判断截交线的形状。

（2）求点。求公共点时，先求出截交线上特殊位置的点，即各极限位置上的点，如最高、最低、最左、最右、最前、最后的点，这些点一般在曲面立体的轮廓线或轴线上，另一种特殊点在平面曲线上，如椭圆的长轴和短轴，抛物线和双曲线的顶点和端点等，最后求出若干个一般位置上的点。

（3）连点。依次光滑连接成曲面立体的截交线。

（4）补全曲面立体轮廓线的投影，并判断可见性。

一、圆柱的截交线

平面截切圆柱，其截交线因截平面与圆柱轴线的相对位置不同而有三种形状，见表8-1。

表8-1   圆 柱 的 截 交 线

截平面位置	垂直于圆柱轴线	倾斜于圆柱轴线	平行于圆柱轴线
立体图	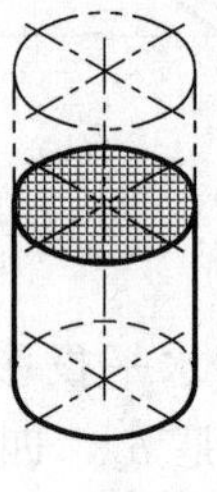	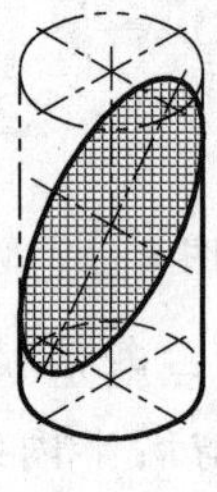	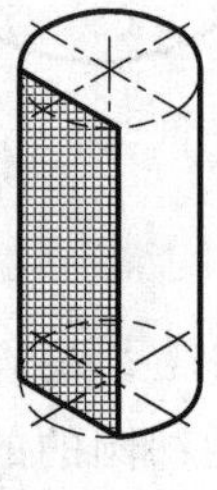
投影图	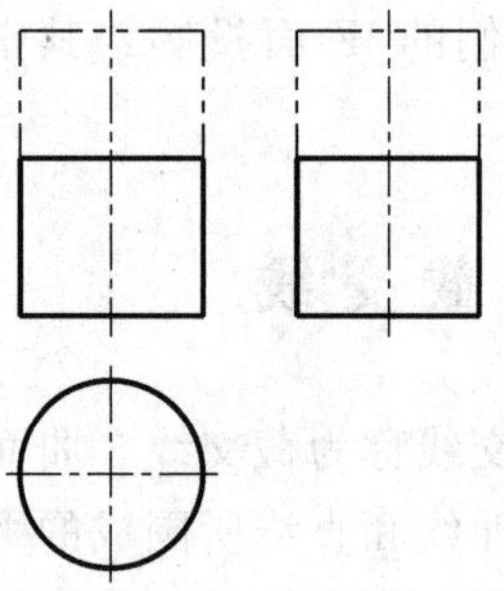	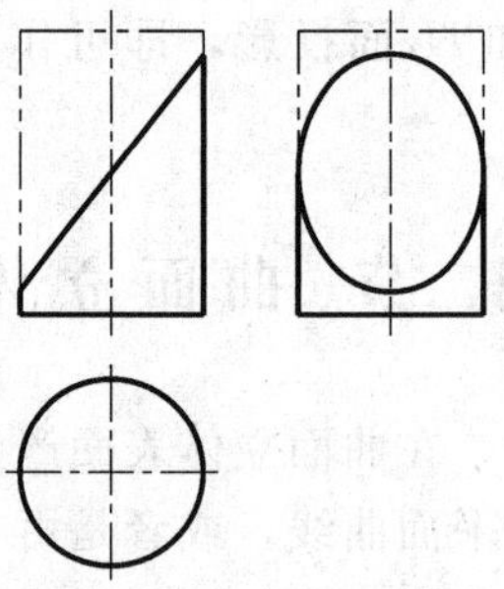	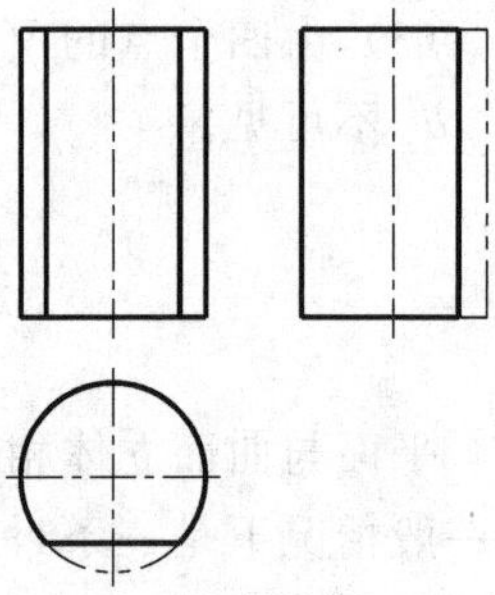
截交线	圆	椭圆	矩形

当截平面与圆柱轴线垂直时，截交线是一个直径与圆柱直径相等的圆。当截平面与圆柱轴线倾斜时，截交线是一个椭圆，椭圆的短轴等于圆柱的直径，长轴的长度随着截平面与圆柱轴线的倾角不同而变化。当截平面与圆柱轴线平行或通过圆柱轴线时，截交线是一个矩形。

【例8-5】 圆柱被 P 平面截切，如图8-9（a）所示，求作截交线的 H、W 面投影。

解： 正垂面 P 倾斜于圆柱轴线，截交线的形状见表8-1中的第二种，是一个椭圆。截交线的 V 面投影与截平面重合，是一直线段；截交线的 H 面投影与圆柱的 H 面投影重合，是一个圆；截交线的 W 面投影是一个椭圆，椭圆的短轴等于圆柱的直径，本题只需作出截交线椭圆的 W 面投影，作图步骤如图8-9（b）所示。

作图：

（1）求特殊点。求椭圆长、短轴的端点 A、B、C、D。在 V 面投影上，P 与圆柱轮廓线的交点为长轴的投影 a'、b'，与圆柱轴线的交点为短轴的投影 c'、d'，由 a'、b'、c'、

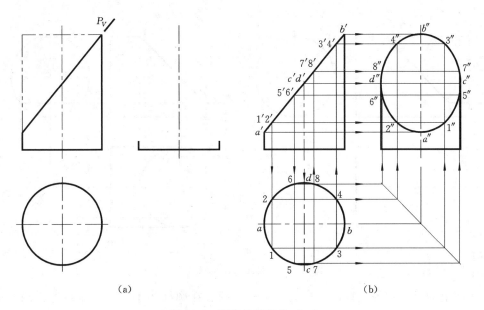

图 8-9　圆柱的截交线（一）

d' 可直接作出长短轴的 W 面投影 a''、b''、c''、d''。

（2）求一般位置点。为使作图准确，需要在截交线上的特殊点之间再求若干个一般位置点。在截交线 V 面投影上任取一点 $1'$，即在 H 面、W 面上得到投影 1、$1''$。由于是对称图形，便可作出对称点的各个投影，如 2、3、4 和 $2''$、$3''$、$4''$。同样，由 $5'$ 求出 5、$5''$ 以及对称点的投影 6、7、8 和 $6''$、$7''$、$8''$。

（3）连点。在 W 面投影上依次光滑连接 $a''1''5''c''7''3''b''4''8''d''6''2''a''$，即得到椭圆的 W 面投影。

（4）截交线的 W 面投影都可见，画实线；截切后圆柱上最前和最后两条素线的 W 面投影分别由下底面画至 c''、d'' 处。

【**例 8-6**】　圆柱被 P、Q 两个平面截切，如图 8-10（a）所示，求作它们截交线的 H、W 面投影。

解：从图 8-10（a）中可知，圆柱的轴线垂直于 W 面，圆柱的 W 面投影有积聚性。圆柱被两个平面 P、Q 截切，这两个平面都垂直于 V 面，两条截交线的 V 面投影可以直接得到。P 平面平行于圆柱轴线，截交线是一个矩形 $ABCD$；Q 平面与圆柱轴线倾斜，截交线是一个椭圆。两平面的交线 CD 是一条正垂线，作图步骤如图 8-10（b）所示。

作图：

（1）求 P 平面的截交线。P 平面截交线 $ABCD$ 为矩形，V 面投影 $a'b'c'd'$ 是矩形的积聚投影。过 $a'b'c'd'$ 向右作水平直线，与 W 面圆柱轮廓线的交线即为矩形 W 面的积聚投影；由截交线的 V 面、W 面投影，作出矩形的 H 面投影 $abcd$。

（2）求 Q 平面的截交线。Q 平面的截交线为椭圆，椭圆的 W 面投影与圆柱的 W 面投影重合。由长轴端点 g' 向下作垂线，与 H 面圆柱轴线的交点即为 g，过短轴的交点 $e'f'$ 向下作垂线，与圆柱轮廓线的交点为 e、f，由于 Q 平面与圆柱轴线成 $45°$，该椭圆的长短

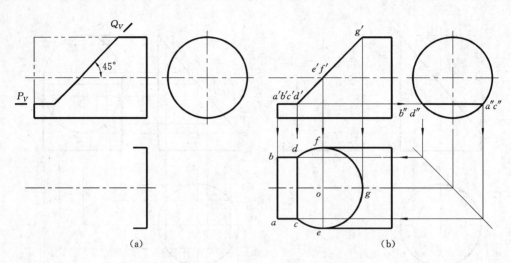

图 8-10　圆柱的截交线（二）

轴在 H 面上的投影相等，投影便成为一个圆，圆心在圆柱的轴线上，半径等于圆柱的半径。以 o 为圆心、og 为半径画圆，即为椭圆的 H 面投影。

（3）截交线的 H 面投影都可见，画实线；截切后圆柱上最前和最后两条素线的 H 面投影由右边画至 e 处 f 处。

从以上两个例题中可以看到，截交线椭圆的投影，与截平面的倾角有关，以直立圆柱为例，说明截交线的变化。当 $\alpha < 45°$ 时，椭圆长轴的投影成为椭圆投影的短轴，如图 8-11（a）所示；当 $\alpha = 45°$ 时，椭圆长轴的投影与椭圆短轴的投影相等，椭圆投影成为一个与圆柱底圆相等的圆，如图 8-11（b）所示；当 $\alpha > 45°$ 时，椭圆长轴的投影仍为椭圆投影的长轴，如图 8-11（c）所示。

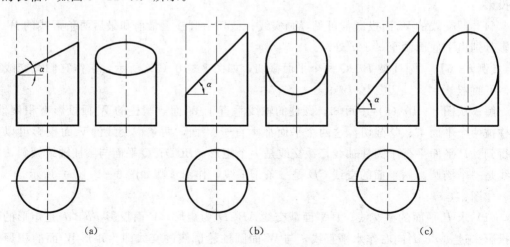

图 8-11　圆柱截交线不同椭圆的投影

二、圆锥的截交线

平面与圆锥相交，圆锥表面的截交线有 5 种形状，见表 8-2。

表 8 - 2		圆 锥 的 截 交 线		
截平面 位置	垂直于 圆锥轴线	与所有素线 都相交	平行于 一条素线	平行于 两条素线	通过锥顶
立体图 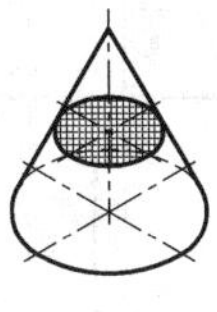 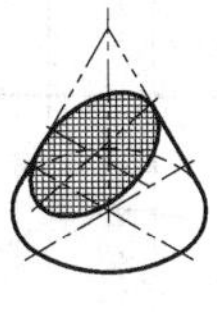 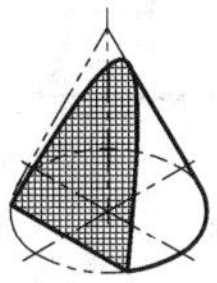 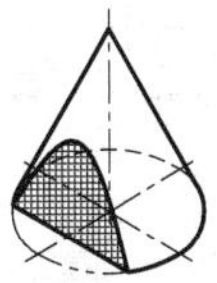 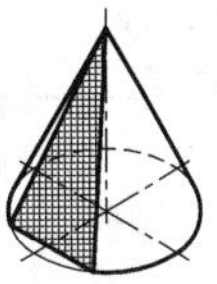				
投影图 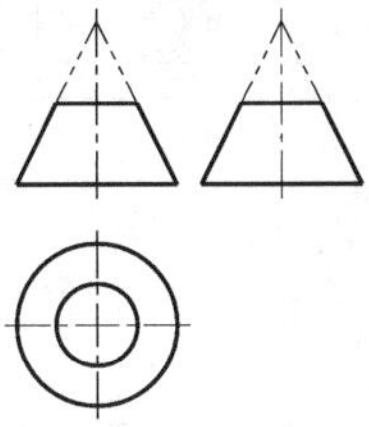 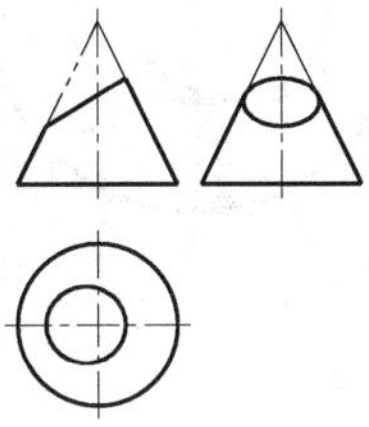 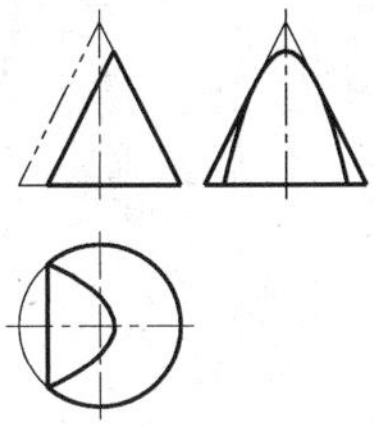 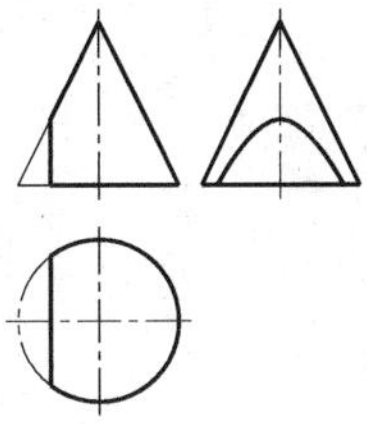 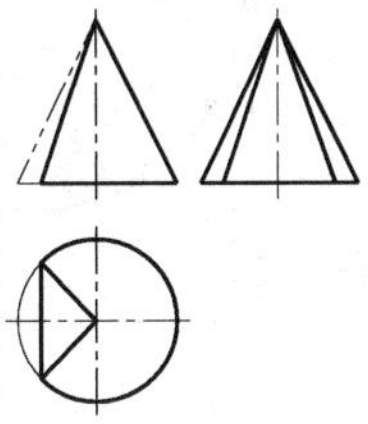				
截交线	圆	椭圆	抛物线	双曲线	等腰三角形

当截平面垂直于圆锥的轴线时，圆锥面上的截交线为圆。当截平面倾斜于圆锥的轴线，且与所有的素线都相交时，圆锥面上的截交线为椭圆。当截平面平行于一条素线时，圆锥面上的截交线为抛物线。当截平面平行于两条素线时，圆锥面上的截交线为双曲线。当截平面通过锥顶时，圆锥面上的截交线是一个过锥顶的等腰三角形，等腰三角形的两腰就是圆锥的两条素线。

【例 8 - 7】　求作圆锥被 P 平面截切后截交线的 H、W 面投影，如图 8 - 12 （a）所示。

解： 截平面 P 倾斜于圆锥的轴线，且与所有的素线都相交，截交线的形状见表 8 - 2 中的第二种，是一个椭圆。椭圆的 V 面投影与截平面重合，因此截交线椭圆的 V 面投影可以直接从投影图中得到；椭圆的 H、W 面投影为椭圆，但不反映实形，椭圆的长轴 AB 在截平面与圆锥轮廓线的交点上，AB 是正平线，椭圆的短轴 CD 垂直于 V 面，且平分 AB，是一条正垂线，作图步骤如图 8 - 12 （b）所示。

作图：

（1）求特殊点。过椭圆的长轴端点 a'、b' 分别向下作垂线，与轴线的交点为 a、b，过 a'、b' 分别向右作水平直线，与轴线的交点为 a''、b''。线段 $a'b'$ 的中点 $c'd'$ 是椭圆短轴 CD 的 V 面投影，过 $c'd'$ 作纬圆，用纬圆法求出短轴的 H 面、W 面投影 cd 和 $c''d''$。P 与圆锥 V 面投影轴线的交点 $e'f'$ 在圆锥最前、最后的素线上，过 $e'f'$ 向右作水平直线，与圆锥轮廓线的交点为 e'' 和 f''，由 $e'f'$ 和 e''、f'' 作出水平投影 e、f。

（2）求一般位置点。在 V 面投影上，根据需要在特殊点之间距离较大处，选取一般位置点 $1'2'$，用纬圆法作出其 H 面、W 面投影 1、2、和 $1''$、$2''$。

（3）连点并判断可见性。依次光滑连接各点的 H 面、W 面投影，并把 W 面投影的两条轮廓素线分别由底面画至 e''、f'' 处，即得到圆锥截交线的投影图，本题在 H 面、W 面

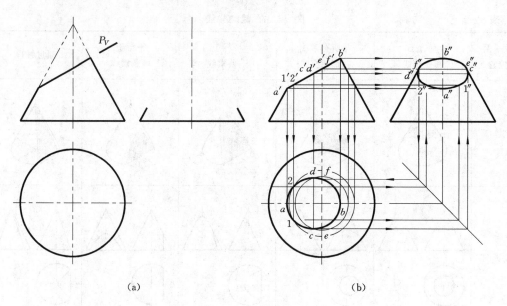

图 8 - 12　圆锥的截交线（一）

上的投影均可见。

【例 8 - 8】　　求圆锥被两个平面截切后截交线的 H、W 面投影，如图 8 - 13（a）所示。

解：圆锥被两个平面切出一个切口，切口由一个水平面 P 和一个正垂面 Q 相交截切形成。水平面 P 垂直于圆锥轴线，其截交线是一个水平的圆；正垂面 Q 平行于圆锥上最右的一条素线，它的截交线是一条抛物线。P、Q 两平面的交线 CD 是一条正垂线，端点 C、D 分别在圆和抛物线上。作图步骤如图 8 - 13（b）所示。

作图：

（1）求 P 平面的截交线。平面 P 的截交线在 H 面上的投影是圆弧，在 W 面上的投影积聚为一条直线。过 a' 向下作垂线，与轴线的交点为 a，得到半径的 H 面投影，作圆锥的同心圆即为截交线圆的 H 面投影。过 a' 向右作水平直线，与轮廓线的交点为圆的 W 面投影，W 面投影积聚为一条直线。

（2）求 P 与 Q 两平面的交线 BC。BC 为正垂线，也是圆弧和抛物线的两个端点。过 $b'c'$ 向下作垂线，与 P 水平投影圆的交点即为 b、c，由 $b'c'$ 和 b、c 作出 W 面投影 b''、c''。

（3）求 Q 平面的截交线。Q 平面的截交线是抛物线，先求特殊点，D 是抛物线的顶点，过 d' 向下作垂线，与轴线的交点为 d，过 d' 向右作水平直线，与轴线的交点为 d''。Q 与圆锥 V 面投影轴线的交点 $e'f'$ 在圆锥最前、最后的素线上，过 $e'f'$ 向右作水平直线，与圆锥轮廓线的交点为 e'' 和 f''，由 $e'f'$ 和 e''、f'' 作出水平投影 e、f。再求抛物线上 3、4 和 5、6 两组一般位置点，用纬圆法分别作出它们的 H 面、W 面投影 1、2、3、4 和 $1''$、$2''$、$3''$、$4''$，光滑连接成抛物线。

（4）判断可见性。在 H 面投影上，圆弧和抛物线都可见，画实线；它们的交线 bc 不可见，画虚线。在 W 面投影上，圆锥轮廓线、截交线圆、抛物线都可见。最后画出截切后轮廓线的 W 面投影。

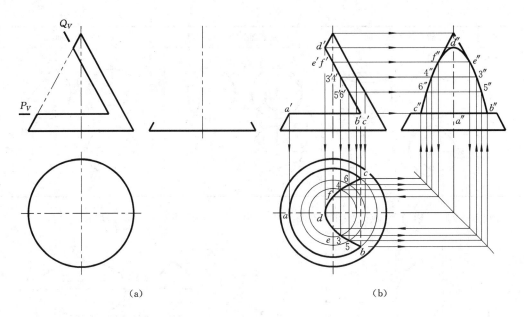

图 8-13　圆锥的截交线（二）

三、球的截交线

平面与球相交时，截交线的形状只有圆一种。

截平面与投影面的相对位置不同，截交线圆的投影就不同。截平面距球心愈近，截得的圆就愈大，当截平面通过球心时，截交线圆为最大的圆，其半径与球的半径相等。

当截平面平行于投影面时，截交线在该投影面上的投影为圆，另外两个投影积聚为直线，长度等于直径。当截平面垂直于投影面时，截交线在该投影面上的投影积聚为一条长度等于截交线圆直径的直线，截交线在另外两个投影面上的投影为椭圆，椭圆的长轴等于截交线圆的直径，椭圆的短轴由截平面的倾斜角度而定。如截平面为正垂面时，截交线在 H 面、W 面上的投影是椭圆，截平面为铅垂面时，则截交线在 V 面、W 面上的投影是椭圆，截平面为侧垂面时，则截交线在 H 面、V 面上的投影是椭圆，见表 8-3。

当截平面为一般位置平面时，截交线圆在三个投影面上的投影都是椭圆。

表 8-3　　　　　　　　　　　　　　　球 的 截 交 线

截平面	水　平　面	正　平　面	截平面为侧平面
投影图			

续表

截平面	截平面为正垂面	截平面为铅垂面	截平面为侧垂面
投影图	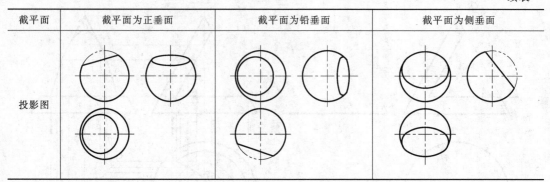		

【例 8-9】　求作球截交线的 H 面、W 面投影，如图 8-14（a）所示。

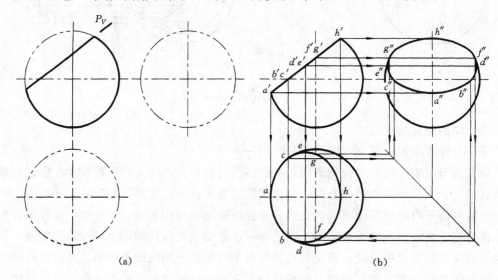

（a）　　　　　　　　　　　　　　　（b）

图 8-14　球的截交线

解： 球被正垂面 P 截切，截交线为圆，其 V 面投影积聚为一条直线 $a'h'$，长度等于截交线圆的直径。截交线圆的 H、W 面投影都是椭圆，椭圆长轴的 V 面投影 $d'e'$ 在 $a'h'$ 的中点上，是一条正垂线，长度等于截交线圆的直径，作图步骤如图 8-14（b）所示。

作图：

（1）求特殊点。根据截交线圆的 V 面投影，特殊点有八个，都在椭圆的长短轴和轴线上，分别用 a'、b'、c'、d'、e'、f'、g'、h' 表示。$a'h'$ 的中点 $d'e'$ 为长轴的 V 面投影，过 $d'e'$ 向下作垂线，长轴的 H 面投影 $de = a'h'$，过 $d'e'$ 向右作水平线，长轴的 W 面投影 $d''e'' = a'h'$。过 a'、h' 向下和向右作直线，与轴线的交点即为 a、h 和 a''、h''。B、C 在赤道圆上，过 $b'c'$ 向下作垂线，与 H 面轮廓线圆的交点即为 b、c，由 $b'c'$ 和 b、c 作出 W 面的投影 b'' 和 c''。F、G 在侧面大圆上，过 $f'g'$ 向右作水平线，与 W 面投影轮廓线的交点即为 f''、g''，由 f'、g' 和 f''、g'' 作出 H 面投影 f 和 g。

（2）求一般位置点。根据需要可再求作 2～4 个一般位置点，本题略。

（3）光滑连接各点的同面投影，截交线全部可见，最后将截切后的轮廓线全部画出。

【**例 8 - 10**】 求作半球截交线的 H 面、W 面投影，如图 8 - 15（a）所示。

解：半球被投影面平行面 P、Q 截切，它们截交线的投影都是圆弧，其中 P 平面是水平面，截交线圆的 H 面投影是一段圆弧，W 面投影积聚为一条直线。Q 面是侧平面，截交线圆的 W 面投影是一段圆弧，H 面投影积聚为一条直线。P 和 Q 两平面的交线 BC 是一条正垂线，V 面投影积聚为一点 $b'c'$。作图时只要确定了半径和圆心的位置，就可以用圆规作出截交线，作图步骤如图 8 - 15（b）所示。

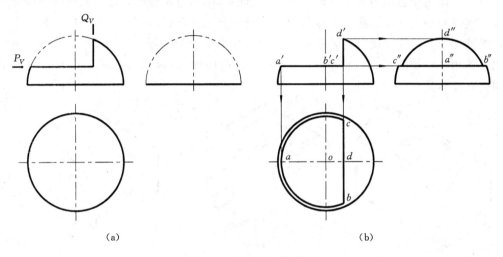

图 8 - 15 半球的截交线

作图：

（1）求 P 平面的截交线。截平面 P 与半球正面轮廓圆的交点 a' 和两个端点 $b'c'$ 的投影可以直接确定，由 a' 向下作垂线与轴线的交点为 a，作球的同心圆，以 oa 为半径画圆弧，再过 $b'c'$ 向下作垂线，与圆弧的交点即为 b、c，bc 与圆弧围成的弓形就是 P 平面截交线的 H 面投影，W 面投影 $b''a''c''$ 积聚为一条水平直线。

（2）求 Q 平面的截交线。用同样的方法可作出 Q 平面的截交线，过 d' 向右作水平直线与轴线的交点为 d''，再作球心的同心圆，与 P 截交线的 W 面投影的端点 $b''c''$ 重合，$b''d''c''$ 围成的弓形就是 Q 平面截交线的 W 面投影，其 H 面投影 bac 积聚为一条水平直线。

（3）截交线的两面投影都可见，用实线画出。

第九章　两立体表面的相贯线

两个立体相交也称为两个立体相贯，这样的立体称为相贯体，它们表面的交线称为相贯线。立体有平面立体和曲面立体两种，相贯就有三种形式，生活中常见的工程实例有很多，如坡屋面、梁柱连接处、管道接头、地下通道的交叉口等。如图 9-1（a）所示为两平面立体相贯，如图 9-1（b）所示为平面立体与曲面立体相贯，如图 9-1（c）所示为两曲面立体相贯。

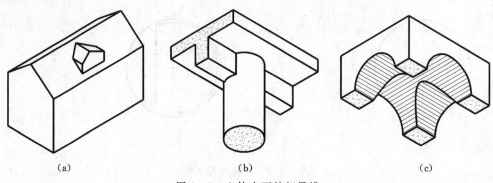

（a）　　　　　　　　　　　　（b）　　　　　　　　　　　　（c）

图 9-1　立体表面的相贯线

相贯线是两个立体表面的公共线，相贯线上的点是两个立体表面的公共点。相贯线的形状由两立体的形状和它们的相对位置确定。当一个立体全部穿过另一个立体时，称为全贯，此时立体表面有两条相贯线，如图 9-2（a）所示；当两个立体各只有一部分参与相交时，称为互贯，两个立体互贯时，只有一条相贯线，如图 9-2（b）所示。

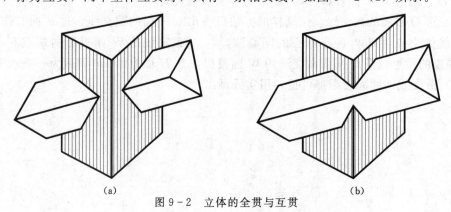

（a）　　　　　　　　　　　　　　　　　　（b）

图 9-2　立体的全贯与互贯

第一节　平面立体与平面立体的相贯线

平面立体与平面立体的相贯线在一般情况下是一条封闭的空间折线，特殊情况下是平面折线。每段折线是两个平面立体上有关棱面的交线，每个转折点是一个立体的有关棱线与另一个立体有关棱面的交点。因此，求相贯线的问题实际上就是求直线与平面的交点问题，只要求出一系列的交点，然后依次连接各点，即为两平面立体的相贯线，作图步骤如下：

（1）分析。工程中的相贯体通常是特殊位置的形体，因此我们给出的两个平面立体中有一个是处于特殊位置的，即一个平面立体的表面有积聚性，此时相贯线的该面投影可以直接从积聚投影中得到。

（2）求转折点或求相贯线段。求出一立体的有关棱线与另一立体有关棱面的交点，即各个转折点，或者求一个立体的有关棱面与另一立体有关棱面的交线，即相贯线段，作图时这两种方法可以联合使用。

（3）连点。依次将各个转折点连接成相贯线。连点时只有位于甲立体同一棱面上，同时又位于乙立体同一棱面上的两个点才能相连，位于同一条棱线上的两个点不能相连，因为这两个点一定在两个棱面上。

（4）判断可见性，并完成整体投影图。相贯线各线段投影的可见性，由两个立体交出这段相贯线的棱面可见性所确定，相贯线段所在的两个棱面同时可见时，该相贯线段的投影才为可见，只要有一个立体的棱面不可见，该相贯线段的投影必定不可见。可见与不可见的各条相贯线段分别用实线和虚线画出。

作图时两个相贯体应视为一个整体，一个立体位于另一个立体内的部分是不存在的，因此不必画出一个立体穿入另一个立体内部的轮廓线，立体的外部轮廓线，根据可见性分别用实线和虚线画出。

【例 9-1】　求作三棱锥与三棱柱相贯线的三面投影，如图 9-3（a）所示。

解：三棱柱的三个棱面均为铅垂面，H 面投影有积聚性，从 H 面投影中可以看出，三棱柱的前一条棱线和三棱锥的后两条棱线 SA、SB 参加相贯，两立体为互贯，相贯线只有一条。相贯线上的转折点是参与相贯的棱线与另一个立体表面的交点，这些交点的 H 面投影在三棱柱的积聚投影上可以直接得到，因此本题只需求出相贯线的 V 面投影，作图步骤如图 9-3（b）所示。

作图：

（1）求三棱锥有关棱线与三棱柱的交点。在 H 面投影中直接确定出棱线 SA、SB 与三棱柱左、右两个棱面的交点 1、2 和 3、4，由 1、2、3、4 分别向上作垂线，与 $s'a'$、$s'b'$ 的交点就是 $1'$、$2'$、$3'$、$4'$。

（2）求三棱柱有关棱线与三棱锥的交点。三棱柱的前一条棱线与三棱锥的交点在 H 面投影上积聚为一点 56，其中 5 在三棱锥上表面 SBC 上，6 在三棱锥下表面 SAC 上，分别作辅助线的 H 面投影 $s7$、$s8$ 和 V 面投影 $s'7'$、$s'8'$，两条辅助线与三棱柱前棱线的交点即为 $5'$、$6'$。

（3）连点。从 $1'$ 开始，1、3 两点都位于 SAB 和三棱柱的左前棱面上，根据连点原则，连接 $1'3'$；3、5 两点都位于 SBC 和三棱柱的左前棱面上，连接 $3'5'$；5、4 两点都位于 SBC 和三棱柱的右前棱面上，连接 $5'4'$；以此类推，就连出了相贯线的 V 面投影 $1'3'$ $5'4'2'6'1'$。

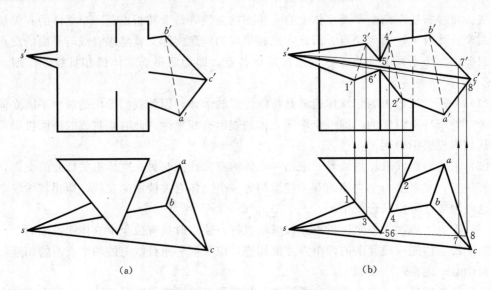

图 9 - 3　求三棱锥与三棱柱的相贯线

（4）判断可见性，并完成整体投影图。相贯线的 H 面投影重合在三棱柱的积聚上，无需判断可见与否，只需对相贯线和其余棱线的 V 面投影进行判断。三棱锥的棱线 SC 没有参加相贯，并且在最前面，因此可见，画实线；三棱柱的左、右两条棱线也没有参加相贯，但被三棱柱挡住，故而不可见，画虚线。相贯线段 $1'3'$、$2'4'$ 在三棱锥的后棱面 SAB上，因此 $1'3'$、$2'4'$ 不可见，画虚线；其余的相贯线段均在三棱锥的左前棱面和右前棱面上，V 面投影均可见，画实线。

【例 9 - 2】　求作三棱锥与四棱柱相贯线的三面投影，如图 9 - 4（a）所示。

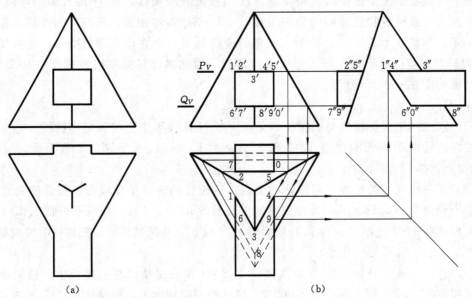

图 9 - 4　求三棱锥与四棱柱的相贯线

解：四棱柱整个前后贯穿三棱锥，两平面立体全贯，相贯线有两条。前面一条相贯线由三棱锥左、右两个棱面和四棱柱共同参与，相贯线是一条封闭的空间折线，后面一条相贯线只有三棱锥的后棱面和四棱柱参与，它的相贯线是一条封闭的平面折线。四棱柱的 V 面投影有积聚性，前后两条相贯线的 V 面投影就积聚在四棱柱的 V 面投影上，三棱锥后棱面的 W 面投影有积聚性，后面一条相贯线的 W 面投影积聚在三棱锥的后棱面上。因此后面那条相贯线只需求出其 H 面投影，而前面的一条相贯线则要求出 H 面、W 面的投影，作图步骤如图 9-4 (b) 所示。

作图：

（1）过四棱柱的上棱面作一辅助平面 P，求出 P 与三棱锥截交线的 H 面投影，它是一个与其底面相似的三角形，相贯线的 H 面投影是四棱柱上表面与三棱锥的交线 134 和 25，其中 134 在三棱锥的左、右棱面上，25 在三棱锥的后棱面上。同样作辅助平面 Q，求出四棱柱下表面相贯线段 689 和 70 的 H 面投影，689 在三棱锥的左、右棱面上，70 在三棱锥的后棱面上。

（2）根据 V 面、H 面投影，作出相贯线的 W 面投影。

（3）连接前面一条相贯线的 H 面、W 面投影 1349861、$1''3''4''9''8''6''1''$，其中 68、89 在四棱柱的下表面上，H 面投影为不可见，画虚线。连接后面一条相贯线的 H 面、W 面投影 25072，其中 70 在四棱柱的下表面上，H 面投影同样不可见，画虚线，W 面投影与后棱面的积聚投影重合，其余相贯线段均为可见。

（4）三棱锥的底面在 H 面投影中被四棱柱挡住的部分为不可见，画虚线；其余棱线段均为可见，画实线。

如果将相贯体中一个参与相贯的立体全部抽掉，就形成了具有贯通孔的立体。如在上例中将四棱柱从三棱锥中抽出，就成了三棱锥贯一四棱柱孔的立体，如图 9-5 所示，相贯线的作图方法与上例相同，但其投影图有两点区别：第一，棱柱

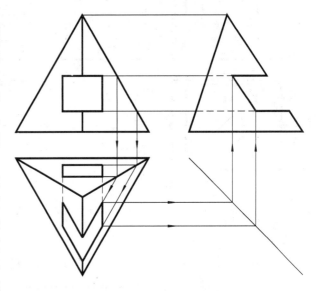

图 9-5 三棱锥贯一四棱柱孔

孔内各棱线的投影必须画出，并表明其可见性；第二，在 H 面投影中，表面交线均为可见，孔内的棱线只有一部分可见。此题也可以看成是三棱锥被四个平面切割，用求截交线的思路同样可以作出它们的交线。

第二节　平面立体与曲面立体的相贯线

平面立体与曲面立体相贯时，相贯线在一般情况下是由若干条平面曲线组合或由平

面曲线和直线组合而成的空间闭合线。这些平面曲线或直线是平面立体上有关棱面与曲面立体表面的截交线，每条截交线的端点是平面立体的有关棱线与曲面立体表面的交点。

因此，求平面立体与曲面立体的相贯线，实际上就是求曲面立体的截交线和求平面立体的有关棱线与曲面立体的交点，这些交点是相贯线的转折点，各条截交线围成的空间闭合线即为相贯线。

相贯线的可见性判断，由截交线段所在的棱面和曲面的可见性决定，在两立体上同时可见时，该线段可见；否则不可见。

【例 9 - 3】   求作半圆柱与三棱柱相贯线的三面投影，如图 9 - 6（a）所示。

解：半圆柱与三棱柱互贯，相贯线只有一条，三棱柱在 H 面上的投影积聚为三角形，相贯线的该面投影与它重合。三棱柱的三个棱面都参与相贯，相贯线段由三条截交线段组成，这三条截交线是一条直线、一段圆弧和一段椭圆弧。半圆柱的 W 面投影积聚为半个圆，相贯线的 W 面投影重合于半圆柱积聚投影包含在三棱柱内的一段圆弧上，因此，相贯线的 H 面、W 面投影都能在投影图中直接得到，本题只需求出相贯线的 V 面投影，作图步骤如图 9 - 6（b）所示。

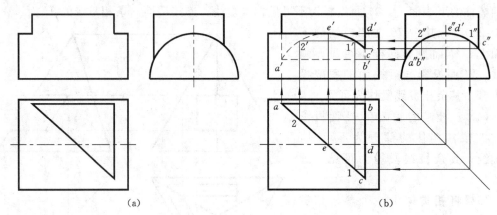

图 9 - 6   求半圆柱与三棱柱的相贯线

作图：

（1）求三棱柱后棱面与半圆柱的截交线。三棱柱后棱面平行于圆柱的轴线，其截交线 AB 是一条直线。过 $a''b''$ 向左作水平直线，与过 a 向上所作垂线的交点为 a'，与过 b 向上所作垂线的交点为 b'，连接 $a'b'$ 即为所求。

（2）求三棱柱右棱面与半圆柱的截交线。三棱柱右棱面垂直于圆柱的轴线，截交线 BDC 是一段圆弧，其中 D 为最高点，B、C 是两个转折点，圆弧平行于 W 面，在 V 面上的投影积聚为一条直线。由 H 面投影 bdc 和 W 面投影 $b''d''c''$ 可以求出 V 面投影 $b'd'c'$。

（3）求三棱柱左棱面与半圆柱的截交线。三棱柱左棱面与圆柱的轴线斜交，截交线 AEC 是一段椭圆弧，其中 E 为最高点，A、C 是两个转折点。先求特殊点 E，过 e 向上作垂线与半圆柱轮廓线的交点即为 e'；再求一般位置点，在 W 面投影上取点 $1''$ 和它的前后对称点 2″，作出 H 面投影 1、2，由 1″、2″ 和 1、2 作出 1′、2′，光滑连接 a′2′e′1′c′，即得到椭圆弧的 V 面投影。

（4）判断可见性。截交线段直线 a′b′ 在半圆柱后面为不可见，画虚线。截交线段圆弧 c′d′b′ 分别在半圆柱的前面和后面，圆弧 d′c′ 在前面，为可见，画实线；圆弧 b′d′ 在后面，为不可见，画虚线。截交线段椭圆弧 a′2′e′1′c′ 也分别在半圆柱的前面和后面，椭圆弧 e′1′c′ 在前面，为可见，画实线；椭圆弧 a′2′e′ 在后面，为不可见，画虚线。在 V 面投影中三棱柱左边的棱线不可见，画虚线，半圆柱最上面的轮廓线画到 e′ 处。

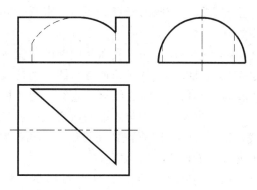

图 9-7 带有通孔的半圆柱

如果将三棱柱与半圆柱全贯后抽掉，半圆柱就成了带有通孔的半圆柱，其相贯线如图 9-7 所示。

【例 9-4】 求作圆锥与三棱柱相贯线的三面投影，如图 9-8（a）所示。

解：圆锥与三棱柱互贯，产生一条相贯线，相贯线由三条截交线围成，三棱柱的下表面与圆锥的底面平行，截交线为圆弧；三棱柱的右表面通过圆锥的顶点，截交线为直线；三棱柱的左上表面与圆锥斜交，截交线为椭圆弧。三棱柱三个棱面的 V 面投影积聚为三条直线，相贯线的该面投影与此重合，因此，相贯线的 V 面投影可以从投影图中直接得到。本题需要求出 H 面、W 面的投影，作图步骤如图 9-8（b）所示。

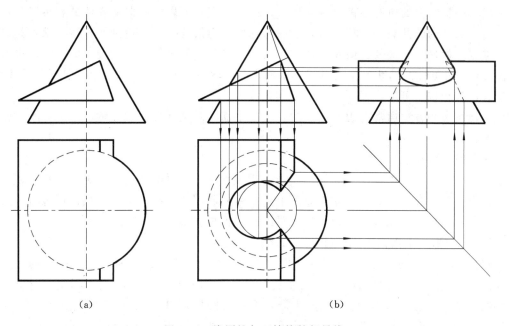

(a)   (b)

图 9-8 求圆锥与三棱柱的相贯线

作图：

（1）求三棱柱下表面与圆锥的截交线。下表面为水平面，H 面投影为圆弧，W 面投影积聚为一条直线。由 V 面投影得到圆的半径，作圆锥的同心圆，过三棱柱右边的棱线向下作垂线，与圆的交点，即为所求圆弧截交线的端点。三棱柱右边的棱线画到圆弧的交点处。

（2）求三棱柱右上表面与圆锥的截交线。三棱柱的右上表面通过锥顶，截交线是两条过锥顶的直线，作圆弧的顶点与圆心的连线，过三棱柱最上面的棱线向下作垂线，与直线的交点就是所求的截交线——直线。三棱柱最上面的棱线画到与直线的交点处。

（3）求左上表面与圆锥的截交线。将三棱柱左上表面的 V 面投影延长到圆锥的轮廓线，得到椭圆长短轴的 V 面投影，作出椭圆的 H 面、W 面投影，与三棱柱最上棱线的交点所围成的椭圆弧即为所求。

（4）判断可见性。在 H 面投影中三棱柱下表面的圆弧截交线不可见，画虚线，其他线条均为可见。在 W 面投影中，三棱柱最上面的棱线不可见，画虚线；右边的直线段截交线不可见，画虚线；右边的部分椭圆弧不可见，画虚线；其他线条均可见，画实线。

第三节　曲面立体与曲面立体的相贯线

曲面立体与曲面立体的相贯线，在一般情况下是一条封闭的空间曲线，在特殊情况下可能是平面曲线，有时也可能由平面曲线和直线所围成。当两个曲面立体有共同的底面时，相贯线不封闭。

因为相贯线上的所有点都是两立体表面的公共点，所以求两曲面立体的相贯线，首先要求出一系列的公共点——相贯点，然后将这些点光滑连接，即得到相贯线。求点时应先求特殊点，如最高、最低、最左、最右、最前、最后以及轴线、轮廓线上的点等，再求一般位置点。可见性的判断由相贯点所在的两个曲面的可见性决定，相贯点在两立体上同时可见时，该相贯点可见，否则不可见。

求相贯线的方法通常有表面取点法、辅助平面法和辅助球面法三种，下面介绍前面两种方法。

一、表面取点法

当两个曲面立体中有一个立体的投影有积聚性时，相贯线的该面投影必定在这积聚投影上，由于相贯线也是另一个曲面立体上的曲线，利用体表面求点的方法即可求得一系列的公共点，然后光滑连接之，即得到相贯线的其他投影。

【例 9-5】　求作两正交圆柱相贯线的三面投影，如图 9-9（a）所示。

解：图 9-9（a）中的大小圆柱互贯，相贯线只有一条。两圆柱有共同的前后和左右对称面，相贯线是一条封闭的前后和左右对称的空间曲线。小圆柱在 H 面上有积聚性，相贯线的 H 面投影与小圆柱的积聚投影重合；大圆柱在 W 面上有积聚性，相贯线的 W 面投影重合于大圆柱积聚投影包含在小圆柱内的一段圆弧上，因此相贯线的 H 面、W 面投影均可以从已知投影中直接得到，本题只需求出 V 面投影，作图步骤如图 9-9（b）所示。

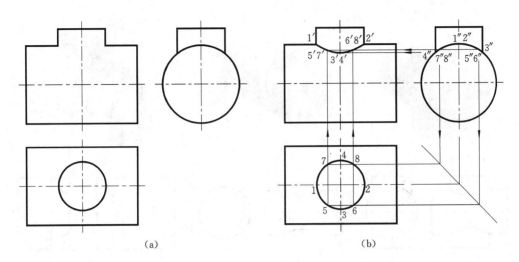

图 9-9　求两正交圆柱的相贯线

作图：

（1）求特殊点。在 H 面投影上，小圆柱轴线上的四个点 1、2、3、4 分别是相贯线上最左、最右、最前、最后的四个点，这四个点在 W 面上的投影上与大圆柱的积聚投影重合，其中 $1''2''$ 为最高点，$3''$、$4''$ 为最低点。1、2 是大圆柱轮廓线上的点，V 面投影 $1'$、$2'$ 可以直接求得；$3'$、$4'$ 是最低点，在小圆柱的轴线上，由 W 面投影 $3''$、$4''$ 向左作水平直线，与小圆柱轴线的交点即为 V 面投影 $3'$、$4'$。

（2）求一般点。在 W 面投影上任取一对重影点 $5''$、$6''$，作出其水平投影 5、6，由 $5''$、$6''$ 和 5、6 作出 V 面投 $5'$、$6'$。$5'$ 与 $7'$、$6'$ 与 $8'$ 分别是 V 面投影上的两对重影点，在作出 $5'$、$6'$ 的同时，也作出了 $7'$、$8'$。

（3）光滑连接 V 面上的各点，即完成了相贯线的 V 面投影。

两正交圆柱相贯有如图 9-10 所示三种不同的形式，虽然形式不同，但它们的相贯线具有同样的形状，作图方法也相同。如图 9-10（a）所示为一个直立小圆柱全部贯穿于一个侧垂大圆柱之中，相贯线是上下对称的两条封闭的空间曲线。如图 9-10（b）所示为一个侧垂大圆柱被一个直立小圆柱上下穿孔，相贯线也是上下对称的两条封闭的空间曲线，但在 V 面投影中应用虚线画出小圆柱最左、最右的两条素线，在 W 面投影中应用虚线画出小圆柱最前、最后的两条素线。如图 9-10（c）所示为一四棱柱被两个圆柱穿孔，它们的孔壁交线也是上下对称的两条封闭的空间曲线，为使读者看清穿孔后内部的相贯线，立体图中只画出了半个图形。

二、辅助平面法

用辅助平面法求作相贯线上点的作图原理和方法是设置辅助平面，分别求出辅助平面与两个曲面立体的截交线，这两条截交线的交点就是两个曲面立体表面的共公点。如图 9-11 所示中的 Ⅰ、Ⅱ 是辅助水平面与球和圆锥截交线上的交点，这两点是两曲面立体的公共点，即为相贯线上的点。再作若干个辅助平面，求出一系列的相贯点，就可以连接成相贯线。

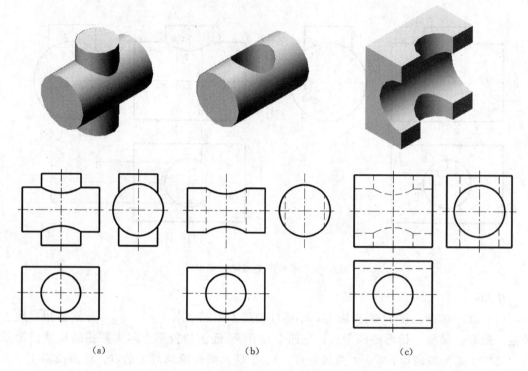

图 9-10　两直立圆柱相贯的 3 种不同形式

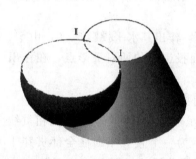

图 9-11　辅助平面法

选择的辅助平面应使两个曲面立体都能得到最简单的截交线，如圆、矩形、三角形等，因此，辅助平面应与圆柱的轴线平行或垂直，与圆锥的轴线垂直或者通过锥顶，对于球体，辅助平面应为投影面的平行面。

【例 9-6】　求作圆柱与圆锥相贯线的三面投影，如图 9-12（a）所示。

解：如图 9-12（a）所示圆柱和圆锥前后对称并且互贯，相贯线是一条前后对称的封闭的空间曲线。圆柱的 W 面投影积聚为圆，相贯线的该面投影必定积聚在此圆周上。作图时选择水平面作为辅助平面，水平面与圆柱的截交线为直线，与圆锥的截交线为圆，两条截交线的交点就是圆柱和圆锥的公共点，即相贯线上的点，作图步骤如图 9-12（b）所示。

作图：

（1）求特殊点。在 W 面投影中 $1''$、$2''$ 是最高、最低的点，它们的 V 面投影在圆柱与圆锥轮廓线的交点上，由 $1''$、$2''$ 和 $1'$、$2'$ 作出 H 面投影 1、2。$3''$、$4''$ 是圆柱轴线上的点，也是最前、最后的点，还是圆柱和相贯线可见与不可见的分界点，过圆柱的水平轴线作辅助平面 P，P 与圆锥截交线的 H 面投影为圆，该圆与 H 面圆柱轮廓线的交点即为 3、4，过 3、4 向上作垂线，与圆柱轴线的交点即为 $3'$、$4'$，$3'$、$4'$ 是 V 面上的一对重影点。

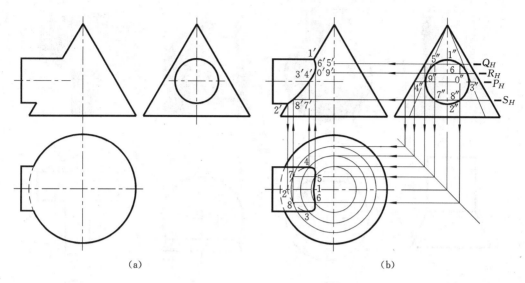

图 9 - 12　求圆柱与圆锥的相贯线

（2）求一般点。在 W 面投影中，选择两对称的一般位置点 5″、6″，过 5″、6″作辅助平面 Q，在 H 面投影上作 Q 与圆柱和圆锥的截交线，两截交线的交点即为 H 面投影 5、6，过 5、6 向上作垂线，与过 5″、6″向左所作水平线的交点即为 V 面投影 6′、5′。再作两个辅助平面 R、S，同样作出相应相贯点的 H 面、V 面投影。

（3）光滑连接各个公共点，即得到相贯线的 H 面、V 面投影。相贯线的 V 面投影前后对称，前面半条相贯线可见，画实线。相贯线的 H 面投影以 3、4 为分界点，上半条可见，画实线；下半条不可见，画虚线。

第四节　两曲面立体相贯的特殊情况

两曲面立体的相贯线，特殊情况下可能由平面曲线或直线组成。

一、同轴回转体相贯

两个同轴回转体相贯时，相贯线为垂直于该轴线的圆，是两回转体的一个公共的纬圆，如图 9 - 13（a）所示为同轴的圆柱和圆锥相贯，如图 9 - 13（b）所示为同轴的圆柱和球相贯，如图 9 - 13（c）所示为同轴的球和圆锥相贯，如图 9 - 13（d）所示为同轴的三个回转体——圆锥和大小圆柱相贯，当轴线垂直于 H 面时，相贯线的 H 面投影反映实形，是一个圆，V 面投影是一段连接两回转体相邻轮廓线交点的直线。

二、两个直纹曲面立体相贯

两个共顶点的圆锥相贯时，相贯线为两条过锥顶的直线，如图 9 - 14（a）所示。两个轴线平行的圆柱相贯时，相贯线由两条直线和一段圆弧组成，如图 9 - 14（b）所示。这两组相贯体都有公共的底面，它们的相贯线是不封闭的。

三、两个外切于同一个球的回转体相贯

两个圆柱、一个圆柱和一个圆锥或两个圆锥的轴线相交，轴线都平行于 V 面，并且

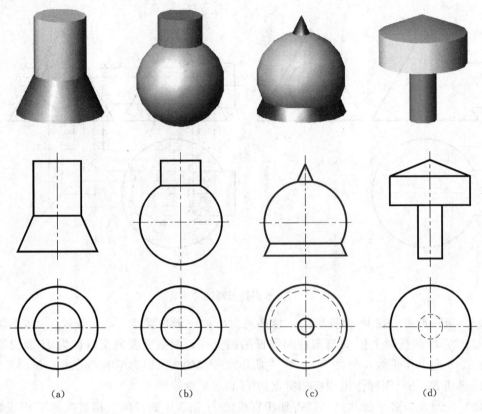

（a）　　　　　（b）　　　　　（c）　　　　　（d）

图 9-13　同轴回转体的相贯线

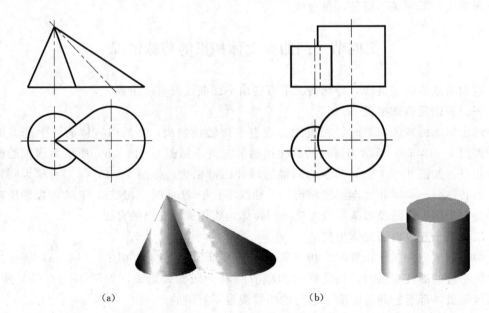

（a）　　　　　　　　　（b）

图 9-14　两个直纹面的相贯线

两立体都公切于一个球时，相贯线是垂直于 V 面的两个椭圆，椭圆的 V 面投影积聚为两条直线，是两立体轮廓线交点的连线，如图 9-15 所示。

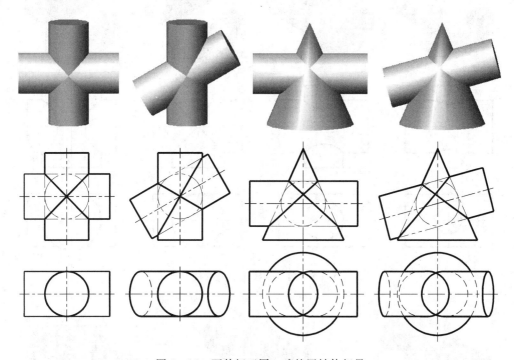

图 9-15　两外切于同一球的回转体相贯

四、两个轴线正交的圆柱相贯

当两个轴线正交的圆柱相贯，且水平圆柱的大小不变，直立圆柱的直径逐渐增大时，它们的相贯线也按规律发生变化，在非积聚投影 V 面上，相贯线的弯曲趋势总是小圆柱向大圆柱里弯曲。当直立圆柱的直径小于水平圆柱时，相贯线为上下两条封闭的空间曲线，随着直立圆柱直径的增大，相贯线的弯曲程度也逐渐增大；当两圆柱直径相等时，相贯线由两条空间曲线变成两条平面曲线——椭圆，其 V 面投影为两条相交的直线，如图 9-15 中的第一个模型；当直立圆柱的直径大于水平圆柱时，相贯线的弯曲趋势改变方向，由水平小圆柱向直立的大圆柱里弯曲，变为左右两条封闭的空间曲线，如图 9-16 所示。

五、两个轴线正交的圆柱与圆锥相贯

当两个轴线正交的圆柱与圆锥相贯，且圆锥的大小不变，圆柱的直径变化时，它们的相贯线也随之发生变化。当小圆柱穿过圆锥时，在非积聚投影 V 面上，相贯线的弯曲趋势是小圆柱向大圆锥里弯曲，相贯线为左右两条封闭的空间曲线；当圆柱与圆锥公切一个球时，相贯线由两条空间曲线变成两条平面曲线——椭圆，其 V 面投影为两条相交的直线，如图 9-15 中的第三个模型；当圆柱的直径继续增大，圆锥穿过圆柱时，相贯线变为上下两条封闭的空间曲线，如图 9-17 所示。

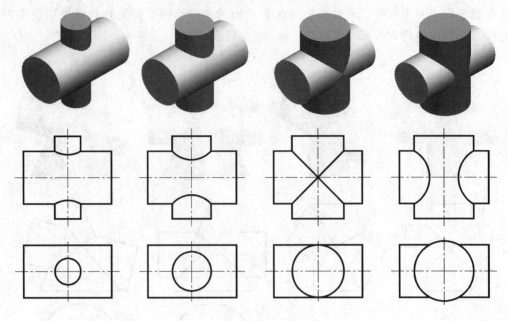

图 9-16 两个轴线正交的圆柱相贯

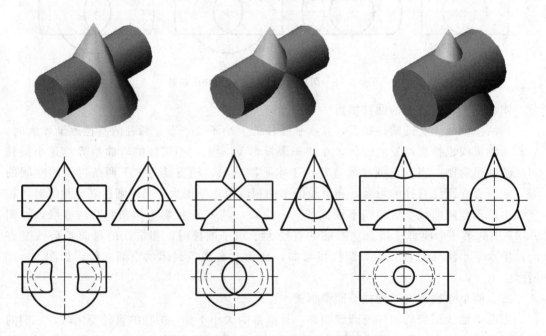

图 9-17 两个轴线正交的圆柱与圆锥相贯

第十章 标 高 投 影

在多面正投影图中,水平投影是表示形体的平面尺寸位置,立面投影是表示形体各部分的高度尺寸,如果在水平投影图上能够标注出形体各部分的高度,这样就可以确定形体的空间形状了。在一些工程图中,如凹凸不平的地形地貌和弯曲多变的山峦河谷,它们的高度与之比相差很大,如果仍用三面投影,很难表达清楚。因此,在实践中,人们用另一种方法表达,即标高投影法。标高投影就是在形体的水平投影图上,用数字注出各处高程的单面投影图。

在标高投影图中,称水平面为基准面,地形图中的基准面为青岛市的黄海海平面,基准面上的高程为 0,基准面以上的高程为正,基准面以下的高程为负。

第一节 点、直线的标高投影

一、点的标高投影

空间点的标高投影,就是加注了高程的水平投影。假如有空间四个点 A、B、C、D,如图 $10-1$(a)所示,作出它们的水平投影 a、b、c、d,并在 a、b、c、d 的右下角标注这些点距离基准面的高程数字,所得的水平投影图就是点的标高投影图,图 $10-1$(b)所示。

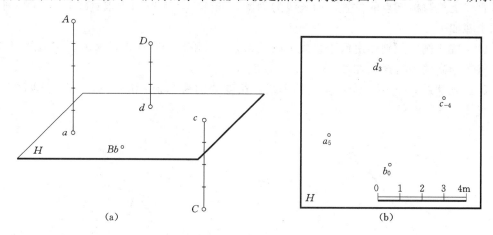

图 $10-1$ 点的标高投影

图 $10-1$(b)中,点 A 的高程为 $+5$,记为 a_5;点 B 的高程为 0,记为 b_0;点 C 的高程为 -4,记为 c_{-4},点 D 的高程为 $+3$,记为 d_3。为了表示几何元素间的距离,标高投影图上都附有比例尺,比例尺用标有刻度的一粗一细的双线表示,常用的单位为米(m),同一个标高投影图上采用同一把比例尺。

二、直线的标高投影

任意两点的标高投影连接起来就是直线的标高投影。在图 $10-2$ 中,连接 a_1、b_6 两点，a_1b_6 就是直线 AB 的标高投影。

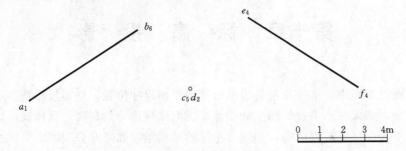

图 10 - 2　直线的标高投影

从图 10 - 2 的标高投影可知，直线 AB 的高程不等，AB 是一般位置线；直线 CD 的投影积聚，高程不等，CD 是铅垂线；直线 EF 的高程相同，则 EF 是水平线。

（一）直线的实长和倾角

求直线的实长和倾角，可用类似换面法求得。作图时分别过 a_1 和 b_6 作直线垂直于 a_1b_6，并在所作垂线上，分别量取相应的标高数 1m 和 6m，得到 A、B 两点，连接 AB 即为所求的实长，AB 与 a_1b_6 之间的夹角，就是所求直线的倾角 α，如图 10 - 3 所示。

（二）直线的刻度

在直线的标高投影上标出整数标高的点，称为直线的刻度。

一条直线的标高投影，其端点常常是非整数标高点，而在实际工程中，很多时候需要知道直线上整数标高点的位置，即直线的刻度，如图 10 - 4 所示为求直线 $c_{2.2}d_{7.5}$ 的刻度，作图步骤如下：

（1）按比例尺分别作出低于直线上的最低点 $c_{2.2}$ 和高于直线上的最高点 $d_{7.5}$ 之间的若干条整数标高的平行线，如 2、3、4、…、8。

（2）分别过 $c_{2.2}$、$d_{7.5}$ 作 $c_{2.2}d_{7.5}$ 的垂线，长度分别为 2.2m 和 7.5m，连接这两个端点即为直线 CD 的实长。

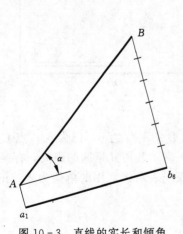

图 10 - 3　直线的实长和倾角

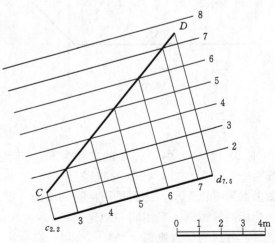

图 10 - 4　直线的刻度

（3）分别过 CD 与各条整数标高平行线的交点向 $c_{2.2}d_{7.5}$ 作垂线，垂足 3、4、5、6、7 就是 $c_{2.2}d_{7.5}$ 上的整数标高的点，即直线 CD 的刻度。从图 10-4 中可以看出，这些点之间的距离是相等的。

（三）直线的坡度

直线的坡度是指直线上任意两点的高差与其水平距离之比，用 i 表示。

在图 10-5 中设直线上点 A 和 B 的高度差为 H，水平距离为 L，直线的倾角为 α，则直线的坡度为

$$i = H/L = \tan\alpha$$

坡度也就是直线上任意两点的水平距离为一个单位时的高差。直线坡度的大小是直线对水平面倾角的大小。若图 10-5 中的 $H=2$m，$L=4$m，则直线 AB 的坡度 $i=2/4$ $=1/2$。标注坡度为 $1:2$。

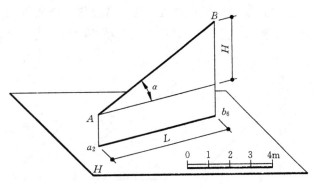

图 10-5 直线的坡度与平距

（四）直线的平距

直线的平距是指直线上任意两点的水平距离与其高差之比，用 l 表示。

平距也是直线上任意两点的高差为一个单位时的水平距离。直线的平距为

$$l = L/H = 1/i$$

由此可见，坡度和平距互为倒数成反比，坡度越大，平距越小，坡度越小，则平距越大。

【例 10-1】 求如图 10-6（a）所示直线 AB 上点 C 的标高投影 c_x。

解： C 点的高程可根据直线的坡度和其两点间的水平距离，用等比的原理作出，作图步骤如图 10-6（b）所示。

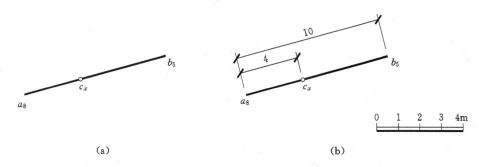

(a)	(b)

图 10-6 求直线 AB 上点 C 的标高

作图：

（1）求直线 AB 的高差，$H_{ab}=8-5=3$（m）。

（2）求直线 AB 的坡度 i_{ab}。

从图中量得 a_8、b_5 两点之间的距离 L_{ab} 为 10（m），则 i_{ab} 为

$$i = H_{ab}/L_{ab} = 3/10 = 3:10$$

（3）求 AC 的高差 H_{ac}。从图中量得 a_8、c_x 两点之间的距离为 $L_{ac}=4$m，则 H_{ac} 为

$$H_{ac} = iL_{ac} = 0.3 \times 4 = 1.2(\text{m})$$

(4) 求 C 点的高程，$x=8-1.2=6.8$ (m)，即点 C 的标高投影为 $c_{6.8}$。

（五）直线标高投影的另一种表示形式

由于建立了坡度的概念，直线也可以用另一种形式表示，即用直线上一点的标高投影和直线的坡度数字以及指向下坡的箭头来表示。

图 10-7 所示为直线 AB 的标高投影，即用直线 AB 上一点 A 的标高投影 a_3、直线 AB 的坡度 $1:2$ 和直线 AB 指向下坡的箭头来表示。

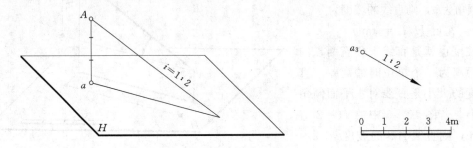

图 10-7 直线标高投影的另一种表示形式

【例 10-2】 已知直线 AB 的标高投影如图 10-8 (a) 所示，点 B 的高程为 12m，求点 B 的标高投影。

解：根据直线 AB 的坡度和 AB 两点间的水平距离，用等比的原理来作出 B 点的标高投影，作图步骤如图 10-8 (b) 所示。

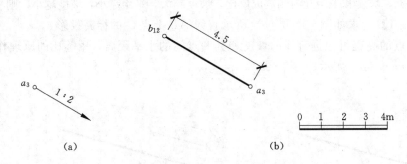

图 10-8 求直线 AB 的标高投影

作图：

(1) 求直线 AB 的高差，$H_{ab}=12-3=9$ （m）。

(2) 求直线 AB 间的水平距离，$L_{ab}=i\,H_{ab}=$ （1/2）$\times 9 = 4.5$ （m）。

(3) 过 a_3 向箭头反方向按比例尺量取 4.5m 的长度，端点即为 b_{12}。

第二节 平面的标高投影

一、等高线、坡度线和坡度比例尺

（一）等高线

等高线就是平面上的水平线，实际工程中常采用整数标高的水平线作为等高线，如

图 10-9（a）所示的Ⅰ-Ⅰ、Ⅱ-Ⅱ，等高线的特性如下：

（1）平面上的等高线是水平线。

（2）平面上的各等高线互相平行。

（3）当各等高线的高差相等时，它们的平距也相等。

（二）坡度线

坡度线是指平面上坡度最大的直线，如图 10-9（a）中的 MN。平面上的坡度线与等高线互相垂直，因此它们的投影也互相垂直。坡度线的坡度即平面的坡度，坡度线的平距亦即平面的平距，它反映了平面上高差为一个单位时，相邻等高线之间的水平距离。

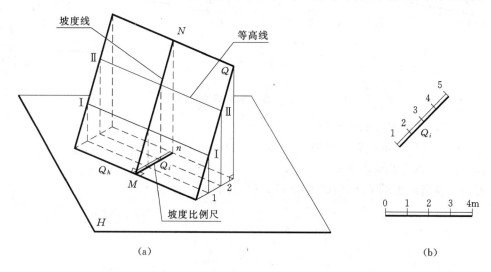

图 10-9　等高线、坡度线和坡度比例尺

（三）坡度比例尺

坡度线的水平投影加注整数标高，画成一粗一细的双线，就是平面的坡度比例尺。

【例 10-3】　作图 10-10（a）所示平面的坡度比例尺。

解：只要作出了平面坡度线，就能作出平面的坡度比例尺。而平面坡度线与平面的等高线垂直，因此，本题要解决的主要问题就是作出平面的等高线，作图步骤如图 10-10（b）所示。

作图：

（1）作平面边线 $a_{3.6}c_{6.5}$、$b_{1.2}c_{6.5}$ 的整数标高点 3、4、5。

（2）连接两条边线的相同整数标高点，如 3-3、4-4、5-5，即得到平面的等高线。

（3）过平面上的任一点，如 $c_{6.5}$，作等高线的垂线，即为平面的坡度线。

（4）在平面的坡度线上，加注整数标高，如 2、3、4、…，并画成一粗一细的双线，即为平面的坡度比例尺，用 P_i 表示。

二、平面的表示法

（一）用确定平面的几何元素表示平面

用第三章所述的五种平面表示方法，在它们的平面投影图上加注高程即为平面的标高投影。

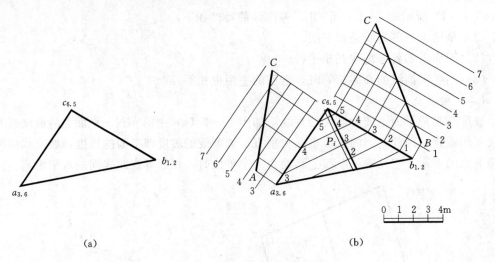

图 10-10　作平面的坡度比例尺

（二）用坡度比例尺表示平面

用坡度比例尺表示平面，如图 10-11（a）所示。

（三）用一组等高线表示平面

用一组等高线表示平面，如图 10-11（b）所示。

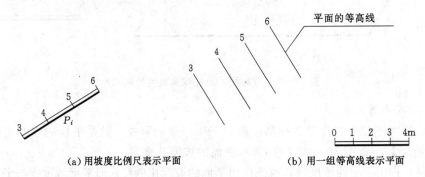

（a）用坡度比例尺表示平面　　　　　　（b）用一组等高线表示平面

图 10-11　用坡度比例尺和等高线表示平面

（四）用一条等高线和平面的坡度表示平面

如图 10-12（a）所示的平面，是由平面上的一条等高线和一条带有指向下坡方向箭头的坡度线表示的，此时平面坡度的方向已经确定，即与平面的等高线垂直，故用带箭头的实线表示。

（五）用一条一般位置线和平面的坡度表示平面

如图 10-12（b）所示的平面，是由平面上的一条一般位置线和一条带有指向下坡方向箭头的坡度线表示的，此时平面坡度的方向只是大致的下坡方向，故用带箭头的虚线或折线表示，准确的下坡方向要通过作图求得。

【例 10-4】　作图 10-13（a）所示平面的等高线。

解：所求平面的等高线是一组与已知等高线 5 平行的直线，等高线的间距为平面坡度线的平距，作图步骤如图 10-13（b）所示。

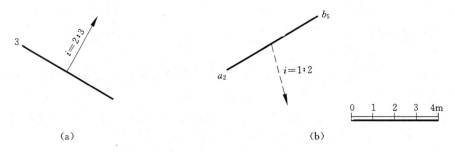

图 10-12　用直线和平面的坡度表示平面

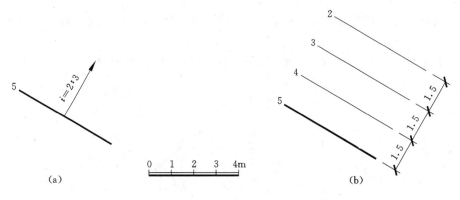

图 10-13　作平面的等高线（一）

作图：

（1）求平距 l。由 $i=2:3$，可得 $l=3/2=1.5$（m）。

（2）作一条等高线。过等高线 5 作间距为 1.5m 的平行线，即为等高线 4。

（3）同样，作等间距的平行线，即可得等高线 3、2。

【例 10-5】　作如图 10-14（a）所示平面的等高线。

解：直线 AB 为一般位置线，平面的等高线与 a_2b_8 不平行。A 和 B 的高差是 $8-2=6$m，若在整数标高处作等高线，共有六条，等高线之间的距离为平面平距的 6 倍，即 $L_{ab}=6l$。作图步骤如图 10-14（b）所示。

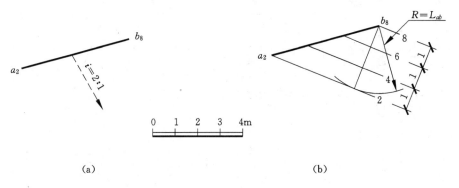

图 10-14　作平面的等高线（二）

作图：

（1）求平面的平距 l。由平面 $i=2:1$，可得 $l=1/2=0.5$（m）。

（2）求 $L_{ab}=(8-2)\times0.5=3$（m）。

（3）作过 a_2 的等高线 2。以 b_8 为圆心，3m 为半径画圆弧，过 a_2 向圆弧作切线，即为等高线 2。

（4）作等高线 4、6、8。按两倍的平距 $2l=2\times0.5=1$（m）作等高线 2 的平行线，即为等高线 4；继续作等间距的平行线，即可得等高线 6、8。

三、两平面的相对位置

（一）两平面平行

（1）若两平面的坡度比例尺平行，平距相等，数字增减方向一致，则两平面平行，如图 10-15（a）所示。

（2）若平面的等高线平行，坡度及下坡方向相同，则两平面平行，如图 10-15（b）所示。

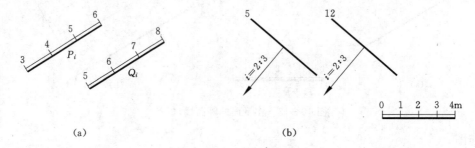

（a）　　　　　　　　　（b）

图 10-15　两平面平行

（二）两平面相交

在标高投影中，两平面上任意两条相同等高线交点的连线，就是两平面的交线，如图 10-16 所示。

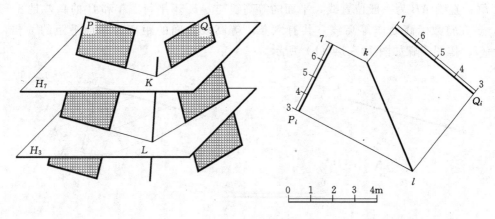

图 10-16　两平面的交线

【例 10-6】　已知平台的标高为 4m，平台各边坡的坡度如图 10-17（a）所示，求作各坡面的交线和标高为 0 的坡脚线。

解：坡脚线由四个坡面上的四条 0 等高线围成。坡面的交线为直线，是相邻坡面相同等高线交点的连线。作图时先求各边坡的平距 $l_{1:1}$、$l_{2:1}$、$l_{3:2}$，然后由各平距画出各边坡的等高线。平距可用解析法或图解法作出，用图解法作图时，可在给出的比例尺上进行，作图步骤如图 10 - 17（b）所示。

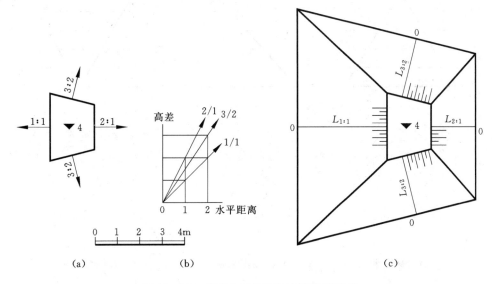

图 10 - 17 求平台各坡面的交线和开挖线

作图：

（1）求坡脚线。坡脚线是高程为 0 的等高线。平台与底面的高差为 4m，0 等高线距平台边线的水平距离分别为

当 $i=1:1$ 时，$l_{1:1}=1$，$L_{1:1}=4l_{1:1}=4×1=4$（m）

当 $i=2:1$ 时，$l_{2:1}=1/2$，$L_{2:1}=4l_{2:1}=4×1/2=2$（m）

当 $i=3:2$ 时，$l_{3:2}=2/3$，$L_{3:2}=4l_{3:2}=4×2/3=8/3$（m）

过平台顶面的四条边线，分别作各自的平行线，间距分别为各自的水平距离，围成的图形即为高程为 0 的坡脚线。

（2）求坡面交线。分别连接平台顶点和 0 等高线的顶点，即为四个坡面的交线。

（3）画各坡面示坡线。在坡面高的一边应画出示坡线，示坡线垂直于等高线，由几组一长一短的直线组成，作图时一般只画出几组示坡线，就能反映出坡面的倾斜方向。

第三节　曲面和地形面的标高投影

在土木工程中，除了有一些平面相交的问题外，还有平面与曲面、曲面与曲面的相交问题，用标高投影表达这类曲面时，常用标高投影的方法解决它们之间的交线问题，常见的曲面有圆锥面、同坡曲面、地形面等。

一、圆锥面

圆锥面的标高投影用一系列等高线圆表示，如图 10 - 18 所示为正圆锥面、斜圆锥面和倒圆锥面的标高投影图。假想将一组间距为 1 的水平面去切割它们，把所有截交线的水平投影注上相应的高程，即得到圆锥的一系列等高线，这组等高线就是圆锥面的标高投影。在标注高程数字时，除了标注各截交线的标高外，还应标注顶点的标高。

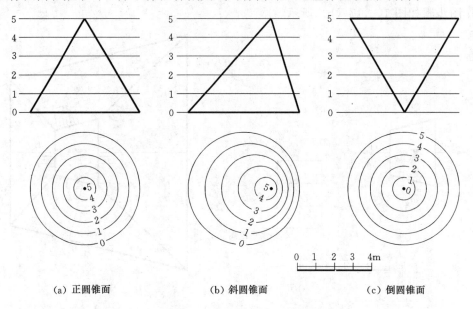

(a) 正圆锥面   (b) 斜圆锥面   (c) 倒圆锥面

图 10 - 18　锥面的标高投影

正圆锥面标高投影的各等高线是同心圆，间距相等，即等高线的平距相等，说明正圆锥面各处的坡度相等，如图 10 - 18 (a) 所示。斜圆锥面的标高投影各等高线是异心圆，左边的平距大，说明曲面的坡度小，右边的平距小，说明曲面的坡度大，如图 10 - 18 (b) 所示。倒圆锥面标高投影的等高线也是同心圆，且间距相等，但与图 10 - 18 (a) 相比，高程数字不同，如图 10 - 18 (c) 所示。在曲面体的标高投影中，规定标高数字的字头指向上坡方向，因此，倒圆锥标高投影的等高线越往外，其标高数字就越大。

二、同坡曲面

曲面上任何位置的坡度都相等的曲面，称为同坡曲面，如图 10 - 19 所示。

同坡曲面是一条直母线沿着一条空间曲导线移动，且母线与水平面的倾角始终不变所形成的曲面。图 10 - 19 (a) 中 $ABCD$ 是一条空间曲线，过 $ABCD$ 所作的同坡曲面可以看成是公切于一组正圆锥的包络面，这些正圆锥的顶点都在 $ABCD$ 上。同坡曲面的素线与水平面的倾角都相等，同坡曲面上每条素线都是这个曲面与圆锥面的切线，也是圆锥面上的素线。

同坡曲面上的等高线与圆锥面上同高程的等高线一定相切，切点在同坡曲面与圆锥面的切线上，作同坡曲面上的等高线就是作各圆锥面相同等高线的公切线。如图 10 - 19 (b) 所示为作 $i = 1 : 1$ 时同坡曲面的等高线，步骤如下：

(1) 由曲面的坡度算出其平距 $l = 1/i = 1$。

(2) 在曲线的整数标高投影 b_1、c_2、d_3 上，分别以 l、$2l$、$3l$ 为半径作圆和同心圆，得到各圆锥的等高线。

(3) 作各圆锥面上相同等高线的公切线，即为同坡曲面上的等高线 0、1、2。

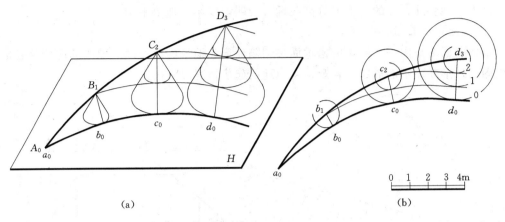

(a)　　　　　　　　　　　　　　　(b)

图 10-19　同坡曲面

三、地形面

（一）地形图

天然地形的表面是凹凸不平的不规则曲面，在标高投影中以等高线表示，如图 10-20 中的这些不规则曲线就是地形等高线，地形等高线组成的图形称为地形图。

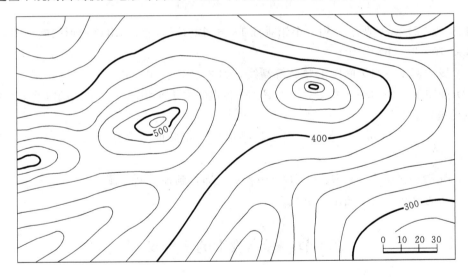

图 10-20　地形图

读地形图时，人们主要是根据等高线来判断地势的变化，根据等高线间的平距去想象地势的陡峭或平坦，根据标高的排列顺序去想象地势的升高或降低。在地形图中，等高线稀，说明此处平距较大，坡度较小；等高线越密，则说明此处平距较小，坡度就越大；如果等高线相交，表明此处是悬崖绝壁。

地形图的单位通常是米，除了前面所规定的标高数字的字头应指向上坡方向外，画地形图时通常每隔四条等高线画一条标有数字的粗等高线，该等高线称为计曲线。

在图 10-20 中，两根相邻等高线的高差是 20m，在 500m 标高附近有两个环形的等高线，表明这地方是两个山包，在这两个山包中间是鞍地，图的右上方等高线密度大，说明坡度大，地势陡；图的左下方等高线稀，说明坡度小，地势平坦。

（二）地形断面图

地形断面图是用一个假想的铅垂面去切割地形，地形的截交线所围成的图形就是地形断面图。地形断面图能形象、直观地将山地的起伏情况反映出来。

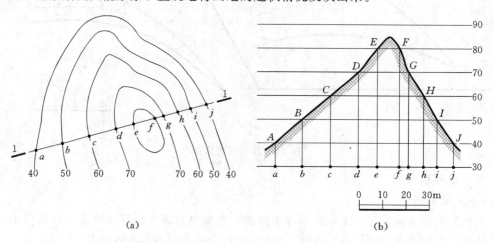

（a）　　　　　　　　　　　（b）

图 10-21　地形断面图

如图 10-21（a）所示，用一个铅垂面 1—1 切割地形，可作出该地形的断面图，作图步骤如图 10-21（b）所示。

（1）按比例作一组等间距的整数等高线，如 30、40、50、60、…

（2）按图 10-21（a）中 a、b、c、d、…各点间的水平距离，在最低的等高线 30 上标出各点的位置。

（3）过 a、b、c、d、…各点，向上作垂线，与相应的等高线相交，得到 A、B、C、D、…各点。

（4）光滑连接所求 A、B、C、D、…各点，即得到地形断面图。

（5）在地形断面图上画出图例线。

第四节　标高投影的工程实例

掌握了标高投影的基本原理和作图方法，就能解决一些工程上的实际问题，如直线与山地的交点问题，土石方工程中求解坡面交线和坡脚线的问题。工程中的坡面有平面和曲面，地面有平面，也有不规则的曲面，因此坡面的交线和坡脚线就会是直线或曲线。求交线时，都是求建筑物表面上与地形面上标高相同的等高线的交点，然后将这些交点以直线或曲线连接起来。

标高投影图能直观地作出交点、交线，表达坡面的空间位置、坡面间的相互关系以及坡面的范围，能快速地估算出填挖的土石方量。

【例 10-7】　沿直线 $a_{26}b_{28}$ 拟修筑一段铁路，需在山上开挖隧道，求隧道的进出口位置，如图 10-22 所示。

解： 本例实质是求直线 $a_{26}b_{28}$ 与山地的交点，所求交点就是隧道的进出口。过直线 AB 作铅垂面与地形相交，作出地形断面图。根据 AB 的高程在断面图上作出直线 AB，AB 与地形断面图的交点 K、L、M、N 就是所求隧道进出口的位置。最后在平面图上标出各交点的高程。

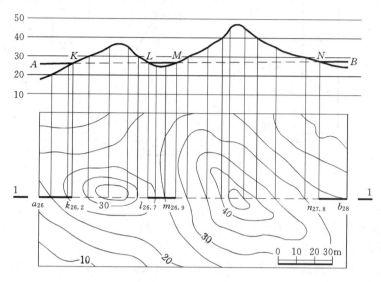

图 10 - 22　求作直线与山地的交点

作图：

（1）作铅垂面。过直线 $a_{26}b_{28}$ 作铅垂面 1-1。

（2）作地形断面图。先作一组等高线，然后过铅垂面与地面等高线的交点向上作垂线，在相应的等高线上定出各点，最后光滑连接所求各点，即为地形断面图。

（3）在地形断面图上根据 A、B 的高程，作直线 A、B。

（4）AB 与地形断面轮廓线的交点 K、L、M、N 即为隧道进出口的位置。

（5）在地形断面图上量出 K、L、M、N 各点的高程，在水平投影上标出各点的标高，如 $k_{26.2}$、$l_{26.7}$、$m_{26.9}$、$n_{27.8}$，并标明可见性，即为所求。

【例 10 - 8】 求水平道路与直斜道路相交处的坡脚线与坡面交线，其中水平道路的高程为 4m，直斜道路的地面标高为 0，如图 10 - 23（a）所示。

解： 坡脚线由水平道路与直斜道路的 0 等高线组成。水平道路的等高线与道路的边线平行，直斜道路的等高线与其边线不平行，其等高线的作法与图 10 - 14 相同。坡面交线是相邻两坡面相同等高线交点的连线，坡面均为平面，则交线亦为直线，作图步骤如图 10 - 23（b）所示。

作图：

（1）求坡脚线。

1）水平道路。水平道路 0 等高线到路面的水平距离 $L_{3:2}$ 为：$i = 3:2$，$l_{3:2} = 2/3$，$L_{3:2} = 2/3 \times 4 = 8/3$，作距路面为 8/3 的平行线，即为水平道路的 0 等高线。

2）直斜道路。$i = 1:1$，$l_{1:1} = 1$，$L_{1:1} = 1 \times 4 = 4m$，以 b_4 为圆心，4m 为半径画圆

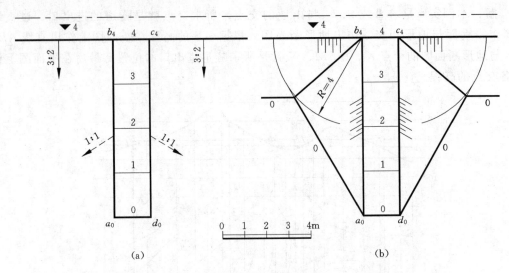

图 10-23　求作水平道路与直斜道路的坡脚线与坡面交线

弧，过 a_0 作圆弧的切线，即为左边直斜道路的 0 等高线。同样，以 c_4 为圆心，画圆弧可作出右边直斜道路的 0 等高线。

（2）求坡面交线。连接 b_4 与左边两条 0 等高线的交点，连接 c_4 与右边两条 0 等高线的交点，即为左、右两边坡面的交线。

（3）画各坡面示坡线。

【例 10-9】　求水平道路与弯斜道路相交处的坡脚线与坡面交线，其中水平道路的高程为 4m，弯斜道路的地面标高为 0，各边坡的坡度均为 $i=2:1$，如图 10-24（a）所示。

解： 水平道路的等高线与道路的边线平行，弯斜道路为同坡曲面，其等高线的做法与图 10-19（b）相同。由于道路由平面和曲面组成，因此坡面交线均为曲线。

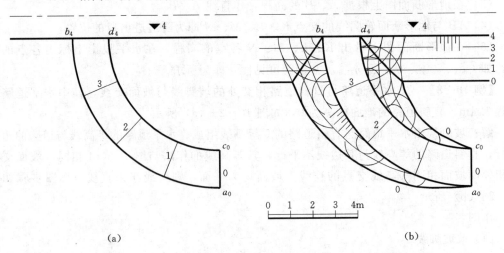

图 10-24　求作水平道路与弯斜道路的坡脚线与坡面交线

作图：

（1）求坡脚线。

1) 水平道路。$i=2:1$，$l_{2:1}=1/2$，作与水平道路平行的一组平行线，间距为 1/2，即得到水平道路的 3、2、1、0 等高线。

2) 弯斜道路：$i=2:1$，$l_{2:1}=1/2$，在弯斜道路的整数标高点上，分别以 l、$2l$、$3l$、$4l$ 为半径作圆弧和同心圆弧，再作与各圆弧相同等高线的公切线，即为弯斜道路上的 3、2、1、0 等高线。

（2）求坡面交线。光滑连接左边各相同等高线的交点，即为左边坡面的交线，光滑连接右边各相同等高线的交点，同样可作出右边坡面的交线。

（3）画各坡面示坡线。为了不影响作图线的完整性，弯斜道路只画了左边一侧的示坡线，另一侧的示坡线由读者自行完成，如图 10-24（b）所示。

【**例 10-10**】 已知一平直路段，路基边坡坡度均为 3:2，如图 10-25（a）所示，求作该路基边坡的开挖线。

解：路面高程为 76m，左边地形面高于路面的部分要挖去（称为挖方），右边地形面低于路面的部分要填上（称为填方），路基边缘与地形面 76 等高线的交点，就是路基边缘线上填挖方的分界点。挖方的边坡呈 3:2 的坡度逐渐上升与地形面相交，填方的边坡呈 3:2 的坡度逐渐下降与地形面相交，边坡等高线与地形相同等高线交点的连线即为坡脚线，实际工程中的坡脚线是填挖方在地形面上的施工范围线，也就是开挖线，作图步骤如图 10-25（b）所示。

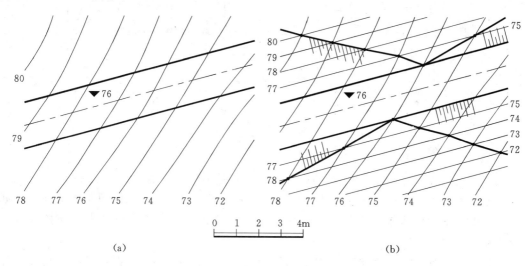

图 10-25 求作平直路段边坡与地形面的交线

作图：

（1）道路与 76 等高线的交点为填挖方的分界点。

（2）在挖方路段路基边缘线两侧，按 $l=2/3$ 的平距作路基边坡上的等高线，如 77、78、79、…，并作出它们与地形面相同等高线的交点，分别依次光滑连接这些交点，即得到挖方路基边坡的开挖线。

（3）在填方路段，按 $l=2/3$ 的平距作路基边坡上的等高线，如 75、74、73、…，并作出它们与地形面相同等高线的交点，分别依次光滑连接这些交点，即得到填方路基边坡与地形面的交线。

（4）画示坡线。

【例 10-11】　拟在山坡上修筑一广场，广场标高为 20m，形状和范围如图 10-26（a）所示，挖方边坡坡度为 $i_1=3:2$，填方边坡坡度为 $i_2=1:1$，求作广场的开挖线和边坡线。

解：图 10-26（a）中上方地形面高于广场地面的部分为挖方，下方地形面低于广场地面的部分为填方，广场边缘线与 20 等高线的交点为填挖方的分界点。广场的一侧是圆弧，其等高线是一组同心圆弧。作出填挖方边坡等高线与地形面相同等高线交点的连线，即为开挖线，作图步骤如图 10-26（b）所示。

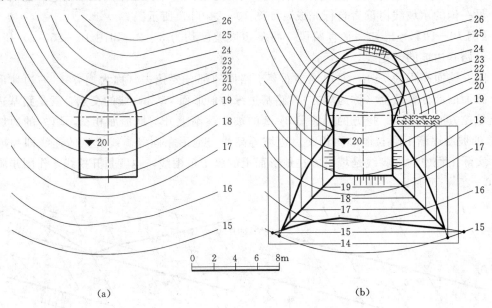

图 10-26　求作广场的边坡线和坡脚线

作图：

（1）广场边线与地形面 20 等高线的交点，为填挖方的分界点。

（2）作挖方区域的开挖线。挖方平距 $l_1=1/i_1=2/3$，以平距 l_1 的间距作等高线，如 21、22、23、…，分别求出它们与地形面相同高程等高线的交点，依次光滑连接这些交点，即得挖方区域的坡脚线。

（3）作填方区域的开挖线。填方平距 $l_2=1/i_2=1$，以平距 l_2 的间距作等高线，如 19、18、17、…，分别求出它们与地形面相同高程等高线的交点，依次光滑连接这些交点，即得填方区域的坡脚线。

（4）作边坡线。广场边线的交点与相同等高线交点的连线即为边坡线。

（5）画示坡线。

第十一章 组 合 体

工程上或日常生活中所见的形体是多种多样的，虽然有些形体比较复杂，若加以分析，都可以将它们看成是由若干个基本体组合而成，这种由两个或两个以上的基本体组合而成的形体称为组合体。

第一节 组合体的形体分析

对组合体进行分析，就是将组合体分解为若干个基本体，分析各个基本体的大小形状、相对位置和组成方式，从而得出整个形体（组合体）的形状和结构，这种方法称为组合体的形体分析法。

一、组合体的组成方式

组合体的组成方式通常分为叠加型、切割型（包括穿孔）和综合型三种。

（一）叠加型

叠加型组合体是由两个或两个以上的基本体叠加而成。分析如图 11-1（a）所示的挡土墙，是由三个基本体叠加组成：一个四棱柱底板（Ⅰ）、一个四棱柱直墙（Ⅱ）和一个三棱柱支撑板（Ⅲ），如图 11-1（b）所示。

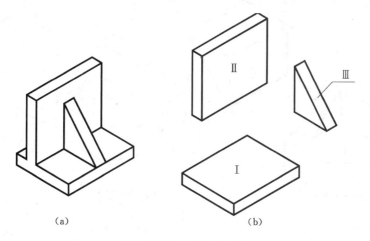

(a)　　　　　　　　　　　　　(b)

图 11-1 叠加型组合体

（二）切割型

从一个大的基本体中截切一个个小的基本体，被截切的部位形成空腔或孔洞，使之成为不完整的基本体，即为切割型组合体。如图 11-2（a）所示的组合体，可以看作是由一四棱柱按图 11-2（b）切割而成，首先在四棱柱的左上方切去一个梯形四棱柱（Ⅰ），再在左下方切去一个梯形四棱柱（Ⅱ），最后在右上方切去一个半圆柱（Ⅲ）。

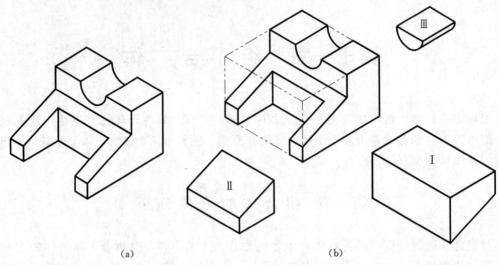

图 11-2　切割型组合体

（三）综合型

　　通常组合体在形成过程中，既有叠加，又有切割，综合型组合体是由基本体按一定的相对位置以叠加和切割两种方式混合组成。如图 11-3（a）所示的组合体，可以看作是由一个四棱柱，先后切去Ⅰ、Ⅱ、Ⅲ部分柱体，然后再叠加三棱柱（Ⅳ）组合而成，如图 11-3（b）所示。

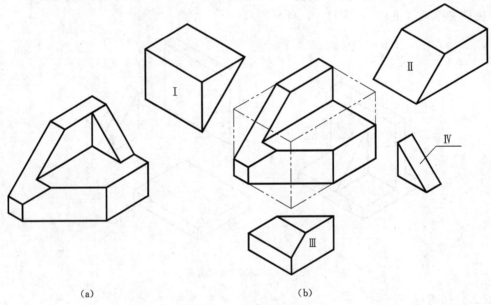

图 11-3　综合型组合体

　　形体分析法将组合体分解为基本体时可以有不同的划分，有些组合体的组成方式既可以划分为叠加型，又可划分为切割型，因此，分析组合体的形成时，应从便于理解和作图的角度来考虑，正确的分解有利于提高组合体画图和读图的能力。

二、组合体的表面连接方式

组合体的表面连接方式分为平齐、相交、相切三种，在分析组合体时，必须弄清楚各基本体之间的表面连接关系，才能在画图时不多线、不漏线。

（一）平齐

平齐是指两个基本体的表面连成一个表面，中间不能画分界线。图 11-4（a）是挡土墙的投影图，挡土墙底板和直墙的左右表面平齐，连成了一个表面，在 W 面投影中，两个基本体之间不存在分界线。如图 11-4（b）的组合体，底板的前后表面与竖板的前后表面平齐，即两形体的宽度相等，所以，在 V 面投影图中不应有分界线。

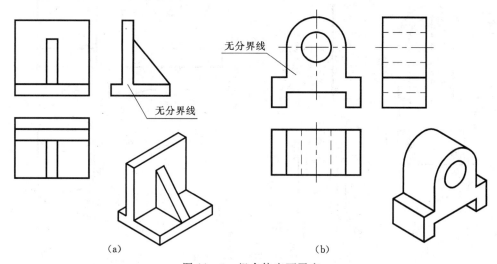

（a）　　　　　　　　　　　　　（b）

图 11-4　组合体表面平齐

（二）相交

两个基本体表面相交，会产生不同形状的交线。如图 11-5（a）所示的圆柱与圆台相交，其交线是一条封闭的空间曲线。如图 11-5（b）所示的圆柱与四棱柱相交，在 V

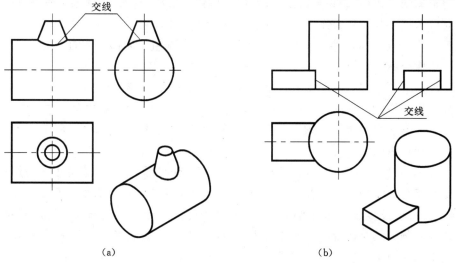

（a）　　　　　　　　　　　　　（b）

图 11-5　组合体表面相交

面投影和 W 面投影中两基本体分界处有交线。这些交线是两个基本体的相贯线，是两个基本体表面的分界线，画图时必须画出这些交线的投影。

（三）相切

相切是指两个基本体表面光滑过渡，形成相切的组合面。如图 11 - 6（a）所示的形体由两个四棱柱与半个圆柱相切而成，四棱柱与圆柱结合面不划分界线。如图 11 - 6（b）所示的形体由底板与圆柱相切，底板的前、后表面与圆柱表面相切，相切处不存在交线，在 V 面投影和 W 面投影中不划分界线。

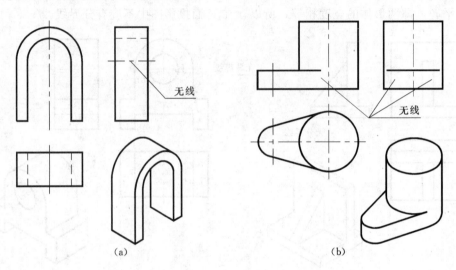

图 11 - 6　组合体表面相切

第二节　组合体投影图的画法

画组合体的三面投影图时，首先应对组合体进行形体分析，明确各组成部分的大小形状、相对位置以及各表面的连接关系，从而有步骤地进行画图。

以图 11 - 7（a）所示的楼盖节点模型为例，说明画组合体投影图的方法和步骤。

一、形体分析

分析楼盖节点模型。该楼盖节点由楼板、中柱、左右主梁和前后次梁四部分组成，其中楼板是一个四棱柱；中柱在楼板的中央，也是一个四棱柱；左右主梁在中柱左右两侧的中央，前后次梁在中柱前后两侧的中央，都为四棱柱，如图 11 - 7（b）所示。

二、选择投影图

画组合体的投影图时，应该先正确选定正面投影的投影方向。选定正面投影的方向，原则上是在组合体处于自然位置的状态下，使组合体的各个主要表面平行于 V 面、H 面和 W 面，让每个投影都能反映出组合体各部分表面的实形，一般选择最能反映组合体形状特征以及各部分相对位置的方向作为正面投影方向，尽量避免出现过多的虚线。该楼板节点按正常工作位置放置，楼板顶面与 H 面平行，如图 11 - 7（a）所示的箭头方向作为正立面图方向。

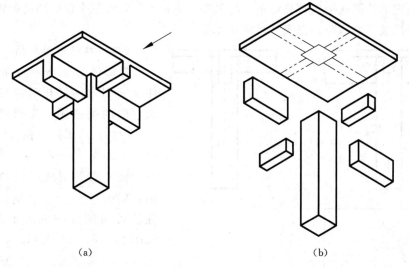

(a)　　　　　　　　　　　　　　(b)

图 11 – 7　楼盖节点模型形体分析

三、组合体的画图步骤

（一）布置投影图

根据组合体的大小和复杂程度，选定适当的绘图比例，然后计算出总长、总宽、总

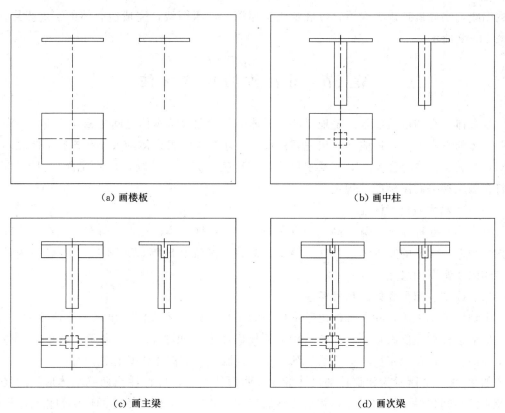

（a）画楼板　　　　　　　　　　　　（b）画中柱

（c）画主梁　　　　　　　　　　　　（d）画次梁

图 11 – 8　楼盖节点模型画图步骤

高，根据选定的绘图比例按"长对正、高平齐、宽相等"布置三个投影图的位置，在投影图之间应留出适当的间距，以满足尺寸标注的需要。

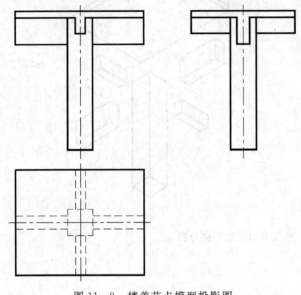

图 11-9　楼盖节点模型投影图

（二）画投影图底稿

按形体分析法所分解的各基本体及它们之间的相对位置，逐个画出它们的投影图。先画楼板，如图 11-8（a）所示；再在楼板下方画出中柱，如图 11-8（b）所示；然后在中柱左右两侧的中央画出左右主梁，如图 11-8（c）所示；最后在中柱前后两侧的中央画出前后次梁，如图 11-8（d）所示。在画各基本体时，应同时画出三个投影图，这样既能保证各基本体之间的相对位置和投影关系，又能提高绘图速度。

（三）复核并加深图线

检查复核投影图底稿，擦去多余的图线，当底稿正确无误后，按规定线型加深、加粗图线，完成组合体的三面投影图，如图 11-9 所示。

第三节　组合体的尺寸标注

组合体投影图虽然已经清楚地反映了形体的形状和各基本体之间的相互关系，但没有表明形体的真实大小，还应标注出完整的尺寸，才能确定组合体的大小和各基本体之间的相对位置关系。在标注尺寸时，要求尺寸数字正确、完整、清晰，尺寸配置有利于读图，且符合国家相关制图标准的规定。

一、基本体的尺寸标注

基本体一般标注长、宽、高三个方向的尺寸，根据形体的特点，有时标注在两个或一个投影图上。常见的基本体有棱柱、棱锥、圆柱、圆锥和球等，如图 11-10 是一些常见基本体的投影图和尺寸标注。

二、截交、相贯立体的尺寸标注

带切口的基本体，除了标注出基本体的大小尺寸外，还应标注出截平面位置的尺寸，尺寸应集中标注在反映切口、凹槽等特征的投影图上，如图 11-11 所示。由于基本体和截平面的相对位置确定后，截交线也随之形成，因此截交线不需再标注尺寸。

如图 11-12 所示为相贯体的尺寸标注。两形体相贯，应标注出两基本体形状的尺寸以及它们之间相对位置的尺寸，相贯线不需标注尺寸，因为两基本体的形状和相对位置确定后，相贯线也随之形成。

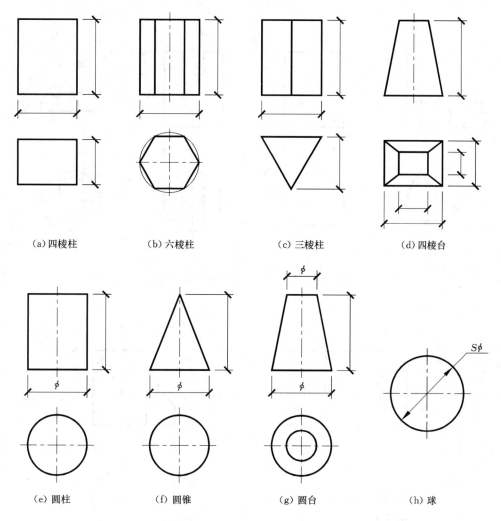

(a)四棱柱　　　　(b)六棱柱　　　　(c)三棱柱　　　　(d)四棱台

(e)圆柱　　　　(f)圆锥　　　　(g)圆台　　　　(h)球

图 11-10　基本体的尺寸标注

三、组合体的尺寸标注

标注组合体的尺寸时，首先要对组合体进行形体分析，将组合体分解为若干基本体，然后标注出各基本体的大小和确定这些基本体之间相对位置的尺寸，最后标注出组合体的总体尺寸。因此，组合体尺寸包括以下三种：

（1）定形尺寸。各基本体形状大小的尺寸。

（2）定位尺寸。各基本体之间相对位置的尺寸。

（3）总体尺寸。组合体的总长、总宽、总高的尺寸。

现以图 11-9 所示的楼盖节点模型为例，说明其尺寸标注。

在形体分析的基础上，先标注出各基本体的定形尺寸：楼板、中柱、左右主梁和前后次梁四部分的尺寸。楼板的长、宽、高分别为 100、80、5；中柱的长、宽、高分别为 20、20、100；左右主梁的长、宽、高分别为 40、10、20；前后次梁的长、宽、高分别为 8、30、12。

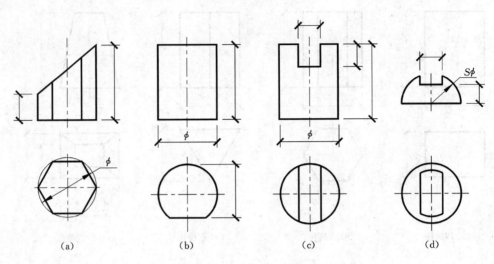

图 11-11 带切口基本体的尺寸标注

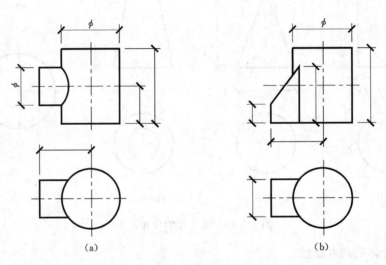

图 11-12 相贯体的尺寸标注

　　然后标注定位尺寸。标注组合体的定位尺寸时，应该选择好尺寸基准。我们把标注和测量尺寸的起点，称为尺寸基准。组合体有长、宽、高三个方向的尺寸，每个方向至少应该有一个尺寸基准，用来确定基本体在该方向的相对位置。一般选择组合体的对称平面，底面，重要端面及回转体轴线作为尺寸基准。楼盖节点模型取对称轴为长度方向和宽度方向的尺寸基准，取楼板顶部端面为高度方向的尺寸基准。中柱和主、次梁长度方向定位尺寸是 50、50；宽度方向定位尺寸是 40、40；高度方向定位尺寸是 5。

　　最后标注总体尺寸。楼盖节点模型的总长、总宽、总高分别为 100、80、105，如图 11-13 所示。

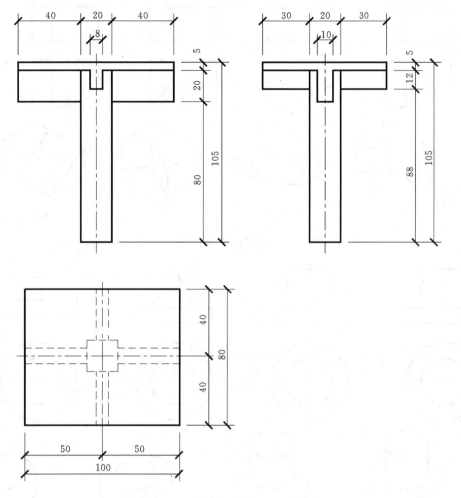

图 11-13　楼盖节点模型的尺寸标注

第四节　组合体投影图的阅读

画图和读图是学习组合体的两个重要环节。画图是用正投影法将空间形体表达在平面图纸上，读图则是运用正投影法的规律和特性，通过对投影图的分析，想象出空间形体的结构形状。

一、读图基本知识

（一）将各个投影图联系起来阅读

一个投影图只能表达形体长、宽、高三个方向中的两个方向，一般情况下，一个投影图不能确定形体的空间形状，如图 11-14 所示，虽然形体的正面投影图是一样的，但是它们至少有四个形状完全不同的形体。如图 11-15 所示的水平投影图都是两个同心圆，但它们也是四个不同的形体。

两个投影图也不能确定空间形体的唯一形状。如图 11-16 所示的形体，虽然它们的

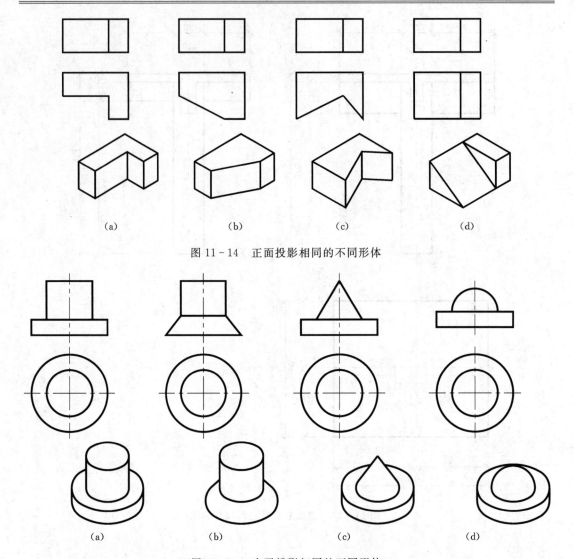

图 11-14　正面投影相同的不同形体

图 11-15　水平投影相同的不同形体

正面投影和侧面投影相同，但水平投影至少有四种不同的选择。如图 11-17 所示，它们的正面投影和水平投影相同，侧面投影也可以有不同的选择。

因此，读图时不能只看某一个或某两个投影图就下结论，必须把所有的投影图联系起来，互相对照，进行分析，才能想象出空间形体的真实形状。

（二）理解投影图中线框和图线的含义

组合体的表面是由平面或曲面围成的，因此，其投影轮廓线内的每个线框是不同表面的投影，线框上的直线或曲线，也代表着不同面或线的投影，读图投影时，应根据投影图中的线框和图线，来分析组合体各个表面的形状和相对位置。

1. 投影图中封闭线框的含义

投影图中一个封闭的线框，一般情况下有以下几种含义。

（1）表示平面的投影。

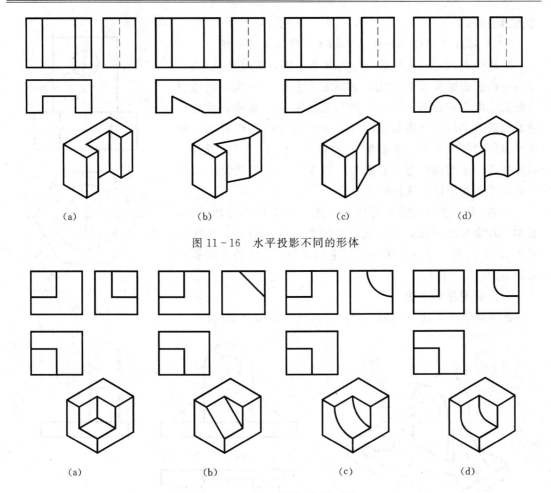

图 11－16　水平投影不同的形体

图 11－17　侧面投影不同的形体

（2）表示曲面的投影。

（3）表示平曲组合面的投影。

（4）表示空洞的投影。

如图 11－18 所示，正面投影中有五个封闭线框，对照水平投影可得：线框 a'、b'、c' 分别是六棱柱左前 A、前 B、右前 C 三个棱面与后三个对称棱面的重合投影；线框 d' 是圆柱上前半圆柱面与后半圆柱面的重合投影；线框 e' 是圆柱上一个通孔的投影。

2. 投影图中线的含义

投影图中的一条线，直线或曲线，一般情况下有如下几种含义：

（1）表示平面或曲面的积聚投影。

（2）表示曲面轮廓线的投影。

（3）表示两平面交线的投影。

如图 11－18 所示，正面投影中 $1'$ 是圆柱体上表面的积聚投影，$2'$ 是圆柱体正面转向轮廓线的投影，$3'$ 是六棱柱两个棱面交线的投影。

有时投影图中的线框和图线可能同时包含几种不同的含义，理解和分清它们的含义，是读图的基础。

（三）抓住形状特征和位置特征的投影图进行分析

形体的形状特征反映最充分的那个投影，就是特征投影。因为正面投影常常反映出组合体的形状特征，所以，读图时一般从正面投影读起，再与其他投影图联系起来读，就能较快地想象出形体的结构形状。有时由于组合体各组成部分的形状和位置特征并不一定都集中在某一方向上，因此反映各部分形状特征的投影也不会都集中在某一个投影图上，读图时必须善于找出反映其特征的投影。

如图 11-19 所示的组合体，由四个基本形体叠加而成，形体 Ⅱ 和 Ⅲ 左右对称。正面投影的线框 1′、2′ 和 3′，反映了形体 Ⅰ、Ⅱ、Ⅲ 的特征，水平投影中的线框 4，反映了底板 Ⅳ 的特征。

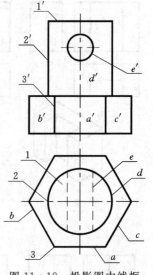

图 11-18　投影图中线框和图线的含义

二、读图基本方法

读图的基本方法有两种：形体分析法和线面分析法。

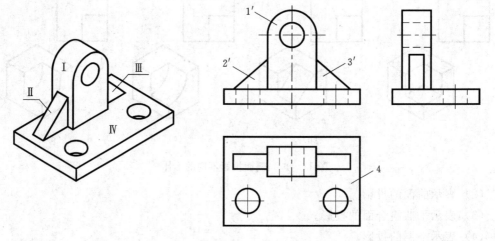

图 11-19　组合体特征分析

（一）形体分析法

形体分析法就是从反映组合体形状特征较多的正面投影着手，通过分线框，找出各组成部分的有关投影，逐一构想出它们的形状，最后综合起来，想象出组合体的整体形状。

【例 11-1】　用形体分析法阅读图 11-20（a）所示的组合体的三面投影图。

1. 找特征、分线框

该组合体以叠加为主。正面投影反映了组合体的形状特征，对照水平投影可知，该组合体大致由三部分组成。两面投影图中反映其形状特征的三个线框，代表了三个形体 Ⅰ、Ⅱ、Ⅲ 的投影。

2. 对投影、想形体

分好线框后，要进一步找出与每一线框所对应的其他投影。找出了每个线框以及与它

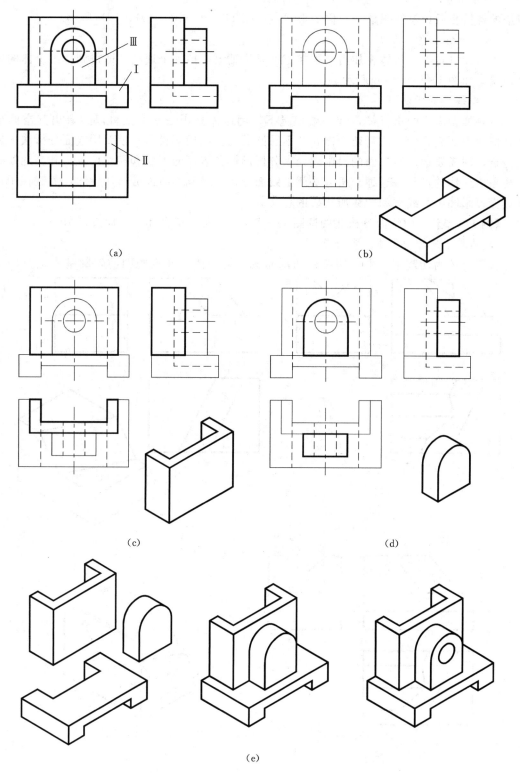

(a)

(b)

(c)

(d)

(e)

图 11-20 用形体分析法读图

对应的各投影后，就能想象出它们的形状，如图 11-20（b）、（c）、（d）所示。

3. 综合想象整体形状

Ⅰ、Ⅱ、Ⅲ部分形体叠加后，再在正中对称轴上挖掉一个通孔，即得到该组合体的整体形状，如图 11-20（e）所示。

（二）线面分析法

以叠加型为主的组合体，在一般情况下，用形体分析法基本上可以想象出其空间形状，但对表面交线较多的复杂形体，和不易读懂的一些局部投影，就要用线面分析法来进行分析，即需要运用线、面的投影理论来分析形体各表面的形状和相对位置，并在此基础上想象出形体的形状，这种分析方法就是线面分析法。利用线面分析法读图，关键在于正确读懂投影图中的线框和图线所代表的意义。

【例 11-2】 用线面分析法阅读图 11-21（a）所示组合体的三面投影图。

1. 用形体分析法先作主要分析

该组合体为切割型，由一四棱柱切割而成。组合体三面投影图的轮廓基本上是四棱

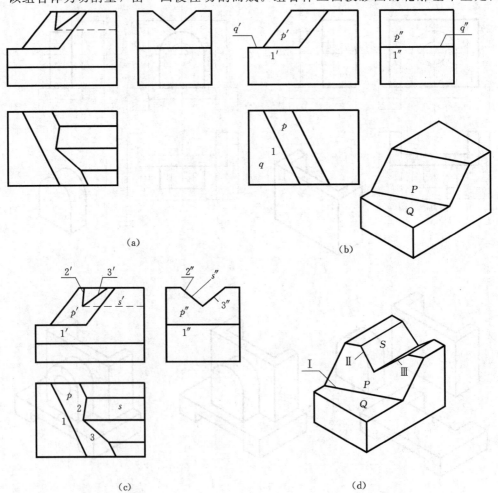

（a）

（b）

（c）

（d）

图 11-21 用线面分析法读图

柱，其左上方被切去一块，再在形体的上部中间又挖掉了一个三棱柱。

2. 用线面分析法再作补充分析

四棱柱左上方被一般位置平面 P 和水平面 Q 切去一块。一般位置平面 P 的三面投影为四边形，都不反映平面 P 的实形，呈类似形。水平面 Q 在水平投影中反映平面 Q 的实形，其正面投影和侧面投影积聚为一直线。P、Q 两平面的交线 Ⅰ 为水平线，如图 11-21（b）所示。

侧垂面 S 与它前后对称的另一个侧垂面在形体上部的中间挖掉了一个三棱柱，平面 S 的侧面投影积聚成一条直线 s''，S 的正面投影和水平投影呈类似形。平面 S 与平面 P 的交线是Ⅱ，另一对称平面与 P 平面的交线是Ⅲ，Ⅱ和Ⅲ为一般位置直线。三棱柱被切除后，四边形平面 P 的三面投影也随之发生变化，如图 11-21（c）所示，

3. 综合起来想整体

通过上述分析，把各线框所表示的平面形状和空间位置进行综合想象，就可得出图 11-21（d）所示的立体。

综上所述，读图过程中，一般先用形体分析法作粗略的分析，然后对于图中的难点，再利用线面分析法作进一步的分析。经多次分析、判断、想象，最后想出整体形状。

三、读图举例

在进行读图训练时，常要求根据已知的两个投影，补画第三投影，称为"组合体二补三"，这是检查是否读懂图的一种手段。画组合体第三投影时，先根据已知的两面投影进行分析，想象出所示形体的形状，再根据形体形状和投影关系，补画第三投影，最后再检查一下三面投影之间的投影关系是否正确，与所想象的形体是否相符。

【例 11-3】 作出如图 11-22（a）所示组合体的 W 面投影图。

解： 该形体为叠加型组合体，其正面投影反映了形体的特征，对照正面投影的线框，可以看出，该组合体由四部分组成，分别为Ⅰ、Ⅱ、Ⅲ、Ⅳ，这四部分形体的后端面平齐，并且Ⅲ、Ⅳ部分左右对称。

作图：

（1）画形体Ⅰ。对照正面和水平两面投影，形体Ⅰ是带有弯边的四棱柱底板，底板上钻了两个左、右对称的圆孔，画侧面投影如图 11-22（b）所示。

（2）画形体Ⅱ。形体Ⅱ是上半部分挖掉了一个半圆槽的四棱柱，叠加在底板Ⅰ的正上方，并与底板Ⅰ的后端面平齐，画侧面投影如图 11-22（c）所示。

（3）画形体Ⅲ、Ⅳ。形体Ⅲ、Ⅳ为三角形肋板，叠加在形体Ⅱ的左、右两侧，后端面与Ⅰ平齐，画侧面投影如图 11-22（d）所示。

（4）完成整体投影。分析组合体的表面连接方式，综合起来完成投影图。

【例 11-4】 作出图 11-23（a）所示组合体的 H 面投影图。

解： 该形体为切割型组合体，由一个四棱柱切割而成，作图时先作出切割前的原始形状，然后用线面分析法对形体上的图线进行分析，逐一切割，即可完成 H 面投影。

作图：

（1）四棱柱的前上方被切去一个三棱柱，如图 11-23（b）所示。

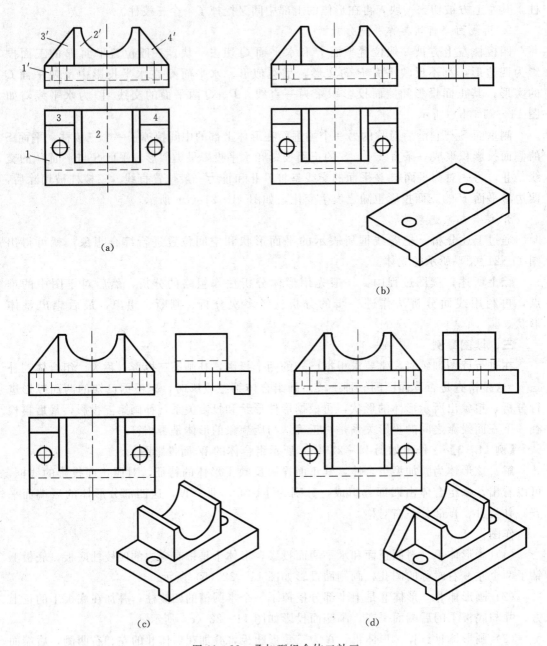

图 11-22 叠加型组合体二补三

（2）四棱柱的中间被切去一个倒梯形，梯形的下底面为水平面，前后贯通，反映实形；梯形的左右两边为正垂面，其 H 面投影与 W 面投影呈类似形，如图 11-23（c）所示。

（3）四棱柱的后下方切去一个薄四棱柱，由 V、W 面投影即可画出 H 面投影，如图 11-23（d）所示。

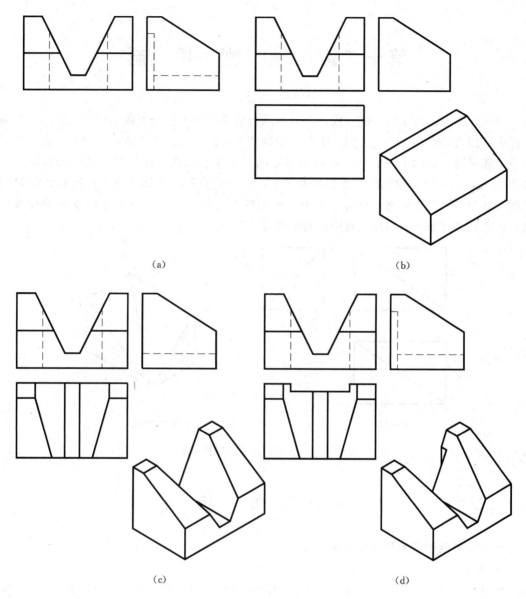

（a）

（b）

（c）

（d）

图 11 - 23　切割型组合体二补三

第十二章 轴 测 投 影

按正投影原理画出的三面正投影图，虽然能够准确地表达出形体的形状和大小，但每个投影只能反映形体长、宽、高三个向度中的两个，因而缺乏立体感，必须有一定的投影知识才能看懂。如图 12 - 1（a）所示为形体的三面正投影图，如果在它的旁边再画一个如图 12 - 1（b）所示的图形，就容易看懂了，这种具有较好立体感的投影图称为轴测投影图。轴测投影图立体感较强，是能够同时反映出形体长、宽、高三个向度的单面投影图，因此轴测投影图常用作工程中的辅助图样。

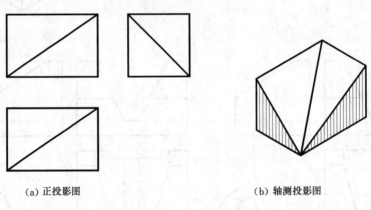

(a) 正投影图   (b) 轴测投影图

图 12 - 1　正投影图及轴测投影图

第一节　概　　述

一、轴测投影图的形成和投影特性

（一）形成

轴测投影图是用平行投影法，将形体连同确定其空间直角坐标系，沿着不平行于任何一个坐标平面的方向，向单一的投影面（P 或 Q）进行投射所得到的图形，轴测投影图简称轴测图，在轴测图中的投影面称为轴测投影面。

形成轴测投影图有两种基本的方法。

（1）设轴测投影面与三个坐标面都倾斜，用正投影的方法向该轴测投影面进行投射所形成的图形，称为正轴测投影图，如 12 - 2（a）所示，此时投射线方向 S 与轴测投影面 P 垂直。

（2）设轴测投影面与形体的某个面平行，用斜投影的方法向该轴测投影面进行投射所形成的图形，称为斜轴测投影图，如图 12 - 2（b）所示，此时投射线方向 S 与轴测投影面 Q 倾斜。

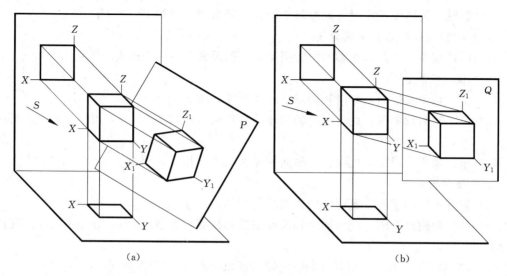

图 12-2 轴测图的形成

（二）投影特性

由于轴测投影图是用平行投影法绘制的图样，因此具有平行投影的特性。

（1）平行性。空间互相平行的直线，其轴测投影仍然相互平行。

（2）等比性。空间互相平行的直线或同一直线上两线段的长度之比，在轴测投影图上保持不变。

（3）实形性。空间平行于轴测投影面的线段和平面，在轴测投影图上反映实长和实形。

（4）积聚性。空间平行于投影方向的直线和平面，在轴测投影图上积聚为点和直线。

二、轴测图的轴间角和轴向伸缩系数

（一）轴间角

如图 12-2 所示的 O_1X_1、O_1Y_1、O_1Z_1 称为轴测轴，是空间直角坐标 OX、OY、OZ 在轴测投影面上的投影，轴测轴之间的夹角 $\angle X_1O_1Y_1$、$\angle Y_1O_1Z_1$、$\angle X_1O_1Z_1$ 称为轴间角。

（二）轴向伸缩系数

轴测轴上的线段与空间坐标轴上对应线段的长度之比，称为轴向伸缩系数，X_1、Y_1、Z_1 三个方向的轴向伸缩系数分别用 p、q、r 表示，即

X 轴向伸缩系数： $\qquad p = O_1X_1/OX$

Y 轴向伸缩系数： $\qquad q = O_1Y_1/OY$

Z 轴向伸缩系数： $\qquad r = O_1Z_1/OZ$

若轴间角和轴向伸缩系数已知，就可以根据形体表面各顶点的坐标值来绘制轴测投影图。在画轴测图时，与坐标轴平行的线段，先从投影图中量取尺寸，再乘以该方向的轴向伸缩系数，即可得到轴测轴上的尺寸。

三、轴测投影图的分类

（一）按投射方向与轴测投影面的角度不同分类

（1）正轴测投影图：投射方向垂直于轴测投影面 P，如图 12-2（a）所示。

（2）斜轴测投影图：投射方向倾斜于轴测投影面 P，如图 12-2（b）所示。

（二）按轴向伸缩系数不同分类

按轴向伸缩系数不同，正轴测投影图和斜轴测投影图各分为三类。

1. 正轴测投影图

（1）正等轴测投影图，此时轴向伸缩系数相等，即 $p=q=r$。

（2）正二轴测投影图，此时两个轴向伸缩系数相等，如 $p=r\neq q$，或 $p=q\neq r$，或 $q=r\neq p$。

（3）正三轴测投影图，此时三个轴向伸缩系数均不相等，即 $p\neq q\neq r$。

2. 斜轴测投影图

（1）斜等轴测投影图，此时轴向伸缩系数相等，即 $p=q=r$。

（2）斜二轴测投影图，此时两个轴向伸缩系数相等，如 $p=r\neq q$，或 $p=q\neq r$、或 $q=r\neq p$。

（3）斜三轴测投影图，此时三个轴向伸缩系数均不相等，即 $p\neq q\neq r$。

工程上常用的是正等轴测投影图、正面斜二轴测投影图、正面斜等测投影图和水平面斜等测投影图，本章主要介绍这四种轴测投影图的画法。

第二节　正等轴测投影图

正等轴测投影图简称正等测，正等测的三个轴间角相等，都是 120°，其中 Z_1 轴画成竖直线，X_1、Y_1 轴用三角板画出 30° 的轴倾角。

由于空间三条直角坐标轴都倾斜于轴测投影面，因此，与三条轴线平行的直线都是一般位置直线，它们的轴测投影长度 $O_1X_1=pOX$ 都小于实长，也就是说，p、q、r 均小于1，通过计算得到 $p=q=r=0.82$，为了使作图简便，通常采用简化的轴向伸缩系数 $p=q=r=1$，作图时，与各坐标轴平行的线段，可以直接按相应线段的实际尺寸作图，不必再作换算，这样画出的正等轴测投影图，比原轴测图放大了 $1/0.82=1.22$ 倍，如图 12-3 所示。

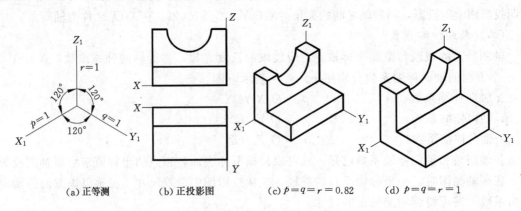

（a）正等测　　（b）正投影图　　（c）$p=q=r=0.82$　　（d）$p=q=r=1$

图 12-3　正等轴测投影图

一、平面立体的正等轴测投影图

绘制平面立体正等轴测投影图的基本方法有三种，分别是坐标定点法、叠加法和切割法。坐标定点法是先在正投影图中定出坐标轴和坐标原点的位置，再画出轴测轴，根据立体表面上各顶点的坐标值，按照轴测原理，画出各点的轴测投影，最后连接各点成线和面，从而完成立体的轴测投影图。叠加法是按形体的定形尺寸和定位尺寸逐一作出各基本体的轴测投影图。切割法是对于某些有缺口的形体，先画出其切割前形体的轴测投影图，再根据形体的切割步骤，逐一切去多余的部分，从而得到形体的轴测投影图。

【例 12 - 1】 作出如图 12 - 4（a）所示正六棱台的正等轴测投影图。

解： 正六棱台的上、下底面为水平面，用坐标法作出各顶点的正等测，依次连接相邻两点即可得到上、下底面的正等测，然后将上、下底面各对应顶点连接起来，即为正六棱台的正等轴测投影图。

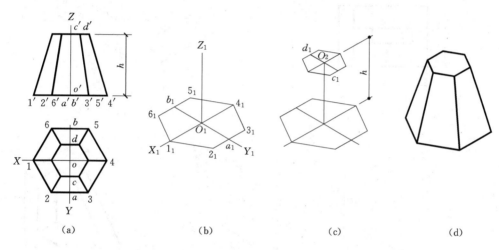

(a)	(b)	(c)	(d)

图 12 - 4 六棱台的正等轴测投影图

作图：

（1）在正投影图上选定坐标原点和坐标轴，如图 12 - 4（a）所示。

（2）画轴测轴，作下底面的轴测投影图。先根据底边上 a、b 两点的坐标，在 Y_1 轴上作出它们的轴测投影 a_1、b_1，其中 $O_1 a_1 = O_1 b_1 = Oa$；过 a_1、b_1 两点分别作 X_1 轴的平行线，并在平行线上量取 $2_1 a_1 = 2a$、$a_1 3_1 = a3$，得到 2_1、3_1；在 X_1 轴上量取 $O_1 1_1 = O1$、$O_1 4_1 = O4$，得到 1_1、4_1，同样，再作出 5_1、6_1，依次连接 $1_1 2_1 3_1 4_1 5_1 6_1 1_1$，即得到底面正等测，如图 12 - 4（b）所示。

（3）在 Z_1 轴上，从 O_1 点量取高度 h，确定出棱台顶面的中心点 O_2，作顶面的正等测，图 12 - 4（c）所示。

（4）连接上、下底面的对应顶点，加深可见轮廓线，即完成了正六棱台的正等测，如图 12 - 4（d）所示。

正六棱台的侧棱在空间是等长的，但从作出的轴测投影图中看出它们的投影长度并不相等，由此可知，形体上与坐标轴不平行的线段，其轴测图的方向和长度不能直接度量。

为了图形的清晰，轴测投影图中的不可见线和作图线，在加深时一般应擦去。

【**例 12 - 2**】 作出如图 12 - 5（a）所示形体的正等轴测投影图。

解：该形体为组合体，由底板 I、竖板 II 和肋板 III 叠加而成，三部分都是棱柱体，根据它们 X、Y、Z 三个方向的尺寸和相对位置关系逐一叠加作出正等测，最后根据组合体表面的连接关系，完成组合体的正等测。

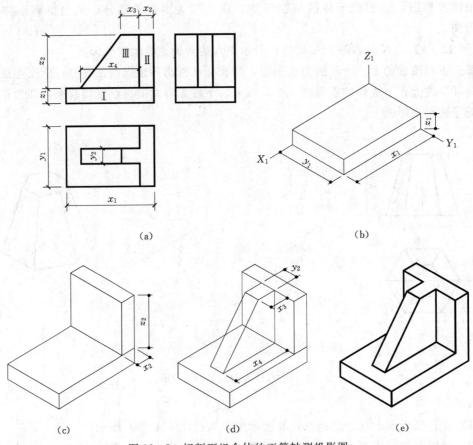

图 12 - 5 切割型组合体的正等轴测投影图

作图：

（1）根据 x_1、y_1、z_1，作底板 I 的正等测，如图 12 - 5（b）所示。

（2）竖板与底板的右边和后表面平齐，根据 x_2、z_2，作竖板 II 的正等测，如图 12 - 5（c）所示。

（3）肋板叠加在底板上的中间位置，根据 x_3、x_4、y_2，作肋板 III 的正等测，如图 12 - 5（d）所示。

（4）加深可见的轮廓线，即完成了组合体的正等轴测投影图，如图 12 - 5（e）所示。

【**例 12 - 3**】 作出如图 12 - 6（a）所示组合体的正等轴测投影图。

解：该形体是由四棱柱被切去某些部分后得到的切割型组合体，作图时，先作出四棱柱的正等测，再逐一作出被切掉的部分，最后整理成切割后的图形。

作图：

（1）根据尺寸 x_1、y_1、z_1，作四棱柱的正等测，如图 12 - 6（b）所示。

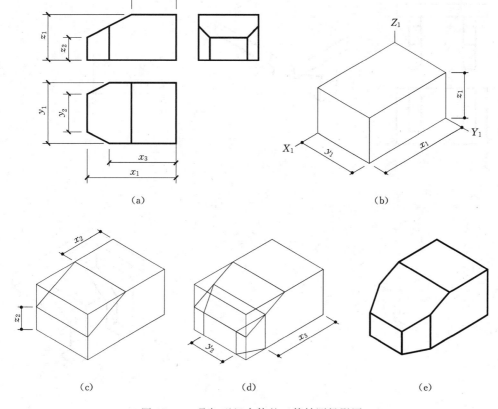

图 12-6 叠加型组合体的正等轴测投影图

（2）在相应棱线上沿轴测轴方向量取尺寸 x_2、z_2，作四棱柱左上角被正垂面截切后的正等测，如图 12-6（c）所示。

（3）在四棱柱底边上的相应位置量取尺寸 x_3、y_2，作左端前后两个对称铅垂面截交线的正等测，如图 12-6（d）所示。

（4）加深可见轮廓线，即为组合体的正等轴测投影图，如图 12-6（e）所示。

【例 12-4】 作出如图 12-7（a）所示组合体的正等轴测投影图。

解： 该形体如按前面两个例题的作图方法绘制，面板与支撑板的连接处被挡住而看不见，如图 12-7（b）所示，不能达到预期的效果。因此，必须用仰视的形式作图。仰视图的 X_1、Y_1 轴向上 30°倾斜，其轴测轴如图 12-7（c）所示。作图时先作出面板的正等测，再作出两侧支承板的正等测。

作图：

（1）根据面板的尺寸 x_1、y_1、z_1，作面板的正等测，如图 12-7（d）所示。

（2）在面板的底部作支承板的位置，如图 12-7（e）所示。

（3）作两侧支承板的正等测，加深可见轮廓线，即为所求，如图 12-7（f）所示。

从以上几个例题中可以看出，轴测轴的倾角不同，轴测图的效果也就不同，在作图前，要作好合理的选择。图 12-8 画出了形体如图 12-8（a）所示的四个不同的正等测

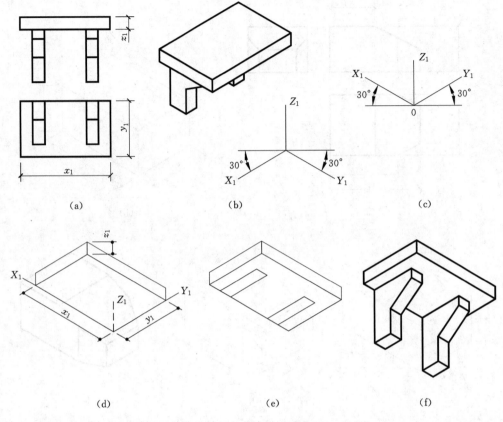

图 12-7　组合体的仰视图

图，分别表达形体的不同的表面，图 12-8（b）、（c）是俯视图，图 12-8（b）表达的是
左、前、上表面，图 12-8（c）表达的是右、前、上表面；图 12-8（d）、（e）是仰视
图，图 12-8（d）表达的是左、前、下表面；图 12-8（e）表达的是右、前、下表面。
作图时，应根据所要表达的表面来选择不同的轴测轴，图 12-8（b）和图 12-8（d）符
合三面正投影图的观察方向，是画俯视图和仰视图时首选的轴测轴。

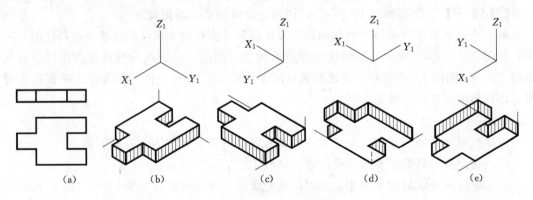

图 12-8　不同轴测轴的正等轴测投影图

二、平行于坐标面的圆的正等轴测投影图

作回转体的正等轴测投影图，关键是正确作出圆的正等轴测投影图，圆的正等轴测投影一般为椭圆，如图 12-9 所示。作图时，椭圆的画法可用四段圆弧代替。现以平行于 XOY 坐标面（H 面）的水平圆为例，介绍画椭圆的四心法，如图 12-10 所示。

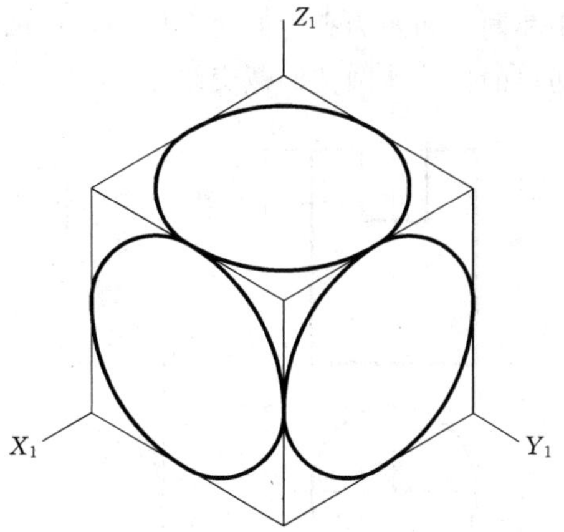

作图：

（1）以圆心 O 为原点建立坐标轴，并作出圆的外切正方形，切点分别为 a、b、c、d，如图12-10 (a)所示。

（2）作外切正方形的轴测投影。按坐标作出各切点的轴测投影 a_1、b_1、c_1、d_1；过 a_1、b_1、c_1、d_1 分别作过 X_1 和 Y_1 的平行线，得到一个菱形，即为圆的外切正方形的正等测，如图 12-10 (b) 所示。

（3）过 a_1、b_1、c_1、d_1 作所在边的垂线，交得 1_1、2_1、3_1、4_1 四个点即为四个圆心，如图 12-10 (c) 所示。

図 12-9 平行于坐标面的
圆的正等测图

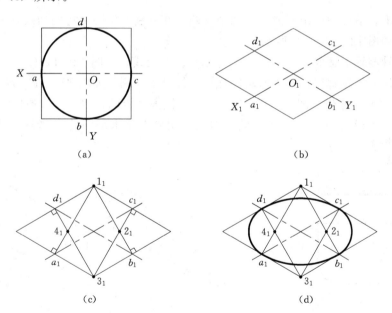

图 12-10 用四心法画椭圆

（4）以 1_1 为圆心，1_1a_1 为半径，作圆弧 a_1b_1；再分别以 2_1、3_1、4_1 为圆心，2_1b_1、3_1c_1、4_1d_1 为半径作圆弧，这四段圆弧连成的椭圆即为水平圆的正等测，如图 12-10 (d) 所示。

三、曲面立体的正等轴测投影图

【例 12-5】 作出如图 12-11 (a) 所示带切口圆柱的正等轴测投影图。

解：圆柱轴线垂直于 H 面，其上、下底面均为水平圆，根据圆柱直径和高度作出大

小相同、间距为高度的两个椭圆，作两个椭圆的公切线，即为圆柱的正等测，然后再根据切口的尺寸作圆柱的截交线。

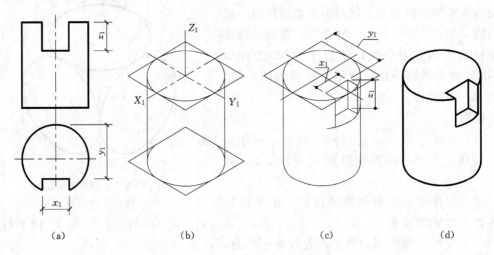

图 12-11　切割圆柱体的正等轴测投影图

作图：

（1）作上、下底圆的正等测——两个椭圆，并分别作椭圆两边的切线，完成圆柱的轴测投影图，如图 12-11（b）所示。

（2）在轴测轴上量取 x_1、y_1、z_1，作圆柱的截交线，如图 12-11（c）所示。

（3）加深可见轮廓线，即为所求圆柱截交线的正等测，如图 12-11（d）所示。

【例 12-6】　作出如图 12-12（a）所示带圆角底板的正等轴测投影图。

解：底板平行于 H 面，底板上的左右圆角实质上是水平圆的一部分。因此，其轴测图是两段椭圆弧。

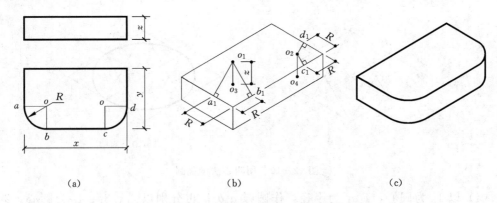

图 12-12　带有圆角的底板的正等轴测投影图

作图：

（1）根据 x、y、z，作四棱柱底板的正等测。

（2）根据圆角半径 R，在轴测图上作出切点 a_1、b_1、c_1、d_1，分别过切点作各自边线的垂线，两垂线的交点即为圆心 o_1、o_2；过 o_1、o_2 向下作长度为 z 的垂线，得到下底板圆

角的圆心 o_3、o_4，如图 12 - 12（b）所示。

（3）分别以 o_1、o_2 为圆心，o_1a_1、o_2c_1 为半径画圆弧，得到底板上圆角的正等测；同样，以 o_3、o_4 为圆心，可作出底板下圆角的正等测。

（4）作右边上、下两段圆弧的切线，加深底板的轮廓线，即为所求底板的正等轴测投影图，如图 12 - 12（c）所示。

【**例 12 - 7**】　作出如图 12 - 13（a）所示组合体的正等轴测投影图。

解： 底板的圆角平行于 H 面，其画法如图 12 - 12 所示。竖板上的半圆平行于 V 面，则半圆外切正方形的轴测投影（菱形）在 XOZ 坐标面上。

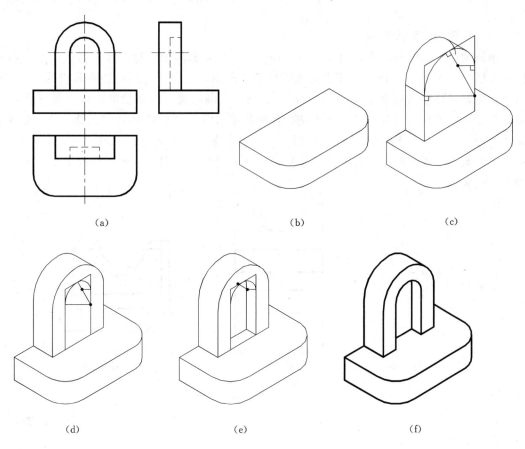

图 12 - 13　组合体的正等轴测投影图

作图：

（1）作底板的正等测图，如图 12 - 13（b）所示。

（2）作竖板外轮廓线的正等测图。先作四棱柱的正等测，然后过四棱柱前表面的切点作所在边线的垂线，找到两个圆心，画圆弧，即为竖板前表面圆弧的正等测，同样，再作出后表面的椭圆弧，画前、后圆弧的切线，如图 12 - 13（c）所示。

（3）作竖板内轮廓线的正等测，作图方法与作外轮廓线相同，如图 12 - 13（d）所示。

（4）作竖板挖掉部分的后轮廓线，如图 12-13（e）所示。

（5）加深可见轮廓线，即为所求组合体的正等轴测投影图，如图 12-13（f）所示。

第三节　斜轴测投影图

当投射方向 S 倾斜于轴测投影面 P 时所得到的投影称为斜轴测投影图。以 V 面或 V 面的平行面作为轴测投影面所得到的斜轴测投影，称为正面斜轴测投影图；以 H 面或 H 面的平行面作为轴测投影面所得的斜轴测投影，称为水平面斜轴测投影图。

一、正面斜二测投影图

画斜轴测投影图和画正轴测投影图一样，先要确定轴间角和轴向伸缩系数。由于轴测投影面平行于 V 面，因此位于该坐标面的两条坐标轴，投影后得到的轴间角仍为 $90°$，这两条轴的轴向伸缩系数都是 1，即 $p=r=1$，第三条轴的投影因斜投影方向 S 的变化，可以是任意方向和任意长度，考虑到作图方便和图形效果，通常选择轴倾角为 $45°$，轴向伸缩系数为 $q=0.5$，这种轴测图称为正面斜二测投影图，简称正面斜二测。如图 12-14 所示为正面斜二测的轴间角、轴向伸缩系数和正面斜二测投影图，图中正面投影在正面斜二测中反映实形。

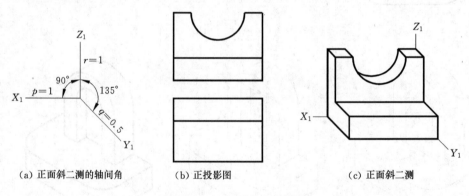

（a）正面斜二测的轴间角　　　　（b）正投影图　　　　（c）正面斜二测

图 12-14　正面斜二测投影图

正面斜二测一般都用来表达正面具有相互平行的圆（或曲线）的形体，作图时能直接用圆规作出其实形。

【例 12-8】　作出如图 12-15（a）所示钢箍的轴测投影图。

解：该钢箍的正面有圆弧，所以采用正面斜二测作图，这样钢箍上所有的圆都能用圆规直接画出，作图时主要是找准圆心的位置。

作图：

（1）将坐标原点设在钢箍前表面上的圆心处，如图 12-15（a）所示。

（2）作前端面的正面斜二侧，该图的形状、大小与正面投影相等。过圆心 O_1 向后量取 $\dfrac{y_1}{2}$，作为后端面（及圆心）的位置，如图 12-15（b）所示。

（3）作后端面的正面斜二侧，后端面的圆弧只能看到一部分，如图 12-15（c）所示。

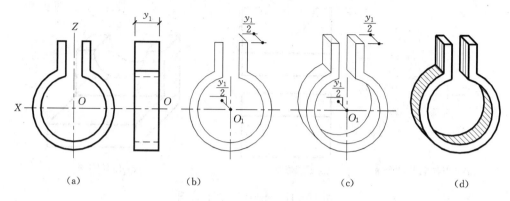

图 12-15 钢箍的正面二轴测图

（4）加深可见轮廓线，即为所求，如图 12-15（d）所示。

【例 12-9】 作出如图 12-16（a）所示圆筒的轴测投影图。

解： 该形体由带圆柱面的竖板和圆筒叠加组成，竖板上的圆柱面和圆筒的圆都平行于正面，所以采用正面斜二测作图。

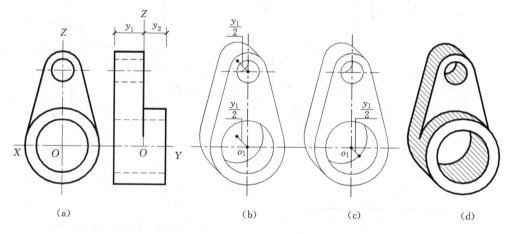

图 12-16 圆筒的正面斜二轴测图

作图：

（1）将坐标原点设在竖板前表面的大圆心上，如图 12-16（a）所示。

（2）作竖板的正面斜二测，如图 12-16（b）所示。

（3）过圆心 O_1 向前量取 $y_2/2$，即为圆筒大圆最前表面的圆心，如图 12-16（c）所示。

（4）作圆筒的轴测投影图，加深可见轮廓线，即为所求，如图 12-16（d）所示。

二、正面斜等测投影图

正面斜等测投影图的轴测轴与正面斜二测投影图相同，但三个轴向伸缩系数不同，均为 1，即 $q=q=r=1$，简称正面斜等测，如图 12-17 所示。比较图 12-14 和图 12-17，不难看出，该形体正面斜等测的效果不如正面斜二测的好。

有些专业图样规定用正面斜等测绘制，如管道轴测图，其轴测轴如图 12-18（a）所示，图 12-18 中还有多组管道的正投影图和正面斜等测，正投影图在上，正面斜等测在

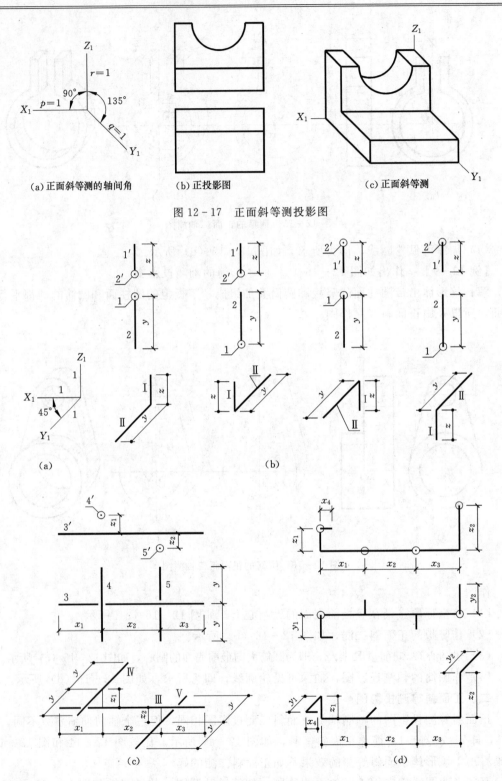

（a）正面斜等测的轴间角　　（b）正投影图　　　　　（c）正面斜等测

图 12-17　正面斜等测投影图

（a）　　　　　　　　　　　　　（b）

（c）　　　　　　　　　　　　（d）

图 12-18　管道的正面斜等测图

下，轴测图中管道的长度均按投影图中的实际尺寸量取。

如图 12-18（b）所示为四组来自不同方向的正交管道，其中 I 为立管，II 为水平横管。如图 12-18（c）所示为三条交叉管道，III 管为左右水平横管，IV、V 为前后水平横管，交叉管道在轴测投影图中应画出可见性，不可见的管道应断开，III 管在 IV 管下面，轴测投影中 III 管断开，V 管在 III 管下面，轴测投影中 V 管断开。如图 12-18（d）所示为一条有多个 90°拐角的管道，中间有两个前后不同方向的水平三通。

三、水平面斜等测投影图

以 H 面或 H 面的平行面作为轴测投影面所得的斜轴测投影，称为水平面斜轴测投影图，简称水平面斜等测，其三个轴向伸缩系数都为 1，即 $p=q=r=1$。

水平面斜等测能反映平行于 H 面的平面图形的实形，即轴间角 $\angle X_1O_1Y_1=90°$，另外两条轴测轴通常选择 $\angle X_1O_1Z_1=120°$、$\angle Y_1O_1Z_1=150°$，如图 12-19（b）所示。但这样的轴测轴作出的轴测投影效果不好，因此，我们将水平面斜等测的轴测轴逆时针旋转 30°，即将 Z_1 画成竖直线，得到的投影如图 12-19（c）所示。

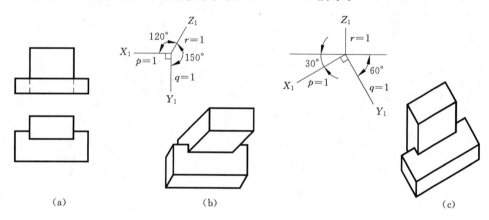

图 12-19　水平面斜等测投影图

【例 12-10】　作出如图 12-20（a）所示组合体的轴测投影图。

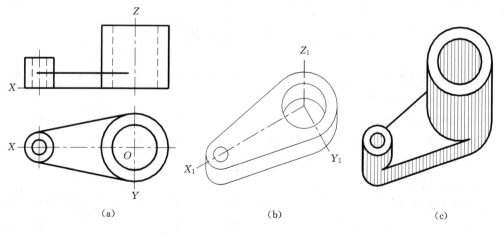

图 12-20　组合体的水平面斜等测图

解： 该形体由带圆柱面的底板和两个圆筒叠加组成，底板上的圆柱面和 2 个圆筒的圆都平行于水平面，所以采用水平面斜等测作图。

作图：

（1）将坐标原点设在底板上表面的大圆心上，如图 12 - 20（a）所示。

（2）作底板的水平面斜等测，如图 12 - 20（b）所示。

（3）作两个叠加圆筒的水平面斜等测。加深可见轮廓线，即为所求形体的水平面斜等测，如图 12 - 20（c）所示。

水平面斜等测图适合用来表达建筑物的水平剖面图和区域平面图，它能立体地反映出房屋内部的结构布置和区域的规划布局，如图 12 - 21（a）所示为住宅的平面图，如图 12 - 21（b）所示为该户型的水平面斜等测图。

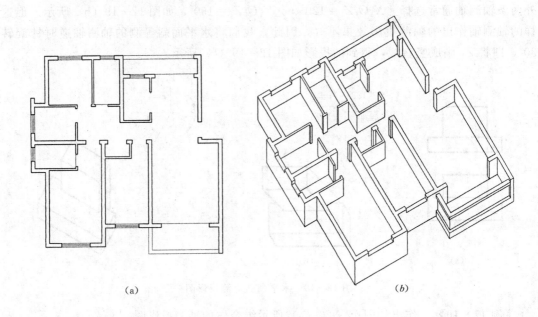

(a)　　　　　　　　　　　　　　(b)

图 12 - 21　房屋的水平面斜等测图

第四节　剖切后的轴测投影图

为了表达形体的内部构造，可以假想用剖切平面沿坐标面方向将形体切开一部分，画出其剖切后的轴测投影图。

一、选择剖切平面

剖切平面通常选择两个平行于坐标面的垂直相交平面，切去挡住视线部分的 1/4 形体，如切去形体的左前 1/4，或切去形体的左上 1/4。

二、画剖面线

剖切平面剖切形体后，断面上应画出剖面线，剖面线由一组平行且等间距的细实线组成，方向由轴测轴和轴向伸缩系数而定，不同类型的轴测图，剖面线的方向不同，如图 12-22 所示为正等测图和正面斜二测图剖面线的方向。

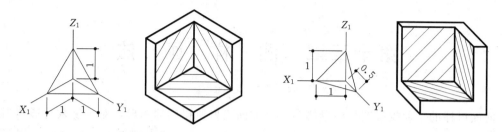

图 12-22 剖面线的画法

三、画剖切后的轴测投影图

画剖切后的轴测投影图时，先画出整个形体的轴测投影图，然后切去挡住视线的 1/4 形体，再加深可见轮廓线和剖切后的断面轮廓线，最后在断面上画出剖面线。

若形体垂直于 H 面直立放置，通常选择平行于 V 面和 W 面的两个相交剖切平面，切去左前 1/4，剖切后形体的正等测如图 12-23 所示。

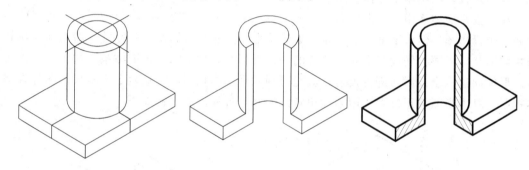

图 12-23 切去左前 1/4 形体的轴测投影图

若形体的轴线垂直于 V 面，则选择平行于 H 面和 W 面的两个相交剖切平面，切去左上 1/4，剖切后形体的正面斜二测如图 12-24 所示。

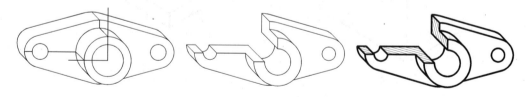

图 12-24 切去左上 1/4 切割形体的轴测投影图

第十三章 图 样 画 法

前面讲述的三面投影图是将形体向三个方向投射所得到的图形，对于复杂的形体则难以准确、清晰地表达完整。为此 GB/T 50001—2001《房屋建筑制图统一标准》中规定了视图、剖面图、断面图、简化画法等一系列的图样表达方法，供画图时选用。

第一节 视 图

正投影图是人的视线与投影面垂直时所得到的图形，习惯上称正投影图为视图。视图也就是用正投影法绘制出形体的图形。

在三投影面体系中，当形体向后、下、右三个方向投射时，可以得到正面、水平面和侧面三个投影图，但对于复杂的形体，如建筑形体，三个投影图不能完整、清晰地表达其结构与形状，需要再增设三个与之对应的平行投影面，构成六投影面体系，如图 13-1 所示。形体向这六个投影面进行投射，就能得到六个基本投影图，这六个基本投影图称为基本视图。基本视图按正投影法用第一角画法绘制，各视图的名称如下：

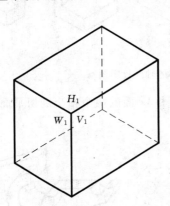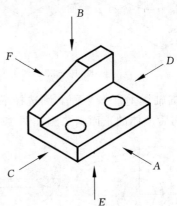

图 13-1 第一角画法

正立面图——从前向后 A 向投射得到的 V 面视图。

平面图——从上向下 B 向投射得到的 H 面视图。

左侧立面图——从左向右 C 向投射得到的 W 面视图。

右侧立面图——从右向左 D 向投射得到的 W_1 面视图。

底面图——从下向上 E 向投射得到的 H_1 面视图。

背立面图——从后向前 F 向投射得到的 V_1 面视图。

展开后的视图如 13-2 所示。图中用粗实线画出形体的可见轮廓线，用虚线画出不可见轮廓线。基本视图之间仍保持"长对正、高平齐、宽相等"的投影关系。

若在同一张图纸上绘制若干个视图，各视图的位置宜按如图 13-3 所示的顺序进行配

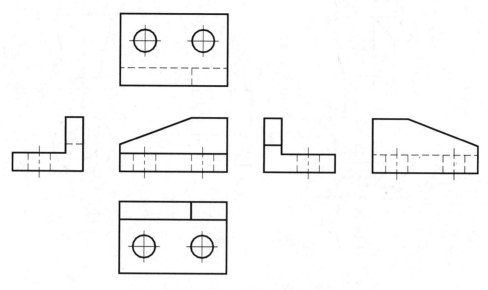

图 13 - 2　6 个基本视图

置，此时每个视图均应标注图名，图名宜标注在视图的下方或一侧，并在图名下用粗实线画一条横线，其长度应以图名所占长度为准。

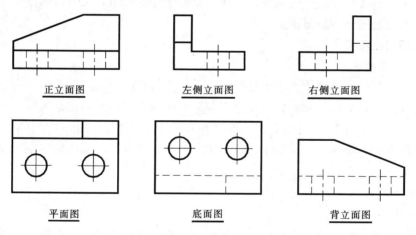

图 13 - 3　视图配置

　　并不是所有的形体都需要画出六个基本视图，视图所需的数量，应根据其形状、结构和表达方法来决定，在完整、清晰地表达形体的前提下，应使视图的数量为最少，力求制图简便。

　　当视图用第一角画法绘制不易表达时，可用镜像投影法绘制，但应在图名后注写"镜像"两字。如图 13 - 4（a）中把镜面放在形体的下面，代替水平投影面，在镜面中反射得到的图像，称为平面图（镜像），如图 13 - 4（b）所示，或在图中画出镜像投影识别符号，如图 13 - 4（c）所示。用镜像投影绘制的图形，与前面所讲的平面图是不同的。

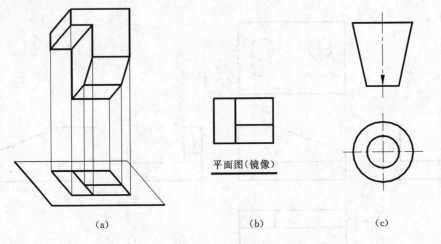

平面图（镜像）

(a)　　　　　　　(b)　　　　　　(c)

图 13 - 4　镜像投影法

第二节　剖　面　图

用视图表达形体，主要是表达其外部形状，有些形体内部结构复杂，会在视图上出现较多虚线或虚、实线交叉重叠的现象，这样既影响图样的清晰，又难以标注尺寸，遇到这种情况时，常用剖面图和断面图来解决。

一、剖面图的形成

（一）剖面图的概念

剖面图主要用来表达形体内部的结构形状，是用假想剖切面剖开形体，将处在观察者和剖切面之间的那部分形体移去，再将余下部分形体向基本投影面投射所得的投影图。如图 13 - 5（a）所示，用假想剖切面 P，剖开杯口基础，并把其中的一部分向 V 面投影，所得到的图形即为剖面图。可以看出，该形体上原来不可见的内部虚线，在剖面图中成为可见的轮廓线。

（二）剖面图的画法

1. 确定剖切面的位置

画剖面图首先要确定剖切面的位置。剖切面一般选择投影面的平行面，并尽量与形体内孔、槽等结构的轴线或对称面重合。这样，在剖面图上就可以更清晰地反映出被剖切形体内部的实形。

2. 剖面图中的线型

剖切位置确定后，在相应的剖面图中除应画出剖切面切到断面部分的图形外，还应画出沿投射方向看到的余下部分形体的投影。被剖切面切到部分的轮廓线用粗实线绘制，剖切面没有切到、但沿投射方向可以看到的余下部分形体的投影，用中实线绘制。

3. 断面上的图例

在剖面图中，要在断面上画出材料图例，以区别剖到的断面和未剖到的非断面。各种

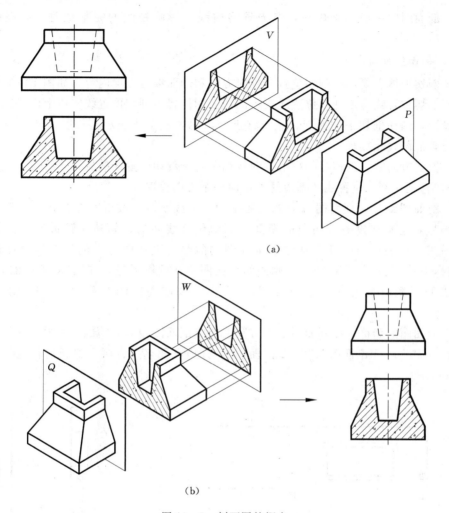

（a）

（b）

图 13 - 5　剖面图的概念

建筑材料图例必须遵照"国标"规定的画法，若所用的材料没有指明时，用等间距、同方向的45°细实线填充，如图13-5中所填充的材料图例为钢筋混凝土。

4. 注意事项

（1）剖切面是假想的，实际上并没有将形体的任何一部分切掉，因此，画其他视图时，应按未剖切时的完整形体画出，如图13-5（b）所示。

（2）可以在一个视图上或同时在几个视图上作剖面图，它们之间各自独立，相互不受影响，如图13-6所示。

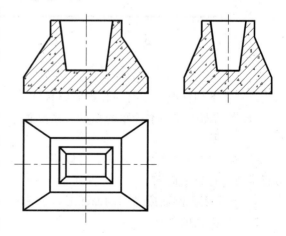

图 13 - 6　用剖面图表示的投影图

（3）剖面图中一般不画虚线，但当省略虚线会影响视图的完整性时，此虚线仍需画出。

（三）剖面图的标注

在被剖切形体上要标注剖切位置、投射方向和剖面编号三项内容，如图 13 - 7 所示。

（1）剖切位置线。用剖切位置线表示剖切面的位置。剖切位置线实质上就是剖切平面的积聚投影，画在剖切平面的起、止、转折处，用短粗实线表示，长度为 6～10mm，并且不宜与其他图线相接触。

（2）投射方向线。剖切后的投射方向线用垂直于剖切位置线的短粗实线表示，长度为 4～6mm，它画在剖切位置线的哪边就表示向哪个方向投射。

（3）剖面图编号。剖面图编号采用阿拉伯数字或字母，按由左至右，由下至上的顺序连续编号，注写在投射方向线的端部。剖切位置线转折，如易在转折处与其他图线发生混淆时，应在转角的外侧加注该剖面图的编号。剖面图与被剖切图样不在同一张图纸内时，可在剖切位置线的另一侧注明剖面图所在的图纸号，如图13 - 7中的 3 - 3 剖切位置线的下侧所标注的"建施 - 6"，表示 3 - 3 剖面图画在第 "6" 号 "建施" 图纸上。

（4）剖面图的名称。在剖面图的下方写上与该剖面图相对应的剖面编号，作为该剖面图的图名，如 "1 - 1 剖面图" "2 - 2 剖面图"，并应在图名下方画一等长的粗实线，如图 13 - 8 所示。

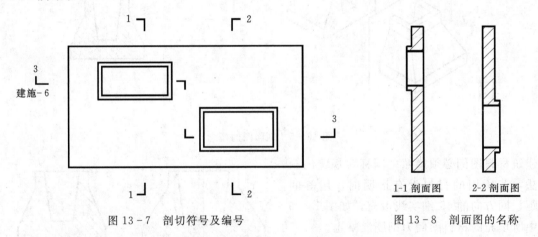

图 13 - 7　剖切符号及编号　　　　　　　　　图 13 - 8　剖面图的名称

（5）在下列情况下，可简化或省略标注：

1）当剖面图按基本视图的投影关系配置，中间又没有其他图形隔开时，可省略标注，如图 13 - 6 所示。

2）对习惯使用的剖切方式，可以不在图样上作任何标注。如通过门、窗洞的位置剖切而得到的建筑平面图，图 13 - 9 所示。

3）当采用半剖面或局部剖面图时，通常可省略标注。

二、剖面图的种类

根据剖切面的数量和剖开形体的程度不同，剖面图可分为全剖面图、半剖面图、阶梯剖面图、旋转剖面图和局部剖面图五种。

（一）全剖面图

用一个剖切面完全地剖开形体所得到的剖面图，称为全剖面图，如图 13-12 所示。

全剖面主要用于表达不对称的形体，或虽然对称但外形比较简单，且在其他投影中已将它的外形表达清楚时，可假想用一个剖切平面将形体全部剖开，用全剖面图绘制，如图 13-9 所示的建筑平面图、图 13-10 所示的台阶剖面图。

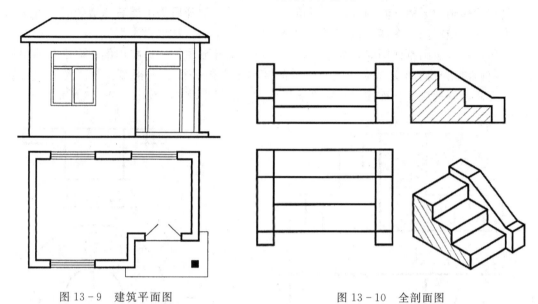

图 13-9　建筑平面图　　　　　　　　图 13-10　全剖面图

（二）半剖面图

当形体具有对称平面，又需要同时表达它的内部构造和外部形状时，可以对称线为界，画出由半个外形正投影图和半个剖面图拼成的图形，这种剖面图称为半剖面图。

如图 13-11 所示为形体的半剖面图，在投影图和剖面图之间，用对称号分界。对称符号由对称线和两端的两组平行线组成，平行线用细实线绘制，长度 6～8mm，间距 2～3mm，对称线用细单点长画线绘制，垂直平分于两组平行线，且超出平行线 2～3mm。当半剖面图的对称符号处于竖直位置时，左边画外形投影图，右边画内部剖面图；当半剖面图的对称符号处于水平位置时，上面画投影图，下面画剖面图。

（三）阶梯剖面图

用两个或两个以上平行的剖切面剖切形体所得的剖面图，称为阶梯剖面图。

当形体上需要表达的内部构造不在同一平面上，用一个剖切面不能将需要表达的内部构造完全剖开时，可以用两个或两个以上平行的剖切面，将形体沿着需要表达的部位剖开，然后画出剖面图，剖面图上阶梯剖切面

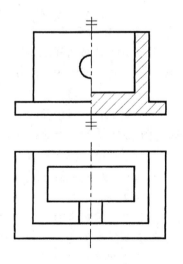

图 13-11　半剖面图

的转折处不画分界线，如图 13 – 12 所示。

各剖切面的转折处必须是直角。为避免在视图上出现不完整的要素，剖切面的转折处不可与形体的轮廓线重合。

（四）旋转剖面图

用两个相交的剖切面剖切形体所得的剖面图，称为旋转剖面图。

具有回转轴的形体，其内部形状用单一的剖切平面剖开后仍不能表达清楚时，可采用旋转剖面图，旋转剖面图两个剖切平面的交线应垂直于某一基本投影面。

采用这种方法画剖面图时，先假想按剖切位置剖开形体，然后将被剖切面剖开的倾斜部分，绕两剖切平面的交线旋转到与选定的基本投影面平行后再投影。用"先剖切后旋转"的方法绘制的旋转剖面图，应在图名后标注"展开"字样，如图 13 – 13 所示。

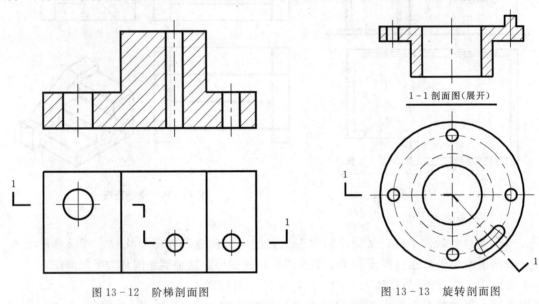

图 13 – 12　阶梯剖面图　　　　　　　图 13 – 13　旋转剖面图

（五）局部剖面图

用剖切面局部剖开形体所得的剖面图，称为局部剖面图，局部剖面图可表达形体内的局部构造。局部剖面图的剖切位置与范围用波浪线表示，波浪线表示形体的断裂痕迹，应画在实体上，不能超出轮廓线或画在中空部位，不能与图上的任何图线重合。

分层剖切的局部剖面图，按层次用波浪线将各层隔开，波浪线的剖切位置和范围大小，由需要表达的内容来确定，如图 13 – 14 所示。建筑物的墙面、楼地面等内部构造层次较多，通常用这种方式表达。

形体的对称线上有棱线时，不宜采用半剖面图，可采用局部剖面图。当形体的对称线上有外轮廓线时，应少剖一些，保留形体的外轮廓线，如图 13 – 15（a）所示；当形体的对称线上有内轮廓线时，应多剖一些，将形体的内轮廓线显现出来，如图 13 – 15（b）所示；当形体的对称线上有内、外两条轮廓线时，上部多剖，下部少剖，使得与对称线重合的内、外轮廓线均能表示出来，如图 13 – 15（c）所示。

局部剖面图既可独立使用也可与其他剖面图配合使用，因而它是一种比较灵活的表达方法，但在一个视图中，选用部位不宜过多，否则会影响图形的清晰，给读图带来困难。

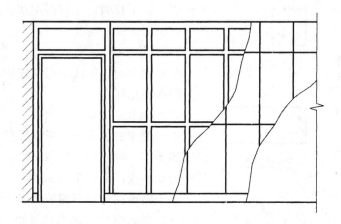

图 13－14　分层剖切的局部剖面图

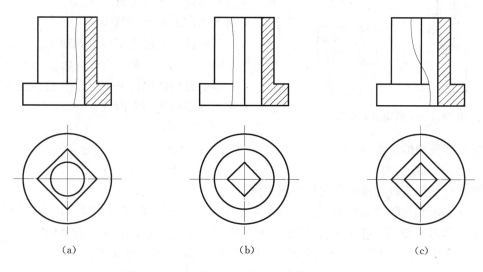

图 13－15　对称线与棱线重合时的局部剖面图

第三节　断　面　图

一、断面图的概念

用一个假想剖切面剖开形体之后，形体上截交线所围成的平面图形称为断面，断面的投影图称为断面图，如图 13－16 所示。

二、断面图的画法与标注

1. 剖切位置

断面图用剖切位置线确定剖切位置，剖切位置线的长度、粗细与剖面图相同。

2. 投射方向

投射方向用断面编号（阿拉伯数字）注写的位置来表示。编号写在剖切位置线的下

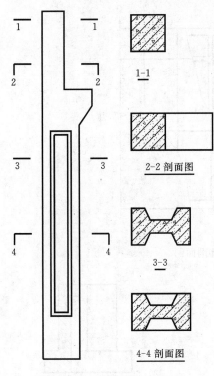

图 13-16　断面图与剖面图

方，表示向下投射，注写在剖切位置线的左侧，表示向左投射。

3. 线型与图例

断面图中的轮廓线用粗实线绘制，图例线及画法与剖面图相同。

4. 断面图的名称

用断面图的编号作为断面图的名称，注写在断面图的下方，如"1-1""2-2"，并在图名下画一等长的粗实线，如图 13-16 所示。

三、断面图与剖面图的区别

（1）断面图只画出形体被剖开后断面的投影，是面的投影。而剖面图要画出形体被剖开后整个余下部分的投影，是体的投影。剖面图中包含了断面图，断面图是剖面图的一部分。

（2）剖切符号的标注不同。断面图的剖切符号只画出剖切位置线，不画投射方向线。

（3）剖面图中的剖切平面可以有两个或两个以上，而断面图中的剖切平面只有一个。

四、断面图的种类

（一）移出断面图

移出断面图是画在投影图之外的断面图。

一个断面变化较多的形体，需要多个断面图来表达或需要用较大的比例画断面图时，通常采用移出断面图。移出断面图画在投影图的附近，并按断面图的编号依次排列，如图 13-17 所示，"1-1""2-2"分别为条形基础中不同位置的断面图。

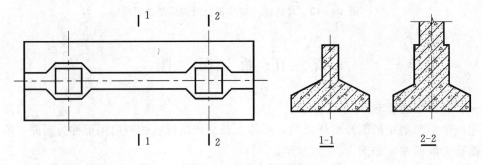

图 13-17　移出断面图

（二）重合断面图

重合断面图是直接画在投影图轮廓线内的断面图。

这种断面图是用一个假想的垂直于形体投影图的剖切面剖开形体，然后把得到的断面向左或向上旋转，使它与投影图重叠，并且画在投影图上的断面图。如图 13-18（a）所示为钢筋混凝土楼板和梁的断面图，涂黑部分为断面。图 13-18（b）为凹凸墙面的断面图，断面轮廓线用粗实线绘制，并在轮廓线的上面沿着轮廓线的边缘画 45°细线。这种断面图在建筑图中经常使用，可以不加任何说明。

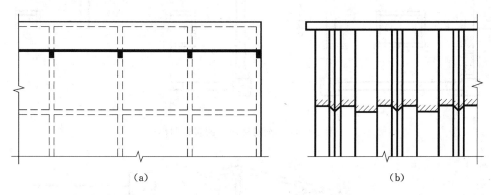

| (a) | (b) |

图 13-18　重合断面图

（三）中断断面图

中断断面图是画在杆件断开处的断面图。

表示型钢或较长的杆件时，断面图可画在投影图的中断处，且不加任何说明。如图 13-19 所示的中断断面图，表示了槽钢和圆管的截面形状。

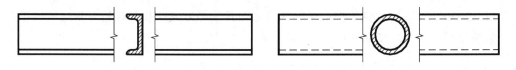

图 13-19　中断断面图

第四节　简　化　画　法

为了减少绘图工作量，提高设计效率及图样的清晰度，加快设计进程，同时规范手工制图或计算机绘图的画法，"国标"允许可采用简化画法。

常用的简化画法有以下几种。

一、对称图形

（1）形体有一条对称线时，可只画该图形的一半，形体有两条对称线时，可只画该图形的 1/4，并画出对称符号，如图 13-20 所示。

（2）图形也可稍超出其对称线，此时可不画对称符号，如图 13-21 所示。

（3）若对称的形体需画剖面图或断面图时，可以对称符号为界，一半画外形投影图，一半画内部剖面图，如图 13-22 所示。

二、有多个相同而连续排列构造要素的图形

（1）若建筑物或构配件内有多个完全相同而连续排列的构造要素，可仅在两端或适当位置画出其完整形状，其余部分以中心线或中心线交点表示，并在图上注明该构造要素的

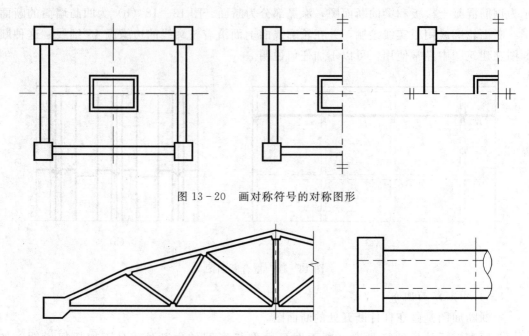

图 13-20　画对称符号的对称图形

图 13-21　不画对称符号的对称图形

总数，如图 13-23（a）、（b）、（c）所示。

（2）如相同构造要素少于中心线的交点，则其余部分应在相同构造要素位置的中心线交点处用小圆点表示，如图 13-23（d）所示。

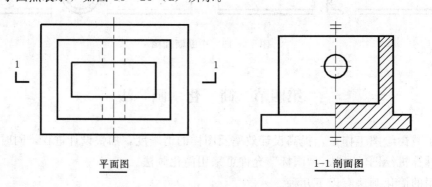

平面图　　　　　　　　　　　　　　　1-1 剖面图

图 13-22　一半画投影图，一半画剖面图

三、较长构件

（1）较长的构件，如沿长度方向的形状相同或按一定规律变化，可假想将该构件的其中一部分截掉，断开省略绘制，断开处以折断线表示，如图 13-24 所示。

（2）一个构配件，如绘制位置不够，可分成几个部分绘制，并应以连接符号表示相连。

（3）一个构配件如与另一构配件仅部分不相同，该构配件可只画不同部分，但应在两个构配件的相同部分与不同部分的分界线处，分别绘制连接符号，如图 13-25 所示。

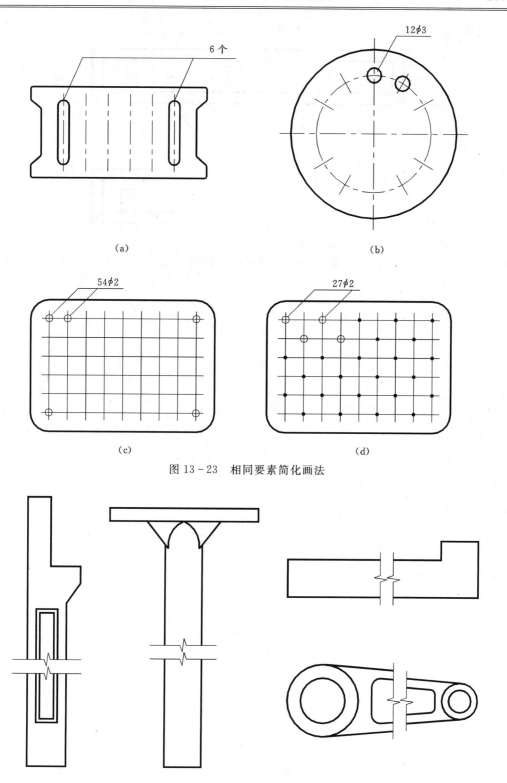

图 13-23 相同要素简化画法

图 13-24 折断简化画法

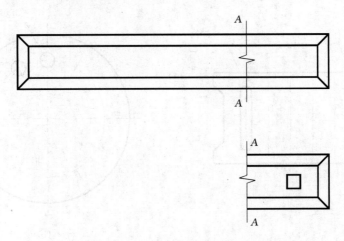

图 13-25　构件局部不同的简化画法

第十四章 建筑施工图

　　房屋是满足人们生产、生活、学习与各种活动的空间场所。一幢房屋从设计到施工都离不开图样，图样一方面是设计成果的最终表达，另一方面是施工建造的基本依据，因而房屋工程图亦称房屋施工图。

　　房屋施工图要表达三方面的基本内容，即房屋及各个组成部分的形状、大小、材料与技术要求。投影法是表达房屋各组成部分形状和相对组合关系的基本方法，而标注尺寸可以表明房屋各组成部分的大小和相对位置关系，适当的文字说明则用以注明材料与做法要求。

第一节　概　　述

一、房屋的基本组成

　　建筑物按使用功能通常可分为工业建筑、农业建筑及民用建筑。工业建筑包括各类厂房、仓库、发电站等；农业建筑包括粮库、饲养场、农机站等；民用建筑一般分为两类，一类是居住建筑，如住宅、宿舍、公寓等，另一类是公共建筑，如学校、宾馆、博物馆、车站、码头、机场，体育场馆等。

　　各种不同的建筑有各自的使用要求，空间组合、立面处理、结构形式，构造方法也会有较大的差别，但各种建筑也有许多共同属性。从建筑构造的角度来看，一幢房屋由许许多多的构配件组成，大到一堵墙、一榀屋架，小到一扇门窗、一个五金配件。从它们在房屋中的功用来看可以分为结构构件和建筑配件、设备配件等几种。结构构件是指基础、梁、板、柱、墙、屋顶、楼梯等形成房屋结构骨架的组成部分；建筑配件指门窗、栏杆、扶手、烟道、遮阳板、内外装饰等满足建筑功能的组成部分；设备配件则包括给水排水、电气照明、暖气通风等各种设备及管道等。一般大量性的房屋多具有基础、墙和柱、楼层和地层、楼梯、屋顶、门窗六个基本的组成部分，如图 14-1 所示。

　　1. 基础

　　基础是建筑物地面以下的承重构件，它承受建筑物的全部荷载，并将荷载传给地基。基础必须具有足够的强度和稳定性，并有抵御土层中各种有害因素的作用。

　　2. 墙和柱

　　墙（在多数情况下）和柱是建筑物的竖向承重构件，承受屋顶、楼层、楼梯等构件传来的荷载，并将这些荷载传给基础。墙又是建筑物的竖向围护构件，外墙分隔建筑物内外空间，抵御自然界各种因素对建筑的侵袭；内墙分隔建筑内部空间，避免各空间之间的相互干扰，根据墙所处的位置和所起的作用，分别要求它具有足够的强度、稳定性以及保温、防热、节能、隔声、防潮、防水、防火等功能。

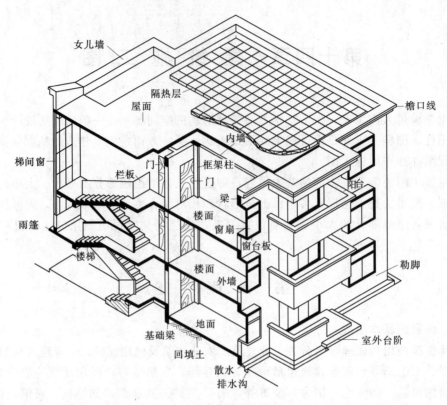

女儿墙
隔热层
屋面
檐口线
内墙
梯间窗
栏板
门
框架柱
门
阳台
梁
雨篷
楼面
窗扇
楼梯
窗台板
楼面
勒脚
外墙
地面
基础梁
回填土
室外台阶
散水
排水沟

图 14 - 1   房屋基本的组成

3. 楼层和地层

楼层和地层是建筑物水平方向的围护构件和承重构件。楼层分隔建筑物上下层空间，并承受作用其上的家具、设备、人体、隔墙的荷载及楼板自重，并将这些荷载传给墙或柱。楼层还起着墙或柱的水平支撑作用，增加墙或柱的稳定性。楼层必须具有足够的强度和刚度。根据不同空间的使用特点，也应具有隔声、防水、保温、隔热等功能。地层是底层房间与土壤的隔离构件，除承受作用其上的荷载外，应具有防潮、防水、保温等功能。

4. 楼梯

楼梯是建筑物的竖向交通构件，并具有疏散人流之用。楼梯应具有足够的通过能力，足够的强度和刚度，并具有防火、防滑等功能。

5. 屋顶

屋顶是建筑物最上部的围护构件和承重构件。它抵御各种自然因素对顶层空间的侵袭，承受作用在屋顶上的各种荷载，并将荷载传给墙或柱。因此，屋顶必须具备足够的强度、刚度以及防火、保温、防热、节能等功能。

6. 门窗

门的主要功能是交通出入、分隔和联系内部与外部或室内空间，有的兼起通风和采光作用。窗的主要功能是采光和通风，并起到空间之间的视觉联系作用。门和窗均属围护构件。根据建筑物所处环境，门窗应具有保温、防热、节能、隔声、防风沙等功能。

二、房屋设计过程与施工图的种类

房屋的制造一般需经设计和施工两个过程，而设计工作一般又分为方案设计、初步设计和施工图设计三个阶段。

（一）方案设计阶段

方案设计以城市规划条件与建设方要求为依据，是建筑设计从无到有的第一个阶段，方案设计要初步确定建筑的平面布置、立面处理、结构选型等设计的基本内容。

方案设计包括设计前的准备（接受任务、明确要求、收集资料、调查研究），设计构思和方案表达等工作。方案设计主要通过平面、剖面和立面等图样，把设计意图表达出来。方案设计图的图面布置可以相对灵活，图样的表现方法可以多种多样。例如可画上阴影、透视、配景或用色彩渲染等，以加强图面效果，表示建筑物竣工后的外貌，以便比较和审查。必要时还可以做出小比例的建筑模型。

（二）初步设计阶段

设计方案确定后，对一些技术上有一定复杂性的工程，需要进行初步设计（或称技术设计）。初步设计要进一步解决构件的选型、布置和各工种之间的配合等技术问题，对方案作进一步的调整和深化。按一定比例绘制好初步设计图后，送交有关部门审批。

初步设计图的内容包括总平面图，建筑平、立、剖面图。初步设计图的表现方法和绘图原理与施工图一样，只是图样的数量和深度（内容及尺寸标注）没有施工图全面。

（三）施工图设计阶段

施工图设计是将初步设计深化为符合指导施工需要的图样。也就是将已经批准的初步设计图，按照施工的要求予以具体化。为施工安装、编造施工预算、准备材料、设备和非标准构配件的制作等提供完整、正确的图纸依据。

房屋施工图是直接为施工服务的图样，其内容按专业的分工不同有：建筑施工图（简称建施）、结构施工图（简称结施）、设备施工图（简称设施）等。

1. 建筑施工图

建筑施工图包括建筑施工图的图纸目录、设计总说明、总平面图、建筑平面图、建筑立面图、建筑剖面图、门窗表和建筑详图等图纸。

建筑施工图主要表示建筑物的总体布局、外部造型、内部布置、细部构造、内外装修以及一些固定设施和施工要求，是建造房屋时定位放线，砌筑墙身，制作楼梯、屋面，安装门窗、固定设施以及室内外装饰的依据，也是编制房屋工程预算和制定施工组织计划的依据。

设计总说明（即首页）的内容一般应包括施工图的设计依据；工程项目的设计规模和建筑面积；项目的相对标高与总图绝对标高的对应关系；室内室外的材料和施工要求说明，如砖和砂浆的强度等级、墙身防潮层、地下室防水、屋面、勒脚、散水、台阶、室内外装修材料和做法，采用新技术、新材料或有特殊要求的做法说明，门窗表等。

2. 结构施工图

结构施工图包括结构施工图的图纸目录、结构施工说明、基础图、上层结构的构件布置图、结构构件详图等。

结构施工图主要表示建筑物各承重构件（如基础、承得墙、柱、梁、板等）的布置、形状、大小、材料、构造并反映其他专业（如建筑、给水排水、采暖通风、电气等）对结构设计的要求，是建造房屋时开挖地基，制作构件，绑扎钢筋，设置预埋件，安装梁、板、柱等构件的依据，也是编制建造房屋的工程预算和施工组织计划等的依据。

3. 设备施工图

设备施工图包括给水排水施工图（简称水施）、采暖通风施工图（简称暖施），电气施工图（简称电施）。有关内容参见有相关章节或书籍。

三、施工图的图示方法与常用符号

（一）视图配置

房屋建筑的视图，是按正投影法并用第一角画法绘制的。每个视图一般均应标注图名。图名宜标注在视图的下方或一侧，并在图名下用粗实线绘一条横线，其长度应以图名所占长度为准，如图14-2（a）所示。使用详图符号作图名时，符号下不再画线。

分区绘制的建筑平面图，应绘制组合示意图，指出该区在建筑平面图中的位置。各分区视图的分区部位及编号均应一致，并应与组合示意图一致，如图14-2（b）所示。

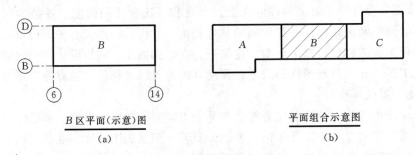

B区平面(示意)图　　　　　　平面组合示意图
（a）　　　　　　　　　　　　（b）

图14-2　分区绘制建筑平面图

同一工程不同专业的总平面图，在图纸上的布图方向均应一致；单体建（构）筑物平面图在图纸上的布图方向，必要时可与其在总平面图上的布图方向不一致，但必须标明方位；不同专业的单体建（构）筑物平面图，在图纸上的布图方向均应一致。

如建（构）筑物的某些部分与投影面不平行（如圆形、折线形、曲线形等），在画立面图时，可将该部分展开成与投影面平行，再以正投影法绘制，并在图名后注写"展开"字样。

（二）定位轴线

定位轴线是用以确定建筑中的基础、墙体、柱子、梁、屋架等承重构件位置的图线，是施工放样的重要依据。定位轴线用细点画线绘制，并按下列规定进行编号：

（1）横向轴线用阿拉伯数字从左至右编号，竖向轴线用大写拉丁字母从下至上编号，如图14-3所示，拉丁字母的I、O、Z不得用作轴线编号。如字母数量不够使用，可增用双字母或单字母加数字注脚，如AA、BA、…、YA或A_1、B_1、…、Y_1。

（2）组合较复杂的平面图中定位轴线也可采用分区编号，如图14-4所示。编号的注写形式应为"分区号-该分区编号"。分区号采用阿拉伯数字或大写拉丁字母。

（3）对于相对次要的构件一般使用附加定位轴线。附加轴线的编号以分数形式表示，分母应为前一根的编号，分子为附加轴线的编号；1号轴与A号轴前的附加轴线的分母应加0，如图14-5所示。

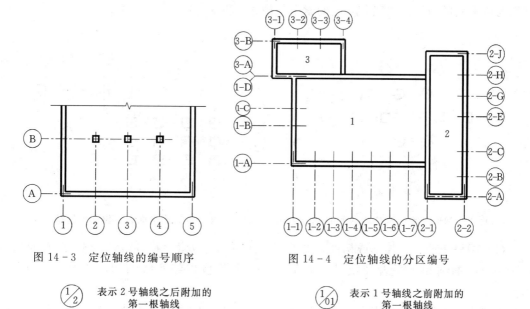

图 14-3 定位轴线的编号顺序   图 14-4 定位轴线的分区编号

表示 2 号轴线之后附加的第一根轴线   表示 1 号轴线之前附加的第一根轴线

表示 C 号轴线之后附加的第三根轴线   表示 A 号轴线之前附加的第三根轴线

图 14-5 附加定位轴线的编号

（4）一个详图适用于几根轴线时，应同时注明各有关轴线的编号。

（5）通用详图中的定位轴线，应只画圆，不注写轴线编号，如图 14-6 所示。

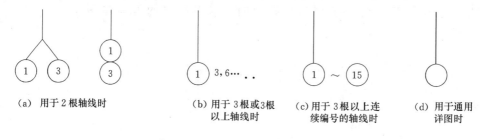

（a）用于 2 根轴线时   （b）用于 3 根或 3 根以上轴线时   （c）用于 3 根以上连续编号的轴线时   （d）用于通用详图时

图 14-6 详图定位轴线的编号

（6）圆形平面图中定位轴线的编号，其径向轴线宜用阿拉伯数字表示，从左下角开始，按逆时针顺序编写；其圆周轴线宜用大写拉丁字母表示，从外向内顺序编写，如图 14-7 所示。

（7）折线形平面图中定位轴线的编号可按图 14-8 的形式编写。

平面图上定位轴线的编号，宜标注在图样的下方与左侧。编号注写在轴线端部的圆内。圆用细实线绘制，直径为 8～10mm。定位轴线圆的圆心，应在定位轴线的延长线上或延长线的折线上。

（三）索引符号与详图符号

绘图时经常需要将建筑物的某些局部以较大的比例绘出详图，为了方便查阅，必须在详图与被索引的图样间表明相互之间索引与被索引的关系。

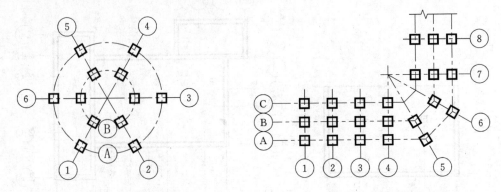

图 14-7　圆形平面图定位轴线的编号　　　图 14-8　折线形平面图定位轴线的编号

（1）图样中的某一局部或构件，如需另见详图，应以索引符号索引。索引符号是由直径为 10mm 的圆和水平直径组成，圆及水平直径均应以细实线绘制，如图 14-9（a）所示。

如索引出的详图与被索引的详图同在一张图纸内，应在索引符号的上半圆中用阿拉伯数字注明该详图的编号，并在下半圆中间画一段水平细实线，如图 14-9（b）所示。如索引出的详图与被索引的详图不在同一张图纸内，应在索引符号的上半圆中用阿拉伯数字注明该详图的编号，在索引符号的下半圆中用阿拉伯数字注明该详图所在图纸的编号，如图 14-9（c）所示。数字较多时，可加文字标注。索引出的详图如采用标准图，应在索引符号水平直径的延长线上加注该标准图册的编号，如图 14-9（d）所示。

索引符号如用于索引剖面详图，应在被剖切的部位绘制剖切位置线，并以引出线引出索引符号，引出线所在的一侧应为投射方向，索引符号的编写与图 14-9 相同，如图 14-10 所示。

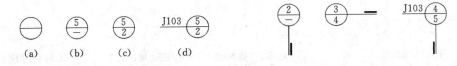

图 14-9　索引符号　　　　　　　图 14-10　用于索引剖面详图的索引符号

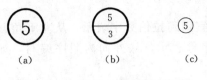

图 14-11　详图、钢筋等的编号

（2）详图的图名，应以详图符号表示。详图符号的圆应以直径为 14mm 粗实线绘制。当详图与被索引的图样同在一张图纸内时，应在详图符号内用阿拉伯数字注明详图的编号，如图 14-11（a）所示。当详图与被索引的图样不在同一张图纸内，应用细实线在详图符号内画一水平直径，在上半圆中注明详图编号，在下半圆中注明被索引的图纸的编号，如图 14-11（b）所示。

（3）零件、钢筋、杆件、设备等的编号，以直径为 4～6mm 的细实线圆表示，同一图样应保持一致，其编号应用阿拉伯数字按顺序编写，如图 14-11（c）所示。

（四）标高

标高是标注建筑物及其构配件高度的一种尺寸形式，有绝对标高和相对标高之分。绝对标高是以我国黄海平均海平面为零点的高度尺寸，相对标高是以建筑物室内主要地面为零点的高度尺寸。房屋各部位的标高又有建筑标高和结构标高之分，建筑标高标注建筑装修完成面的高度，结构标高标注结构构件安装位置的高度。

（1）标高符号应以直角等腰三角形表示，用细实线绘制，如图 14 - 12（a）所示；若标注位置不够时，也可按图 14 - 12（b）所示形式绘制，其中的 h 和 l 根据需要取合适的高度和长度；总平面图室外地坪标高符号，宜用涂黑的三角形表示，如图 14 - 12（c）所示。

（2）标高符号的尖端应指至被注高度的位置，尖端可向下，也可向上。当标高符号的尖端指向下时，标高数字注写在左侧或右侧横线的上方，当标高符号的尖端指向上时，标高数字注写在左侧或右侧横线的下方，如图 14 - 12（d）所示。

（3）标高数字应以米为单位，注写到小数点以后第三位，在总平面图中，注写到小数点以后第二位。零点标高应注写成 ±0.000，正数标高不注"＋"，负数标高应注"－"，如 1.000、－0.450 等。

（4）在图样的同一位置需表示几个不同标高时，应按数值的大小从上到下顺序书写，括号外的数字是现有值，括号内的数字是替换值，如图 14 - 12（e）所示。

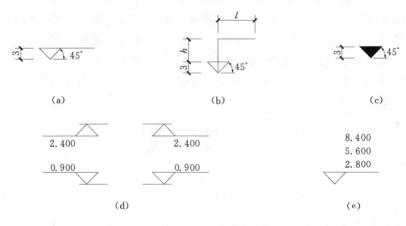

图 14 - 12　标高

（五）引出线

引出线用以引出图样上需要标注符号与文字说明的具体位置。引出线应以细实线绘制，宜采用水平方向的直线、与水平方向成 30°、45°、60°、90°的直线，或经上述角度再折为水平线。索引详图的引出线，应与水平直径线相连接。同时引出几个相同部分的引出线，宜互相平行，也可画成集中于一点的放射线。多层构造或多层管道共用引出线，应通过被引出的各层。文字说明宜注写在水平线的上方，或注写在水平线的端部，说明的顺序应由上至下，并应与被说明的层次相互一致；如层次为横向排序，则由上至下的说明顺序应与左至右的层次相互一致图，如图 14 - 13 所示。

（六）常用建筑材料图例

图例是表达建筑构配件材料的抽象符号，常用建筑材料图例见附录 1。

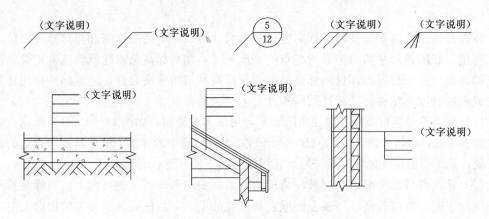

图 14 – 13　引出线的画法与应用

常用建筑材料图例的画法，其尺度比例不作具体规定，依图样大小而定。注意下列事项：

（1）图例线应间隔均匀，疏密应根据图样的大小适当排列。

（2）不同品种的同类材料使用同一图例时，如某些特定部位的石膏板必须注明是防水石膏板时，应在图上附加必要的说明。两个相同的图例相接时，图例线宜错开或使倾斜方向相反，如图 14 – 14（a）所示。两个相邻的涂黑图例（如混凝土构件、金属件）间，应留有空隙，其宽度不得小于 0.7mm，如图 14 – 14（b）所示。需画出的建筑材料图例面积过大时，可在断面轮廓线内，沿轮廓线作局部表示，如图 14 – 14（c）所示。

（3）一张图纸内的图样只用一种图例时或图形较小无法画出建筑材料图例时，可不画图例，但应加文字说明。

（a）　　　　　　　　　　（b）　　　　　　　　　　（c）

图 14 – 14　相同图例、局部图例的画法

（4）自编图例不得与国标所列的图例重复。绘制时，应在适当位置画出该材料图例，并加以说明。

第二节　施工总说明与总平面图

施工总说明主要说明拟建建筑的基本情况和建筑施工的做法与要求，详见本章第五节。

建筑总平面图是反映新建房屋及所在基地范围内的地形、地貌、道路、建筑物、构筑物等的水平投影图。它表明了新建房屋的平面形状、位置、朝向，新建房屋周围的建筑、道路、绿化的布置以及有关的地形、地貌、绝对标高等内容。

建筑总平面图是新建房屋施工定位依据，也是其他专业，如给水排水、暖通、电气等总平面图规划布置的依据。

一、建筑总平面图的图示内容

（1）图例与名称。

（2）基地范围内的总体布局。

（3）确定新建房屋和拟建房屋的定位尺寸或坐标。

（4）标高。

（5）指北针或风向频率玫瑰图。

二、总平面图的图示要点

1. 名称和编号

总图上的建筑物、构筑物应注写名称，名称宜直接标注在图上。当图样比例小或图面无足够位置时，也可编号列表编注在图内。当图形过小时，可标注在图形外侧附近处。

2. 图线和比例

图线的宽度 b，应根据图样的复杂程度和比例，按 GB/T 50001—2001《房屋建筑制图统一标准》中图线的有关规定选用，并根据图纸功能按《总图制图标准》有关规定的线型选用。

建筑总平面图常用的比例为 1：500、1：1000、1：2000 等。

总体规划图常用的比例为 1：2000、1：5000、1：10000、1：25000、1：50000 等。

一个图样宜选用一种比例，铁路、道路、土方等的纵断面图，可在水平方向和垂直方向选用不同比例。

3. 计量单位

总图中的坐标、标高、距离以"米"为单位。坐标以小数点标注三位，不足以"0"补齐，标高距离以小数点后两位数标注，不足以"0"补齐。详图可以"毫米"为单位，如不以"毫米"为单位，应另加说明。建筑物、构筑物、铁路、道路方位角（或方向角）和铁路、道路转向角的度数，宜注写到"秒"，特殊情况应另加说明。

4. 坐标注法

总图应按上北下南方向绘制。根据场地形状或布局，可向左或右偏转，但不宜超过45°。总图中应绘制指北针或风玫瑰图。

坐标网格应以细实线表示。测量坐标网应画成交叉十字线，坐标代号宜用"X、Y"表示；建筑坐标网应画成网格通线，坐标代号宜用"A、B"表示。坐标值为负数时，应注"—"号；为正数时，"＋"号可省略。总平面图上有测量和建筑两种坐标系统时，应在附注中注明两种坐标系统的换算公式。

表示建筑物、构筑物位置的坐标，宜注其三个角的坐标，如建筑物、构筑物与坐标轴线平行，可注其对角坐标。

在一张图上，主要建筑物、构筑物用坐标定位时，较小的建筑物、构筑物也可用相对尺寸定位。

建筑物、构筑物、铁路、道路、管线等应标注下列部位的坐标或定位尺寸：

（1）建筑物、构筑物的定位轴线（或外墙面）或其交点。

（2）圆形建筑物、构筑物的中心。

（3）皮带走廊的中线或其交点。

（4）铁路道岔的理论中心，铁路、道路的中线或转折点。

（5）管线（包括管沟、管架或管桥）的中线交叉点和转折点。

（6）挡土墙起始点转折点墙顶外侧边缘（结构面）。

5. 标高注法

总图中标注的标高应为绝对标高，如标注相对标高，则应注明相对标高与绝对标高的换算关系。应以含有±0.00 标高的平面作为总图平面。

建筑物、构筑物、铁路、道路、管沟等应按以下规定标注有关部位的标高：

（1）建筑物室内地坪，标注建筑图中±0.00 处的标高，对不同高度的地坪，分别标注其标高。

（2）建筑物室外散水，标注建筑物四周转角或两对角的散水坡脚处的标高。

（3）构筑物标注其有代表性的标高，并用文字注明标高所指的位置。

（4）铁路标注轨顶标高。

（5）道路标注路面中心交点及变坡点的标高。

（6）挡土墙标注墙顶和墙趾标高，路堤、边坡标注坡顶和坡脚标高，排水沟标注沟顶和沟底标高。

（7）场地平整标注其控制位置标高，铺砌场地标注其铺砌面标高。

三、总平面图的图例

总平面图的图例见附录 2，总平面管线和绿化图例见附录 3。

第三节　建筑平面图、立面图、剖面图

建筑平面图、立面图、剖面图是建筑施工图中表达建筑单体设计内容最基本的图样，它们互相配合，反映了房屋设计的基本内容。

一、建筑平面图

1. 建筑平面图的形成与内容

建筑平面图（除了屋顶平面图外）是用一个假想水平剖切面，在房屋的窗台上方剖开整幢房屋，移去剖切面上方的部分，将留下部分向水平投影面作正投影所得的水平剖面图，简称平面图，建筑平面图反映了建筑物的平面形状、平面布置、墙的厚薄、门窗的大小与位置，以及其他建筑构配件的设置等情况。

2. 底层平面图的图示内容

（1）图名、比例，建筑平面图的比例宜采用 1 : 50、1 : 100、1 : 200。

（2）定位轴线。

（3）房间的位置、形状、数量。

（4）门、窗布置及编号。

（5）其他建筑构配件的设置。

（6）尺寸和标高，通常注有定位尺寸、定形尺寸及总尺寸。

（7）详图索引、剖切符号、指北针和文字说明等。

3. 楼层平面图的图示内容

图示内容与底层平面图基本相同，不再画出底层平面图中已经显示的指北针、剖切符号，以及室外地面上的构配件。

4. 层顶平面图的图示内容

图示内容为屋顶的平面形状、屋面分水线、屋面的排水方向与坡度坡向，以及女儿墙、檐沟和雨水出口、屋面排烟口等屋顶上的构配件。

5. 建筑平面图的图示要点

（1）平面图的方向宜与总图方向一致，平面图的长边宜与横式幅面图纸的长边一致。

（2）在同一张图纸上绘制多于一层的平面图时，各层平面图宜按层数由低向高的顺序从左至右或从下至上布置。

（3）除顶棚平面图外，各种平面图应按正投影法绘制。

（4）建筑物平面图应在建筑物的门窗洞口处水平剖切俯视（屋顶平面图应在屋面以上俯视），图内应包括剖切面及投影方向可见的建筑构造以及必要的尺寸、标高等，如需表示高窗、洞口、通气孔、槽、地沟及起重机等不可见部分，则应以虚线绘制。

（5）建筑物平面图应注写房间的名称或编号。编号注写在直径为 6mm 细实线绘制的圆圈内，并在同张图纸上列出房间名称表。

（6）平面较大的建筑物，可分区绘制平面图，但每张平面图均应绘制组合示意图。各区应分别用大写拉丁字母编号。在组合示意图中要提示的分区，应采用阴影线或填充的方式表示。

（7）平面图中的图线要求是：用线宽 b 的粗实线画剖切到的墙和柱，用线宽 $0.7b$ 的中粗实线画可见的构配件轮廓线，用线宽 $0.5b$ 的中实线画门窗、台阶、尺寸标注、标高符号、材料引出线等，用线宽 $0.25b$ 的细实线画较细小的建筑构配件等。

二、建筑立面图

1. 建筑立面图的形成

建筑立面图是房屋各个方向的外墙面以及按投影方向可见的构配件的正投影图，简称为立面图。建筑立面图是用来反映房屋的体型和外貌、门窗形式和位置、墙面装修材料和色调等的图样。

2. 建筑立面图的图示内容

（1）图名、比例及立面两端的定位轴线和编号。

（2）屋顶外形和外墙面的体型轮廓。

（3）门窗的形状、位置与开启方向。

（4）外墙面上的其他构配件、装饰物的形状、位置、用料和做法。

（5）标高及必需标注的局部尺寸。

（6）详图索引符号与文字说明等。

3. 建筑立面图的图示要点

（1）各种立面图应按正投影法绘制。

（2）建筑立面图应包括投影方向可见的建筑外轮廓线和墙面线脚、构配件、墙面做法及必要的尺寸和标高等。

（3）室内立面图应包括投影方向可见的室内轮廓线和装修构造、门窗、构配件、墙面做法、固定家具、灯具、必要的尺寸和标高及需要表达的非固定家具、灯具、装饰物件等，室内立面图的顶棚轮廓线，可根据具体情况只表达吊平顶或同时表达吊平顶及结构顶棚。

（4）平面形状曲折的建筑物，可绘制展开立面图、展开室内立面图。圆形或多边形平面的建筑物，可分段展开绘制立面图、室内立面图，但均应在图名后加注"展开"二字。较简单的对称式建筑物或对称的构配件等，在不影响构造处理和施工的情况下，立面图可绘制一半，并在对称轴线处画出对称符号。

（5）在建筑物立面图上，相同的门窗、阳台、外檐装修、构造做法等可在局部重点表示，绘出其完整图形，其余部分只画轮廓线。

（6）在建筑物立面图上，外墙表面分格线应表示清楚，应用文字说明各部位所用面材及色彩。

（7）有定位轴线的建筑物，宜根据两端定位轴线号编注立面图名称，如①～⑩立面图、Ⓐ～Ⓕ立面图等。无定位轴线的建筑物可按平面图各面的朝向确定名称。

（8）立面图中的图线要求是：用线宽 b 的粗实线画建筑立面的外轮廓；用线宽 $0.5b$ 的中实线画立面上凹进或凸出墙面的轮廓线、门窗洞、较大的建筑构配件的轮廓线；用线宽 $0.25b$ 的细实线画较细小的建筑构配件或装修线。

三、建筑剖面图

1. 建筑剖面图的形成与内容

建筑剖面图是假想用一个垂直于横向或纵向轴线的竖直平面剖切房屋所得到的竖直剖面图。反映房屋内部垂直方向的尺寸、分层情况与层高、门窗洞口与窗台的高度，以及简要的结构形式和构造方式等情况。

2. 建筑剖面图的图示内容

（1）图名、比例及剖切到的外墙的定位轴线和编号。

（2）剖切到的构配件及构造。

（3）未剖切到的可见的构配件。

（4）竖直方向的尺寸和标高。

（5）详图索引符号与某些用料、做法的文字说明。

3. 建筑剖面图的图示要点

（1）剖面图的剖切部位，应根据图纸的用途或设计深度，在平面图上选择能反映全貌、构造特征以及有代表性的部位剖切。一般应通过楼梯与门窗洞，其数量视建筑物的复杂程度而定。

（2）各种剖面图应按正投影法绘制。

（3）建筑剖面图内应包括剖切面和投影方向可见的建筑构造、构配件以及必要的尺寸、标高等。

（4）剖切符号可用阿拉伯数字、罗马数字或拉丁字母编号。

（5）画室内剖面图时，相应部位的墙体、楼地面的剖切面宜有所表示。必要时，占空间较大的设备管线、灯具等的剖切面，也应在图纸上绘出。

（6）建筑剖面图的图线要求：室内外地平线可画线宽为 $1.4b$ 的加粗线。用线宽 b 的粗实线画剖切到的墙和楼板，1∶100～1∶200 比例的剖面图不画抹灰层，但宜画楼地面的面层线，以便准确地表示出完成面的尺寸及标高；材料图例可采用简化画法。如砖墙涂红、实心钢筋混凝土涂黑。用线宽 $0.7b$、$0.5b$ 的中实线画可见的轮廓线。用线宽 $0.25b$ 的细实线画较细小的建筑构配件与装修面层线。

四、建筑平面图、立面图、剖面图的统一绘制要求

1. 图线

建筑专业制图采用的各种图线，按 GB/T 50001—2010《房屋建筑制图统一标准》、GB/T 50104—2010《建筑制图标准》的规定，绘制较简单的图样时，可采用两种线宽的线宽组，其线宽比宜为 $b:0.25b$，如图 14-15（a）所示为平面图图线选用示例，图 14-15（b）为墙身剖面图图线选用示例。

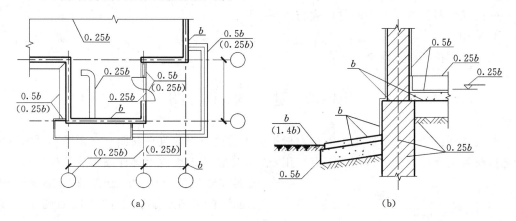

图 14-15 图线的选用示例

2. 比例

建筑专业制图选用的比例，宜为 $1:50$，$1:100$，$1:150$，$1:200$ 等。

不同比例的平面图、剖面图，其抹灰层、楼地面、材料图例的省略画法，应符合下列规定：

（1）比例大于 $1:50$ 的平面图、剖面图，应画出抹灰层与楼地面、屋面的面层线，并宜画出材料图例。比例等于 $1:50$ 的平面图、剖面图，宜画出楼地面、屋面的面层线，抹灰层的面层线应根据需要而定。比例小于 $1:50$ 的平面图、剖面图，可不画出抹灰层，但宜画出楼地面、屋面的面层线。

（2）比例为 $1:100\sim1:200$ 的平面图、剖面图，可画简化的材料图例，但宜画出楼地面、屋面的面层线。比例小于 $1:200$ 的平面图、剖面图，可不画材料图例，剖面图的楼地面、屋面的面层线可不画出。

3. 尺寸标注

（1）尺寸分为总尺寸、定位尺寸、细部尺寸三种。绘图时，应根据设计深度和图纸用途确定所需注写的尺寸。

（2）建筑物平面、立面、剖面图，宜标注室内外地坪、楼地面、地下层地面、阳台、平台、檐口、屋脊、女儿墙、雨篷、门、窗、台阶等处的标高。平屋面等不易标明建筑标高的部位可标注结构标高，并予以说明。结构找坡的平屋面，屋面标高可标注在结构板面最低点，并注明找坡坡度。有屋架的屋面，应标注屋架下弦搁置点或柱顶标高。有起重机的厂房剖面图应标注轨顶标高、屋架下弦杆件下边缘或屋面梁底、板底标高。梁式悬挂起重机宜标出轨距尺寸（以米计）。

　　（3）楼地面、地下层地面、阳台、平台、檐口、屋脊、女儿墙、台阶等处的高度尺寸及标高的注写规定有：平面图及其详图注写完成面标高，立面图、剖面图及其详图注写完成面标高及高度方向的尺寸，其余部分注写毛面尺寸及标高。标注建筑平面图各部位的定位尺寸时，注写与其最邻近的轴线间的尺寸；标注建筑剖面各部位的定位尺寸时，注写其所在层次内的尺寸。相邻的立面图或剖面图，宜绘制在同一水平线上，图内相互有关的尺寸及标高，宜标注在同一竖线上。此外，指北针应绘制在建筑物±0.000标高的平面图上，并放在明显位置，所指的方向应与总图一致。

　　4. 图例

　　构造及配件图例见附录4。

第四节　建　筑　详　图

　　建筑详图是建筑细部的施工图样，根据施工需要，将建筑平面图、立面图和剖面图中的某些建筑构配件或细部（也称节点）用较大比例清楚地表达出其详细构造，如形状、尺寸、材料和做法等。因此，建筑详图是建筑平、立、剖面图的补充，其图线的选用如图14-16所示。

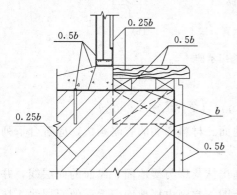

图 14-16　详图图线选用示例

　　详图的表示方法，应视所绘的建筑构配件或建筑细部构造（材料、各部分的连接方法、有关的施工要求和做法等）的复杂程度而定。有时只需要一个剖面图或断面图就能表达清楚；有时则需要多个剖面图或断面图，或按需由平、立面图，剖面图和断面图组成详图。

　　详图绘制要点与建筑平面图、立面图、剖面图的相仿。

　　详图常用 1:1、1:2、1:5、1:10、1:20、1:50 等较大比例绘制，以便做到尺寸标注齐全，图文说明详尽、清晰。

一、楼梯详图

　　楼梯的形式与构造方式很多，较常用的是现浇钢筋混凝土楼梯，楼梯一般由楼梯段、楼梯平台和栏杆（或栏板）三个基本的组成部分，楼梯详图要全面而详尽地表达楼梯的布置方式、结构形式以及踏步、栏杆、防滑条等细部构造方式、尺寸和装修做法。通常包括以下几种图样。

　　1. 楼梯平面图

　　楼梯平面图表达了楼梯间的平面布置、开间与进深，楼梯段踏面形式与尺寸，楼梯平台形式与尺寸等基本内容，楼梯栏杆（或栏板）的平面位置等内容。

楼梯平面图的形成与建筑平面图相同，但图样一般只反映楼梯间以及与楼梯间相联系的平面内容。常用比例为 1：50。三层以上的楼梯需画出底层、中间层和顶层等各层平面图，当中间各层楼梯间平面布置与平面尺寸都相同时，可以只画一个标准层楼梯平面图。

楼梯平面图应标注平面尺寸，平台以及相关位置的标高，楼梯的上下起步方向。

2. 楼梯剖面图

楼梯剖面图的形成与建筑剖面图相同，但楼梯剖面图必须将剖切位置选在某些楼梯段上，以便反映出楼梯踏步的构成方式。楼梯剖面图的常用比例为 1：50。当中间各层楼梯间竖向布置与高度尺寸都相同时，可以采用折断省略的画法。

楼梯剖面图表达了楼梯间的竖向布置与高度尺寸，楼梯平台、楼梯段、楼梯栏杆（或栏板）与楼梯梁以及相关墙体、柱子、楼板的构造关系。

楼梯剖面图应标注平面尺寸、高度尺寸、平台和相关位置的标高，以及楼梯节点详图的索引符号。

3. 楼梯节点详图

楼梯节点详图主要表达楼梯踏步，栏杆扶手的细节尺寸和构造做法，常用比例为 1：2、1：5、1：10。

二、墙身详图

墙身详图是表明墙体及相关构配件（如楼地层、屋面、窗台，勒脚、踢脚线、明沟、散水、压顶、防潮层等）的构造关系和具体做法的图样。常用比例为 1：10 和 1：20。墙身详图通常索引自建筑剖面图。墙身详图应标注高度尺寸，以及相关位置的标高，有关材料与做法要求用引出线引出进行标注。墙身详图一般应带有轴线及其编号。墙身详图通常有以下内容：

（1）女儿墙、檐沟等节点详图。

（2）窗台、窗套等节点详图。

（3）勒脚、明沟等节点详图。

三、其他详图

建筑施工图要表明建筑每个配件的构造做法，不同的建筑必定有许多不同的设计内容，这些设计内容都要用图样表达出来。因此，就会有各种建筑详图，如门窗详图、阳台详图等。

1. 门窗详图

门窗详图常用立面图表示门、窗的外形尺寸和开启方向，并配以较大比例的节点剖面或断面详图，表明门窗的截面、用料、安装位置、门窗扇与框的连接关系等。再列出门窗五金材料表和有关说明，对门窗所用小五金的规格、数量和门窗制作作出说明。

一般建筑设计常选用标准图或通用图，由专业门窗厂按图集加工制作。施工图不再画出门窗详图，只在门窗表中注明选用的门窗图集与相应的门窗编号。

2. 阳台详图

阳台详图用以表明阳台平面位置、做法、尺寸，阳台栏杆（或栏板）的形状与构造，以及阳台上各种附件的细节。可以 1：50 的比例绘出阳台的平、立面，并配以较大比例的节点剖面或断面详图。

第五节 建筑施工图实例

本节摘录了一个工程实例——某住宅楼的部分建筑施工图。

一、图纸目录（略）

二、建筑说明

（1）本工程总建筑面积 1643.8m²，建筑为 6 层，建筑高度 19.00m。

（2）建筑耐火等级为二级，屋面防水等级为三级。

（3）本工程图纸所注尺寸除总平面图以"米"计外均以"毫米"计。所注标高除屋面标高系指结构板面，门窗洞口系指结构面外，其余均为建筑面层标高。

（4）阳台及卫生间凡有水浸的楼地面均要低于同层楼面地面 50mm 并作不小于 0.5％泛水，坡向地漏。

（5）为便于各种管道通过墙身、梁柱、楼面及屋面，土建施工单位均应按结构图纸参照设备图纸施工。凡 ϕ100 以上的设备管道穿墙及楼板时，均须预留孔洞或预埋套管，不得现凿。预留洞口一侧需粉刷时，应设置钢板网，网宽大于洞口 200mm。

（6）墙身砌体材料以结构说明为准。墙身防潮层设于 −0.06m 标高处。20mm 厚 1：2.5 水泥砂浆内掺 5％防水剂。

（7）门窗选型详见门窗表。窗为彩框深蓝灰色 90 系列推拉铝合金窗，净白玻璃。内门为胶合板门（五夹板），白桦饰面，局部半磨砂玻璃。

（8）卫生间洁具为坐便器，隔断为干丝木隔板，黑色方钢脚，人造石洗手台面板。

（9）内粉刷。凡墙体阳角均做成品塑料护角，2100mm 高，再做面层；凡卫生间临房间面均粉防水砂浆。

（10）凡采用瓷砖贴面的内墙均贴至设计要求标高。阳角处贴成品角瓷砖。瓷砖贴面须纵对缝，不得错缝。

（11）外墙窗台设 C20 钢筋混凝土压顶，80～240mm 高，具体尺寸另见墙身大样图，配筋 2ϕ8，ϕ4@200。

（12）配电箱、消火栓墙面留洞，洞深与墙厚相等时，背面均做钢板网粉刷。

（13）室内管道井，凡突出墙、柱的室内立管，可采用轻钢龙骨板 FC，或厚 100mm 加气混凝土砌块封包，管道井每层在楼板处等设备管线安装完毕后浇注钢筋混凝土封层，每层管道井均设丙级防火检修门。

（14）现浇楼板沿四周（或管井壁）部位高出楼面 150mm（开门处除外），楼板上及翻边应做高分子防水涂料两道以防渗漏。

（15）混凝土墙板上留洞以结施图为准，砖墙以建施图为准，各管道预留孔洞尺寸为长×宽净尺寸。土建图需与设备专业图纸核对，施工中土建单位必须与有关设备安装单位密切配合。

（16）图纸中有部分具体作法有待设计单位与建设、施工单位及生产厂家根据材料、性能、规格及色彩要求进一步研究确定。房间材料表与二次室内装修设计图不相一致时，以室内设计图为准。

（17）有关工程内外装饰材料，均应由设计院会同建设单位、施工单位、监理等有关人员，对装饰材料的材质、规格、颜色进行比较、选择，然后在工地进行材料试样，并在工地先做材料施工样板，然后根据样板的效果，再决定在工程上进行大面积施工。

（18）油漆。聚氨酯清漆：底油一道，刮腻子三遍，聚氨酯清漆五遍，色彩另定。（用于木门、隔断）磁漆：防锈漆一道，刮腻子，黑色调和漆两道，深蓝灰色瓷漆 120 一道。（用于所有露明铁件）。

（19）隔断。所有内部轻隔断及外墙壁柜皆属后期装修，由业主自理。窗帘盒、窗台板结合装修考虑，一般窗帘盒宽 120mm，设一道窗帘轨。室内通（排）风井道：施工中严格按图施工，风道用 1∶3 水泥砂浆随筑随抹，要求内壁平整，密实不透风，以利排烟（气）通畅。

（20）本设计说明与建筑图纸不符处以设计说明为准。本设计说明及图纸未详尽之处，均按国家有关现行规范规定执行。

三、部分建筑施工图

（1）一层平面图，如图 14－17 所示。

（2）标准层平面图，如图 14－18 所示。

（3）①～⑮立面图，如图 14－19 所示。

（4）Ⓐ～Ⓗ立面图、1－1 剖面图，如图 14－20 所示。

（5）楼梯、厨卫、阳台详图，如图 14－21 所示。

（6）节点详图，如图 14－22 所示。

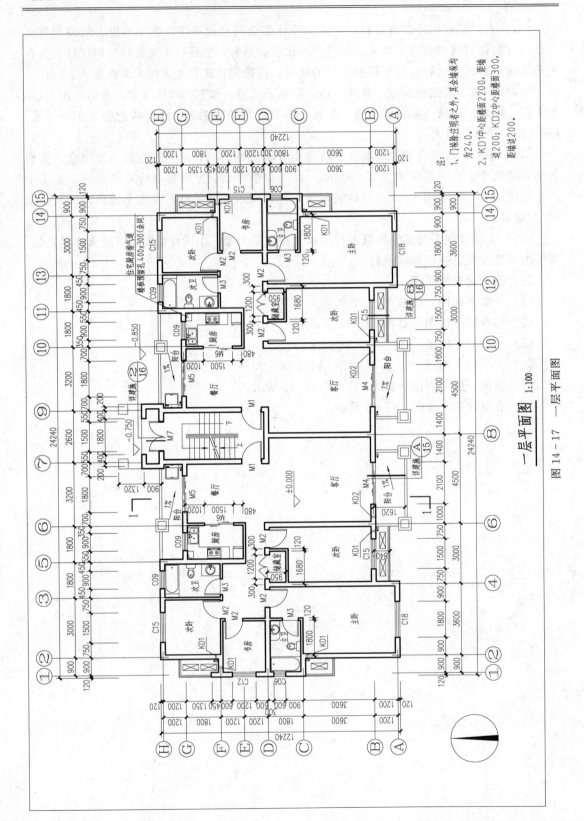

一层平面图 1:100

图 14-17 一层平面图

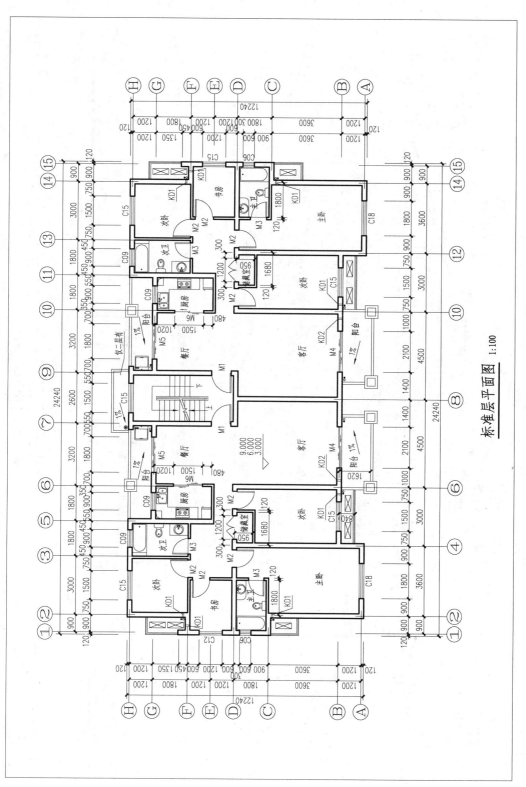

标准层平面图 1:100

图 14-18 标准层平面图

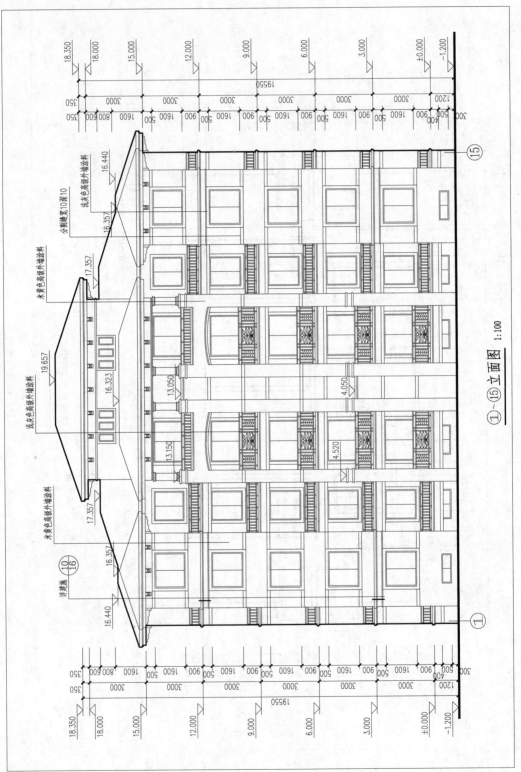

①~⑮立面图　1:100

图 14-19　①~⑮立面图

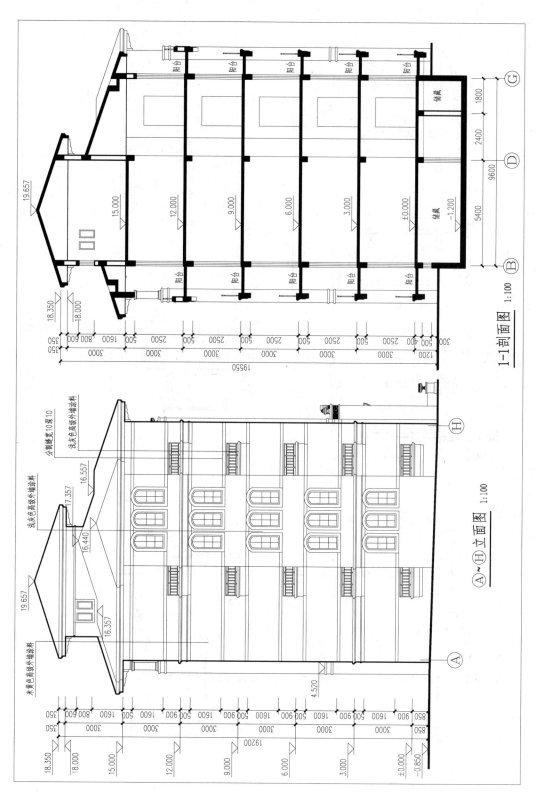

图 14-20 Ⓐ～Ⓗ立面图、1-1剖面图

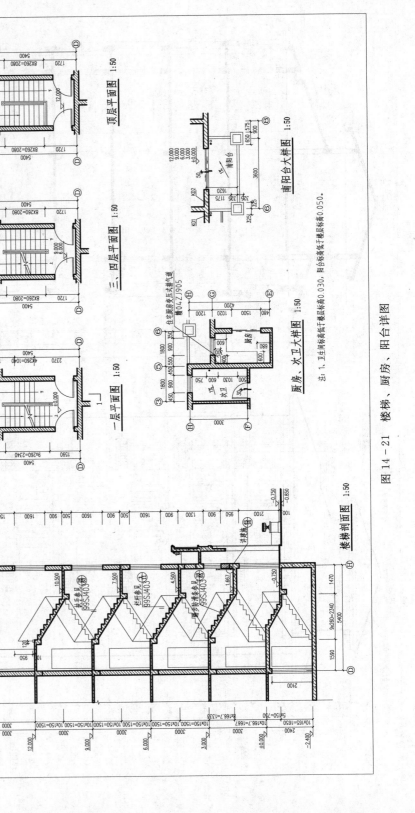

图 14 - 21　楼梯、厨房、阳台详图

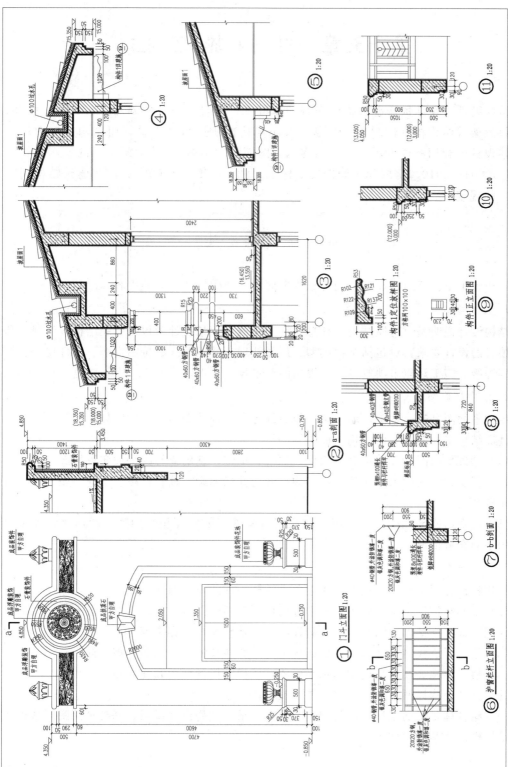

图 14 - 22 节点详图

第十五章 结 构 施 工 图

结构设计是在结构造型和构件布置的基础上，通过力学计算对梁、板、柱、楼梯、基础、屋架等结构构件的材料、形状、大小与构造所进行的设计，而结构施工图就是将上述设计内容用图样表示出来。结构施工图简称"结施"。结构施工图的绘制要符合 GB/T 50001—2010《房屋建筑制图统一标准》和 GB/T 501005—2010《建筑结构制图标准》的规定。

第一节 概 述

结构施工图包括结构设计说明、结构平面图、结构构件详图等内容。

1. 结构设计说明

结构设计说明是对房屋结构设计总体情况的概括，是设计者根据有关结构设计规范和具体项目的设计要求，对包括结构类型、地基处理、基础形式、抗震设防、构件规格、材料强度等级、施工注重事项等各方面提出的基本技术要求。

2. 结构平面图

结构平面图是表达基础、墙、梁、板、柱等承重构件平面布置的图样，分为基础平面图、楼层结构平面图、屋面结构平面图等。

（1）基础平面图，表达基础各构件，如桩、承台、基础梁等的平面布置情况。

（2）楼层结构平面图，表达楼面结构层各构件（如梁、柱、楼板、支撑、阳台等）的平面布置情况。

（3）屋面结构平面图，表达屋面结构层各构件（如屋面板、屋架、屋面梁、天窗架等）的平面布置情况。

3. 结构构件详图

结构构件详图是表达组成房屋骨架各个结构构件的详细图样。

（1）基础结构详图是基础平面图中各构件的详细图样，不同基础形式会有不同的基础结构详图，如独立基础详图，条形基础详图，桩基础及承台详图等。

（2）梁、板、柱结构详图是楼层结构平面图所涉及的梁板柱的详细图样。

（3）楼梯结构详图包括楼梯结构平面图、楼梯结构剖面图和配筋图。

（4）其他结构详图、屋架结构详图、支撑详图等。

一套结构施工的编排顺序通常是：图纸目录、结构设计说明、基础平面图与基础详图、结构平面图和构件详图。

第二节 结 构 平 面 图

一、常用构件的代号

建筑结构中的构件种类、规格和数量很多，为了简明清晰地表达出基础、梁、板、柱、屋架等不同的结构构件，施工图中均用代号表示。常用结构构件的代号见表 15-1。代号后应用阿拉伯数字标注该构件的型号或编号，也可为构件的顺序号；构件的顺序号采用不带角标的阿拉伯数字连续编排。

表 15-1   常用结构构件的代号

名　称	代　号	名　称	代　号
板	B	屋架	WJ
屋面板	WB	框架	KJ
楼梯板	TB	钢架	GJ
盖板	GB	支架	ZJ
剪力墙	Q	柱	Z
梁	L	框架柱	KZ
框架梁	KL	基础	J
屋面梁	WL	桩	ZH
吊车梁	DL	梯	T
圈梁	QL	雨棚	YP
过梁	GL	阳台	YT
联系梁	LL	预埋件	M
基础梁	JL	钢筋网	W
楼梯梁	TL	钢筋骨架	G

预应力钢筋混凝土构件的代号前应加注"Y—"，如 Y—DL 表示预应力钢筋混凝土吊车梁。

当选用标准图集或通用图集中的定型构件时，构件代号或型号应按图集的规定注写，但应说明采用图集的名称与编号。

二、结构平面图的图示要点

（1）结构平面图一般采用 1∶50、1∶100、1∶200 的比例绘制，通常与建筑平面图采用的比例相同。

（2）钢筋混凝土楼板的轮廓线用细实线表示，剖切到的墙体轮廓线用中实线表示，楼板下面不可见的墙体轮廓线用中虚线表示，剖切到的钢筋混凝土的断面用涂黑表示，楼板下面的梁用单虚线表示其中心线的位置。

（3）在结构平面图中，构件应采用轮廓线表示，如能用单线表示清楚时，也可用单线表示。

（4）定位轴线及其编号应与建筑平面图或总平面图一致，并标注结构标高。

（5）在结构平面图中，如若干部分相同时，可只绘制一部分，并用大写的拉丁字母（A、B、C、…）外加细实线圆圈表示相同部分的分类符号。分类符号圆圈直径为 8mm 或 10mm。其他相同部分仅标注分类符号。

（6）结构平面图中的剖面图、断面详图的编号顺序是外墙按顺时针方向从左下角开始编号；内横墙从左至右、从上至下编号；内纵墙从上至下、从左至右编号，如图 15-1 所示。

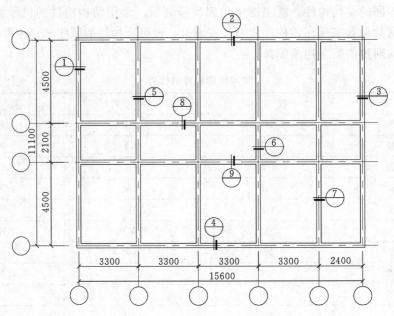

图 15-1　剖面图、断面详图的编号顺序示例

三、结构平面图的图示内容

1. 基础平面图

基础平面图是假想在建筑物底层室内地面下方作一水平剖切面，将剖切面下方的诸构件向下作出的水平投影。

基础平面图表达了建筑物基础的布置形式，用中实线表示剖切到的基础墙身线，用细实线表示基础底面轮廓线。粗实线（单线）表示可见的基础梁；不可见的基础梁用粗虚线（单线）表示。

2. 楼层结构平面图

楼层结构平面图是假想用一个紧贴楼面的水平面剖切楼层后所得的水平剖面图。对多层建筑，应分层绘制楼层结构平面图，若某些楼层结构构件的平面布置、型号、规格、数量均相同时，可以用一个"标准层"或"×～×层"楼层结构平面图代之。

楼层结构平面图用来表示每层楼的梁、板、柱、墙等承重构件的平面布置，以及它们之间的结构关系。并标注承重构件的编号，现浇楼板的构造与配筋，预留孔洞的大小与位置等，还要注明门窗过梁、圈梁的编号，梁与板的底面结构标高以及有关剖切符号、详图索引符号等。楼层结构平面图中的梁、屋架、支撑等用粗点划线表示出其中心位置，梯、电梯间结构因另有详图，可在楼、电梯间平面图上画一对角线表示。

第三节　钢筋混凝土构件详图

一、钢筋混凝土构件简介

钢筋混凝土构件是指在混凝土构件中加入钢筋，由钢筋和混凝土共同承受外力的结构构件。混凝土具有良好的抗压性能，钢筋具有良好的抗拉性能，因此钢筋混凝土构件能够很好地抵抗外力的作用，在土建中得到大量的应用。

（一）混凝土的强度等级

混凝土由水泥、石子、砂和水搅拌而成，普通混凝土标号有 C7.5、C10、C15、C20、C25、C30、C35、C40、C45、C50、C55、C60 十二个等级，标号越大，混凝土强度越高，单位面积上所能承受的外力也越大。

（二）钢筋及其表示方法

1. 钢筋的种类和符号

钢筋按强度和品种的不同，可分为不同的等级。表 15-2 表明了不同等级钢筋的符号、直径、强度值、材料与表面形状。

表 15-2　　　　　　　　　　　　钢筋的种类和符号

种　类	符　号	材料与表面形状	直径 d/mm
HPB235	φ	Q235 光圆钢筋	8～20
HRB335	Φ	20MnSi 带肋钢筋	6～50
HRB400	Φ	20MnSiV 带肋钢筋	6～50
RRB400	Φ^R	20MnSi 带肋钢筋	8～40

2. 钢筋的分类和作用

按照钢筋在钢筋混凝土构件中的位置与作用，钢筋混凝土梁中的钢筋可分为受力筋、架立筋、箍筋等，如图 15-2（a）所示；钢筋混凝土板中的钢筋可分为受力筋、分布筋、构造筋等，如图 15-2（b）所示。

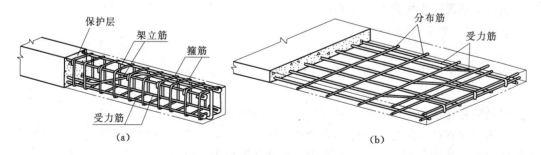

图 15-2　钢筋的分类

3. 保护层

为了防止钢筋混凝土构件中的钢筋锈蚀，提高钢筋防水、防火能力，钢筋混凝土构件中的钢筋不应暴露在外，钢筋外边缘与构件表面之间要留有一定厚度的保护层。钢筋混凝土结构设计规范规定，梁、柱的保护层最小厚度为 25mm，板、墙的保护层最小厚度为 10～15mm，基础的保护层最小厚度为 35～70mm。

4. 钢筋弯钩

为了保证钢筋混凝土构件中的钢筋和混凝土之间的黏结力，钢筋混凝土构件中光圆钢筋的端部和接头处要做成弯钩。钢筋的弯钩有三种形式，半圆弯钩、直角弯钩和箍筋弯钩，如图 15 - 3（a）所示为钢筋的弯钩，图 15 - 3（b）为弯钩的简化画法。

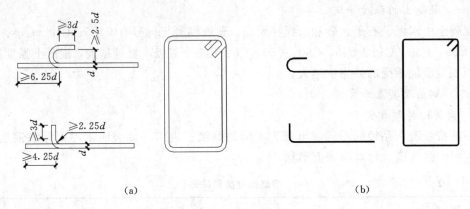

（a）　　　　　　　　　　　　　　　　　　　（b）

图 15 - 3　钢筋的弯钩

二、钢筋混凝土构件图的种类

钢筋混凝土构件图分为配筋图、模板图和预埋件详图及材料明细表等。

配筋图包括立面图、断面图和钢筋详图，着重表示构件内部的钢筋配置、形状、数量和规格，是钢筋加工的依据。

模板图是表示构件外形和预埋件位置的图样，只用于形状复杂的构件，是模板制作与安装的依据。

预埋件详图表示构件中预埋件的形状、大小、材料和加工的技术要求。

材料明细表一般用于表明钢筋混凝土构件中钢筋等金属材料的数量、规格等，是构件制作的下料依据，一般由施工单位编制。

三、钢筋混凝土构件的图示要点

（一）钢筋的表示方法

1. 一般钢筋的表示方法和画法

钢筋在施工图中的表示方法见表 15 - 3。

2. 钢筋的标注

钢筋的标注采用引出线标注的方法，有两种形式。

一是标注钢筋的编号、根数、直径和等级。如⑤3φ22，⑤表示钢筋编号，3 指钢筋数量是三根，φ表示钢筋为一级钢筋，22 指钢筋直径为 22mm。

二是标注钢筋的编号、等级、间距和直径。如⑦φ8@150，⑦表示钢筋编号，φ表示钢筋为一级钢筋，8 指钢筋直径为 8mm，150 指钢筋的中心间距是 150mm。

表 15－3　　　　　　　　　　钢筋的一般表示方法

序号	钢筋端部	表示方法	说　　明
1	钢筋横断面	●	
2	无弯钩的钢筋端部		下图表示长、短钢筋投影重叠时，短钢筋的端部用 45°斜划表示
3	带半圆弯钩的钢筋端部		
4	带直钩的钢筋端部		
5	带丝扣的钢筋端部		
6	无弯钩的钢筋搭接		
7	带半圆弯钩的钢筋搭接		
8	带直钩的钢筋搭接		
9	花篮螺丝钢筋接头	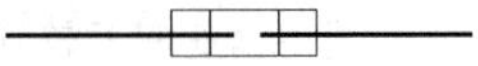	

3. 钢筋网片的标注

钢筋网片的编号标注在对角线上。网片的数量应与网片的编号标注在一起，用文字注明焊接网或绑扎网，如图 15－4（a）为一片钢筋网平面图，图 15－4（b）为一行相同的钢筋网平面图。简单的构件、钢筋种类较少的构件可不编号。

 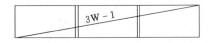

图 15－4　钢筋网片的标注

4. 钢筋在平面、立面、断面中的表示方法

钢筋在平面图中的配置应按图 15－5 所示的方法表示。当钢筋标注的位置不够时，可采用引出线标注。引出线标注钢筋的斜短划线应为中实线或细实线。当构件布置较简单时，结构平面图可与板配筋平面图合并绘制。平面图中的钢筋配置较复杂时，可按图 15－6 的方法绘制。

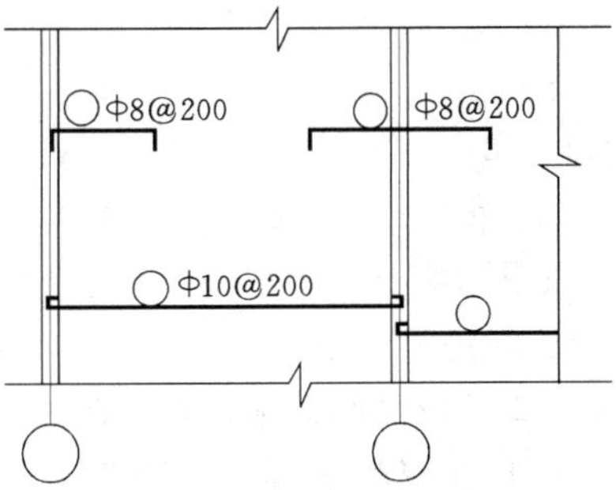

钢筋在立面、断面图中的配置，应按如图 15－7 所示的方法表示。

构件配筋图中箍筋的长度尺寸，应指箍筋的里皮尺寸。弯起钢筋的高度尺寸应指钢筋的外皮尺寸。

图 15－5　平面图中钢筋配置的表示方法

（二）钢筋的简化表示方法

（1）当构件对称时，钢筋混凝土构件配筋较简单时，钢筋网片可用一半或 1/4 表示。

（2）形状与配筋都对称的钢筋混凝土构件，可在同一图样中一半表示模板，另一半表示配筋，如图 15－8 所示。

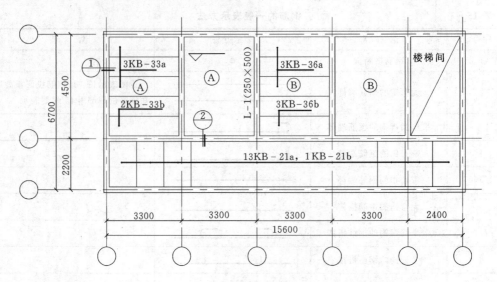

图 15-6　平面图中钢筋配置较复杂时的表示方法

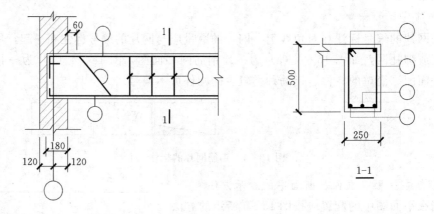

图 15-7　钢筋在立面、断面图中的表示方法

（3）独立基础在平面模板图左下角绘出波浪线，绘出钢筋并标注钢筋的直径、间距等，如图 15-9（a）所示，其他构件可在某一部位绘出波浪线，绘出钢筋并标注钢筋的直径、间距等，如图 15-9（b）所示。

（三）预埋件、预留孔洞的表示方法

（1）在混凝土构件上设置预埋件时，可在平面图或立面图上表示。引出线指向预埋件，并标注预埋件的代号，如图 15-10（a）所示。

（2）在混凝土构件的正、反面同一位置均设置相同的预埋件时，引出线为一条实线和一条虚线并指向预埋件，同时在引出横线上标注预埋件的数量及代号，如图 15-10（b）所示。

（3）在混凝土构件的正、反面同一位置设置编号不同的预埋件时，引出线为一条实线和一条虚线并指向预埋件。引出横线上标注正面预埋件代号，引出横线下标注反面预埋件代号，如图 15-10（c）所示。

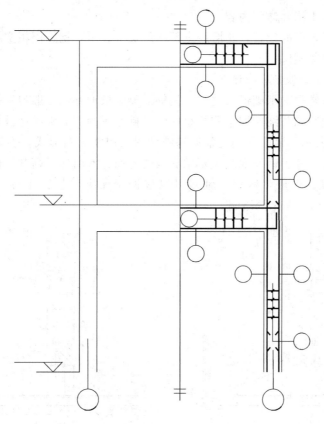

图 15-8　钢筋在对称结构中的表示方法

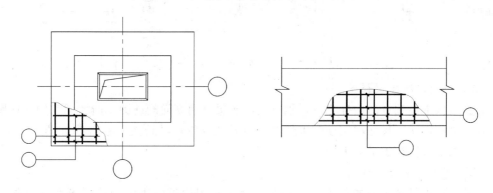

图 15-9　以局部剖切方法表示配筋

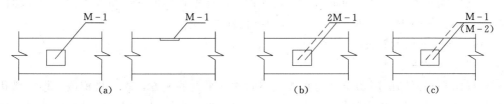

图 15-10　预埋件、预留孔洞的表示方法

四、钢筋混凝土构件详图内容

为了突出表示钢筋的配置，轮廓线全部用细实线表示，钢筋用粗实线表示，不再画出钢筋混凝土的材料图例。

（一）钢筋混凝土条形基础详图

条形基础是最常见的基础形式之一。钢筋混凝土条形基础一般包括钢筋混凝土基础底板、大放脚、基础墙和防潮层四个构造组成，基础底板的下面常采用低标号的混凝土作垫层，如图 15-11 所示。钢筋混凝土条形基础详图采用断面图形式，要表达基础四个构造组成的截面形状、尺寸、钢筋混凝土基础底板的配筋、室内外标高和基础底面标高、垫层材料的内容。基础详图应带轴线，轴号可以根据情况决定是否注写。基础详图常采用 1∶10、1∶20、1∶50 等比例绘制。

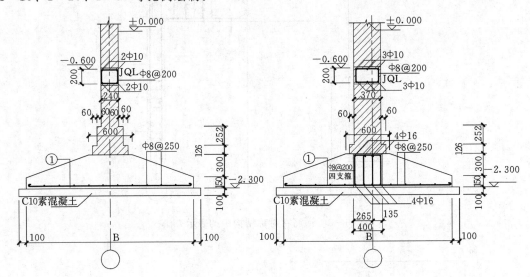

图 15-11　钢筋混凝土条形基础

（二）钢筋混凝土梁详图

梁是结构中最基本的构件之一，钢筋混凝土梁采用立面配筋图、断面图和钢筋详图形式，表达梁的形状、尺寸和钢筋配置情况，以及梁与支座的位置关系等。如图 15-12 所示为一根两端搁置在承重墙上的简支梁详图。

（三）钢筋混凝土柱详图

柱是结构中最基本的构件之一，钢筋混凝土柱用模板图表示构件外形和预埋件的位置，用立面配筋图、断面图和钢筋详图表示钢筋的配置，预埋件详图表示构件中预埋件的形状和大小。如图 15-13 所示为一根排架结构柱的详图。

（四）楼梯的结构详图

1. 楼梯结构平面图

楼梯结构平面图的剖切位置通常放在层间楼梯平台的上方，表示楼梯段、楼梯梁和平台板的平面布置、代号、尺寸及结构标高。多层房屋应表示出底层、中间层和顶层楼梯结构平面图。

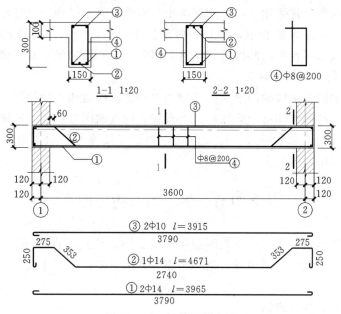

图 15-12 钢筋混凝土梁

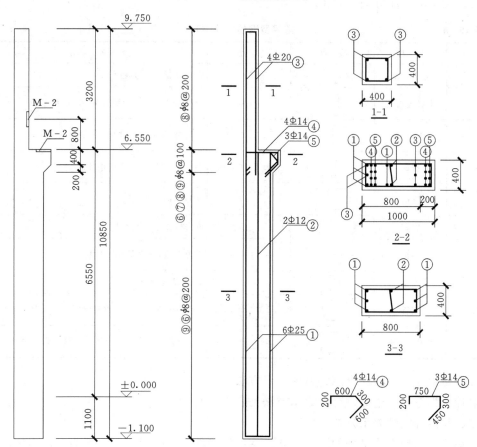

图 15-13 钢筋混凝土柱

楼梯结构平面图通常采用 1：50 比例画出，钢筋混凝土楼梯的可见轮廓线用细实线表示，不可见轮廓线用细虚线表示，剖到的砖墙线用中实线表示。钢筋混凝土楼梯的楼梯梁、梯段板、楼板和平台板的断面形式，可采用重合断面图的画法直接画在平面图上。

2. 楼梯结构剖面图和配筋图

楼梯结构剖面图表示楼梯的承重构件的竖向布置、构造和连接情况，用结构标高标注楼梯平台的板底标高和楼梯梁的梁底标高。楼梯结构剖面图可兼作配筋图，采用与楼梯结构平面图相同的比例，配筋图可采用较大比例画出。楼梯配筋图中的钢筋采用粗实线表示，可见轮廓线用细实线表示。

第四节　钢　结　构　图

钢结构是指用型钢制作结构骨架的结构形式。钢结构具有自重小、承载力大等特点，多用于超高层结构、大跨度结构等，钢结构连接方法主要有电焊连接、螺栓连接和铆钉连接三种。

一、常用型钢的标注方法

常用型钢的标注方法见表 15-4。

表 15-4　　　　　　　　　　　　常用型钢的标注方法

序号	名　称	截　面	标　注	说　明
1	等边角钢	∟	∟ $b×d$	b 为肢宽，d 为肢厚
2	不等边角钢	∟	∟ $B×b×d$	B 为长肢宽，b 为短肢宽，d 为肢厚
3	工字钢	I	I N　Q I N	N 工字钢型号，轻型工字钢加注 Q
4	槽钢	[	[N　Q [N	N 槽钢型号，轻型槽钢加注 Q
5	方钢	▨ b	☐ b	b 为方钢截面宽度
6	扁钢	▭ b	—— $b×t$	b 为板宽，t 为板厚
7	钢板		$\dfrac{-b×t}{1}$	b 为板宽，t 为板厚，1 为板长
8	圆钢	◯	● d	d 为圆钢直径
9	钢管	◯	$\dfrac{DN_{xx}}{d×t}$	d 为钢管直径，t 为钢管壁厚，DN 为钢管内径
10	薄壁方钢管	☐	B ☐ $b×t$	t 为壁厚，b 为截面宽度，薄壁型钢加注 B

二、螺栓、螺栓孔、电焊铆钉的表示方法

螺栓、螺栓孔、电焊铆钉的表示方法见表 15-5。

三、常用焊缝的表示方法

电焊连接是钢结构常用的连接方式。钢结构构件的连接形式可以分为对接连接、搭接连接和成角连接三种。而电焊连接的主要焊缝形式有对接焊缝和贴角焊缝两种。

表 15－5 螺栓、孔、电焊铆钉的表示方法

序号	名 称	图 例	说 明
1	永久螺栓		
2	高强螺栓		
3	安装螺栓		1. 细"＋"线表示定位线 2. M 表示螺栓型号 3. ϕ 表示螺栓孔直径 4. d 表示膨胀螺栓、电焊铆钉直径 5. 采用引出线标注螺栓时，横线上标注螺栓规格，横线下标注螺栓孔直径
4	胀铆螺栓		
5	圆形螺栓孔		
6	长圆形螺栓孔		
7	电焊铆钉		

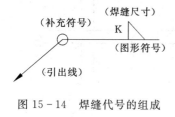

图 15－14 焊缝代号的组成

在钢结构图纸上，必须把焊缝的位置、形式和尺寸标注清楚。焊缝采用"焊缝代号"标注，焊缝代号由图形符号、补充符号和引出线等组成，图形符号表示焊缝断面的基本形式，补充符号表示焊缝的特征要求，引出线表示焊缝的位置，如图 15－14 所示。

（一）焊缝的图形符号和补充符号

焊缝的图形符号和补充符号见表 15－6。

表 15－6 焊缝的图形符号和补充符号

焊缝名称	示意图	图形符号	符号名称	示意图	补充符号	标注方法
V 形焊缝		∨	周围焊缝符号		○	
单边 V 形焊缝			现场焊缝符号			
角焊缝			相同焊缝符号			
I 形焊缝		‖	尾部符号			

　　引出线由箭头线和基准线组成，箭头线指向焊缝，可画在基准线的左端或右端，必要时箭头线允许转折一次。基准线一般画成横线，基准线的上侧和下侧用来标注符号与尺寸，有时基准线的末端加一尾部符号，用作其他说明。

　　在同一图形上，当焊缝型式、断面尺寸和辅助要求均相同时，可只选择一处标注焊缝的符号和尺寸，并加注"相同焊缝符号"，相同焊缝符号为 3/4 圆弧，绘在引出线的转折处。在同一图形上，当有数种相同的焊缝时，可将焊缝分类编号标注。在同一类焊缝中可选择一处标注焊缝符号和尺寸。分类编号采用大写的拉丁字母 A、B、C、…，写在引出线尾部符号内。

　　（二）焊缝的标注方式

　　（1）单面焊缝的标注。当箭头指向焊缝所在的一面时，应将图形符号和尺寸标注在横线的上方；当箭头指向焊缝所在另一面（相对应的那面）时，应将图形符号和尺寸标注在横线的下方，如图 15-15（a）所示。

　　表示环绕工作件周围的焊缝时，其围焊焊缝符号为圆圈，绘在引出线的转折处，并标注焊角尺寸 k，如图 15-15（b）所示。

　　（2）双面焊缝的标注，应在横线的上、下都标注符号和尺寸。上方表示箭头一面的符号和尺寸，下方表示另一面的符号和尺寸，当两面的焊缝尺寸相同时，只需在横线上方标注焊缝的符号和尺寸，如图 15-15（c）所示。

　　（3）三个和三个以上的焊件相互焊接的焊缝，不得作为双面焊缝标注。其焊缝符号和尺寸应分别标注，如图 15-15（b）所示。

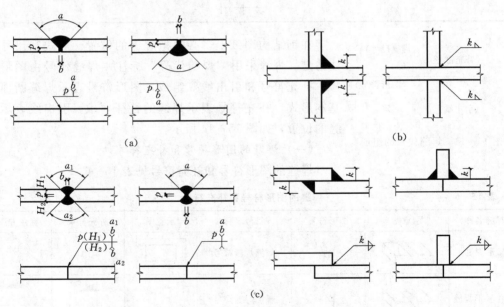

图 15-15　焊缝的标注方式

　　（4）当焊缝分布不规则时，在标注焊缝符号的同时，宜在焊缝处加中实线表示可见焊缝，或加细栅线表示不可见焊缝，如图 15-16 所示。

　　四、尺寸标注

　　（1）两构件的两条很近的重心线，应在交汇处将其各自向外错开，如图 15-17（a）所示。

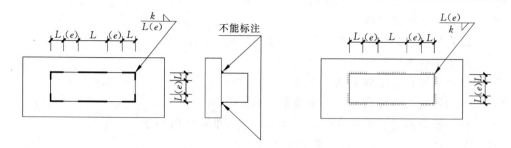

图 15-16 不规则焊缝的标注方法

（2）切割的板材，应标注各线段的长度及位置，如图 15-17（b）所示。

（3）节点尺寸，应注明节点板的尺寸和各杆件螺栓孔中心或中心距，以及杆件端部至几何中心线交点的距离，如图 15-17（c）所示。

（4）双型钢组合截面的构件，应注明缀板的数量及尺寸，引出横线上方标注缀板的数量及缀板的宽度、厚度，引出横线下方标注缀板的长度尺寸，如图 15-17（d）所示。

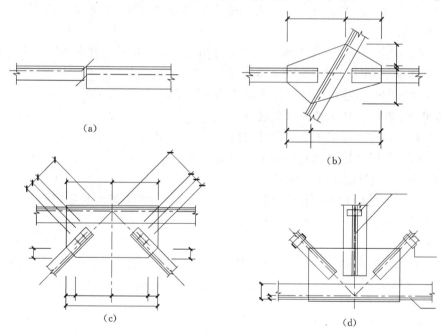

图 15-17 钢结构的尺寸标注

第五节 结 构 施 工 图 实 例

本节摘录了工程实例——某住宅楼的部分结构施工图。

一、图纸目录（略）

二、结构设计总说明

（一）设计概况

（1）工程地址：浙江某地。

（2）工程用途：住宅楼。

（3）建筑层数、高度：主楼 6 层，主楼总高度 19.000m。

（4）地下室：无。

（5）结构体系：采用框架结构体系。

（6）结构的抗震等级和抗震设防类别：非抗震。

（7）抗震设防烈度：小于 6 度，设计基本地震加速度值小于 0.05g。

（8）基本风压：0.55kN/m（重现期为 50 年）。

（9）基本雪压：0.35kN/m（重现期为 50 年）。

（10）结构的安全等级：二级。

（11）地基基础的设计等级：丙级。

（12）结构的设计使用年限：50 年。

（13）工程地质情况：详见甲方提供的《×××××工程勘察报告》（详勘），场地属非液化场地。场地土类别为 II 类。地下水对混凝土无侵蚀性。

（14）基础形式：采用以 8 号黏土夹砾砂层为持力层的预应力混凝土管桩，基础的设计说明另详。

（15）制图单位：本工程图中所注尺寸除标高以米为单位外，其余均以毫米为单位。

（二）设计采用的主要规范、规程和图集

GB 50068—2001《建筑结构可靠度设计统一标准》

GB 50009—2001《建筑结构荷载规范》

GB 50010—2002《混凝土结构设计规范》

GB 50007—2002《建筑地基基础设计规范》

JGJ 94—94《建筑桩基技术规范》

03G 101—1《混凝土结构施工图平面整体表示方法制图规则和构造详图》

（三）材料

1. 混凝土

基础垫层：C15 级素混凝土（用于自防水混凝土底板下），其余均为 C10 级素混凝土。

首层柱：C30。

其余柱：C25。

基础承台：C25。

±0.000 以上梁板：C25。

构造柱、后浇或预制过梁：C25（特别注明者除外）。

屋面均为自防水混凝土，设计抗渗等级 S6。

2. 填充墙

（1）地平面以下墙采用（KP1 型）MU10 烧结普通砖，M7.5 水泥砂浆砌筑。

（2）地面以上外墙，楼梯间墙、分户墙及 120 厚隔墙采用（KP1 型）MU10 烧结多孔砖，其余墙体采用 MU10 黏土空心砖，M5 混合砂浆砌筑。

（四）结构构造与施工要求

1. 受力钢筋的混凝土保护层厚度（参见相关规范）

2. 钢筋的锚固和连接（参见相关规范）

3. 基础

桩基工程验收合格后才能进行基础垫层施工。在进行承台施工前，应事先按设计要求对标高和轴线进行。当承台、基础梁的钢筋层次关系复杂，除图纸中已明确外，施工单位应提出施工方案，经设计确认后方可下料。柱钢筋全部伸至承台或基础梁底。

4. 楼板

（1）板底筋在支座的锚固长度为 $10d$（不包括Ⅰ级圆钢的弯钩长度）。板面筋在梁、墙或柱内的锚固长度为 La（锚固长度从梁、墙或柱边起算）。

（2）板底筋不得在跨中搭接，板面筋不得在支座搭接。板筋在同一连接区段内的钢筋搭接接头面积百分率应不小于 25％。

（3）除图中注明外，短跨的板筋放外排，长跨的板筋放内排。分布筋除注明外，均为 φ6@200。

（4）板上的孔洞应预留，当孔洞尺寸小于 300mm 时，将板内钢筋绕过洞边，不得切断；当孔洞尺寸大于 300mm，且洞边未设边梁时，应在孔洞边配置附加钢筋，其每侧面积不小于孔洞宽度内被切断板筋的 1/2 且不少于每边上下各 2φ12，伸过洞边 $40d$。

（5）对卫生间、厨房间、凸出屋面的楼梯间及砌体女儿墙等部位，现浇楼面时用素混凝土沿四周（门洞除外）上翻 150mm，宽同墙厚。

5. 框架结构

（1）框架梁、柱纵向钢筋的锚固要求、梁、柱箍筋的构造要求详附图，次梁纵向钢筋的锚固要求、梁中承受次梁集中荷载的附加箍筋及吊筋布置详见附图。

（2）柱内箍筋的组合形式详柱配筋图，当采用拉筋时，拉筋应紧靠柱纵筋并勾住封闭箍筋。

（3）凡柱与圈梁、过梁连接处，均应按建筑图中墙位置及门洞高度，在柱内预留插筋，伸出柱边 $35d$。凡柱与砌体填充墙连接处，均应按建筑图中墙的位置，在柱内预留拉结筋。

6. 填充墙

（1）砌体填充墙与柱连接处均应沿高度设置拉结筋，拉筋伸入墙内的长度不应小于墙长的 1/5，且不应小于 700mm。

（2）砌体填充墙高度超过 4m 时，应在门窗顶部或墙半高处设置一道与柱连接的通长圈梁，梁宽同墙宽，高度 180(240)mm，按相应规范进行构造配筋。主筋应在柱或混凝土墙上预留，当作为门洞过梁时应另按过梁增配钢筋。填充墙长度超过 5m 时，墙顶与梁(板)应有拉结。

（3）构造柱钢筋在施工主体时上下预留伸出混凝土面 500mm 长，构造柱混凝土应待框架主体完成后浇灌，且构造柱上端应留出 50mm 左右空隙，粉刷墙面时用干硬性细石混凝土填实。

三、部分结构施工图

（1）基础结构平面图，如图 15-18 所示。

（2）标准层模板平面图，如图 15-19 所示。

（3）标准层现浇板配筋平面图，如图 15-20 所示。

（4）基础、结点构造详图，如图 15-21 所示。

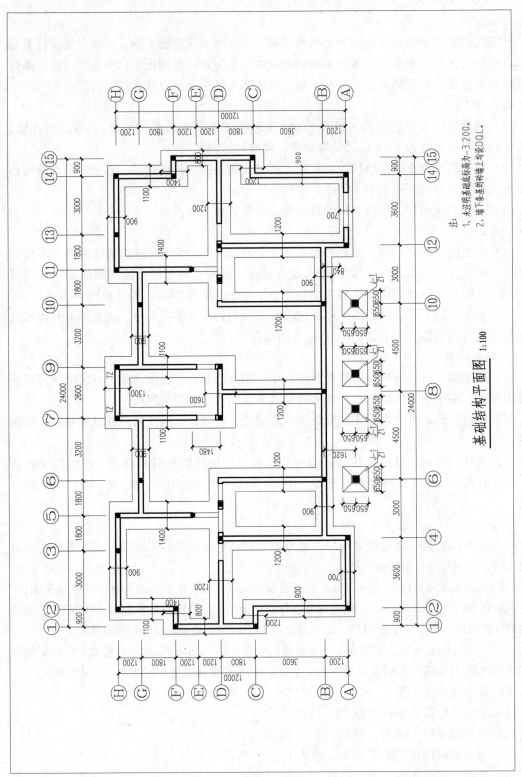

基础结构平面图 1:100

注：
1、未过明基础底标高为-3.200。
2、墙下条基的构造上均设DQL。

图 15－18　基础结构平面图

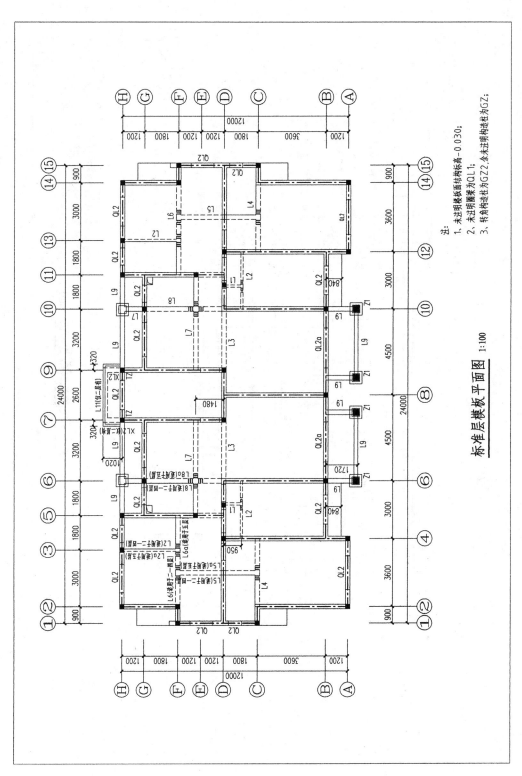

标准层模板平面图 1:100

图 15－19 标准层楼板平面图

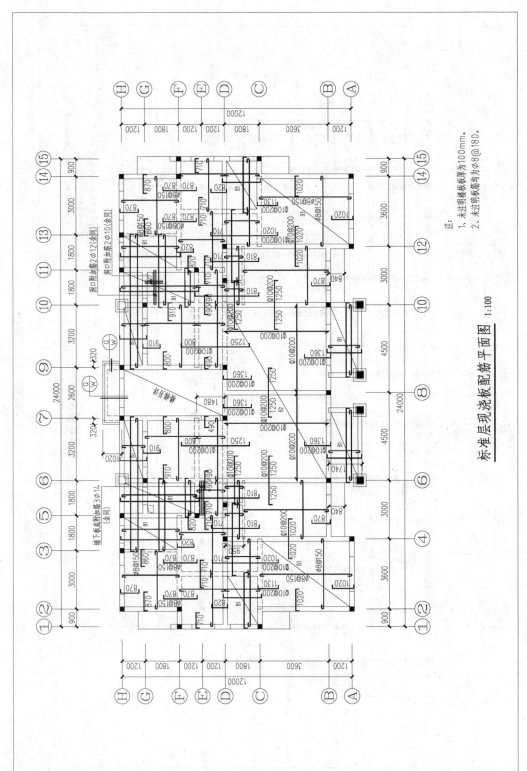

标准层现浇板配筋平面图 1:100

图 15 – 20　标准层现浇板配筋平面图

注:
1、未注明楼板板厚为100mm。
2、未注明板筋均为φ8@180。

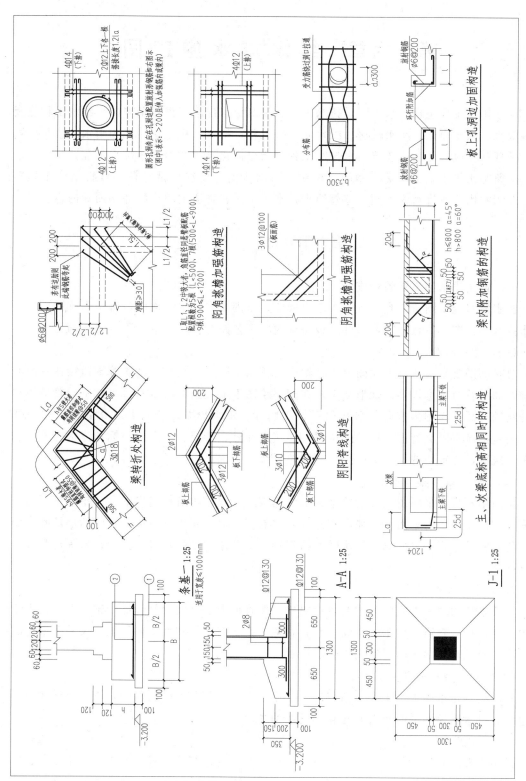

图 15－21 基础、结点构造详图

第十六章　给水排水施工图

给水排水工程包括给水工程、排水工程和建筑给水排水工程三个方面。给水工程是指水源取水、水质净化、净水输送、配水使用等工程；排水工程是指污水和雨水的收集、输送、处理和排放等工程；建筑给水排水工程是指单体建筑物的给水、排水工程。

建筑给水排水施工图是房屋施工图中不可缺少的重要组成部分，本章将结合工程实例，介绍室内给水排水施工图、室外给水排水施工图、管道上的构配件详图等内容。

第一节　概　　述

一、给水排水施工图的组成

给水排水施工图按内容可分为：总平面图、室内给水排水平面图、管道系统图、室外给水排水施工图、节点详图，水处理设备构筑物工艺图等。

（一）总平面图

总平面图是在建筑总平面图上，将给水、排水、雨水、热水、消防等管道绘在一起的图样，如果管道种类较多，地形复杂，在同一绘图纸上表达不清楚时，可按不同管道类别分开绘制。总平面图内容包括各类管道、阀门井、消火栓井、检查井、化粪池、水表井等，还包括城市同类管道及连接的位置、连接点井号、管径、标高、坐标和流水方向，以及各建筑物、构筑物的引入管、排出管的位置尺寸等。

（二）室内给水排水平面图

室内给水排水平面图是在建筑平面图的基础上，表达建筑物室内给水、排水管道的平面布置和设备位置的平面图，如民用建筑中的厨房、卫生间等，工矿企业中的锅炉间、澡堂、化验室及需要用水的车间等房间的给水和排水管道的平面布置、卫生设备等构配件的平面图。

（三）管道系统图

管道系统图就是以立管为主要表示对象，按管道类别分别绘制管道的轴侧图，是表达室内给水、排水管道和设备的空间联系，管道、设备与建筑物的相对位置、尺寸等情况的图样。系统原理图用正面斜等测投影法绘制。

（四）室外给水排水施工图

室外给水排水施工图主要包括室外给水排水平面图和管道纵断面图，表示建筑物外面的给水、排水管道的平面布置和相互连接的图样。

（五）详图

详图主要是管道上的阀门井、水表井、检查井、管道穿墙、管道节点、卫生设备、器材安装等构造详图，若有标准设计图可供选用，则不必绘制详图，可直接选用标准图。

（六）水处理设备构筑物工艺图

水处理设备构筑物工艺图主要表示水厂、污水处理厂等各种水处理设备构筑的全套施工图。包括水厂内各个水处理构筑物和连接管道的总平面图，反映高程布置的流程图，取水构筑物、投药间、泵房等单项工程的平面、剖面等设计图，以及各种给水和污水处理构筑物（如沉淀池、过滤池、曝气池等）的工艺设计图等。

二、给水排水专业制图的一般规定

给水排水工程图除了与其他专业图样一样，要符合视图、剖面图和断面图等基本画法的规定外，还应遵守 GB/T 50001—2010《房屋建筑制图统一标准》和 GB/T 50106—2010《给水排水制图标准》以及国家现行的有关标准、规范的规定。

（一）图线

图线的宽度 b，应根据图纸的类别、比例和复杂程度，按 GB/T 50001《房屋建筑制图统一标准》中的规定选用，线宽 b 宜为 0.7 mm 或 1.0 mm。给水排水专业制图常用的各种线型宜符合表 16-1 的规定。

表 16-1　　　　　　　　　　　　　　线　型

名　称	线宽比	线宽	用　途
粗实线	——————	b	新设计的各种排水和其他重力流管线
粗虚线	— — — — —	b	新设计的各种排水和其他重力流管线的不可见轮廓线
中粗实线	——————	0.7b	新设计的各种给水和其他压力流管线；原有的各种排水和其他重力流管线
中粗虚线	— — — — —	0.7b	新设计的各种给水和其他压力流管线；原有的各种排水和其他重力流管线的不可见轮廓线
中实线	——————	0.5b	不可见轮廓线给水排水设备、零（附）件的可见轮廓线；总图中新建的建筑物和构建物的可见轮廓线；原有的各种给水和其他压力流管线
中虚线	— — — — —	0.5b	给水排水设备、零（附）件的不可见轮廓线；总图中新建的建筑物和构建物的不可见轮廓线；原有的各种给水和其他压力流管线的不可见轮廓线
细实线	——————	0.25b	建筑的可见轮廓线；总图中原有的建筑物和构筑物的可见轮廓线；制图中的各种标注线
细虚线	— — — — —	0.25b	建筑的不可见轮廓线；总图中原有的建筑物和构筑物的不可见轮廓线
单点长画线	—— - ——	0.25b	中心线、定位轴线
折断线	——/\———	0.25b	断开界线
波浪线	～～～～	0.25b	平面图中水面线；局部构造层次范围线；保温范围示意线等

（二）比例

给水排水专业制图常用的比例，宜符合表 16-2 的规定，水处理流程图、水处理高程图和建筑给排水系统原理图可不按比例绘制。

表 16 - 2　　　　　　　　　　　　　　**常 用 比 例**

名　称	比　例	备　注
区域规划图 区域位置图	1：50000、1：25000、1：10000 1：5000、1：2000	宜与总图专业一致
总平面图	1：1000、1：500、1：300	宜与总图专业一致
管道纵断面图	纵向：1：200、1：100、1：50 横向：1：1000、1：500	
水处理厂（站）平面图	1：500、1：200、1：100	
水处理构筑物、设备间、卫生间、 泵房平、剖面图	1：100、1：50、1：40、1：30	
建筑给排水平面图	1：200、1：150、1：100	宜与建筑专业一致
建筑给排水轴测图	1：150、1：100、1：50	宜与相应图纸一致
详图	1：50、1：20、1：10、1：5、 1：2、1：1、2：1	

（三）标高

标高符号及一般标注方法应符合 GB/T 50001—2010《房屋建筑制图统一标准》中的规定，见第一章。

室内工程应标注相对标高，室外工程宜标注绝对标高，当无绝对标高资料时，可标注相对标高，但应与总图一致。压力管道应标注管中心标高，沟渠和重力流管道宜标注沟（管）内底标高。

在下列部位应标注标高：

（1）沟渠和重力流管道的起讫点、转角点、连接点、变坡点、变坡尺寸（管径）点及交叉点。

（2）压力流管道中的标高控制点。

（3）管道穿外墙、剪力墙和构筑物的壁及底板等处。

（4）不同水位线处。

（5）构筑物和土建部分的相关标高。

如图 16 - 1（a）所示为平面图中管道标高的注法，图 16 - 1（b）为平面图中沟渠标高的注法，图 16 - 1（c）为剖面图中管道及水位标高的注法，图 16 - 1（d）为轴测图中管道标高的注法。在建筑工程中，管道也可注相对本层建筑地面的标高，如 $h+0.025$。

（四）管径

管径应以 mm 为单位，管径的表达方式应符合下列规定：

（1）水煤气输送钢管（镀锌或非镀锌）、铸铁管等管材，管径宜以公称 DN 表示，如 $DN15$、$DN50$。

（2）无缝钢管、焊接钢管（直缝或螺旋缝）、铜管、不锈铜管等管材，管径宜以外径 $D×$壁厚表示，如 $D108×4$、$D159×4.5$ 等。

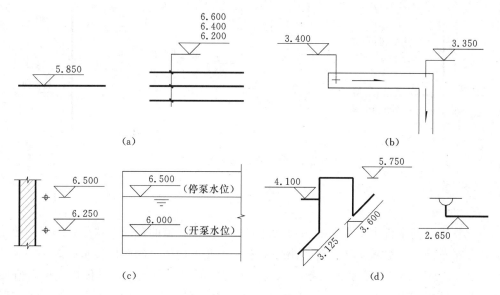

图 16-1 管道标高标注法

（3）钢筋混凝土（或混凝土）管、陶土管、耐酸陶瓷管、缸瓦管等管材，管径宜以内径 d 表示，如 $d230$、$d380$ 等。

（4）塑料管材，管径宜按产品标准的方法表示。

（5）当设计均用公称直径 DN 表示管径时，应有公称直径 DN 与相应产品规格对照表。

如图 16-2 所示为管径的标注方法，图 16-2（a）为单管管径表示法，图 16-2（b）为多管管径表示法。

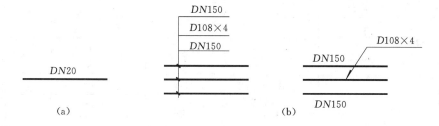

图 16-2 管径的标注方法

（五）编号

当建筑物的给水引入管或排水排出管的数量超过一根时，宜进行编号，编号宜按图 16-3（a）所示的方法表示；建筑物内穿越楼层的立管，其数量超过一根时宜进行编号，编号宜按图 16-3（b）所示的方法表示，左图用在平面图中，右图用在轴测图中。

在总平面图中，当给水排水附属构筑物的数量超过一个时，宜进行编号。

（1）编号方法为：构筑物代号—编号。

（2）给水构筑物的编号顺序宜为：从水源到干管，再从干管到支管，最后到用户。

（3）排水构筑物的编号顺序宜为：从上游到下游，先干管后支管。

当给水排水机电设备的数量超过一台时，宜进行编号，并应有设备编号与设备名称对

图 16 - 3　管道编号表示法

照表。

（六）图例

由于管道是给水排水工程图的主要表达对象，这些管道的截面形状变化小，一般细而长，且分布范围广，纵横交叉，管道附件众多，因此采用统一的图例表示。表 16 - 3 摘录了 GB/T 50106—2010《给水排水制图标准》中规定的一部分图例，具体应用时可查阅该标准。若在该标准中尚未列入的，可自设图例，但在图纸上应画出自设图例，并加以说明，以免引起误解。

表 16 - 3　　　　　　　　　给水排水工程图中的常用图例

名称	图例	说明	名称	图例	说明
生活给水管	—— J ——		自动冲洗水箱		
废水管	—— F ——		立管检查口		
污水管	—— W ——		清扫口	平面　系统	
雨水管	—— Y ——		存水弯		
三通连接			闸阀		
四通连接			截止阀	DN≥50　DN<50	
弯折管		表示管道向后及向下弯转 90°	水嘴		
管道丁字上接			检查井		
管道丁字下接			法兰连接		
管道交叉		在下方和后面的管道应断开	活接头		
多孔管			管堵		
管道立管	XL-1　XL-1	X 管道类别 L 立管 1 编号	法兰堵盖		
通气帽	成品　铝丝球		台式洗脸盆		
			浴盆		
圆形地漏		通用。如为无水封地漏应加存水弯	污水池		

三、给水排水施工图的图示特点

1. 用图例和代号表示

给水排水工程图中的管道及附件、管道连接、阀门、卫生器具及水池、设备及仪表等，都采用统一的图例表示。管道代号用大写拼音第一个字母表示，如 J 表示给水管，F 表示废水管，W 表示污水管。

2. 用正投影法和轴测投影法绘制

由于给水排水管道在平面和立面图上较难表明它们的空间走向，因此用正投影法绘制平面布置，用 45°正面斜轴测法绘制管道系统的空间走向，这种图形称为管道系统原理图，也称为管道轴测图。

3. 按水的流程进行绘制和阅读

给水排水施工图中管道很多，无论是给水系统还是排水系统，绘制和读图时都按水的流程进行，如室内给水系统的流程为：引入管→水表→干管→支管→用水设备，室内排水系统的流程为：排水设备→支管→干管→排出管。

4. 表明对土建的要求

由于给水排水施工图中管道设备的安装需与土建工程密切配合，因此给水排水施工图也应与建筑施工图和结构施工图相互配合，尤其在留洞、预埋件、管沟等方面对土建的要求，须在图纸上表明。

第二节　室内给水排水施工图

室内给水排水施工图是表示管道、配水器具、卫生设备等在房间中的位置、大小、安装方法等的图样，主要包括管道平面图和系统原理图。

一、室内给水排水系统

（一）室内给水系统的组成

室内给水系统是将室外给水总管的净水，通过引入管和水表节点引入室内给水管道，并将其送至各个用水点而构成的系统。

（1）引入管。自室外管道引入房屋内部的一段水平管。引入管应有不小于 0.003 的坡度，斜向室外给水管道。每条引入管装有阀门，必要时还要安装泄水装置，以便管道检修时泄水。

（2）水表节点。根据用水情况可在每户、每个单元、每幢建筑物内设置水表，用以记录用水量。

（3）室内给水管道。包括干管、立管、支管。

（4）配水器具与附件。包括各种配水龙头、阀门等。

（5）升压及贮水设备。当用水量大、水压不足时，需要设置水箱和水泵等设备。

（6）室内消防设备。按照建筑物的防火等级要求需要设置消防给水时，一般应设消防水池、消火栓等消防设备。有特殊要求的，还应专门安装自动喷淋装置或水幕消防设备。

（二）给水管道的布置形式

给水管道是靠压力将自来水供给各个用水点，因此称为压力流。给水管道按水平干管敷设位置不同，可分为下行上给式和上行下给式两种，如图 16-4 所示。下行上给式的干管敷设在地下室或第一层地面下，一般用于住宅、公共建筑以及水压能满足要求的建筑物。上行下给式的干管敷设在顶层的顶棚上，由于室外管道给水压力不足，建筑物上需设置蓄水箱或高压水箱和水泵，一般用于多层民用建筑、公共建筑（澡堂、洗衣房）或生产流程不允许在底层地面下敷设管道，以及地下水位高、敷设管道有困难的地方。有时还采用建筑物的下面几层由室外管道直接供水，上面几层由水箱（水泵）供水，习惯上称为分区供水。

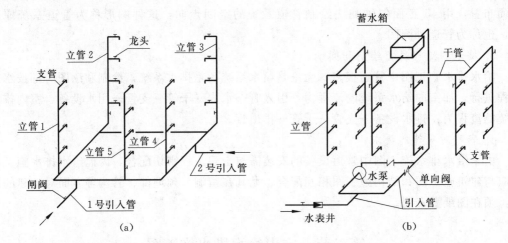

图 16-4　室内给水管道的组成及布置形式

（三）室内排水管道的组成

生活和生产使用后的污水、废水以及雨水等，以自身重力流向总管，通过管道汇总，再经过污水处理后排放出去，属重力流。室内排水管道的组成如图 16-5 所示。

（1）卫生器具。卫生器具是室内排水系统的起点，用来接纳各种污（废）水，将它们排入排水系统，污（废）水从卫生器具中排出后，还需经过存水弯，才能流入排水横管。

（2）排水横管。连接卫生器具或大便器的水平管叫作排水横管。连接大便器的水平横管管径不小于 100mm，且流向立管方向有 2% 的坡度。当大便器多于两个或卫生器具多于三个时，排水横管宜有清扫口。

（3）排水立管。管径不能小于 50mm 或所连接的横管管径。立管在首层和顶层应有检查口，多层建筑中则每隔一层应有一个检查口，检查口距地面高度为 1m。

（4）排出管。把室内排水立管的污水排入检查井的水平管，称为排出管。其管径应不小于 100mm，向检查井方向应有 1%～2% 的坡度，若管径为 100mm 时坡度取 2%，若管径为 150mm 时坡度取 1%。

（5）排气管。在顶层检查口以上的一段立管叫做排气管，以排除臭气。排气管高出屋面的距离不得小于 0.3m。在寒冷地区，排气管管径应比立管管径大 50mm，以备冬季时管内因结冰导致排气管内径减少，在南方地区，排气管管径与排水立管相同，最小不应小于 50mm。

（6）清扫口。为疏通排水管道，在室内排水系统内一般要设置检查口和清扫口。

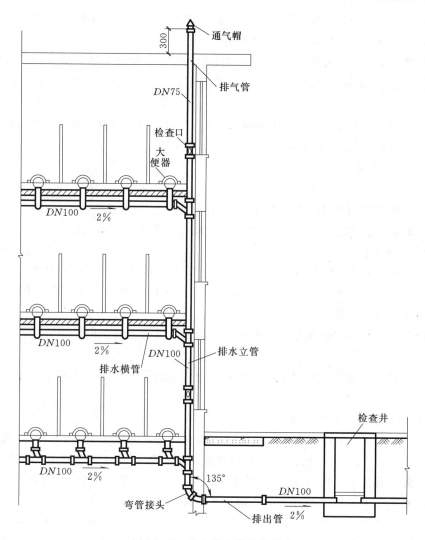

图 16-5　室内排水管道的组成

（7）检查井或化粪池。生活污水由排出管流入室外的排水系统，之间应设置检查井或化粪池，以便将污水进行初步处理。

二、管道平面图

（一）给水排水平面图应按下列规定绘制

管道平面图是室内给水排水施工图的重要图样，是画管道轴测图的重要依据，在施工图中通常将给水和排水两种管道画在一张平面图上，为使给水和排水平面图讲述得更清楚，本节将两种管道分开绘制，并且仅绘制用水房间的平面图。

（1）建筑物轮廓线、轴线编号、房间名称、绘图比例、尺寸等均应与建筑施工图一致，用细实线绘制。

（2）各类管道、用水器具及设备、消火栓、喷洒头、雨水斗、阀门、附件、立管位置等应按图例以正投影法绘制在平面图上，各类线型按表 16-1 的规定执行。

（3）安装在下层空间或地面下但为本层使用的管道，绘制在本层平面图上；如有地下层，引入管、排出管、汇集横干管可绘于地下层内。

（4）各类管道应标注管径。生活热水管要示出伸缩装置及固定支架位置；立管应按管道类别和代号从左自右分别进行编号，且各楼层相一致；消火栓可按需要分层按顺序编号。

（5）引入管、排出管应注明与建筑轴线的定位尺寸、穿建筑外墙标高、防水套管形式。

（6）±0.000 标高层平面图应在右上方绘制指北针。

（二）室内给水管道平面图

1. 布置室内给水管道应注意的几点原则

（1）管系选择应使管道最短，并便于检修。

（2）给水立管应靠近用水量大的房间和用水点。

2. 室内给水管道平面图的画法

（1）用 1：50 或 1：25 局部放大画出用水房间的平面图，图线可采用细实线。

（2）画出卫生设备的平面布置。按比例用图例画出大便器、小便斗（槽）、盥洗台、洗脸盆等卫生设备的位置。

（3）画出给水管道的平面布置。用粗实线画出给水管道的室内平面位置，首层平面图应画出引入管。

（4）给水排水平面图应分层绘制，如果几个楼层的情况相同，可用一张标准层平面图来代替。

3. 室内给水管道平面图的阅读

如图 16-6 所示为某住宅楼的室内给水管道平面图，其中图 16-6（a）为架空层平面图，图 16-6（b）为一层平面图，图中的管道是暗装敷设方式。当管道为明装时，图纸上除有说明外，管道线应绘在墙身截面外。无论是明装或暗装，管道线仅表示其安装位置，并不表示其平面位置的尺寸，如与墙面的距离等。

从图 16-6 可知，给水管从轴线⑤×Ⓕ和⑤×Ⓔ之间的外墙引入，分三路送到三层住户，每户的水表都安装在架空层的外面，以三根立管进入各户住家，进入室内的水平干管分别输送到洗涤池、脸盆、大便器和浴盆四个用水点，管径 DN 根据用水量分别为 15～20mm 不等。

（三）室内排水管道平面图

1. 布置室内排水管道应注意的几点原则

（1）立管布置要便于安装和检修。

（2）立管应尽量靠近污物、杂质多的卫生设备，如大便器、污水池等。

（3）排出管应选最短途径与室外管道连接，连接处应设检查井。

2. 室内排水管道平面图的画法

用粗虚线画出排水管道的室内平面位置，首层平面图应画出排出管和室外检查井的位置，用水房间平面图的比例、图例等均与给水平面图相同。

3. 室内排水管道平面图的阅读

如图 16-7 所示为室内排水管道平面图，图 16-7（a）图为架空层的平面图，图

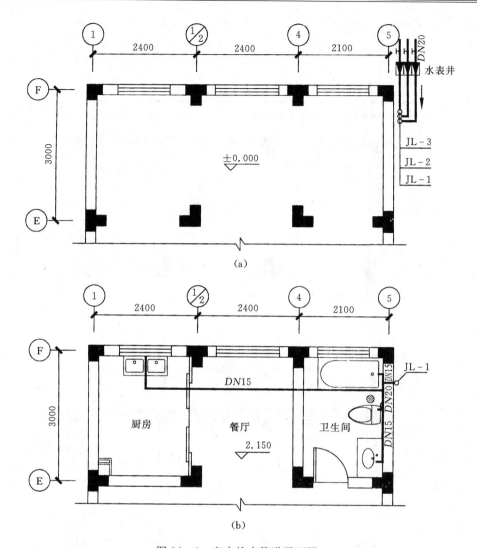

图 16－6　室内给水管道平面图

16－7（b）图为一层平面图。为了便于粪便的处理，粪便排出立管与洗脸盆、洗涤池的排出立管分设，分别排至室外排水管道，在洗涤池处有一根废水立管 FL－1，用于排出洗涤池的废水，脸盆、地漏、浴盆的废水经立管 FL－2 排出，大便器的污水管单独设一根立管 WL－1。废水管管径为 DN50，污水管管径为 DN100。三根立管穿过外墙，经检查井 Ⓕ/1、Ⓕ/2、Ⓦ/1 排出。

三、管道系统图

室内给水排水施工图，除平面图外还应绘制管道系统图。

（一）管道系统图应按下列规定绘制

（1）多层建筑、中高层建筑和高层建筑的管道以立管为主要表示对象，按管道类别分别绘制立管管道系统图。

（2）以平面图左端立管为起点，顺时针自左向右按编号依次顺序均匀排列，不按比例

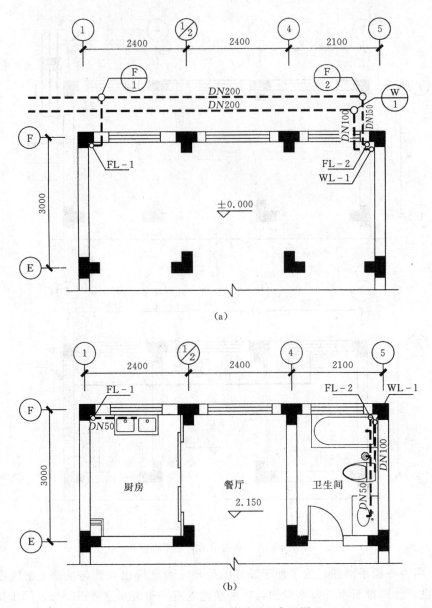

图 16-7　室内排水管道平面布置图

绘制。

（3）横管以首根立管为起点，按平面图的连接顺序，水平方向在所在层与立管相连接，如水平呈环状管网，绘两条平行线并于两端封闭。

（4）立管上的引出管在该层水平绘出。如支管上的用水或排水器具另有详图时，其支管可在分户水表后断掉，并注明详见图号。

（5）楼地面线、层高相同时应等距离绘制，夹层、跃层、同层升降部分应以楼层线反映，在图纸的左端注明楼层数和建筑标高。

（6）管道阀门及附件（水泵接合器、检查口、通气帽等）、各种设备及构筑物（水箱、增压水泵、仪表等）均应示意绘出。

（7）系统的引入管、排水管绘出穿墙轴线号。

（8）管道均应标注管径，排水立管上的检查口及通气帽注明距楼地面或屋面的高度。

管道系统图用正面斜等轴测绘制给水排水管道的空间布置情况，画图时应注意以下几点：

（1）轴侧图宜按 45°正面斜轴侧投影法绘制，通常把房屋的高度方向作为 Z 轴，X 轴和 Y 轴的选择以能使图上管道简单明了，避免管道过多地交错为原则。

（2）管道布图方向应与平面图一致，并按比例绘制，比例与平面图相同，X 轴和 Y 轴方向的尺寸可直接从平面图上量取，Z 向尺寸按建筑物的层高和配水龙头的安装高度尺寸绘制，如洗脸盆角阀的高度一般采用 0.55m 左右，大便器自闭式冲洗阀的高度采用 1.2m，小便器按钮冲洗阀的高度采用 1.3m，污水池、开水炉的水龙头高度一般采用 1.0m。局部管道按比例不易表示清楚时，该处可不按比例绘制。

（3）楼地面线、管道上的阀门和附件应予以表示，管径、立管编号与平面图一致。

（4）管道应注明管径、标高（也可标注距楼地面尺寸），接出或接入管道上的设备、器具宜编号或注字表示。

（5）重力流管道宜按坡度方向绘制，并标注其坡度。

（二）室内给水管道轴测图

如图 16-8 所示为根据图 16-6 给水管道平面图绘制的给水管道轴测图，其中的给水管道用粗实线表示。

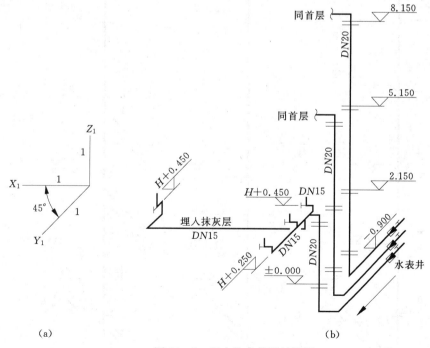

图 16-8　室内给水管道轴测图

图 16-8 所示给水系统为各层独立的配水方式，各层用水分别用独立的引入管，经水

表节点在−0.900 标高处进入建筑物，接立管通往各楼层，立管管径为 DN20。首层立管于 2.150 标高处接水平干管，干管管径也是 DN20。首层各用水设备经支管连接水平干管，图中还标注了各支管的管径与标高。

　　为了将轴测图表达得清楚，当各层管道布置相同时，轴测图上中间层的管道可以省略不画，但应在折断的支管处标注"同×层"，如图 16−8 所示，与立管 JL−2 和位置 JL−3 相连接的部分与首层相同，均未画出。

　　（三）室内排水管道轴测图

　　如图 16−9 所示为根据图 16−7 排水管道平面图绘制的排水管道轴测图，在同一幢房屋中，排水管的轴向选择应与给水管的轴测图一致。由于粪便污水与洗脸盆、污洗池、地漏废水等分别汇于不同的立管排出室外，所以它们的轴测图也应按立管绘制，图 16−9 中 FL−1 是洗涤池废水管道的轴测图，FL−2 是脸盆、地漏、浴盆废水管道的轴测图，WL−1 是大便器污水管道的轴测图，图中排水横管上标注的标高是指管底的内底标高。支管上与卫生器具或大便器相接处，应画出存水弯，存水弯又叫水封，水封的作用是使 U 形管内保持一定高度（50～100mm）的水层，防止室外下水道中产生的臭气或有害气体进入室内，污染空气，因抽水马桶中有自带存水弯，故大便器处不必再设置。

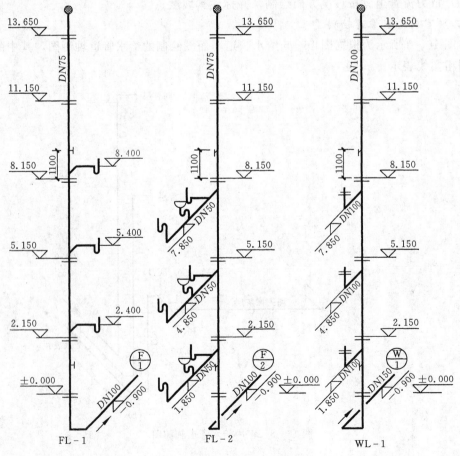

图 16−9　室内排水管道轴测图

第三节　室外给水排水施工图

　　室外给水排水施工图主要表示一个小区范围内的各种室外给水排水管道的布置，与室内管道的引入管、排出管之间的连接，以及管道敷设的坡度、埋深和交接等情况。室外给水排水施工图包括室外管道平面图、管道纵断面图、附属设备的施工图等。本节主要介绍室外管道平面图和管道纵断面图。

一、室外管道平面图

　　为了说明新建房屋内给水排水管道与室外管道的连接，通常用小比例（1∶500，1∶1000）画出室外管道的平面图。如图16－10（a）所示是室外给水管道平面图，图16－10（b）是室外排水管道平面图，图中画出了局部室外管道的干管，说明与给水引入管和排水排出管的连接情况。图中的粗实线表示给水管道，粗虚线表示排水管道。检查井用直径2～3mm的小圆表示。

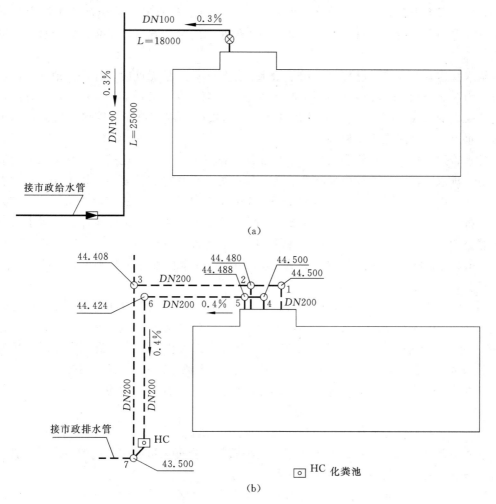

图16－10　室外管道平面图

现结合图 16-10 介绍室外管道平面图的图示内容、表达方法，以及绘图步骤。

（一）图示内容和表达方法

1. 比例

一般采用与建筑总平面图相同的比例，常用 1：1000、1：500 等。

2. 建筑物及道路、围墙等设施

由于在室外管道平面图中，主要反映室外管道的布置，所以在平面图中，原有房屋以及道路、围墙等附属设施，基本上均按建筑总平面图的图例绘制，原有的各种给水和其他压力流管线，用中实线表示。

3. 管道及附属设备

一般把各种管道，如给水管、排水管、雨水管，以及水表、检查井、化粪池等附属设备，按表 16-1 的线型画在同一张图纸上，新设计的各种排水管线宜用线宽为 b 的粗线表示，给水管线宜用线宽为 $0.7b$ 的中粗线表示。新建给水管用粗实线表示，新建污、废水管用粗虚线表示。管径直接标注在相应管道的旁边，给水管一般采用铸铁管，污水、废水管一般采用混凝土管，以公称直径 DN 表示。水表井、检查井、化粪池等附属设备则按表 16-3 中的图例绘制。对于范围和规模不大的小区的室外管道，不必另画排水干管纵断面图。

给水管道宜标注管中心标高，由于给水管是压力管，且无坡度，往往沿地面敷设，如敷设时为统一埋深，可在说明中列出给水管中心标高。从图 16-10（a）中可以看出，从大门外引入的 $DN100$ 给水管，在西墙和北墙外敷设，再用一根引入管接入屋内，在干管处接一水表，沿管线都不注标高。

排水管道（包括废水管和污水管）应注出起讫点、转角点、连接点、交叉点、变坡点的标高，排水管道宜标注管内底标高。为简便起见，可在检查井处引一指引线，在指引线的水平线上面标以井底标高，并标注检查井编号，编号顺序按水流方向，从管的上游编向管的下游。从图 16-10（b）中可以看出，废水干管在房屋中部北墙外敷设，废水自室内排出管排出户外，用支管分别接入检查井 1（标高为 44.5m）和检查井 2（标高为 44.480m），向西流入检查井 3（标高为 44.408m），废水检查井用废水干管（$DN200$）连接，接入检查井 7（标高为 43.500m）。

同样，污水干管在房屋中部北墙外敷设，污水自室内排出管排出户外，用支管分别接入检查井 4（标高为 44.500m）和检查井 5（标高为 44.488m），向西流入检查井 6（标高为 44.424m），检查井用污水干管（$DN200$）连接，接入化粪池。化粪池中经沉淀后所排出的污水也同时接入检查井 7，再由干管 $DN200$ 向西延伸接入市政排水管。

废水管、污水管的坡度及检查井的尺寸，均在说明中注写，图中可不予标注。

（二）绘图步骤

（1）先抄绘建筑总平面图中各建筑物、道路等的布置。

（2）按照新建房屋的室内给水排水底层平面图，将有关房屋中相应的给水引入管、废水排出管、污水排出管等的位置在图中画出。

（3）画出室外给水和排水的各种管道，以及水表、检查井、化粪池等附属设备。

（4）标注管道管径、检查井的编号和标高，以及有关尺寸。

（5）标绘制图例和注写说明。

二、管道纵断面图

在一个小区中，若管道种类繁多，布置复杂，可按管道种类分别绘出每一条街道的沟管平面图；管道不太复杂时，可合并绘制在一张图纸中，还应绘制出管道纵断面图。室外给水排水管道纵断面图主要表达地面起伏、管道敷设的埋深和管道交接等情况。如图 16-11 所示为某一街道给水排水平面图和污水管道纵断面图，现结合图 16-11，介绍室外给水排水管道纵断面图的图示内容和表达方法。

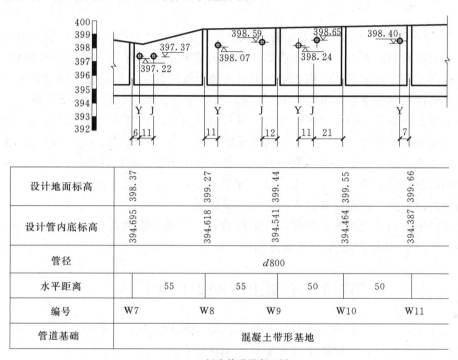

设计地面标高	398.37		399.27		399.44		399.55		399.66
设计管内底标高	394.695		394.618		394.541		394.464		394.387
管径					$d800$				
水平距离		55		55		50		50	
编号	W7		W8		W9		W10		W11
管道基础					混凝土带形基地				

污水管道纵断面图

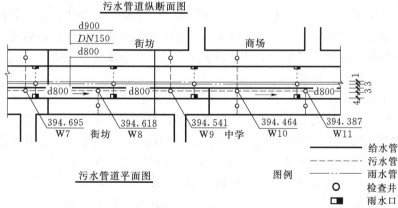

污水管道平面图

图例
———— 给水管
- - - - - 污水管
—·—·— 雨水管
○　检查井
◨　雨水口

图 16-11　管道平面图、纵断面图示例

（一）比例

由于管道的长度方向比直径方向大得多，为了说明地面起伏情况，在纵断面图中，通

常采用横向和纵向不同的组合比例，纵向比例常用 1∶200、1∶100、1∶50，横向比例常用 1∶1000、1∶500、1∶300 等。

（二）断面轮廓线的线型

管道纵断面图是沿干管轴线铅垂剖切后画出的断面图，压力流管道用单粗实线绘制，重力流管道用双中粗实线绘制，如图中所示的污水管、雨水管；地面、检查井、其他管道的横断面（不按比例，用小圆圈表示）等，用细实线绘制。

（三）表达干管的有关情况和设计数据，以及与在该干管附近的管道、设施和建筑物的情况

图 16-11 中所表达的污水干管纵断面、剖切到的检查井、地面，以及其他管道的横断面，都用断面图的形式表示，图中还在其他管道的横断面处，标注了管道类型的代号、定位尺寸和标高。在断面图下方，用表格分项列出该干管的各项设计数据。如设计地面标高、设计管内底标高（这里是指重力管）、管径、水平距离、编号、管道基础等内容。此外，还常在最下方画出管道的平面图，与管道纵断面图对应，可以补充表达该污水干管附近的管道、设施和建筑物等情况，除了画出在纵断面中已表达的这根污水干管以及沿途的检查井外，图中还画出了这条街道下面的给水干管、雨水干管，并标注了这三根干管的管径，它们之间以及与街道的中心线、人行道之间的水平距离，各类管道的支管和检查井，以及街道两侧的雨水井，街道两侧的人行道，建筑物等。

重力流管道不绘制管道纵断面图时，可采用管道高程表，管道高程表的内容和格式，请查阅 GB/T 50106—2010《给水排水制图标准》。

第四节　管道上的构配件详图

给水排水平面图、管道轴测图以及室外管道纵断面图等，表示了各种管道的走向、连接和构配件的位置等情况，而管道上的构配件要用详图来表示。

详图采用的比例较大，可按需选用表 16-2 中所列的比例，安装详图必须按施工安装的需要，表达得详尽、具体、明确，设备的外形可以简化画出，管道用双线表示，安装尺寸也应注写完整和清晰，主要材料表和有关说明都要表达清楚。

一、检查井详图

如图 16-12（a）所示为砖砌半圆形排水双联（指管沟与检查井联合在一起）检查井的详图。由于检查井外形简单，需要表达清楚的是内部三向管子连接和检查井、管沟的构造情况，所以三个投影均画成剖面图。立面图是 1-1 全剖面，剖切位置通过管子和检查井的中心线。平面图是 3-3 全剖面，剖切位置通过管子的轴线。侧面图是 2-2 旋转剖面，剖切位置通过两根管子的轴线。检查井的全部材料、构造尺寸、详细做法如图所示。

如图 16-12（b）所示为上述检查井的钢筋混凝土井圈详图。如图 16-12（c）、（d）所示为钢筋混凝土盖座和井盖详图。

二、管道穿墙防漏套管安装详图

当各种管道穿越基础、地下室、楼地面、屋面、水箱、梁、墙等建筑构件时，需预留孔洞和埋置预埋件的位置尺寸，均应在建筑或结构施工图中明确表示，而管道穿越构件的

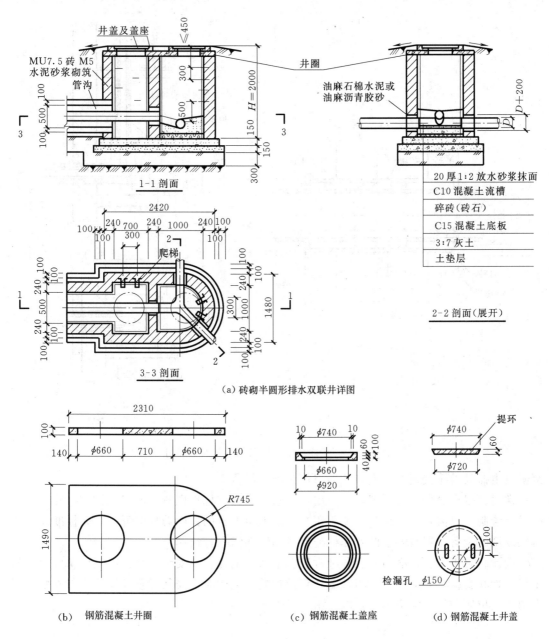

图 16-12　检查井详图

具体做法，以安装详图表示。

如图 16-13 是管道在构筑物穿墙处的刚性防漏套管的安装详图。其中如图 16-13（a）所示是水平管穿墙安装详图。因为管道和套管都是回转体，所以图中采用剖面图表示。如图 16-13（b）所示是 90°弯管穿墙安装详图。两投影都采用剖面图，剖切位置都通过进水管的轴线。限于篇幅，防漏套管安装详图中的尺寸表和说明，没有在图 16-13 中列出。

三、卫生设备安装详图

给水排水平面图和给水排水轴测图仅表示卫生器具及各管道的规格及布置连接情况，

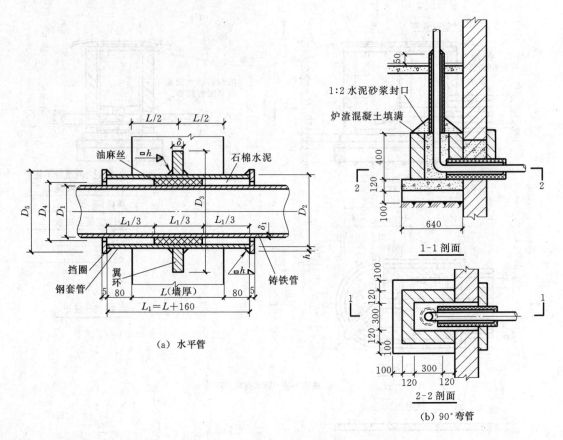

（a）水平管

（b）90°弯管

图 16-13 给水管道穿墙防漏套管安装详图

至于卫生器具的镶接还要有安装详图来作为施工的依据。

常用的卫生设备安装详图，可套用《给水排水国家标准图集—S342 卫生设备图》，不必另行绘制，只需在施工图中，注明所套用的卫生器具的详图编号即可。对无标准设计图可供选用的设备、器具安装图及非标准设备制造图需自行绘制详图。

设计和施工人员，必须熟悉各种常用卫生器具的构造和安装尺寸，以及设备与管道的镶接位置和高度，并应使平面布置图和管道轴测图上的有关安装位置和尺寸，与安装详图上的相应位置和尺寸完全相同，以免施工时引起差错。

第五节　给水排水施工图实例

本节摘录了一个工程实例——某住宅楼的部分给水排水施工图。

一、图纸目录（略）

二、给水排水设计说明

（一）工程概况

本子项为某小区某住宅楼，为五层结构加阁楼和地下储藏室。

（二）设计依据

（1）建设单位提供的本工程有关资料和设计任务书。

（2）建筑专业提供的作业图纸及其相关资料。

（3）GB 50016—2014《建筑设计防火规范》。

（4）GB 50015—2003《建筑给水排水设计规范》。

（5）GB 50140—2005《建筑灭火器配置设计规范》。

（三）系统介绍

本设计包括建筑单体的生活给水系统、排水系统，室内消防系统设计。

1. 生活给水系统

水源：市政管道。

给水方式：市政管道水压据甲方提供资料，为 0.25MPa，能够满足最不利点的水压要求。故本项目生活用水利用市政管道直供。

2. 排水系统

排水系统采用污、废、雨水分流制排水系统。生活废水直接排入小区排水管道，生活污水经化粪池后排至小区排水管道，汇合后排入市政污水管。雨水经小区雨水管道收集后排入市政雨水管。

3. 消防系统

室内消防用水量为 10L/s，室外消防用水量为 20L/s，火灾延续时间 2h。根据业主提供资料，本小区有 2 路 DN150 市政进水，可满足室外消防用水需要，故消防水池仅存室内消防和自喷用水量。消防水池及消防泵房均设立在小区内部，另行设计。

（四）施工说明

（1）本工程室内标高以米计，其他尺寸均以毫米计，室内给水管道标高指管中心标高，排水管道标高指管内底标高。

（2）管材及接口。生活给水管采用无规共聚聚丙烯给水管（PP－R）公称压力 1.0MPa，热熔连接，与金属五金件及设备采用管件的过渡接头连接，安装见 02SS405《无规共聚聚丙烯给水管安装》。生活给水管以公称直径 DN 表示。

卫生间排水管、冷凝水管道及明装雨水管管材用 PVC－U 排水管，承插胶粘连接；排水塑料管均以外径 de 表示。

（3）阀门及附件。给水管道：DN<50mm 采用铜截止阀，DN≥50mm 采用闸阀，公称压力 0.6MPa。地漏采用无水封直通式地漏加存水弯后连接到排水管道，不锈钢制品；清扫口采用全铜清扫口。

（4）管道敷设与安装。所有管道安装时，除图中标明管位、标高外，均应靠墙、贴梁安装。

卫生器具的选用由甲方负责，不得采用淘汰产品，坐便器水箱不得超过 6L/次，其安装参见国标 99S304。

卫生间给水管道采用暗装。

下水管的横管与横管、横管与立管的连接处采用 90°斜三通管件，立管与排出管的连接应用两个 45°弯头管件。

（5）管道支架安装参见 03S402《室内管道支架及吊架》标准图集。

（6）排水横管坡度：除图中注明外，排水横管应尽量采用通用坡度施工。

（7）清扫口、PVC-U 排水管上的伸缩节的做法见 96S406《建筑排水用硬聚氯乙烯管道安装》标准图集。

（8）排水地漏的顶面应比净地面低 5～10mm，地面应有不小于 0.005 的坡度，坡向地漏。

（9）检查口中心距本层楼面 1.0m，检查口的方向应对外，便于检修。

（10）给水排水管道穿越墙、梁、柱和楼板时，应配合土建预留洞，有防水要求时应预埋防水套管，套管比水管大两档。敷设有引入管或排出管的房间必须用回填土夯实，不得架空。屋顶明装管道、地下储藏室明装。给水管道、室外明装给水管道均需保温，采用聚乙烯泡沫塑料 50mm，外包聚乙烯胶带或铝皮。

（11）给水管应作水压试验，生活给水管试验压力为 0.4MPa，排水管应作通水试验，通水合格后再作通球试验，以通球畅快下落至窨井为合格。

除本说明外，其余未尽事宜应遵照 GB 50242—2002《建筑给水排水及采暖工程施工质量验收规范》和专业验收规定执行。

三、部分给水排水施工图

（1）一层给水排水管道平面图，如图 16-14 所示。

（2）给水排水管道轴测图，如图 16-15 所示。

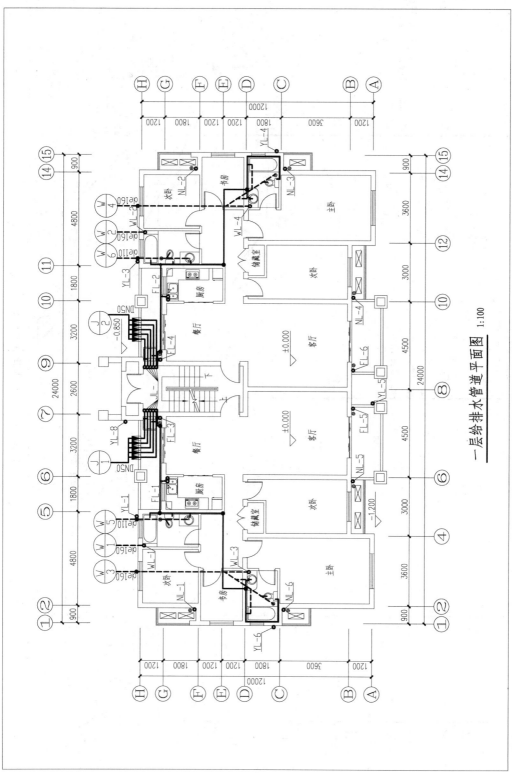

一层给水管道平面图 1:100

图 16－14 一层给排水管道平面图

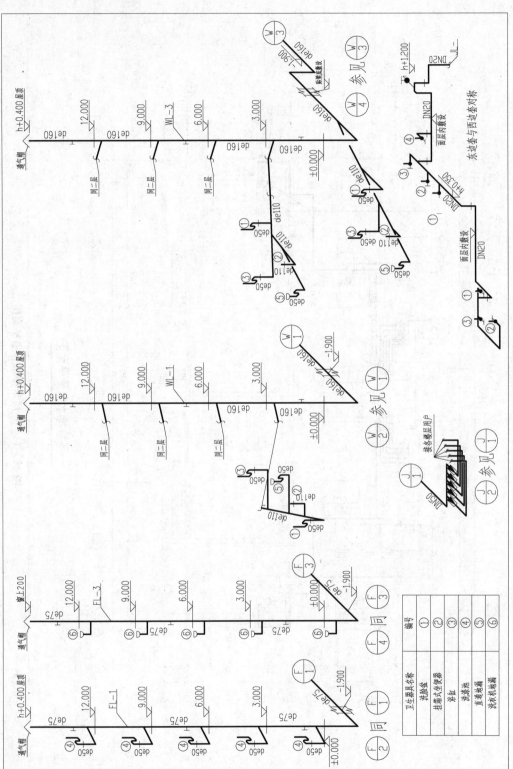

图 16－15　给排水管道轴测图

第十七章 建 筑 阴 影

在建筑方案设计表现中，在建筑立面上绘制阴影，可以表现建筑外墙及建筑构件的前后关系、建筑立面的光影关系等，使得图面富有一定的立体感、空间感，增加立面图的表现力。因此，在设计建筑方案时，经常在立面图上加绘阴影。

第一节 概 述

一、阴影形成与作用

形体在光线的照射下，直接被照亮的面称为阳面，而光线照射不到的背光面称为阴面，阳面和阴面的分界线称为阴线。由于形体不透明，照射到阳面上的光线被形体挡住，在形体后面的阳面上出现了一个落影（也叫影），落影所在的平面称为承影面。阴线的影称为影线，阴面和落影组成了阴影，如图 17-1 所示。

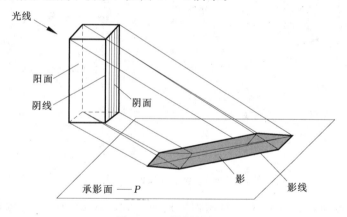

图 17-1 阴影的概念

二、习用光线

在画形体阴影时，为了便于画图，习惯采用图 17-2 所示立方体的对角线方向（从左前上方指向右后下方），作为光线 K 的方向。这时光线 K 对 V 面、H 面、W 面投影面的倾角都为 $35°15'53''$，光线的三面投影与相应投影轴的夹角均为 $45°$，平行于这一方向的光线，称为习用光线，采用习用光线绘制形体阴影，使得作图快捷方便。

第二节 点和直线的落影

一、点的落影

求点的落影，就是求通过该点的习用光线与承影面的交点。如空间点 B 的落影，就是通过点 B 的习用光线 BB_0 与墙面的交点 B_0，如图 17-3 所示。

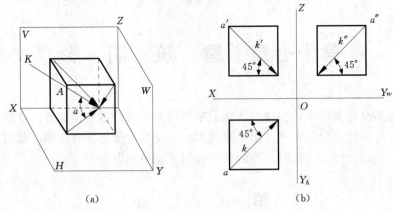

图 17-2　习用光线

　　墙面 P 为正平面且在 H 面的积聚投影为 P_H，过点 B 的习用光线在 H 面的投影 bb_0 与 P_H 的交点 b_0，即为 B 在墙面 P 上落影 B_0 的 H 投影，b_0' 就是所求落影的 V 面投影。这种求落影的方法也称为交点法。

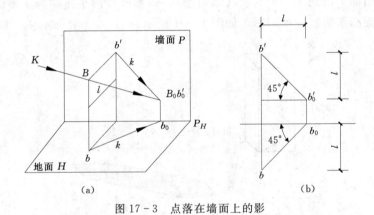

图 17-3　点落在墙面上的影

　　由图 17-3 可知，点 B 距离墙面比距离地面近时，点 B 的影落在墙面上，反之则落在地面上，如图 17-4（a）所示，图 17-4（b）所示为点在 Q 面上的落影。

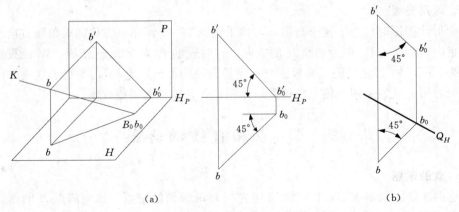

图 17-4　点落在地面上的影

二、直线的落影

直线在承影面上的落影，就是过直线上各点的光线所形成的光平面与承影面的交线。直线在承影面上的影一般仍为直线，但当直线平行于光线时，直线的落影蜕化为一点，如图 17-5 所示。

求直线在一个承影面上的落影，只需作出直线的两个端点在该承影面上的落影，然后连接起来即为直线的落影。不同位置的直线，其落影不同。

（1）平行于承影面的直线，其落影与该直线在承影面上的投影以及直线本身平行且等长，如图 17-6 所示直线段 EF 在 V 面上的落影。

（2）垂直于承影面的直线，其落影与光线在承影面上的投影方向一致，并且通过该直线在承影面上的积聚投影，如图 17-6 所示直线段 EF 在 W 面上的落影。

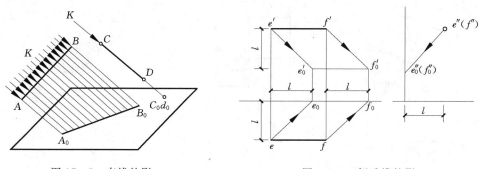

图 17-5 直线的影   图 17-6 侧垂线的影

（3）一般位置直线的落影，如果全落在同一承影面上，求出直线两个端点的落影并连接即可，如图 17-7（a）所示。

如果直线的影分别落在两个承影面上，其落影是一条折线，求这类直线的落影时，除了求直线两端点的落影外，还要求出折影点，折影点位于两承影面的交线上，求折影点有如下两种方法：

1）虚影法。可先作出 B 点的虚影 $\overline{B}_0$。点 B 本该落在承影面 P 上，假如延长光线穿过平面 P，求出点 B 落在 H 面上的影 $\overline{B}_0$（$\overline{b}_0$，$\overline{b}_0'$），即为 B 的虚影，如图 17-7（b）所示。

2）任取一点法。可以在直线上任取一点 C，作出在同一承影面上一段落影 A_0C_0 后，延长与 P_h 相交，交点即为折影点，如图 17-7（c）所示。

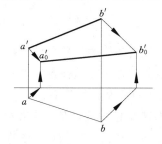 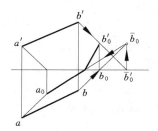 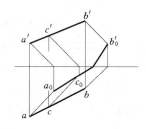

（a）直线的影全部落在 V 面   （b）虚影法   （c）任取一点法

图 17-7 一般位置直线的落影

第三节　平面和平面立体的阴影

一、平面的落影

平面的落影是由平面图各个边线的影围成的。一般只要作出平面图形各顶点在同一承影面上的落影，并依此连接即可。图 17－8（a）所示为一般位置平面的落影。

建筑形体的局部，一般由正平面、水平面和侧平面所围成。图 17－8（b）、（c）、（d）分别是三种平面在 V 面落影的做法。图 17－8（e）是 ABC 平面一部分落在 P 面上，一部分落在 H 面上，这时作图可以用任取一点法或虚影法求出折影点，再将各点连接即可。

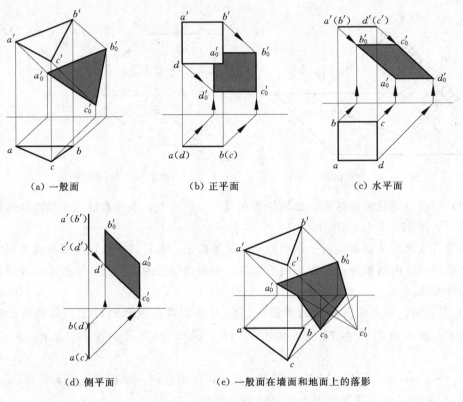

（a）一般面　　　（b）正平面　　　（c）水平面

（d）侧平面　　　（e）一般面在墙面和地面上的落影

图 17－8　各种平面在墙面上的影

二、平面立体的阴影

立体的阴影可先判断出形体的阳面、阴面，从而找出阴线。根据阴线的位置分别求出其在承影面上的落影，实质上求形体的阴线段的影，只要将阴线各端点（或其他点）影求出并依次连接起来即可确定。如图 17－9 所示，面 ABFE 和 ADHE 是阳面，BCGF 和 EFGH 是阴面。侧棱 BC、BF、FE、EH 是阴线，其中 BC、EH 是正垂线，BF 是铅垂线，EF 是侧垂线。分别作出这些阴线各端点在墙面的落影 C_0、B_0、F_0、E_0、H_0，依次连接各点，所围成范围就是形体在墙面上的影。

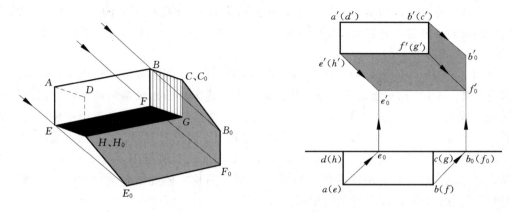

图 17 - 9 平面立体的阴影

第四节 建筑形体的阴影

在建筑立面图上画阴影时，主要的承影面是墙面、窗扇和门扇等。形成落影的形体大都是建筑上的窗洞、门洞、阳台、雨篷、台阶、屋面等局部构件，也称为建筑细部，这些细部的阴影与长方体在墙面和地面上的落影类似，本节主要通过对其特征进行分析，来表现出最终阴影的效果。

一、窗洞、窗台、遮阳板的阴影

图 17 - 10 所示为几种不同窗洞的阴影。均落影在墙面和窗扇两个互相平行的承影面上。作图时，首先要根据投影图弄清楚形体上哪一部分凸起，哪一部分凹进，凸起和凹入的深度是多少 。

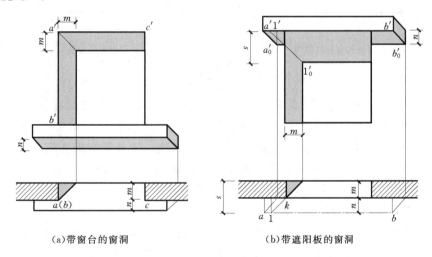

(a)带窗台的窗洞   (b)带遮阳板的窗洞

图 17 - 10 窗洞窗台的阴影（一）

如图 17 - 10 （a） 所示，窗台在墙面上影的作图与靠在 V 面上的长方体在 V 面上的影相同，其影宽度 n 反映了窗台凸出墙面的距离。窗洞是凹入墙内的长方体，故侧垂线 AC

和铅垂线 AB 是阴线，均落影于窗扇上，立面落影宽度 m 反映了窗洞凹入窗扇的深度。作窗洞的立面落影时，只需求出 a 的立面落影 a_0'，然后过 a_0' 作两条与阴线 V 面投影 $a'b'$、$a'c'$ 平行的影线即可。

图 17-10（b）中阴线 AB（侧垂线）在墙面上的立面落影宽度 n 反映了遮阳板凸出墙面的距离，AB 在窗扇上的立面落影宽度 s 反映了遮阳板凸出窗扇的距离，立面落影宽度 m 反映窗洞凹入窗扇的深度。阴线 AB 上的点 1 既落影在墙面上又落影在窗扇上，为折影点。要确定点 1 在窗扇上的立面落影 $1_0'$，可利用平面图过窗洞左前棱边（阴线）有积聚性的投影 k 作返回光线与 AB 交于 1 点，再由 1 在 $a'b'$ 上求得 $1'$，过 $1'$ 作 45° 线，由此可确定 $1_0'$。遮阳板上其他阴线的落影与靠在 V 面上的长方体的落影画法相同。窗洞只需求出左前棱边的落影，作图与上例相同。

图 17-11（a）所示的遮阳板宽度大，A 点落影在窗扇上，且在窗扇上的立面落影为 a_0'，其余作图同图 17-9。

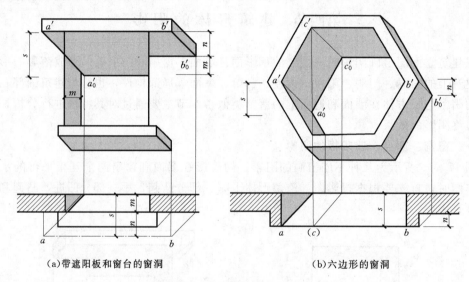

（a）带遮阳板和窗台的窗洞   （b）六边形的窗洞

图 17-11　窗洞窗台的阴影（二）

图 17-11（b）所示为六边形窗口阴影。窗口的外侧阴线平行于墙面，内侧阴线平行于窗扇平面，因此窗口阴线在墙面上或窗扇上落影的立面投影均与相应阴线的 V 面投影平行。落影宽度 n 反映窗口凸起墙面的距离，落影宽度 s 反映窗口凹入窗扇平面的深度。作图时只要求出窗口外侧面上 A 点在墙面上的立面落影 a_0'、内侧面上 B 点在窗扇面上的立面落影 b_0'，然后过 a_0'、b_0' 作与相应阴线 V 面投影平行的影线。

二、雨篷、门洞的阴影

图 17-12 所示为带雨篷的门洞。图中的落影宽度 n 反映雨篷凸出墙面的距离，宽度 s 反映雨篷凸出门扇平面的距离，宽度 m 反映门洞凹入门扇平面的深度。

图 17-13 所示的门洞较复杂，雨篷除了在前后墙面上、门扇平面上产生落影外，在翼墙上也产生落影，利用侧面投影作图更直观，如图中侧面投影所示的不同高度依次反映雨篷在翼墙、前后墙面、门扇上的落影宽度，由此可确定落影的立面投影。

三、台阶的阴影

图 17-14 所示台阶，两侧有栏板，栏板和台阶全部由长方体构成，且形体各表面均为投影面平行面。只有两栏板的右表面为阴面，其余表面均为阳面。因此左栏板上的棱线 AB、BC 和右栏板墙上的 DE、EF 为阴线。其中 AB、DE 为铅垂线，BC、EF 为正垂线。铅垂线的 H 面落影和正垂线的 V 面落影均为 45°线，作图步骤如下：

（1）从 W 投影看出，左栏板上的点 B 落影在第二级台阶的踢面上，设踢面为 T，则落影为 b_0''，由此可确定 b_0 和 b_0'。

（2）由于平行于承影面的直线的落影与自身平行，因此正垂线 BC 在第二级和

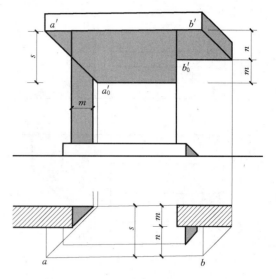

图 17-12 带雨篷门洞影的做法（一）

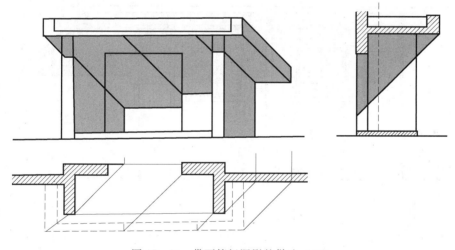

图 17-13 带雨篷门洞影的做法（二）

第三级踏面上落影的 H 面投影均平行于 BC，过 2、3 点的影线平行于 bc。而铅垂线 AB 在第一级踢面和第二级踢面上落影的 V 面投影均平行于 AB，过 $1'$、b_0' 的影线平行于 $a'b'$。

（3）点 1 和 2、3 分别为台阶上三条棱线与通过阴线 AB 的光平面（铅垂面）与通过阴线 BC 的光平面（正垂面）的交点。作图时，由点 1、$1''$ 可确定点 $1_0'$，而点 2_0 可由点 $2_0'$、$2_0''$ 确定，同理可作出点 3_0。

四、雨篷、隔墙、门洞和窗洞的阴影

如图 17-15 所示，雨篷上的阴线 AE 为侧垂线，它的落影分别在门扇、窗扇和墙面上，其 V 面投影的形状与承影面的积聚投影成为镜像，反映出门扇、窗扇、墙面和隔墙

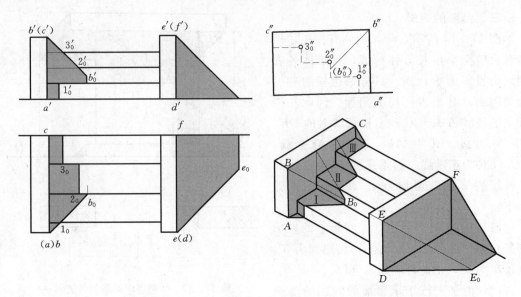

图 17-14　台阶的阴影

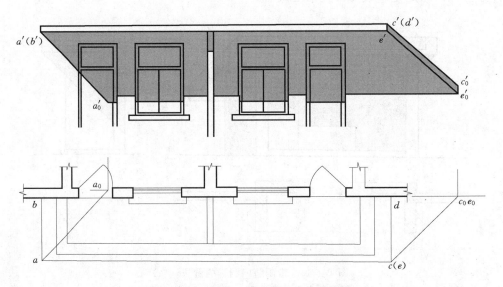

图 17-15　隔墙、门窗洞和窗台的阴影

的凹凸情况。先求出点 A 在门扇的落影 a_0'，然后作出阴线 AE 的落影。

最后，将门、窗洞落在门扇上的影分别完成。

五、屋面的阴影

图 17-16 所示为双坡顶组合的屋面，檐口等高同坡。

屋面出檐的阴线是 $ABCDEFG$。阴线落影在山墙和右前墙面上。

阴线段 AB 和 BC（部分）的落影在山墙上。阴线段的其余部分落影在右前墙面上。阴线段 DE 为正垂线，垂直于墙面，与光线的 V 面投影平行，它在右前墙面上的落影为 $45°$ 线。除 DE 外，其余阴线段平行于墙面，它们在山墙及右前墙面上落影的 V 面投影与相应线段的 V 面投影平行，即 $a_0'b_0' /\!/ a'b'$，$b_0'1_0' /\!/ b'1'$，$1_0'c_0' /\!/ 1'c'$ 等。

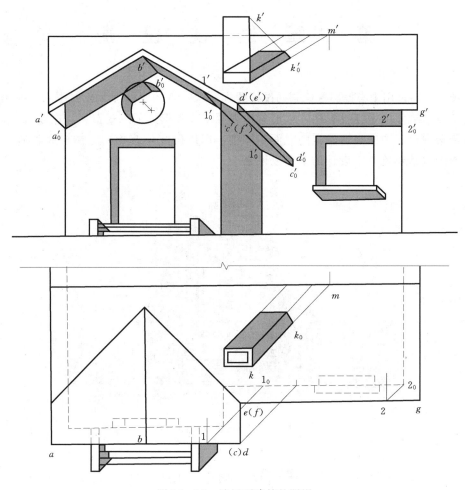

图 17-16　坡屋顶建筑的阴影

作图步骤如下：

（1）应作出点 B 在山墙上落影的 V 面投影 b_0'，然后过 b_0' 作 $a'b'$ 及 $b'c'$ 的平行线。

（2）BC 上的点 1 是山墙右墙角线返回光线与 BC 的交点，点 1 既落影在山墙上又落影在右前墙面上，见图 17-16 中 $1_0'$ 所示的两处位置。

（3）屋面水平投影反映向左向前的出檐宽度相等，故 a_0' 在山墙左前墙角线上。同理，阴线 FG 上的点 2 落影在右前墙右边的墙角线上。

（4）烟囱的落影可过烟囱棱线的水平投影作 45°直线与屋脊相交一点 m，求出 m' 后就可确定正面投影中烟囱落影的方向，再过 k' 作 45°光线就可得点 k_0'，由此求出烟囱落影的作图。

（5）台阶的阴影做法与前面举例的台阶作图基本类似，不再赘述。

第十八章 透 视 投 影

透视投影图是用中心投影法绘制的设计图样,观察者的眼睛即为投射中心,如图18-1所示为某建筑形体的透视投影图,它形象地表现了建筑形体的外观造型。在建筑设计过程中,常用透视投影图来表达建筑的立面和体型,用以研究建筑物的立体构成和形体变化。透视投影图也是建筑方案设计的主要成果之一。

图 18-1 透视投影图

第一节 概 述

透视投影图是单面投影图,在观察者和形体之间设立一画面,由人眼向形体各点引视线,依次连接视线与画面的交点,即得到形体的透视投影图,简称透视图,如图 18-2 所示。从图中可以看出,房屋上原来同高的竖直线,在透视图中近的显得长些,远的显得短些,互相平行的水平线,在透视图中不再平行,而是越远越靠拢,直至相交于一点,这个点称为灭点。与正投影图相比较,透视图的特点就是距离观察者越近的形体,所得的透视投影越大,距离观察者越远则透视投影越小,即近大远小、近高远低、近宽远窄。

一、透视的常用术语

为了便于理解透视原理和掌握透视投影的作图方法,先对透视图中的各要素赋予相应的名称和符号,常用术语如图 18-3 所示。

H 面称为基面,V 面称为画面,X 轴称为基线,点 A 在 H 面上的投影 a 称为基点。

人眼称为视点 S,视点在 H 面上的投影 s 称为站点,在 V 面上的投影 s' 称为主点。

Ss 称为视高,Ss' 称为视距,过 s' 作 X 轴的平行线称为视平线 $h-h$。

S 与空间点 A 的连线 SA 称为视线。

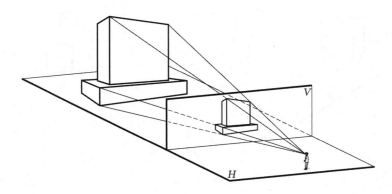

图 18-2 透视投影的概念

视线 SA 与画面的交点 A^0 称为点 A 的透视。

基点 a 的透视 a^0 称为基透视。

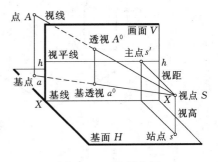

图 18-3 常用术语

二、透视图的分类

当建筑形体与画面处于不同的相对位置时，就会有不同特点的透视图。

1. 一点透视

一点透视又称平行透视。形体的主要面与画面平行，X、Y、Z 三条坐标轴中，X、Z 轴与画面平行，Y 轴与画面垂直，Y 轴方向的直线组产生一个灭点，故称为一点透视，如图 18-4 所示。一点透视画面稳定，纵深感强。

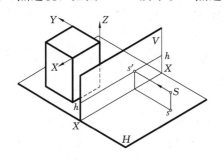

图 18-4 一点透视

2. 两点透视

两点透视又称成角透视。形体与画面成任一角度，Z 轴方向的一组平行线仍保持垂直，X、Y 方向的两组平行线分别消失于画面的两侧，产生两个灭点，如图 18-5 所示。两点透视的画面活泼，表现效果好。

3. 三点透视

三点透视又称斜角透视。形体上的 X、Y、Z 三条坐标轴与画面均相交，产生三个灭点，三点透视可用仰视图来表达建筑形体的高大挺拔，如图 18-6 所示。也可用俯视图来表现大场景，如规划设计工作中常采用的鸟瞰图。

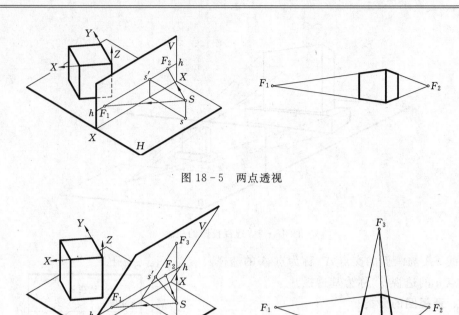

图 18-5　两点透视

图 18-6　三点透视

第二节　透视图的基本画法

透视图的基本作图方法有视线法和量点法。

一、视线法

视线法是用求视线与画面交点来画透视图的方法，也称为建筑师法，这是画建筑形体透视图最常用的方法。

（一）点的透视

点 A 的透视 A^0 就是过该点的视线 SA 与画面的交点，若点在画面上，其透视即为该点本身。如果已知视点 S 和空间点 A，就可以利用正投影法中求直线 SA 与 V 面交点的方法作出点 A 的透视 A^0 和基透视 a^0，如图 18-7（a）所示。

视点 S 在 V、H 面上的投影为 s' 和 s，空间点 A 在 V、H 面上的投影为 a' 和 a。为了作图清晰，把展开后的 V 面和 H 面上下拉开距离，使点 A 在 V 面和 H 面上的投影 a' 和 a 不重叠，如图 18-7（b）所示，实际作图时，V、H 面的边框一般不画。基线 X 既在 V 面上，又在 H 面上，V 面上的投影标注 $x'-x'$，H 面上的投影标注 $x-x$，求 A^0 就是求 SA 与 V 面的交点，作图步骤如图 18-7（c）所示。

（1）画视线。在基面上连接 sa，在画面上连接 $s'a'$。

（2）求视线与 V 面的交点。过 sa 与 $x-x$ 的交点作垂线，与 $s'a'$ 的交点即为点 A 的透视 A^0，与 $s'a_x$ 交点即为点 A 的基透视 a^0。

Aa 垂直于基面 H，则过视点 S 引向 Aa 线上各点的视线所形成的视线平面 SAa 垂直于

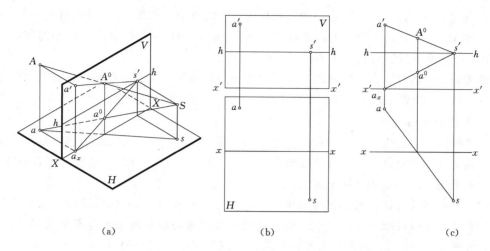

（a） （b） （c）

图 18-7 空间一点的透视和基透视

基面 H，因此，SAa 与画面 V 的交线 A^0a^0 必然垂直于基面，也垂直于基线 X，A^0a^0 的长度称为点 A 的透视高度，它是 Aa 的透视，由于 Aa 不在画面上，所以 $A^0a^0 \neq Aa$。

点的透视规律：①点透视仍为一点，画面上点的透视与其本身重合；②点透视与点的基透视，位于同一条铅垂线上。

（二）直线的透视

直线的透视就是直线上两个端点透视的连线。一般情况下直线的透视仍为直线；当直线通过视点时，其透视仅为一点，当直线在画面上时，其透视即为本身。如图 18-8 所示，直线 AB 的透视 A^0B^0 仍然是一条直线，直线上点 K 的透视 K^0 仍然在直线的透视 A^0B^0 上；直线 CD 通过视点 S，其透视 C^0D^0 蜕化为一点；直线 EF 在画面上，透视 E^0F^0 即为本身。

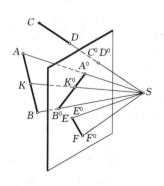

图 18-8 直线的透视

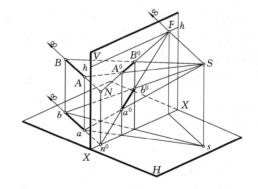

图 18-9 直线的迹点、灭点和全长透视

1. 直线的迹点、灭点和全长透视

直线的迹点。直线与画面的交点称为直线的迹点，如图 18-9 所示的点 N，迹点 N 的透视就是它本身，直线的透视必然通过直线的迹点 N，迹点的基透视 n^0 必然在基线 X 上。

直线的灭点。直线上无限远点的透视称为直线的灭点。如图 18-9 所示的点 F，灭点 F 是直线 AB 上无限远点的透视，是过视点 S 的一条与 AB 平行的视线与画面的交点，图中 AB 是一条水平线，故灭点 F 位于视平线 $h-h$ 上。

直线的全长透视。直线的迹点与灭点的连线 NF 称为直线的全长透视（或称为直线的透视方向），是直线 AB 延长到无限远处直线上所有点的透视的集合。

2. 直线透视的画法

在透视图中，直线与画面相对位置可分为两类：一是与画面相交的直线，这类直线有灭点，其透视可利用直线的全长透视来求；二是与画面平行的直线，这类直线没有灭点，其透视只能用直线端点的透视来确定。

（1）水平线的透视。水平直线 AB 与画面相交，如图 18-10（a）所示，水平线是有灭点的直线，可以按求迹点、灭点、全长透视、端点透视的步骤来求作其透视 $A^0 B^0$，已知条件如图 18-10（b）所示，水平线透视的步骤如图 18-10（c）所示。

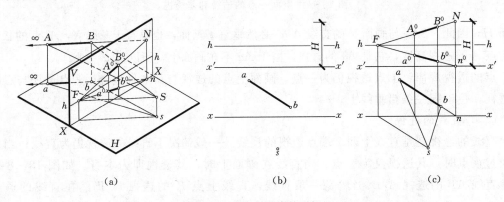

(a)	(b)	(c)

图 18-10　水平线的透视

1）延长 ab 交 $x-x$ 于 n，过 n 作垂线交 $x'-x'$ 于 n^0，量取 $n^0 N = H$，N 为直线 AB 的迹点，n^0 为迹点的基透视。

2）过 s 作 ab 平行线与 $x-x$ 的交点作垂线，交 $h-h$ 于 F，点 F 为直线 AB 的灭点，也是 AB 的在基面上投影 ab 的灭点。

3）连接 NF 和 $n^0 F$，即得 AB 的全长透视 NF 及其基 ab 的全长透视 $n^0 F$。

4）连接 sa，过 sa 与 $x-x$ 的交点作垂线，与全长透视 NF 的交点为 A^0，与 $n^0 F$ 的交点为 a^0；连接 sb，过 sb 与 $x-x$ 的交点作垂线，与全长透视 NF 的交点即为 B^0，与 $n^0 F$ 的交点为 b^0。

5）连接 $A^0 B^0$，即为水平线 AB 的透视；连接 $a^0 b^0$，即为水平线 AB 的基透视。

（2）正垂线的透视。正垂线 AB 与画面垂直，如图 18-11（a）所示，迹点 N 与其正投影 $a'b'$ 重合，灭点与主点 s' 重合，其透视仍用全长透视来求，画面和基面展开时，画面放在基面的上方或下方均可，已知条件如图 18-11（b）所示，正垂线透视的作图步骤如图 18-11（c）所示。

1）连接 Ns' 和 $n^0 s'$，即得 AB 得全长透视 Ns' 及其基 ab 的全长透视 $n^0 s'$。

2）连接 sa，过 sa 与 $x-x$ 的交点作垂线，与全长透视 Ns' 的交点为 A^0，与 $n^0 s'$ 的交

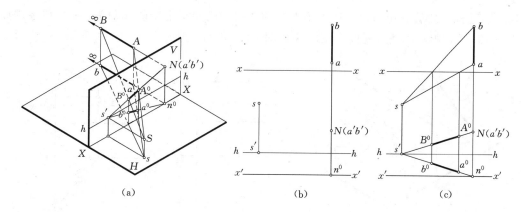

图 18-11　正垂线的透视

点为 a^0；连接 sb，过 sb 与 x-x 的交点作垂线，与全长透视 Ns' 的交点为 B^0，与 n^0s' 的交点为 b^0。

3) 连接 A^0B^0，即为正垂线 AB 的透视，连接 a^0b^0，即为正垂线 AB 的基透视。

（3）铅垂线的透视。铅垂线 AB 与画面平行，其透视仍是一条铅垂直线，如图 18-12（a）所示，通过铅垂线的两个端点 A、B 画两条平行的水平辅助线 AD 和 Bd，这两条水平线与画面交点的连线 Dd 必定反映铅垂线 AB 的真实高度 H，故称画面上的铅垂线为真高线。已知条件如图 18-12（b）所示，铅垂线透视的步骤如图 18-12（c）所示。

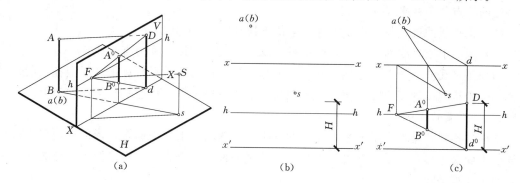

图 18-12　铅垂线的透视

1) 过 $a(b)$ 作辅助线 $a(b)d$，过 d 作垂线，交 x'-x' 于点 d^0，量取真高线 $Dd^0 = H$。

2) 过 s 作 $a(b)d$ 平行线与 x-x 的交点作垂线，交 h-h 于灭点 F。

3) 连接 FD 和 Fd，连接 $sa(b)$，过 $sa(b)$ 与 x-x 的交点作垂线，与 FD 的交点为 A^0，与 Fd^0 的交点为 B^0。

4) 连接 A^0B^0，即为铅垂线 AB 的透视。

作图时水平辅助线方向可以是任意的，若方向不同，则灭点 F 和真高线 Dd 的位置也会不同，但铅垂线 AB 的透视 A^0B^0 不会改变。

（4）正平线的透视。正平线 AB 与画面平行，其透视也与画面平行，如图 18-13（a）所示，正平线没有迹点，也没有灭点，无法用全长透视来求，但正平线与基面的倾角 α，等于正平线的透视与与基线的倾角 α，根据这一特性，作图时先作出正平线的基透视和一个端点的透视，然后利用倾角 α 作出正平线的透视。已知正平线的倾角为 α，其他条件如图 18-13（b）所示，其透视的作图步骤如图 18-13（c）所示。

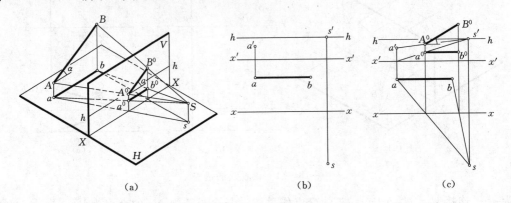

(a)   (b)   (c)

图 18-13   正平线的透视

1）作出正平线的基透视 a^0b^0，作出点 A 的透视 A^0。

2）过 A^0 作倾角为 α 的直线，与过 b^0 作垂线的交点为 B^0。

3）连接 A^0B^0，即为正平线 AB 的透视。

3. 直线透视的规律

（1）互相平行且与画面相交的直线共有同一个灭点，不同方向的平行线的灭点不同。水平线的灭点位于视平线 $h-h$ 上。

（2）正垂线的灭点与主点 s' 重合，且位于视平线 $h-h$ 上。

（3）画面上铅垂线的透视就是它本身，反应直线的实长，称为真高线。

（4）正平线没有灭点，透视与其本身平行，基透视与基线平行。正平线上各线段长度之比，等于该线段透视长度之比，正平线与基面的倾角 α 等于其透视与基线的倾角。

（三）平面的透视

平面的透视，就是作组成平面边线的透视，一般情况下，平面多边形的透视仍为边数相同的平面多边形，当平面通过视点时，其透视积聚为一条直线。水平面上所有边线的灭点，必定在视平线 $h-h$ 上。

已知基面上平面的投影 $abcdeg$，基线 $x-x$、$x'-x'$，视平线 $h-h$ 和站点 s，如图 18-14 所示，平面透视的作图步骤如下：

（1）过 s 作 ag 的平行线与 $x-x$ 的交点作垂线，交 $h-h$ 于灭点 F_1；过 s 作 ab 的平行线与 $x-x$ 的交点作垂线，交 $h-h$ 于灭点 F_2。

（2）a 在基线 $x-x$ 上，过 a 作垂线，与 $x'-x'$ 的交点为 a 的透视 a^0。

（3）连接 a^0F_1、a^0F_2，作出 g、b 的透视 g^0 和 b^0。

（4）连接 sc，过 sc 与 $x-x$ 的交点作垂线，与 F_1b^0 延长线的交点为 c^0；连接 sd，过 sd 与 $x-x$ 的交点作垂线，与 F_2c^0 的交点为 d^0；F_1d^0 与 F_2g^0 的交点为 e^0。

（5）连接加深加粗各个透视点，即为平面的透视 $a^0b^0c^0d^0e^0g^0$。

（四）平面立体的透视

平面立体的透视就是立体表面边线的透视，作平面立体的透视图时，先作出其基透

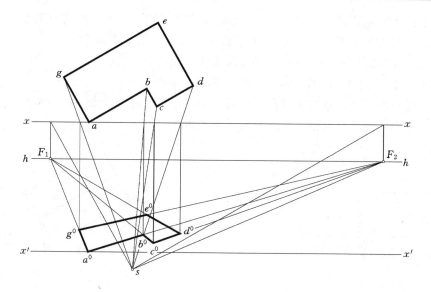

图 18 - 14　水平面的透视

视，然后再作出立体高度的透视，立体高度的透视通过作真高线来求得。绘制平面立体的
透视图，可以利用各种不同位置直线的透视特性，以及迹点、灭点的透视特性来作图。平
面立体的透视图只需画出可见部分，不可见的直线不再绘制。

【例 18 - 1】　求四棱柱的透视，如图 18 - 15（a）所示。

解：四棱柱的正面与画面重合，其透视不变，棱线和 AB 方向的两组直线与画面平
行，没有灭点，只有 BC 方向的一组直线有灭点，故该四棱柱为一点透视，作图步骤如图
18 - 15（b）所示。

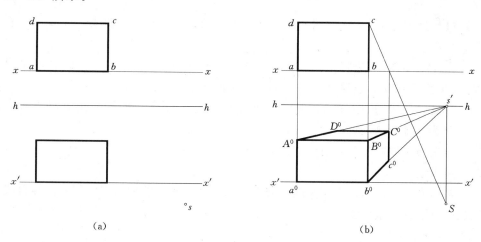

| (a) | (b) |

图 18 - 15　四棱柱的一点透视

作图：

（1）正面的透视就是其本身，直接作出 $A^0 a^0 b^0 B^0$。

（2）过 s 作垂线，与视平线 h - h 的交点为主点 s′。

（3）连接 B^0s'，连接 sc，过 sc 与 x-x 的交点作垂线，与 B^0s' 的交点为 C^0，与 b^0s' 的交点为 c^0；连接 A^0s'，过 C^0 作 A^0B^0 的平行线，与 A^0s' 的交点为 D^0。

（4）连接加深加粗各个透视点，即为四棱柱的透视。

【例 18-2】 求五棱柱的透视，如图 18-16 所示。

解： 五棱柱的 X、Y 方向两组直线与画面相交，产生两个灭点，故为两点透视。作图时先作其基透视，然后再根据真高线画出形体的透视。

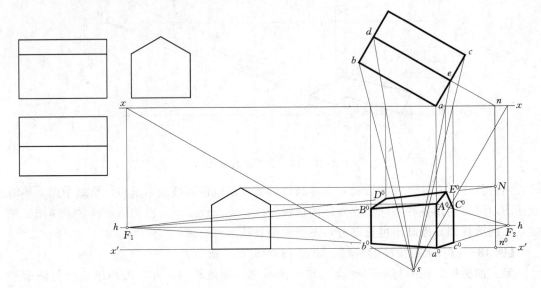

图 18-16　五棱柱的两点透视

作图：

（1）过 s 分别作 ab、ac 的平行线，与 x-x 的交点分别作垂线，交 h-h 于灭点 F_1、F_2。

（2）作 ab、ac 的基透视 a^0b^0、a^0c^0；作 a 的透视 A^0，A^0a^0 为真高线。连接 A^0F_1，与过 b^0 的垂线交于 B^0，连接 A^0F_2，与过 c^0 的垂线交于 C^0。

（3）延长 de，交 x-x 于 n，过 n 作垂线交 x'-x' 于 n^0，过 n^0 作出真高 Nn^0，连接 NF_1，NF_1 为 DE 的全长透视；分别作出 d、e 的透视 D^0、E^0。

（4）连接加深加粗各个透视点，即为五棱柱的透视。

二、量点法

量点是用来解决形体长度和宽度方向上度量问题的辅助线的灭点，用量点与直线的实长求透视的方法称为量点法。

（一）量点法原理

如图 17-17（a）所示，AB 为基面上一直线，其全长透视为 NF，直线 AB 的透视 A^0B^0 在 NF 上，为了确定 A^0B^0 在 NF 上的透视位置，可在基面上作辅助线 AA_1、BB_1，使 A_1、B_1 在基线 x-x 上，且 $NA_1 = NA$，$NB_1 = NB$，即 $AA_1 /\!/ BB_1$，得到等腰三角形 NAA_1 和 NBB_1，辅助线 AA_1 和 BB_1 为等腰三角形的底边，它们的灭点是过视线 S 作 AA_1、BB_1 的平行线与画面的交点 M，M 必在视平线上，连接 A_1M 和 B_1M，得到辅助线

AA_1、BB_1 的全长透视 A_1M 和 B_1M。由于 A^0、B^0 既应位于 AB 的全长透视 NF 上，又应位于 AA_1、BB_1 的全长透视 A_1M、B_1M 上，因此，A_1M 与 NF 的交点就是 A^0，B_1M 与 NF 的交点就是 B^0，A^0B^0 即为直线 AB 的透视。辅助线 AA_1 和 BB_1 的灭点 M 称为量点。

从量点的形成可知，$SM /\!/ AA_1$，$SF /\!/ AB$，因此 $\triangle FSM$ 与 $\triangle NAA_1$ 是两个相似的等腰三角形，其中 $NA = NA_1$，所以 $SF = MF$，这种关系表明：视点到直线灭点的距离，等于灭点到量点的距离。用量点法作直线 AB 透视的作图步骤如图 18-17（b）所示。

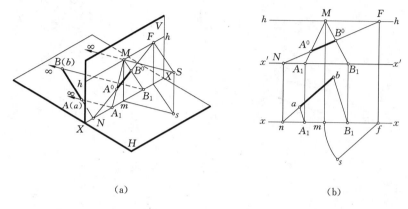

（a）　　　　　　　　　　　　　　（b）

图 18-17　量点法原理

（1）作出 AB 的全长透视 NF。

（2）以 f 为圆心，fs 为半径画圆弧，交 $x-x$ 于 m，过 m 作垂线，交 $h-h$ 于 M。

（3）在 $x-x$ 上截得 $nA_1 = na$，$nB_1 = nb$，分别过 A_1、B_1 作垂线，交 $x'-x'$ 于 A_1、B_1，连接 A_1M、B_1M，即得到辅助线 AA_1、BB_1 的全长透视。

（4）A_1M 与 NF 的交点为 A^0，B_1M 与 NF 的交点为 B^0，连接 A^0B^0 即为所求。

（二）用量点法作平面的透视

如图 17-18 所示，前面我们用视线法作了平面的透视，现用量点法作其透视，作图步骤如下：

（1）作出灭点 F_1、F_2。作出画面上点的透视 a^0，作出全长透视 a^0F_1、a^0F_2。

（2）以 f_1 为圆心，f_1s 为半径画圆弧，交 $x-x$ 于 m_1，过 m_1 作垂线，交 $h-h$ 于 M_1；以 f_2 为圆心，f_2s 为半径画圆弧，交 $x-x$ 于 m_2，过 m_2 作垂线，交 $h-h$ 于 M_2。

（3）在 $x'-x'$ 上量取 $a^0G_1 = ag$，连接 G_1M_1，G_1M_1 与 a^0F_1 的交点为 g^0；在 $x'-x'$ 上量取 $a^0B_1 = ab$，连接 B_1M_2，B_1M_2 与 a^0F_2 的交点为 b^0。

（4）延长 dc，交 $x-x$ 于 n，过 n 作垂线，交 $x'-x'$ 于 n^0，连接 n^0F_2。

（5）在 $x'-x'$ 上量取 $n^0C_1 = nc$，连接 C_1M_2，C_1M_2 与 n^0F_2 的交点为 C^0；在 $x'-x'$ 上量取 $n^0D_1 = nd$，连接 D_1M_2，D_1M_2 与 n^0F_2 的交点为 d^0；连接 g^0F_2、d^0F_1，两直线的交点为 e^0。

（6）依次连接各点的透视，即为平面的透视 $a^0b^0c^0d^0e^0g^0$。

平面立体用量点法作透视图时，先作出平面立体的基透视，然后再利用真高线确定各部分透视的高度，透视高度的作图方法与视线法基本一致，此处不再赘述。

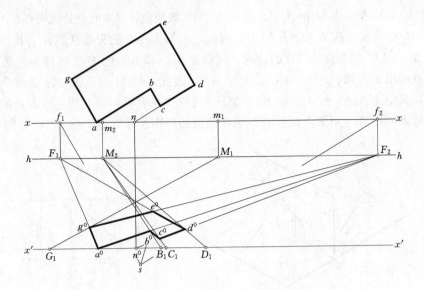

图 18－18　用量点法作平面的透视

第三节　建 筑 形 体 的 透 视

　　为了使透视图能够形象、逼真地反映出建筑形体的形状特征，达到最佳的表达效果，在绘制透视图前，必须处理好画面、视点和建筑形体的相对位置。然后用两点透视或一点透视的方法绘制出建筑形体。

　　一、视点与画面相对位置的选择

　　人们在观察形体时存在一个清晰可辨的视觉范围，这个范围称为视域，如图 18－19 所示，这个视域是以人的眼睛为顶点，以主视线为轴的视锥，视锥的顶角称为视角，视角在 28°～37°时视觉效果最佳。视点的选择主要是确定站点和视高。

　　1. 确定站点

　　站点位置的选择应有利于建筑形体的表达和画面的布局，选择的原则一是要保证视角大小的适宜，如图 18－20（a）所示，过站点 s 作一左一右两条外围视线与基线相交，这两个交点之间的距离 B 称为画面宽度，当视距取 2.0B 时，所对应的视角约为 28°；当视距 1.5B 时，所对应的视角约为 37°，一般情况下视距的大小应以 1.5B～2.0B 为宜。二是要保证站点位置在画面中部的 1/3 范围内，一般说来越接近中垂线的位置越好，如图 18－20（b）所示。有时为了获得某种特殊效果，也可以突破这个规定。

　　2. 确定视高

　　视高即视平线的高度，画透视图时，视高的变化对建筑形体的透视效果有着很大影响。对于一般多层建筑或室内透视，应以人的身高 1.5～1.8m 确定视平线的高度为宜，有时为了使透视图取得某种特殊效果，也可将视高适当提高或降低。图 18－21（b）所示为正常视高时的透视图；如果要获得人站在低处观看高处建筑形体的透视效果，可以适当

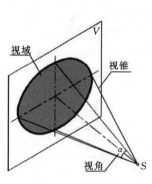

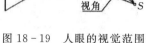

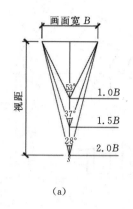

（a）

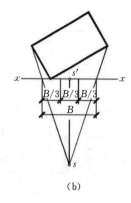

（b）

图 18-19　人眼的视觉范围　　　　　　图 18-20　站点的确定

降低视高，这样画出来的透视图能给人以高大、雄伟的感觉，如图 18-21（a）所示；如果要获得人从高处俯视低处的透视效果，可以适当提高视高，这样画出的透视图能给人以舒展、开阔的感觉，如图 18-21（c）所示。

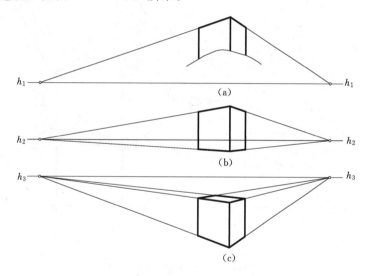

图 18-21　视高的变化对透视效果的影响

3. 确定画面与建筑形体的相对位置

画面与建筑形体相对位置的选择主要由透视图需突出的建筑形体的外观特征而定，对只有一个主立面且形状较复杂的建筑形体，宜选用一点透视，作图时令该主立面与画面平行，如图 18-22（a）所示。对于需要表现两个主立面的建筑形体，宜选用两点透视，令更主要的立面对画面的倾角相对小一些，如图 18-22（b）所示，若为 45°，透视如图 18-22（c）所示。

二、建筑形体的两点透视

【例 18-3】　求作平屋面房屋的两点透视，如图 18-23 所示。

解：该建筑形体由上、下两棱柱组成，下四棱柱的顶点 A 在画面上，此处反映真高，上四棱柱有两点（B、C）在画面上，可以利用这两点的真高线作出上四棱柱的透视。

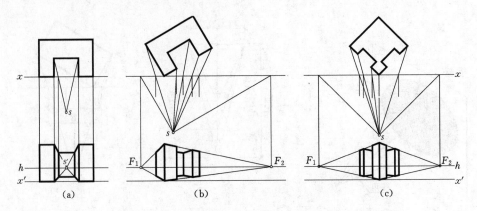

图 18-22　画面与建筑形体的三种相对位置

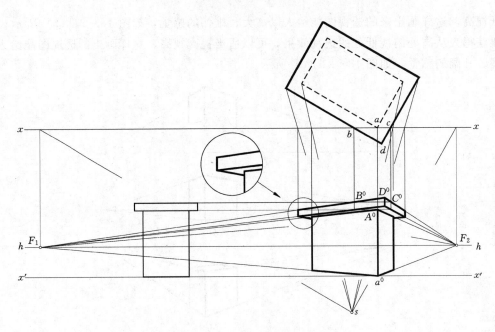

图 18-23　平屋面房屋的透视

作图：

（1）作出灭点 F_1、F_2。

（2）作主体下棱柱的透视。全长透视为 F_1a^0、F_2a^0，真高线为 A^0a^0，由此作出主体棱柱的透视图。

（3）作屋檐上棱柱的透视。求 b、c 两点的真高 B^0、C^0，连接 F_1B^0 和 F_2C^0，即为屋檐上部的全长透视，延长 F_1B^0 和 F_2C^0，交点为屋檐顶点的透视 D^0，然后再作出左右两个屋檐顶点的透视。同理，作出屋檐下弦的透视，为作图清晰，屋檐真高线的基透视 b^0、c^0 没有在图中标注。

（4）加深加粗作图结果，完成平屋面房屋的两点透视。

【例 18-4】　求作建筑形体的两点透视，如图 18-24 所示。

解：该建筑形体由左、中、右三个棱柱组成，其中左、右两个棱柱的高度相同，画面通过顶点 A，此处反映真高，中间棱柱的真高线需要利用迹点求出。

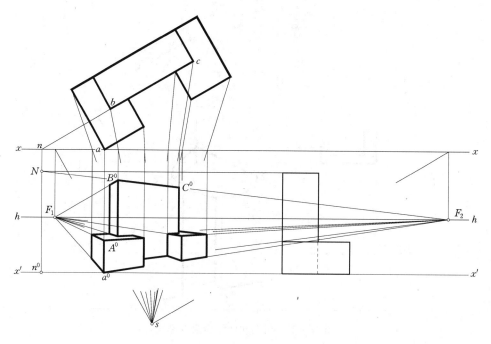

图 18-24 建筑形体的两点透视

作图：

（1）作出灭点 F_1、F_2。

（2）作左、右棱柱的全长透视 F_1a^0、F_2a^0 以及真高线 A^0a^0；由此作出左、右棱柱的透视图。

（3）作中间棱柱的透视图。延长 cb，交 x-x 于 n，过 n 作垂线交 x'-x' 于 n^0，过 n^0 作出真高 Nn^0，连接 NF_2，NF_2 为 BC 的全长透视；作端点 B、C 的透视 B^0、C^0。

（4）加深加粗作图结果，完成建筑形体的两点透视。

【**例 18-5**】 求作门洞和雨篷的两点透视，如图 18-25 所示。

解：画面通过雨篷的顶点 A，此处反映真高。

作图：

（1）作出灭点 F_1、F_2。

（2）作出雨篷的真高线 A^0a^0 和门洞真高线线 Nn^0。

（3）连接 F_1A^0、F_1a^0、F_1n^0、F_1N，连接 F_2A^0、F_2a^0；分别过 sb、sc、sd、se、sg 与 x-x 的交点作垂线，求得 B^0b^0、C^0c^0、d^0、E^0e^0、G^0g^0。

（4）连接 F_2E^0 和 F_2e^0，连接 si，过 si 与 x-x 的交点作垂线，求得 I^0i^0，连接 F_1I^0，并延长至 G^0g^0。

（5）加深加粗作图结果，完成门洞和雨篷的透视。

【**例 18-6**】 用量点法求作建筑形体的两点透视，如图 18-26 所示。

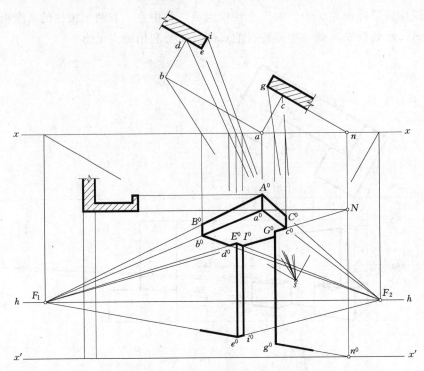

图 18-25　门洞和雨篷的两点透视

解： 先作出形体的基透视，然后利用真高线作出建筑形体的透视，画面通过顶点 A，此处反应真高。

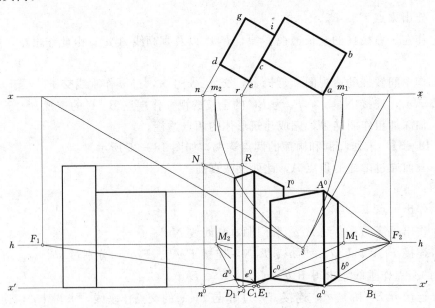

图 18-26　用量点法求建筑形体的两点透视

作图：

（1）作出灭点 F_1、F_2，量点 M_1、M_2，作出画面上点的基透视 a^0，作出全长透视

$a^0 F_1$、$a^0 F_2$。

（2）在 $x'-x'$ 上量取 $a^0 B_1 = ab$，连接 $B_1 M_2$，$B_1 M_2$ 与 $a^0 F_2$ 的交点为 b^0；在 $x'-x'$ 上量取 $a^0 C_1 = ac$，连接 $C_1 M_1$，$C_1 M_1$ 与 $a^0 F_1$ 的交点为 c^0。

（3）延长 gd，交 $x-x$ 于 n，过 n 作垂线，交 $x'-x'$ 于 n^0，连接 $n^0 F_2$；在 $x'-x'$ 上量取 $n^0 D_1 = nd$，连接 $D_1 M_2$，$D_1 M_2$ 与 $n^0 F_2$ 的交点为 d^0。

（4）延长 ce，交 $x-x$ 于 r，过 r 作垂线，交 $x'-x'$ 于 r^0，连接 $r^0 F_2$，在 $x'-x'$ 上量取 $r^0 E_1 = re$，连接 $E_1 M_2$，$E_1 M_2$ 与 $r^0 F_2$ 的交点为 e^0。依次连接各点的透视，即为该建筑形体基透视的可见部分 $d^0 e^0 c^0 a^0 b^0$。

（5）作真高线 Nn^0、Rr^0、$A^0 a^0$，分别过 b^0、c^0、d^0、e^0 作垂线，与四条全长透视 $A^0 F_2$、$A^0 F_1$、$N F_2$、$R F_2$ 的交点即为形体的透视高度。同理，作出 I^0。

（6）加深加粗作图结果，完成建筑形体的两点透视。

三、建筑形体的一点透视

【例 18-7】 求作建筑形体的一点透视，如图 18-27 所示。

解： 建筑形体的正面与画面平行，形体 1 的前表面与画面重合，其立面图便是透视图的组成部分，且反应真高；形体 2 和 3 在画面后，透视缩小。

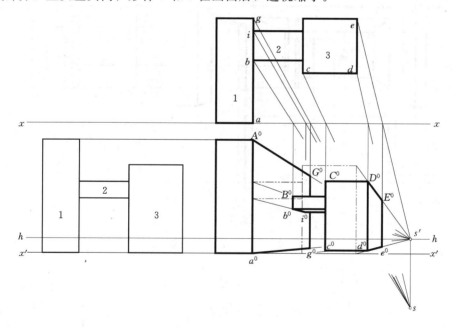

图 18-27 建筑形体的一点透视

作图：

（1）作出主点 s'。用双点画线画出形体 2、3 的立面图，此图上的角点均为各条画面垂直线的迹点，$A^0 a^0$ 为真高线。

（2）连接 s' 与画面上的各个角点，得到一组全长透视线组。

（3）连接 s 与平面图上各个角点 sb、sc、sd、se、sg、si，过这组线束与 $x-x$ 的交点作垂线，与画面上相应的全长透视线组的交点，即为各点的透视 B^0、b^0、C^0、c^0、D^0、

d^0、E^0、e^0、G^0、g^0、i^0，连接各点的透视，即完成形体的透视。

（4）加深加粗作图结果，完成建筑形体的一点透视。

【例 18 - 8】 求作室内的一点透视，如图 18 - 28 所示。

解： 图中门厅外墙面等与画面重合，外墙面是透视图的组成部分，点 a 处的墙角线为真高线。画面前柱子、门洞等部分的透视图比实际尺寸大，画面后的部分透视图小。

作图：

（1）作出主点 s'。在画面上画出外墙面的可见部分，此图上的角点均为各条画面垂直线的迹点。

（2）连接 s' 与画面上的各个角点，得到一组全长的透视线组。

（3）在过点 a 处的墙角线上量取真高 A^0a^0，并作其全长透视。

（4）连接 s 与平面图上的各个角点，得到一组视线的基面投影，过这组线束与 x - x 的交点作垂线，与画面上相应的全长透视线组的交点，即为各点的透视。

（5）加深加粗作图结果，完成室内的一点透视。

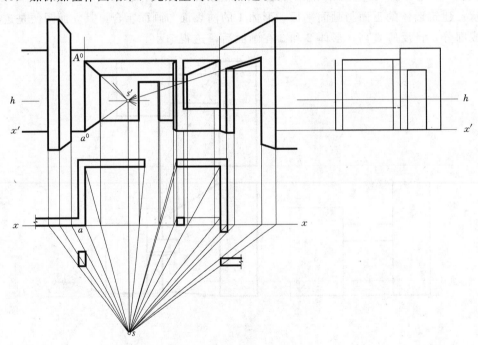

图 18 - 28　室内的一点透视

第四节　透视图的辅助画法

在建筑形体的透视图中，有许多细部需要绘制，通常是先画出主要轮廓的透视，然后再将该主要轮廓进行分割，从而得到建筑形体细部的透视；有时画出的透视图太小，需要进行放大处理，下面介绍这些透视图的辅助画法。

一、分割直线

在透视图中，直线平行于画面时，直线上各线段的透视长度之比等于直线段的长度之比；直线不平行于画面时，直线上各线段的透视长度之比，不等于直线段的实际长度之比，此时，可以根据画面平行线的透视特性，将直线的透视进行分割。

（一）分割水平线

如图 18-29 所示，已知水平线 AB 的透视 A^0B^0，若将直线 AB 分为五等分，各点透视的作图步骤如下：

（1）过 A^0 作一水平线，在该水平线上截取 5 个等分点 1、2、3、4、5，长度任意。

（2）连接 $5B^0$ 并延长，交视平线 $h-h$ 于辅助点 M。

（3）连接 $M1$、$M2$、$M3$、$M4$，各直线与 A^0B^0 的交点分别为等分点的透视 1^0、2^0、3^0、4^0。

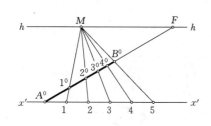

图 18-29　水平线的分割

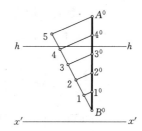

图 18-30　铅垂线的分割

（二）分割铅垂线

铅垂线是画面平行线，其透视长度之比等于直线的实际长度之比，分割铅垂线可在透视图中直接进行，如图 18-30 所示。

二、分割矩形

矩形对角线的交点是矩形的中心，利用这个关系可在透视图中将矩形分割。

（一）将矩形分割为两个全等的矩形

如图 18-31 所示，将矩形 $ABCD$ 竖向分割为两个全等的矩形，作图步骤如下：

（1）连接对角线 A^0D^0 和 B^0C^0，得到矩形对角线的交点 E^0。

（2）过 E^0 作竖直线，分别与 B^0D^0 和 A^0C^0 相交，即得到两个全等的小矩形。

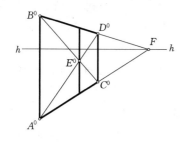

图 18-31　将矩形分割为两个全等的矩形

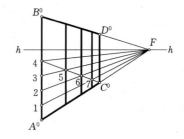

图 18-32　将矩形分割为四个全等的矩形

（二）将矩形分割为多个全等的矩形

利用一条对角线和一组平行线，可将矩形竖向分割为多个全等的矩形。如图 18-32 所示为将矩形分割为四个全等的矩形，作图步骤如下：

（1）在 A^0B^0 上，自点 A^0 截取 4 个等分点 1、2、3、4，长度适当。

（2）连接 $4C^0$，连接 $1F$、$2F$、$3F$、$4F$，这四条直线分别与 $4C^0$ 相交于三个点 5、6、7。

（3）过 5、6、7 分别作竖直线，即得到四个全等的小矩形。

三、连续作矩形

已知源矩形的透视，可以作出与源矩形等大的一系列连续的矩形。

（一）连续作等大的矩形

如图 18-33 所示，求作与 $A^0B^0C^0D^0$ 等大的连续矩形，作图步骤如下：

（1）作出 A^0B^0 的中点 K^0，连接 FK，FK^0 交 C^0D^0 于 1^0。

（2）连接 B^01^0 并延长，与 A^0F 相交于 E^0，过 E^0 作竖直线与 B^0F 相交于 G^0，$C^0D^0E^0G^0$ 即为第二个等大矩形的透视。

（3）同理，可连续作出其他一系列等大矩形的透视。

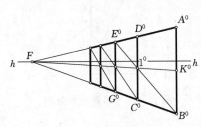

图 18-33　连续作等大的矩形　　　　图 18-34　用辅助灭点作等大的矩形

用辅助灭点也可以连续作等大的矩形，如图 18-34 所示，已知水平面上的矩形透视 $A^0B^0C^0D^0$，求作几个等大的连续矩形。延长对角线 A^0C^0 交视平线 $h-h$ 于辅助灭点 M，连接 D^0M，交 B^0F_2 于 E^0，连接 F_1E^0 并延长交 A^0F_2 于 G^0，$D^0C^0E^0G^0$ 即为第二个等大矩形的透视。同理，可连续作出其他一系列等大矩形的透视。

（二）连续作宽窄相间的矩形

如图 18-35 所示，已知两个宽窄相间的矩形的透视 $A^0B^0C^0D^0$ 和 $C^0D^0E^0G^0$，求作与这两个矩形等大的连续矩形，作图步骤如下：

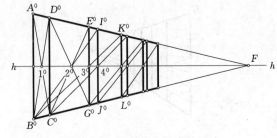

图 18-35　不等大矩形的延续

（1）连接矩形对角线，得交点 1^0、2^0，连接 1^02^0，交 E^0G^0 于 3^0。

（2）连接 B^02^0 并延长，交 A^0F 于 I^0，过 I^0 作竖直线，交 B^0F 于 J^0，$E^0G^0J^0I^0$ 为与 $A^0B^0C^0D^0$ 等大矩形的透视。

（3）延长 1^02^0，交 I^0J^0 于 4^0，连接 B^03^0 并延长，交 A^0F 于 K^0，过 K^0 作竖直线，交 B^0F 于 L^0，$I^0J^0L^0K^0$ 为与 $C^0D^0E^0G^0$ 等大矩形的透视。

（4）同理，可求出一系列宽窄相间矩形的透视。

四、放大

画建筑形体的透视时，有时灭点较远，作出的透视图太小，这时可将小透视图放大，放大倍数根据需要而定，如图 18 - 36 所示为将小透视图放大 3 倍。

任选一点 K 作为投射中心，过点 K 向小透视图上各主要顶点作射线，在射线上截取 3 倍的原长度，如连接 Ka 并延长，量取 $Ka^0 = 3Ka$；连接 KA 并延长，量取 $KA^0 = 3KA$；连接 Kb 并延长，量取 $Kb^0 = 3Kb$；连接 KB 并延长，量取 $KB^0 = 3KB \cdots$ 以此类推，作出各个顶点的透视。最后连接相应各个透视点，即为放大了 3 倍的透视图。放大后透视图上的各轮廓线与原透视图上的相应轮廓线互相平行。

点 K 可选在透视图外，如图 18 - 36 （a），也可选在透视图内，如图 18 - 36 （b），得到的放大效果一样。

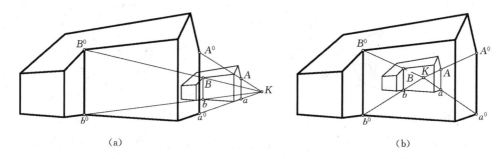

（a）　　　　　　　　　　　　　　（b）

图 18 - 36　放大效果

第五节　曲面立体的透视

在现代建筑设计中，曲面与曲面立体在建筑造型的运用日渐增多，恰当运用曲面与曲面立体对于丰富建筑体形与城市空间形态，具有积极的作用，因此，在掌握了平面建筑形体透视图画法的基础上，也应该学习曲面建筑形体透视的画法。

一、圆的透视

圆的透视根据圆平面与画面的相对位置不同，一般情况下可以得到圆或椭圆。

（一）平行于画面的圆的透视

当圆平行于画面时，其透视仍然是一个圆，圆的透视大小根据圆距离画面的远近而定。

如图 18 - 37 所示，圆 O_1、O_2、O_3 直径相等，且圆心的连线垂直于画面，圆心 O_1 位于画面上，其透视与自身重合。圆心 O_2、O_3 在画面后，它们的透视都是直径缩小的圆，作圆 O_2、O_3 的透视时，先作出两圆圆心的透视 o_2^0、o_3^0，然后分别连接 sb、sc，相交 $x-x$ 于 b_x、c_x 两点，最后分别以 o_2^0、o_3^0 为圆心，$o_{2x}b_x$、$o_{3x}c_x$ 为半径画圆即可。

（二）不平行于画面的圆的透视

当圆所在的平面不平行于画面时，其透视一般为椭圆。作图时先求出圆周外切正方形四边中点以及对角线与圆周四个交点的透视，然后依次光滑地连接起来，即为圆的透视。

如图 18 - 38 所示，基面上的圆 O 与正方形的切点为 A、B、C、D，与外切正方形两条对角线的交点为 1、2、3、4，圆 O 透视的作图步骤如下：

（1）作出圆外切正方形的透视，连接对角线，交点为圆心透视 o^0。

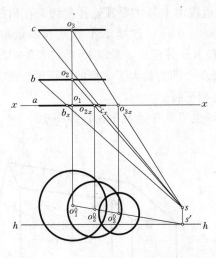

图 18-37　平行于画面的圆的透视

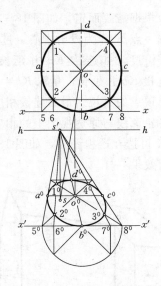

图 18-38　基面上圆的透视

（2）连接 $s'o^0$ 并延长交 $x'-x'$ 于 b^0，交其对边于 d^0；过 o^0 作 $x'-x'$ 的平行线，交 $s'5^0$ 于 a^0，交 $s'8^0$ 于 c^0。

（3）以 b^0 为圆心，圆周的半径为半径画半圆；过 b^0 向半圆引两条 45°线，过与半圆的交点作垂线，交 $x'-x'$ 于 6^0、7^0，连接 $s'6^0$、$s'7^0$，分别与对角线相交于 1^0、2^0、3^0、4^0。

（4）光滑连接 $a^0 2^0 b^0 3^0 c^0 4^0 d^0 1^0 a^0$，即为基面上圆的透视。

如图 18-39 所示为一铅垂圆的透视。作图时先作出铅垂圆外切正方形的透视，连接对角线，作出四个切点，再作出对角线上四个点的透视，然后依次光滑连接出铅垂圆的透视，作图方法与基面上圆的透视作图类似，不再赘述。

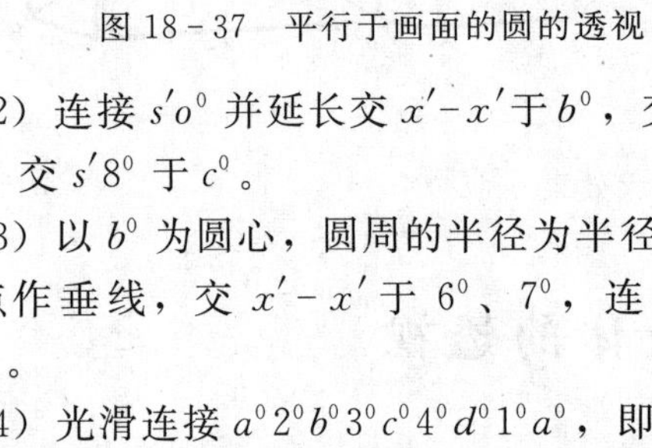

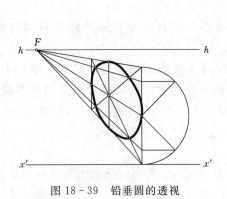

图 18-39　铅垂圆的透视

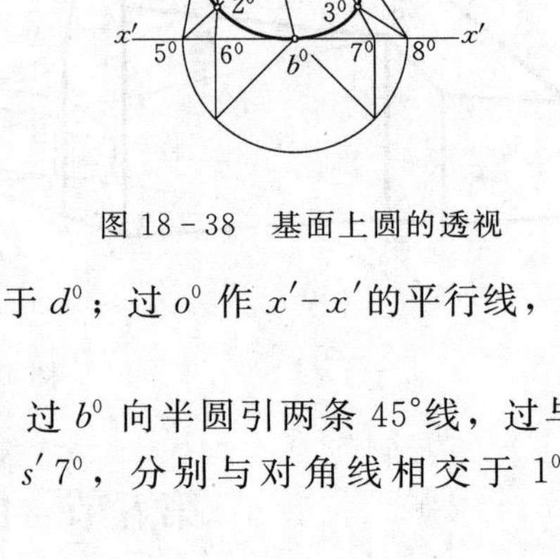

图 18-40　圆管的透视

二、圆柱的透视

作圆柱的透视，先画出两端底圆的透视，然后再作出两透视底圆的公切线。

图 18-40 所示为一圆管的透视，圆管的前表面圆周位于画面上，其透视就是它本身；

后表面圆周在画面后，且与画面平行，因此其透视是半径缩小的圆周，作图时先作圆心 O_2 的透视 o_2^0；然后作出后表面两同心圆的半径 $o_{2x}a_x$、$o_{2x}b_x$，分别以 $o_{2x}a_x$、$o_{2x}b_x$ 为半径画圆，得到后表面内、外圆周的透视；最后作出圆管前、后外圆周的切线，擦去不可见部分，即完成圆管的透视图。

图 18-41 所示为两个直径为 D、高度为 H 的圆柱的透视，图 18-41（a）中的主点 s' 位于圆柱的轴线上，图 18-41（b）中的主点 s' 偏离轴线较远。

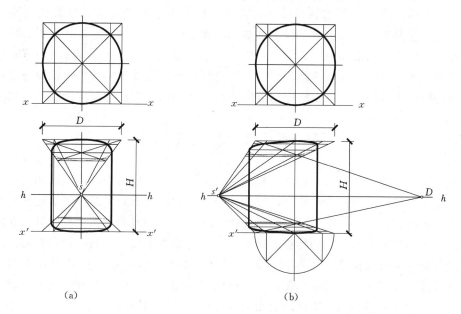

（a）   （b）

图 18-41　圆柱的透视

三、圆拱的透视

作圆拱的透视与作圆柱一样，主要是求作圆拱前、后表面圆弧的透视。

图 18-42 所示为圆拱门洞的透视，作出平面立体部分的透视图后，先作前表面半圆弧的外切正方形，得到透视圆弧上的三个点 1^0、3^0、5^0，再作正方形的两条对角线与半圆弧交点的透视 2^0、4^0，连接 $1^02^03^04^05^0$ 即为所求前表面半圆弧的透视；同理，作出后表面半圆弧的透视，最后加深加粗可见部分的作图结果即可。

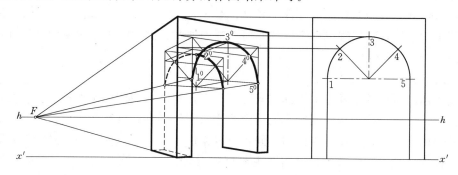

图 18-42　圆拱门的透视

第十九章 道路工程图

道路工程包括公路、城市道路、厂矿道路、机场跑道以及铁路工程等，城市道路是指城市（镇）范围内的供各类车辆行驶和行人出行的各类道路的总称，分为快速路、主干路、次干路、支路四类，是市政工程中重要的基础设施。城市（镇）以外主要供汽车行驶的道路称为公路，是国家和地区非常重要的交通基础设施，技术上分为高速公路和一级、二级、三级、四级公路共五个等级。道路上跨越河流或其他设施的结构物就是桥梁，跨径较小的结构物称为涵洞。本章主要介绍道路、桥梁和涵洞工程设计图的绘制和表达方法。

第一节 路线设计图

相对于其他土木工程而言，道路工程的特点是宽度和高度有限，但长度相对很长。因此道路工程具有线形工程的几何特征，或称为带状结构物，道路沿线在平面位置和高程上都有变化，因此道路的路线设计图与一般的建筑工程设计图或者机械工程设计图在制图表达上有所不同。根据道路工程的特点，用地形图作为路线平面图的底图，在原有地形、地物的基础上设计和绘制路线的平面图；沿着道路的中心线纵向剖开后的展开图作为立面图，据此设计和绘制路线的纵断面图；用道路的横断面图（道路中心线的法向断面）作为侧面图，设计和绘制道路的标准横断面图和沿线不同位置的横断面图。通过这三个方面的设计图，可以完整准确地表达道路工程实体在空间的位置、形状和尺寸。

一、路线平面图

道路平面设计常常受地形、地物以及水文地质等条件的影响和制约，也与道路网规划有密切关系，平面设计图的底图通常就是路线的带状地形图，正确识别地形、地物等地表特征和标志，是设计和绘制平面图的基础。道路平面图就是道路工程的几何特征在平面上的投影，反映道路的平面位置、形状和走向。平面图的表示有全宽表示和中线表示两种方法，全宽表示就是在中线两边按制图比例绘出全路幅的宽度，通常城市道路采用这种方式；中线表示就是只绘制道路的设计中线（也是路面的中心线），表示中心线的空间曲线在平面图上的投影，不表现道路宽度的几何特征，通常公路路线平面图采用这种方式。

（一）路线平面图的特点

1. 比例

路线平面图所用的带状地形图都有确定的比例，路线平面图的比例就是测绘的带状地形图的比例。由于公路工程不同于一般构件或建筑物，实际长度往往很长，因此平面图通常都用较小的比例，根据设计阶段的不同，可以采用1：10000～1：2000。由于重要的公路工程在前期要做可行性研究，平面图主要反映设计方案，比例可用1：10000；设计过程通常采用两阶段设计，第一阶段是初步设计，不作为施工的依据，采用1：5000左右的比例是合适的；第二阶段是施工图设计，是工程施工的依据，比例一般不宜小于1：2000，如有条件，采用 1∶1000 的比例反映设计更为精准。路线平面图就是以公路中心线为代表的一条连续、舒顺的粗实线。当路线有比较线时，比较线用同等宽度的虚线表示。对于高速公路或者一级公路，由于车道多，路基宽度通常为 20～45m，当比例合适时，可在中心线两侧平行绘出路基边线，这时中心线改用细的点画线表示。

2. 地形地貌

平坦地区的高程主要看高程点的标注，山区地形的高低起伏变化用等高线表示，等高距通常采用 1m、2m 等整米数，每隔四条等高线有一条计曲线，在计曲线的断开处标出5m 或 10m 整倍数的高程值。特殊地形如悬崖、陡坎等用规定的符号表示，路线平面图中常用地形、地物符号见表 19－1。

表 19－1　　　　　　　　　　　　道路设计常用地形图图例

名称	符号	名称	符号	名称	符号
房屋	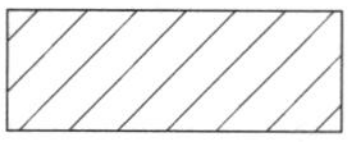	铁路		旱田	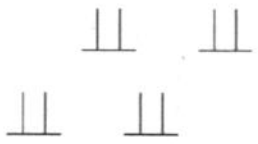
大车路		涵洞		果园	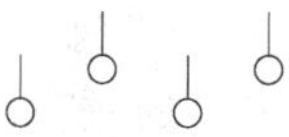
小路	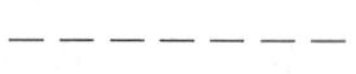	桥梁	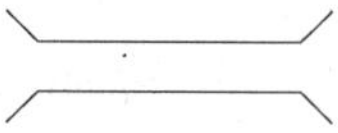	疏林	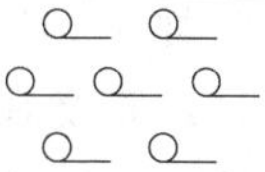
堤坝	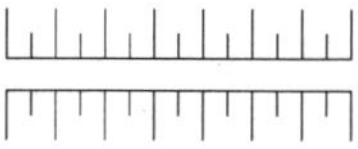	学校	 文	水稻田	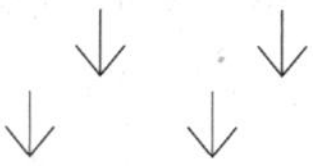
河流		工厂	 工	菜地	
渡口		篱笆		高压电力线 低压电力线	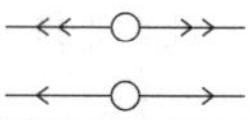

3. 图纸拼接

由于路线长度较长且可以按任意走向布线，因此道路平面图通常是由多张图纸拼接而成，如图 19－1 所示为平面图拼图的原理。绘制平面图时按照从左至右的里程顺序把路线放置在图纸的适当位置，根据路线布置确定指北方向（指北针）在图上的相应指向。相邻图纸的连接点应选在百米或十米整数的桩号位置，接图线采用细实线，画在本页路段的端部并垂直于设计路线。图纸右上角（角标）要注明图纸序号和平面图总张数，如标注"第3 张共 10 张"并写出路段起止桩号，也可在圆圈或方框中写 3/10 简单表示。角标用0.25mm 的细实线绘制。图纸还应绘制图标，道路工程图习惯的做法是在第一张图纸贴近图框线的底线绘制，在上方保持 10～12mm 的宽度用 0.7mm 的外框线通长绘制，内分线仍用 0.25mm 的线宽。

4. 指北标志与坐标网

每张地形图都应标有坐标或指北标志，坐标指的是测量学上的大地坐标，x、y 的值与数学坐标系正好相反，如在方格网交汇处标出整数型坐标值 $x=10200$，$y=50100$，是

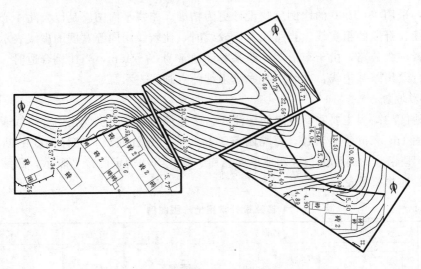

图 19-1　路线平面图拼图示意

指在设定的坐标网原点以北 10200m 的水平线（相当于数学上的 y 值）与原点以东 50100m 的垂直线（相当于数学上的 x 值）形成的交点。地形图上标注整数坐标交叉点时一般保持 5～10cm 的间距。在 AutoCAD 软件环境下利用电子版地形图进行平面图设计和绘图时，若要在数字地形图上确定一个点的位置 (x, y)，应先输 y 值，再输 x 值。地形图上的坐标网明确时可以不标指北标志。

（二）路线平面图的绘制

1. 平面图绘制的方法

路线平面图的绘制实际上就是在做道路的平面设计，具体设计思路和方法在专业课中介绍，此处仅简要说明一般的绘图过程。

绘制时首先从路线起点出发，确定道路的设计中心线位置，画出的是一条直线，当受到地形、地物等因素的限制，需要在前方某个地方设弯道改变方向时，则确定改变后的中线的方向和线位，画出第二条直线，与第一条直线的延伸线形成交点 JD，在 JD 设计平曲线，使设计的圆弧（转弯半径 R）与两边的直线相切，则圆弧段就是转弯部分的设计中线，依此类推，直至终点。根据交点间距、路线转角 α 和设计半径 R 等，计算每个弯道的切线长 T、曲线长度 L、外距 E 等几何要素，完成平面设计，如图 19-2（a）所示。绘制的公路路线平面图如图 19-3 所示。该图标也是道路设计图习惯采用的形式。当道路的平面设计只绘一条中线时，中线应加粗使线形设计清楚而醒目，直线上的切线段由于不是道路的设计中线，因此应保留细实线的画法，当绘制比例较大或道路等级较高（路基较宽）时，平面图可以按全宽绘制，如图 19-4 所示。

2. 平面图上的主要内容

首先是路线的设计中线，中线上应清楚地标注路线起终点（或分段）的位置和桩号、公里桩、百米桩、曲线特征点桩号，保留原地形图上的地名、地形、地物标志和三角点、导线点、水准点等测量标志，图上还应绘出曲线表，以列表或在交点附近绘制小方框的方式标出平曲线设计的一些几何要素，如交点编号 JD_1、转角 α、半径 R、缓和曲线长度

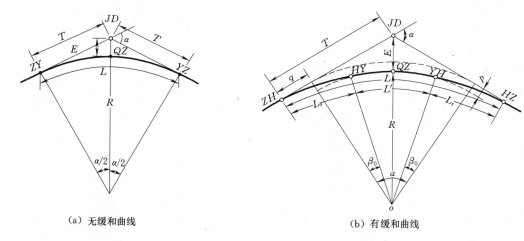

(a) 无缓和曲线	(b) 有缓和曲线

图 19 - 2 平曲线几何要素计算示意图

L_s、切线长度 T、曲线长度 L、外距 E 等。

3. 路线桩号

公路平面图代表路线的平面位置和线形,路线在水平面上的投影长度用里程或者叫桩号标注。道路里程从路线起点开始计算,在图纸上就是从左到右累加计算,终点桩号与起点桩号之差就是路线的总长度。注意这个里程的长度是按水平距离(投影在平面上的长度)计算的,不是上坡或者下坡的斜长,路线起点通常记为 K0＋000,以后的位置按照距起点的水平距离确定桩号,如 K5＋050、K16＋683。在一系列顺次排列的桩号中,若后面的桩号公里数不变,则写桩号时可省略整公里标注,如 K10＋000、＋150、＋200 等,其中 K0＋000、K10＋000 称为公里桩,在平面图上相应位置的横断面方向上用黑白圆圈画在路线的左侧,并标为 K0 或 K10;＋200 称为百米桩,在平面图中路线一侧相应位置横向画短细线,写数字 2,字头向上。路线起终点、公里桩、百米桩在平面图上通常是必须标注的点位。当平面图上有曲线设计(弯道)时,则应视图的清晰程度标出平曲线上的特征点,如 ZY、QZ、YZ,分别表示直圆点(直线与圆曲线的切点)、曲中点(圆曲线中点)、圆直点(圆曲线与直线的切点),如图 19 - 2 (a) 所示,ZH、HY、QZ、YH、HZ 分别称为直缓点、缓圆点、曲中点、圆缓点、缓直点,其中"缓"代表缓和曲线,是一种插在直线和圆曲线之间的曲率半径由 ∞→R 变化的过渡曲线,如图 19 - 2 (b) 所示。

(三) 城市道路平面图的特点

城市道路是指在城市(镇)范围内建造的道路,地形一般比较平坦,道路位置和红线宽度总体上由城市(镇)规划和交通规划确定,平面设计图有以下特点。

1. 平面图用全宽表示

由于城市道路的每个设计段相对于公路而言不是很长,而宽度(红线范围)比公路宽很多,而且路面划分及使用功能复杂,应采用较大的绘图比例,如 1：500～1：200,因此,道路平面图用全宽表示,平面图上除绘出道路中心线外,一般还需绘出机动车道、非机动车道、分隔带(绿化带)的宽度及公交停车站,如图 19 - 4 所示,另外城市道路中的

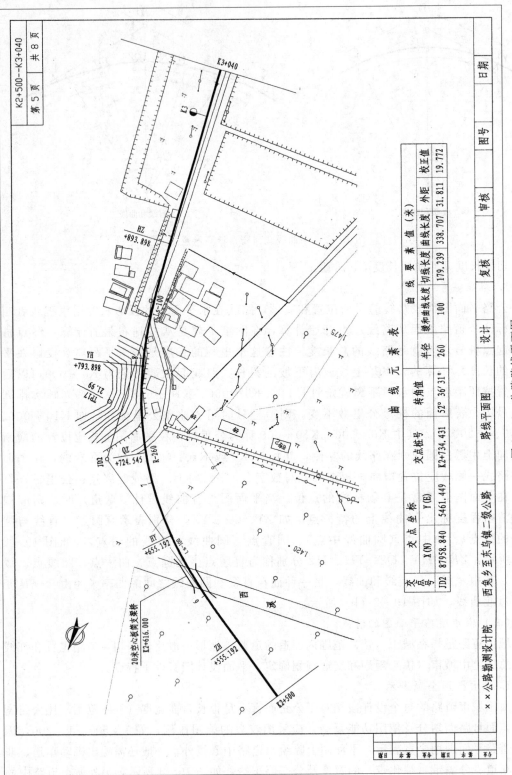

图 19-3　公路路线平面图

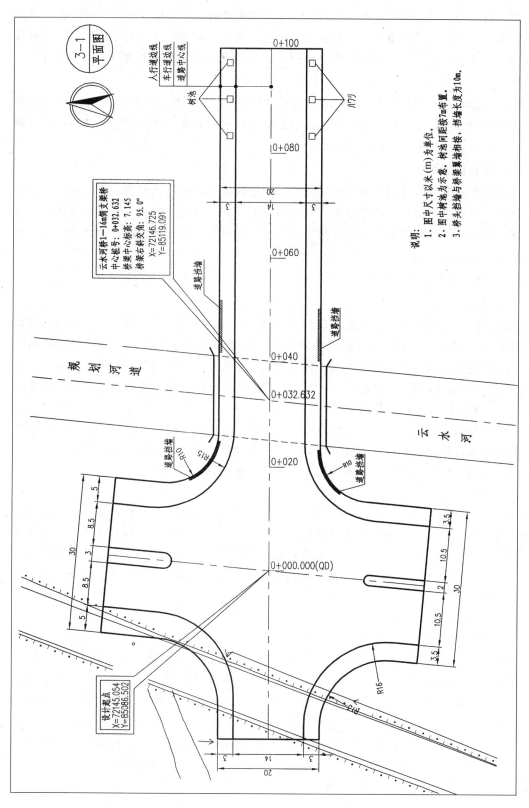

图 19－4　城市道路平面图

交叉口、行人过街斑马线及其他路面标线也应根据图纸的清晰程度在平面图或交叉口设计图中绘出。由于城市道路路面下分布有各种管线，因此，城市道路平面图也是绘制雨水管平面图、污水管平面图、电力电讯线平面图、煤气管道、供水管线平面图的底图。

2. 交叉口比较多

城市道路有较多的交叉口，范围也比较大，除了在平面图上将设计方案按比例绘制外，还需要单独绘制交叉口设计大样图，如果交叉口采用立交，还需绘制交叉口部分的路线平、纵、横设计图和跨线桥设计图。

二、路线纵断面图

从路线起点开始沿着道路的中线竖向剖开的断面就是道路的纵断面，纵断面图可以展示路线中线处的地形起伏、地质情况、设计道路的上、下坡度、坡长以及沿线桥涵等构造物概况，纵断面上设计线是连续的线形，按里程顺序从左至右分段绘制，因此全线通常由多张图纸连接而成。

（一）路线纵断面图的特点

1. 比例

纵断面图上横向表示道路长度（里程），纵向表示高程（标高），由于路线标高的变化幅度比长度小很多，为了在设计时更清晰地显示和掌握沿线的地形变化特征，在绘图时纵、横向采用不同的比例，通常纵向比横向的比例放大 10 倍，横向（里程方向）采用1：5000～1：1000，纵向（标高）采用 1：500～1：100。施工图设计通常采用横向1：2000，纵向 1：200 的比例绘制。

当纵向按放大 10 倍绘图时，如果路线设计坡度为 2％，在图上绘出的是 20％的坡度线。在不同坡度线相交形成的变坡点处，应设置竖曲线，当采用圆弧形竖曲线时，由于水平方向和垂直方向比例不同，竖曲线应绘制成类似椭圆形的光滑曲线。

2. 上图下表的结构

路线纵断面图如图 19-5 所示，大体上是上图下表的结构。设计图是重点，图上主要是两条线，一条是表示道路中线处地形形态的地面线，是通过测量中线各个点的高程绘制的，地面上两个点绘制一段地面线，因此地面线通常是一条折线；另一条是表示道路建筑高度（标高）的设计线。设计线由直坡线和竖曲线组成，竖曲线是圆弧线，可以消除不同坡度线相交形成的突变，有利于行车的平稳和舒适。

（二）路线纵断面图的绘制

1. 地面线

地面线应是清晰的实线，线型宽度宜小于设计线，根据在中线上选定的点位（桩号）和相应的地面高程绘制，一个桩号对应一个高程点，桩号之间认为是直线变化，地面线是由一系列高程点连成的折线。注意桩号和标高采用不同的比例。由于地面线是表示道路中心线处的原地表形态，所以中线上地形变化的特征点，如最高点、最低点、坡度变化点是必选的位置（桩号），对于地形比较复杂、高程变化比较大的地形，特别要注意忽略那些小的变化，反映主要变化，同时间距宜取得小一些，地形平坦时间距可大些。间距越小，反映地形的精度就越高，但工作量越大。

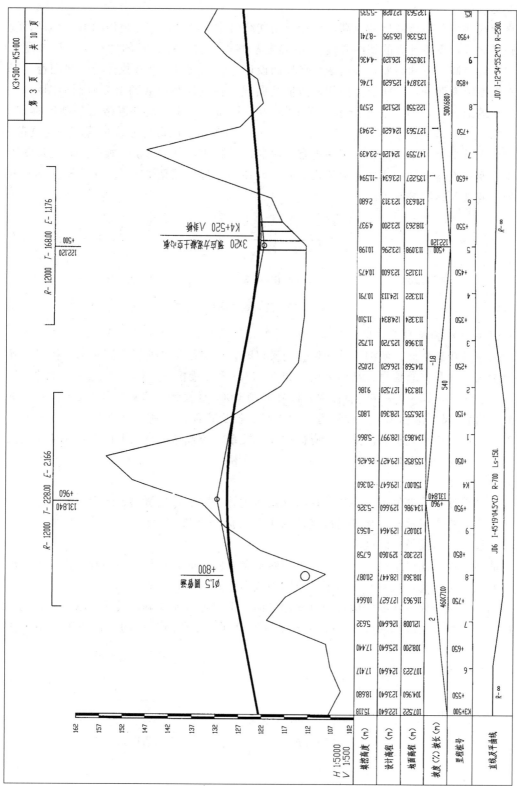

图 19 - 5　路线纵断面图

2. 设 计 线

设计线代表公路建成后的标高，设计线用连续的实线绘制，应比地面线醒目。设计线如果是竖曲线，应按计算的切线长度 T 值确定起终点位置，按计算的外距 E（从坡度线交叉点至设计高程点的高差）确定变坡点处的设计标高，三点之间连成光滑曲线即可。竖曲线在形态上有两种，即凹形竖曲线和凸形竖曲线，在设计竖曲线的上方应画简图示出，注意简图的形态，如图 19－6 所示，其中图 19－6（a）、（b）是《道路工程制图标准》（GB 50162－9）规定的表示方法，而图 19－6（c）所表示的凸形竖曲线尽管不符合规范，却是设计人员早期采用的方法，现在仍有人习惯这样制图，也不为错。画简图时注意图的起终点、变坡点与设计竖曲线上下位置对齐，并在图上标出几何要素 R、T、E 以及变坡点桩号、变坡点标高等内容。

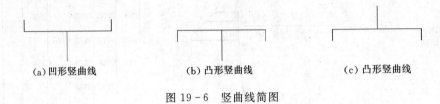

(a) 凹形竖曲线   (b) 凸形竖曲线   (c) 凸形竖曲线

图 19－6 竖曲线简图

3. 沿线结构物及交叉口

当道路沿线有桥梁、涵洞、立交桥、交叉口时，应将结构或交叉道路示出。桥梁和涵洞主要标出结构的中心桩号、结构类型，如 3－13m 简支梁桥/K9＋558（三跨梁桥的中心桩号），或 φ1.5/K10＋083（代表在中心桩号 K10＋083 处设计一道规格是 1.5m 内径的圆管涵），平面交叉口应标出交与设计道路的桩号、被交道路的名称，并在下方的表中"平曲线"一栏中相应位置示意。立交时应标注标高关系，应按净高在图上标出相应结构的范围和标高，同时附以简要文字说明，如×××立交桥。

4. 表格部分

纵断面设计图下方的表，主要反映与纵断面设计有关的地质资料、地面标高、路线里程和平面线形等资料，同时将纵断面设计的主要指标和结果列表示出，如坡度/坡长，相应桩号的设计标高及填挖高度等。

平曲线在表内用简图的方式表示，平面线形是直线段时，在栏内中间画水平线。当出现左转弯或右转弯时，从水平线向下画成凹槽或向上画成凸台，如图 19－7 所示。垂直向下（或向上）画线代表直线—圆弧—直线的平面线形设计，两端画斜线的图示代表直线—缓和曲线—圆曲线—缓和曲线—直线的平面线形设计。平曲线简图的上面或下面可标注

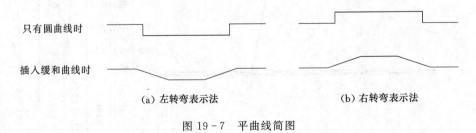

只有圆曲线时

插入缓和曲线时

(a) 左转弯表示法   (b) 右转弯表示法

图 19－7 平曲线简图

如：JD_8（代表第八个交点）、$\alpha_y = 23°13'$（代表右转角）、$R = 300$（圆弧的半径）等内容，有缓和曲线时增加 $L_s = 60$（表示两端设计的缓和曲线长度为60m）等内容。

5. 注意事项

绘图时应首先确定纵、横向绘图比例，画出左侧竖向标尺和横向标尺，按比例确定高程和里程的位置。画地面线时切记是点与点的直线连接，不要画成曲线或波浪线。在纵断面上设有涵洞的地方，通常在设计线下方贴近地面线的地方画一个圆圈代表涵洞的位置，并不说明一定是管涵，也可能是矩形盖板涵或拱涵，由结构图详细反映。至于坡度、坡长、竖曲线等设计的问题以后在专业课中会进一步学习。由于设计软件的普及，许多设计方面的做法已作为一种模式被固定下来。纵断面图的图标、角标与平面图要求相同。

（三）城市道路纵断面图的特点

城市道路纵断面图的表达与公路纵断面图类似，主要特点是：

（1）纵向按 1∶50～1∶100 制图，横向按 1∶500～1∶1000 制图，必要时纵向的绘图比例可按横向比例放大20倍，主要是考虑到地形平坦相对高差较小，适当增大放大倍数，可以更直观地反映地形的高低走向，便于判断坡度方向和排水方向。

（2）坡度通常较缓，一般为 0.3%～3.0%。当城市道路在交叉口立交时，由于机动车道与非机动车道的设计净高不同，在下穿立交桥时会有不同的设计标高，机动车道是一条设计线，非机动车道是另外一条设计线，即同一路段有两条设计线。

（3）城市道路纵断面设计线以包线为主，即设计线通常只是略高于地面线，以便于道路两侧的建筑物向道路下埋设的排水管道排水，也便于设计道路与两侧相邻建筑物地坪标高的平缓衔接。

（4）表格部分。下方的表中通常列有路面标高，就是对应桩号的中心线设计标高，同时增列路基标高，是路面标高减去路面厚度的标高。

三、路线横断面图

横断面图是以道路中线为基点做的横向剖面（弯道上就是路线的法向断面），表示道路路基宽度、边沟、边坡等形状和几何尺寸，也是道路横向施工放样以及建设征地的依据，是道路设计的一个重要方面。

横断面设计，通常要绘制两类横断面图：一类是标准横断面，表示路基、路面的设计标准，如车道数、车道宽度，并不反映道路具体位置的横断面设计情况，只说明横断面的基本要求。如图 19-8 所示为一条高速公路的标准横断面图，是根据公路技术标准的规定，如路面宽度、路基宽度等要求结合地形特征绘制的，表示填方路段的设计方案。当设计路面低于地面线时，还应绘出挖方路段的标准横断面图。

另一类是路线横断面设计图，表示沿线路基与原有地形的处理方式，如填方或者挖方以及填挖高度，并据此计算填挖面积和路基土石方工程量。道路的横向断面选择是无限多的，设计时沿着道路中线的前进方向在纵断面图上已经作为地形变化特征点指定过的位置作为选择的断面，绘出路线左右两侧的地面线，根据路基设计方案，再绘出每个断面的设计线。路线的前进方向是指从路线设计起点延伸到终点的方向，是设计确定的方向，也是平面、纵断面、横断面里程桩号的排列方向。如图 19-9 所示为一条普通公路（没有中央

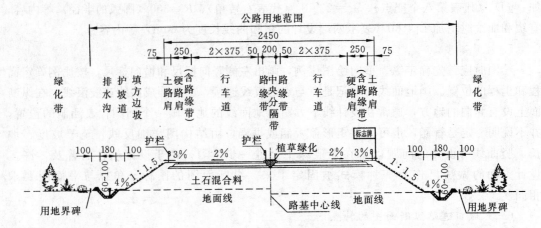

图 19 - 8　公路路基标准横断面图

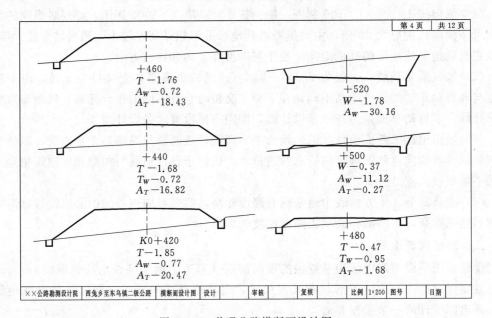

图 19 - 9　普通公路横断面设计图

分隔带）的路线横断面设计图。

（一）路线横断面图的特点

1. 比例

比例通常采用1∶200，也可采用更大一些的比例，垂直方向与水平方向比例一致。

2. 图面布置

横断面应从下向上从左向右排列，上下断面的中心线要对齐，上下断面之间要预留适当空间便于绘制路基设计线和标注有关数据。

（二）路线横断面图的绘制

（1）绘制地面线。地面线的数据来自测量数据或者从地形图上采集，以中线桩号的地面标高为基点，分别向左向右测量、记录地形的变化，并据此绘制横断面地面线，范围要比设计所需的宽度稍宽，特别是高填方和深挖方断面，测量和绘图宽度要更宽一些。

（2）设计断面。由于纵断面图上设计标高与地面标高的关系已经确定，即每个断面在中线处的填挖高度（用 T 或 W 表示）是确定的，因此在横断面图上通常有填方（路堤）、挖方（路堑）或半填半挖三种断面形式。填方边坡通常按填土方设计，边坡坡度采用 1：1.5，挖方边坡的坡度选择范围较大，主要取决于土质或岩石的坚硬程度，坚硬岩石取为 1：0.3 左右，风化岩层要缓一些，土质边坡应更缓一些，不同土质可分层采用不同的边坡坡度，坡度变化处还可以设计成台阶形式，路基设计线应交于地面线。

（3）路基顶面通常画成直线，即忽略路拱横坡度，有超高时画成倾斜的直线顶面。对于高速和一级公路，由于路面厚度在横断面所占比例较大，为了提高计算路基土石方的精确度，应按路面横坡度绘图并绘出路面厚度，此时路基填挖方面积应考虑路面横断面面积的影响，绘图方法可参照图 19-10。

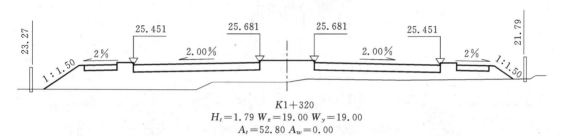

$$K1+320$$
$$H_t = 1.79 \quad W_z = 19.00 \quad W_y = 19.00$$
$$A_t = 52.80 \quad A_w = 0.00$$

图 19-10　城市道路横断面设计图

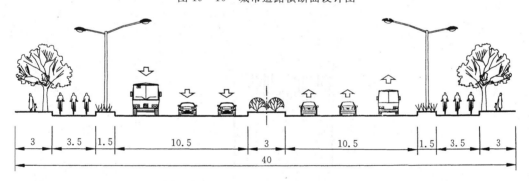

图 19-11　城市道路标准横断面图

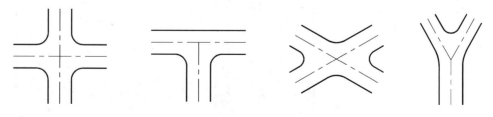

图 19-12　平面交叉口型式

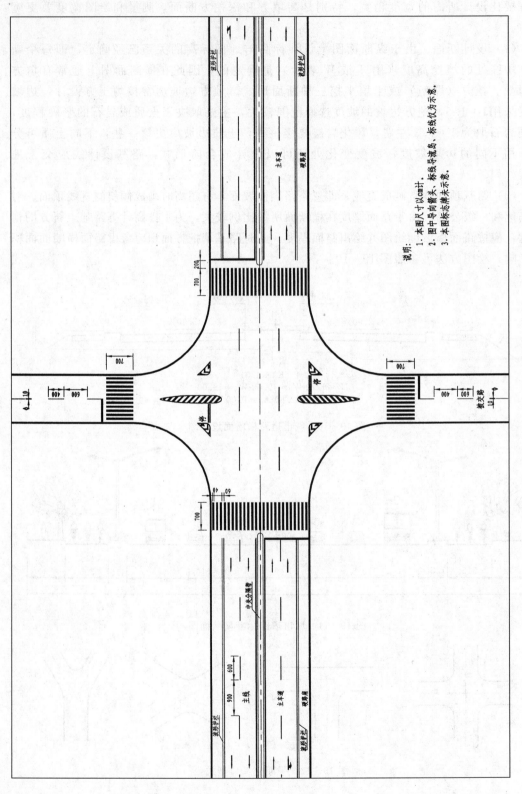

图 19－13　道路的平面交叉口方案设计图

（4）绘图时设计的断面线应比地面线稍粗，道路两边的边沟应按设计形状和尺寸绘制。

（5）横断面图设计的成果之一就是计算每个断面的填方面积、挖方面积并标在图上，如 A_T、A_W，作为计算全线路基土石方数量的基础数据。横断面图上的图标、角标与平面图要求相同。

（三）城市道路横断面图的特点

城市道路横断面图也有两种：一是标准横断面图，如图 19-11 所示，主要表示红线宽度、道路分幅、各路幅的宽度及车道的划分，灯柱（以示意为主），分隔带（绿化带）等，绘图比例一般采用 1：100～1：200。二是横断面设计图，图 19-10 所示，横断面设计图断面排列与公路横断面图的做法一样，也是按每个桩号分别绘制横断面地面线（现状图），如是原有旧路，应写字标出或说明。绘图时应注意以下几点：

（1）设计线应按道路顶面线进行绘制，不同于公路横断面设计图绘制的直线，即按照设计宽度，路面横坡度、路面厚度以及分隔带宽度、形状等实际构造绘制，设计线与地面线围起来的填方面积包含了路面横断面的面积，计算路基土方数量时应扣除，图 19-10 中只画了一个断面，整体布置与图 19-9 相同。

（2）城市道路设计时有较多的平面交叉口，交叉口部分的道路有单独的交叉口设计，可不再绘制横断面设计图和计算土石方工程量。

四、道路交叉口设计图

道路与道路相交形成了交叉口，交叉口的设计分为平面交叉和立体交叉两种。平面交叉是各条道路通过一个共同的道路平面区域，立体交叉是在一个共同的空间内按不同标高分别设置车道，使各个方向的车流量能各行其道互不影响。

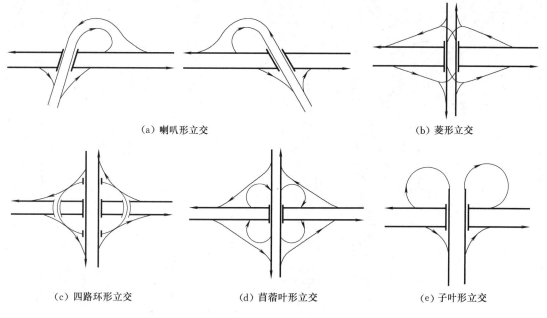

(a) 喇叭形立交   (b) 菱形立交

(c) 四路环形立交   (d) 苜蓿叶形立交   (e) 子叶形立交

图 19-14 立体交叉常见的设计方案

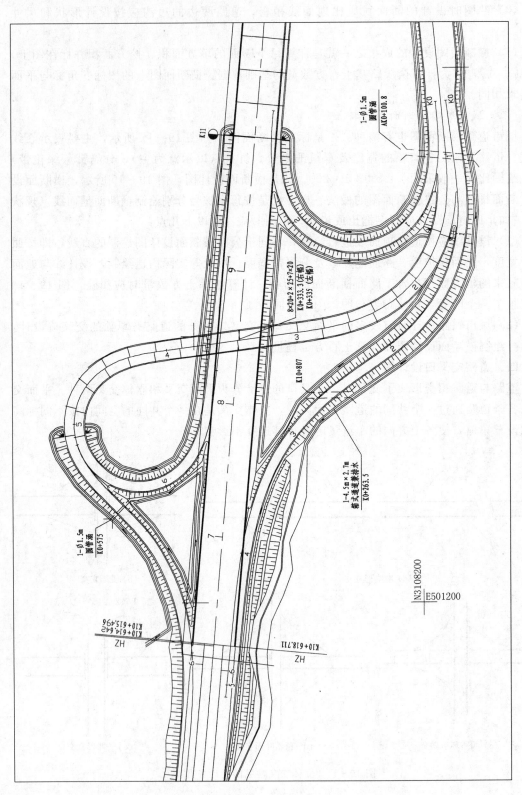

图 19 – 15　喇叭形立交设计图

（一）平面交叉

常见的平面交叉口几何型式有十字形、X形、T形、Y形和错位交叉以及五个路口以上形成的复合形交叉等，如图19-12所示。

平面交叉口设计，除了在路线平面图中表示外，还应当单独绘制交叉口平面图，比例适当放大，并用桩号或距离示出各个路口的边界或范围，也就是划定交叉口的设计范围（也是以后的施工范围）。如图19-13所示为一条道路的平面交叉口方案设计图，兼有路面交通标线的内容。城市道路中的交叉口往往范围较大，需要画出平面交叉口立面设计图，绘图范围与交叉口平面图范围对应，用等高线绘出交叉口的高程分布（等高线的等高距一般为2~10cm）以及与路段的过渡和衔接，并确定交叉口范围排水的方向，也是设计交叉口范围内雨水口位置的依据。交叉口设计还可绘制交叉口交通组织图、交叉口交通流量图、交叉口视距分析图、交叉口横断面图等。

（二）立体交叉

立体交叉类型很多，从不同的角度有不同的分类和名称，比如从层数上可分为二层、三层、多层立交；从有无匝道连接不同方向的道路可分为分离式立交和互通式立交。当公路、城市道路与铁路相交时，应设计为分离式立交，公路、城市道路需要互通时可设计成互通式立交，不需互通时可设计成分离式立交。

分离式立交在设计的表达上是道路与桥梁的综合设计，由相交道路的设计图和跨线桥梁设计图组成。互通式立交首先是方案设计，以平面图表达，然后做相交道路的设计图，特别是要补充匝道的设计图以及立交区内的桥梁设计图。根据几何造型的不同，常见的设计方案有喇叭形立交、菱形立交、（半）苜蓿叶形立交、环形立交、（半）定向型立交等，如图19-14所示。

立体交叉的总体设计和细部设计都应表达清楚，因此内容很多，但基本上都是路线设计和桥梁设计的集成，不再详述。图19-15是喇叭形立交的一个设计示例。

从以上的设计图可以看出，道路工程设计图（包括立交），长度以米或厘米为基本单位，里程桩号用了公里和米两种单位，面积以平方米为单位，标高仍以米为单位。

第二节　桥 涵 设 计 图

桥梁是各类道路工程中常见的构造物，除跨越河流、山谷外，现在还常常跨越相交道路或者其他的设施，不论是公路桥梁、城市桥梁还是铁路桥梁，在绘图方法上基本相同。

现代桥梁已经较少采用砖石材料作为桥梁的建筑材料，在山区有时候还会采用天然石料作为拱桥的建造材料，并用砂浆黏结成一个坚固的受力整体。钢筋混凝土结构是现代桥梁建造中广泛采用的建筑材料，实际上是两种材料组成的复合材料，钢材可用于建造钢桥，属于钢结构，本章不再涉及。无论采用何种材料，工程设计图上对材料的种类、规格、桥梁的形状、位置、尺寸都要表达清楚，才能方便施工人员正确操作。

桥梁按照受力特点的不同一般分为五大类7种结构型式：梁式桥（有简支梁、连续梁、悬臂梁等）、拱式桥、刚构桥、斜拉桥、悬索桥（也叫吊桥），如图19-16所示。

桥梁通常分为上部结构和下部结构，梁、拱、塔、索以及桥面属于上部结构，支座以

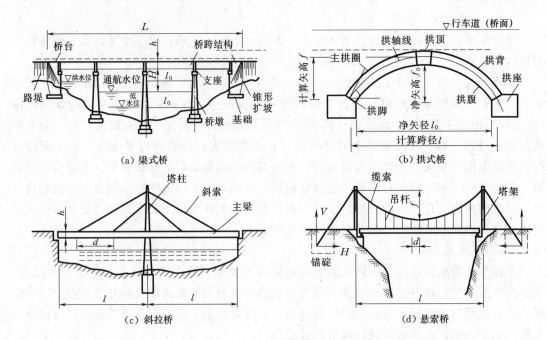

图 19-16　常见桥梁的结构型式

下的部分属于下部结构，桥梁两端与道路连接的下部结构称为桥台，两个桥台之间的下部
结构称为桥墩，单孔桥只有桥台没有桥墩。刚构桥不设支座，是上、下部连为一体的。由
于钢筋混凝土结构是目前桥梁建筑的主要结构类型，本节主要介绍钢筋混凝土结构桥梁设
计图的一般要求和画法。

　　桥梁总体设计图通常包括桥位平面图（把绘有桥位的道路平面图放在桥梁设计图中就
是桥位平面图）、桥位地质断面图和桥梁总体布置图。总体布置图表示桥梁的全貌和主要
的设计参数，如位置（用桩号表示）、结构、跨径、孔数、桥梁墩台的主要尺寸及标高等，
由立面图、平面图和剖面图表示，比例根据图幅和桥梁的大小确定，如图 19-17 所示。
在桥涵设计图中长度以厘米为单位，钢筋直径以毫米为单位，标高仍以米为单位。

一、桥梁总体布置图

1. 立面图

　　桥梁的立面图，通常以半立面图和半剖面图组合而成，前一半按立面图绘制，反映外
观线形及几何关系；中心线桩号以后的后一半按纵向剖面图表达，以路线（桥梁）中心线
作为剖面的位置，反应剖面处的桥梁实体形状和几何尺寸，剖到的断面应采用画斜线的
阴影表示，如图示内容繁杂，栏杆可画成轮廓线或者不画，在单独的栏杆设计图中详
细表示，如图 19-17 所示为一个单孔桥，结构比较简单，画的是完整的立面图，没有
做剖面。

2. 平面图

　　平面图通常也是由半平面图和半剖面图组合而成。左半部分显示桥面和锥形护坡、栏
杆等外观物体的位置和尺寸，右半部分显示去掉支座及梁板后墩台和基础的俯视图。

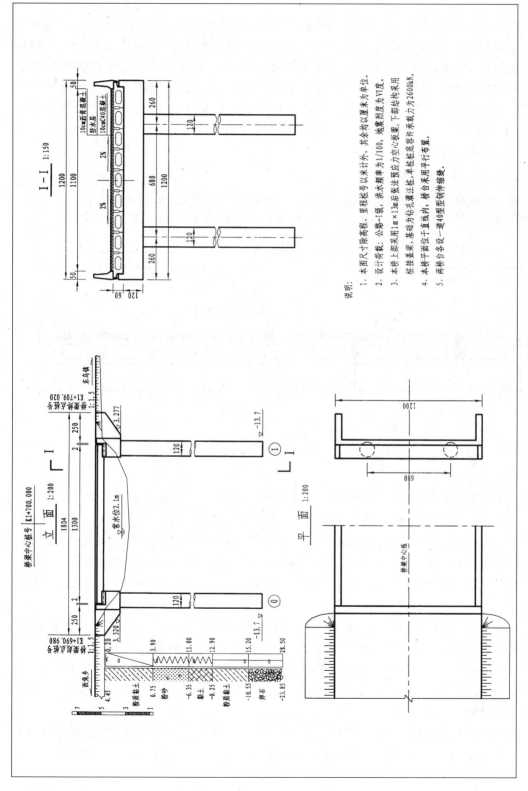

图 19－17 桥梁总体布置图

说明:

1. 本图尺寸除高程、里程桩号以米计外, 其余均以厘米为单位.
2. 设计荷载: 公路-I级, 洪水频率为1/100, 地震烈度为Ⅵ度.
3. 本桥上部采用1m×13m后张法预应力空心板梁, 下部结构采用桩接盖梁, 基础为钻孔灌注桩.单桩桩底容许承载力为2600kN.
4. 本桥平面位于直线内, 桥台采用平行布置.
5. 两桥台各设一道40型钢伸缩缝.

3. 剖面图

剖面图通常也是按 1/2 桥墩一侧的剖面图和 1/2 桥台一侧的剖面图组成，也可以分别绘制两幅完整的剖面图，复杂的大桥可以绘制多幅不同位置的剖面图。剖面图主要反映桥梁横断面的组成情况，包括桥面、梁板、盖梁、墩台及基础等部分的构造、相对位置和主要尺寸。需要说明的是，设计人员为了使结构细部形状和尺寸看得更清楚，剖面图可以采用稍大一些的比例绘制，这时不必再苛求符合绘图规则的"高、平、齐"。

二、桥梁上部结构设计图

1. 桥梁标准横断面图

桥梁标准横断面图也叫横断面布置图，说明桥梁的建筑宽度，梁板的宽度及梁板的横向排列数量，栏杆的位置及宽度，桥面材料及桥面横坡度等，如图 19-18 所示。

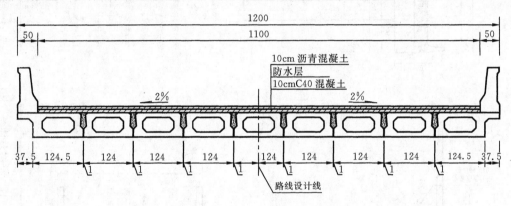

图 19-18　桥梁标准横断面图

2. 梁板构造图

桥梁的桥跨部分主要是墩台之间的梁或板，厚度较小的扁平截面习惯称为板，厚（高）度加大的截面习惯称为梁，因为在受力体系上属于同一类，所以统称为梁板或者板梁，通常跨径较小的结构以板类截面为主，跨径较大的结构以梁为主，都是钢筋混凝土或预应力钢筋混凝土结构。梁式桥（包括板桥）在截面型式上具有多种不同的构造类型，常见的有空心板、T 梁、箱梁等类型，在绘图时应标明构件尺寸、钢筋编号及布置、材料要求等。

板或梁的一般构造图，由立面图、平面图和断面图组成，必要时再配以钢筋构造图，钢筋构造图应置于一般构造图之后，如图 19-19、图 19-20 所示。

在一般构造图中，外轮廓线应以粗实线表示，钢筋构造图中的轮廓线应以细实线表示，钢筋应以粗实线的单线条或实心黑圆点表示。梁的构造如果中线两边对称时，通常只画左半段即可。

常见的简支梁板都采用标准跨径，设计上有各种标准跨径的设计通用图，由于桥梁可以有 0°～45°的不同斜度，所以要注意通用图纸上的斜度、斜向与设计工程往往是不一致的，施工时要根据总体布置图进行调整。

三、桥梁下部结构设计图

1. 墩（台）构造图

桥墩和桥台包括基础的构造型式有多种，表达方式基本相同，通常由立面图（或称纵向剖面图）、平面图和侧面图表示。对于桥台的侧面图，必要时可按桥台正面图（正对河流的一面）和桥台背面图分别表示或各画 1/2 合成表示。如图 19 – 21 所示为埋置式桥台的一般构造图，如图 19 – 22 所示为桥台盖梁钢筋构造图。

2. 基础设计图

如图 19 – 23 所示为桥台桩基础的钢筋构造图。

3. 圬工砌体、附属结构设计图

砖石和素混凝土结构，习惯称为圬工结构，用于建造桥梁基础或者墩台，设计图应在适当位置用图例表示出所用材料，当材料图例不便绘制时可采用引出线标注材料名称及配合比，如标注"管间 1∶3 砂浆填充"。桥台两侧的锥坡、台前护坡、连接的路基边坡，应画出示坡线。

当桥墩采用带有曲面的大体积圬工结构时，曲面可采用疏密不等的直线表示。桥梁的支座、伸缩缝、桥面铺装、栏杆等均可绘制大样图表示。

桥梁设计图纸的组成无具体规定，上面列举的是主要图纸，以把每个细部都设计和标注清楚为标准，如果是设计的前期工作（如可行性研究和初步设计），则完成方案设计的主要图纸即可。

四、涵洞设计图

涵洞是道路工程中一种小型的排水构造物，一般跨径比涵洞的横向或者斜向的涵洞长度要小很多，多数涵洞在构造上与同类桥梁类似，如盖板涵、拱涵，根据 JTG B01—2014《公路工程技术标准》的规定：单孔跨径不足 5m 的称为涵洞，通常有 0.75m、1.0m、1.25m、1.5m、2.0m、2.5m、3.0m、4.0m 等标准跨径，另外采用圆形或者方形截面的排水构造物不论单孔或者多孔也都是属于涵洞，分别称为圆管涵或者箱涵。

涵洞在构造上一般分为基础、洞身、洞口三部分，涵洞的类型是由洞身的类型命名的。洞口在构造上有不同型式，主要起引导水流、防护基础和洞身的作用。由于道路工程中涵洞的数量比桥梁要多，且技术上相对简单一些，因此涵洞设计图往往把同种类型的涵洞设计为一种通用图式，辅以表格表示不同斜度和对应的不同设计参数，再列表表示不同位置（桩号）的涵洞结构类型、斜度、涵长等内容，能减少制图的工作量但不影响理解和识图。如图 19 – 24 所示为正交圆管涵的一般布置图。涵洞也应分别绘制基础、洞身、洞口的局部构造图。

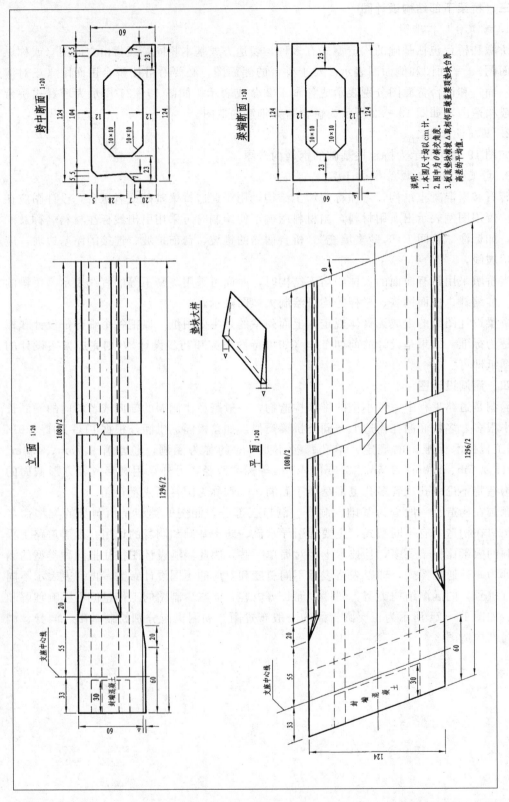

图 19 - 19　空心板中板一般构造图

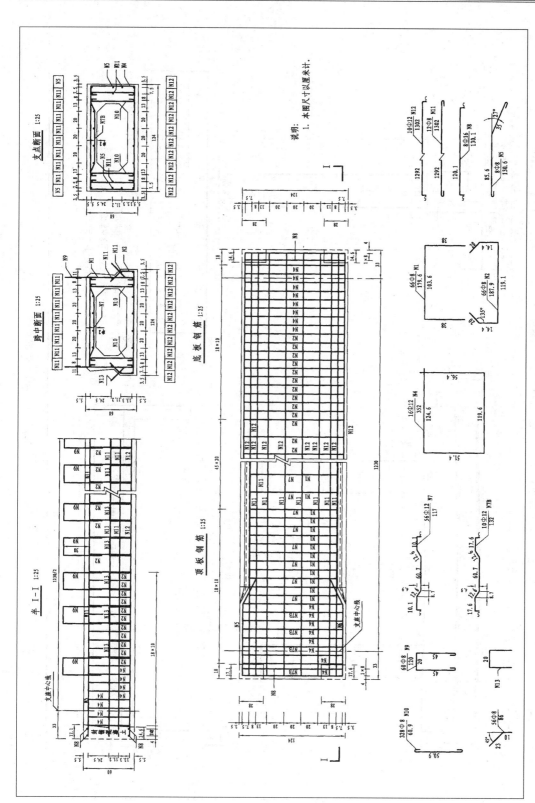

图 19－20 空心板中板普通钢筋构造图

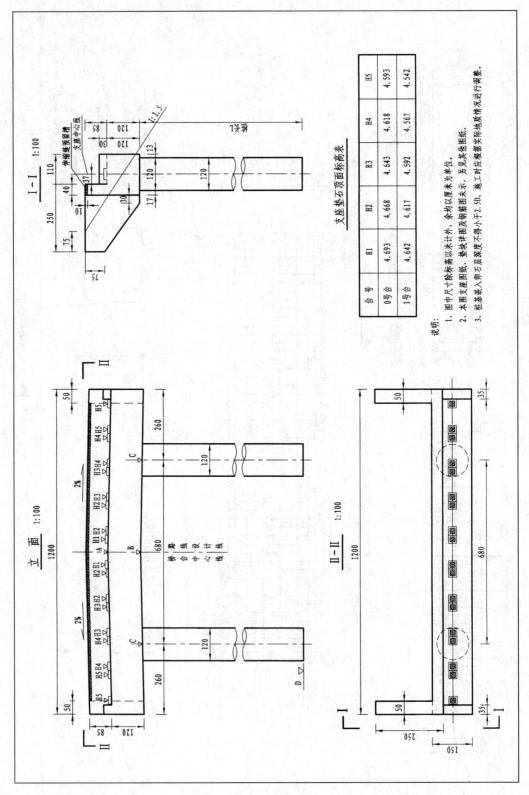

支座垫石顶面标高表

台 号	H1	H2	H3	H4	H5
0号台	4.693	4.668	4.643	4.618	4.593
1号台	4.642	4.617	4.592	4.567	4.542

说明：
1. 图中尺寸除标高以米计外，余均以厘米为单位。
2. 本图支建图纸、墩块详图及钢筋图未示，另见其他图纸。
3. 桩基嵌入卵石层深度不得小于2.5D，施工时应根据实际地质情况进行调整。

图19－21　埋置式桥台的一般构造图

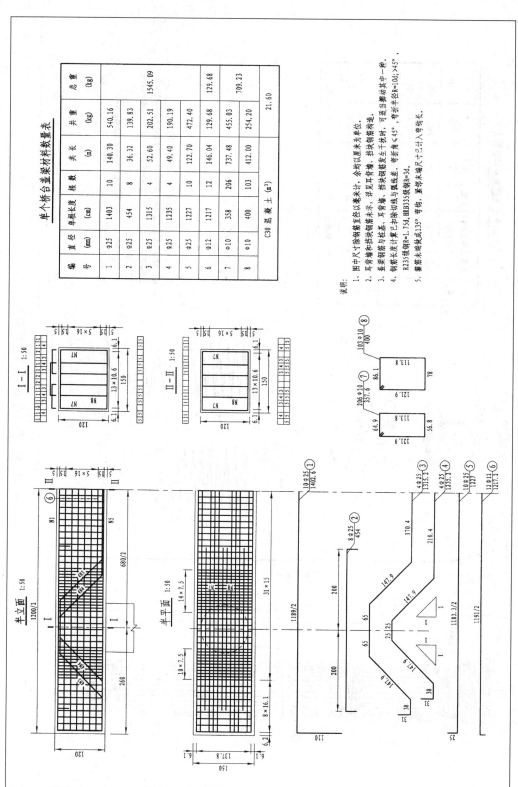

图 19-22 桥台盖梁钢筋构造图

单个桥台盖梁材料数量表

梁号	直径 (mm)	单根长度 (cm)	根数	共长 (m)	共重 (kg)	总重 (kg)
1	Φ25	1403	10	140.30	540.16	1545.09
2	Φ25	454	8	36.32	139.83	
3	Φ25	1315	4	52.60	202.51	
4	Φ25	1235	4	49.40	190.19	
5	Φ25	1227	10	122.70	472.40	129.68
6	Φ12	1217	12	146.04	129.68	
7	Φ10	358	206	737.48	455.03	709.23
8	Φ10	400	103	412.00	254.20	
C30 混凝土 (m³)						21.60

说明:
1. 图中尺寸除钢筋直径以毫米计,余均以厘米为单位。
2. 耳背墙和挡块钢筋未示,详见耳背墙、挡块钢筋构造。
3. 盖梁钢筋与桩基、耳背墙、挡块钢筋放生干扰时,可适当撬动其中一根。
4. 钢筋长度计算已扣除钢筋弯曲与成线差。弯折角<45°,弯折半径R=10d;>45°,R235级钢R=1.75d,HRB335级钢R=3d。
5. 箍筋末端弯成135°弯钩,紧邻末端尺寸已计入弯钩长。

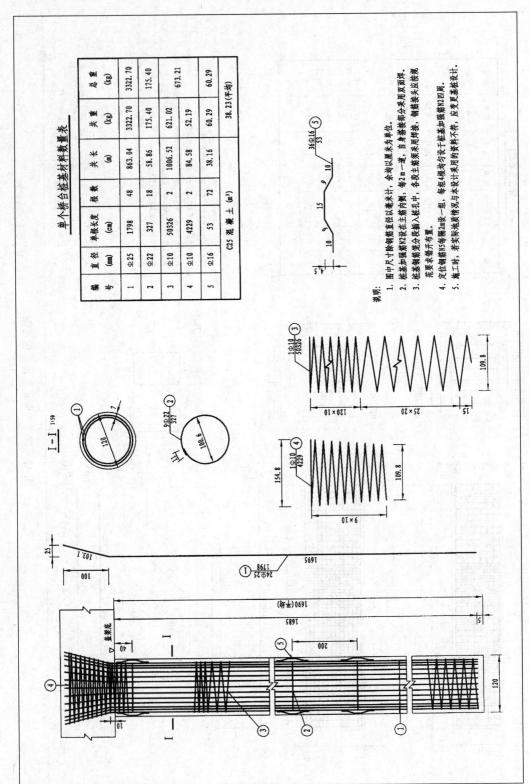

单个桥台桩基材料数量表

编号	直径(mm)	单根长度(cm)	根数	共长(m)	共重(kg)	总重(kg)
1	Φ25	1798	48	863.04	3322.70	3322.70
2	Φ22	327	18	58.86	175.40	175.40
3	Φ10	50326	2	1006.52	621.02	673.21
4	Φ10	4229	2	84.58	52.19	
5	Φ16	53	72	38.16	60.29	60.29
C25 混凝土 (m³)		53				38.23(平均)

说明：
1. 图中尺寸除钢筋直径以毫米计，余均以厘米为单位。
2. 桩基加强箍N2设主主箍内侧，每2m一道，且身套装钢分采用双面焊。
3. 桩基钢筋分段焊接入桩孔中，各段主箍采用焊接，钢筋接头应按现浇要求错开布置。
4. 定位钢筋N5每隔2m设一组，每组钢筋4根均匀设于桩基加强箍N2四周。
5. 施工时，若实际地质情况与本设计所用的资料不符，应变更基桩设计。

图 19-23　桥台桩基础的钢筋构造图

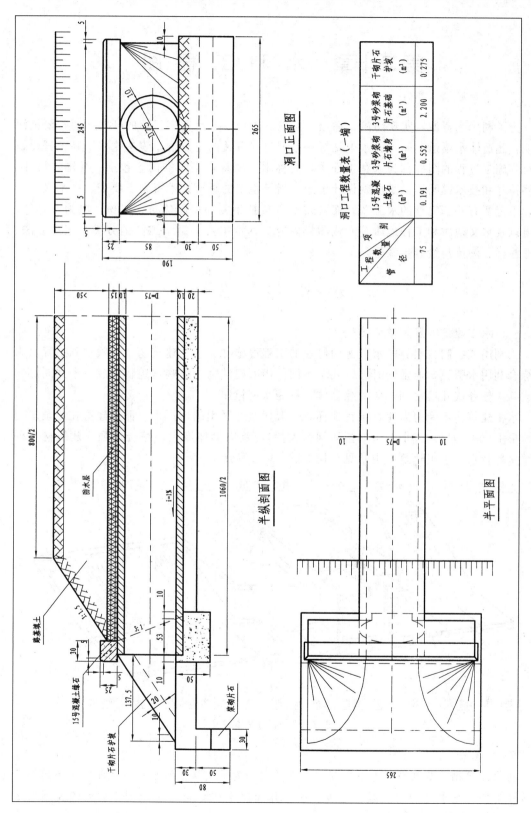

图 19－24 正交圆管涵的一般布置图

第二十章 水利工程图

为了利用水资源，实现防洪、灌溉、发电、航运、养殖等多目标的开发，通常要拦河筑坝，建造输水渠道、船闸、水电站等一系列与水有关的建筑物。表达这些水利工程建筑物及其施工过程的图样称为水利工程图，简称水工图。水工图的内容包括：视图、尺寸、图例符号和技术说明等，是反映设计思想、指导施工的重要技术资料。要表达一个水利工程，不但要有一套完整的水工图，而且还要有与其相关的房屋建筑、机械、电力、电气、管道以及水文地质和工程地质等专业图样内容。本章主要介绍水工图的分类、表达方法、尺寸注标、阅读与绘制步骤等。

第一节 概 述

一、水工建筑物及其常见结构

为利用或控制自然界的水资源而修建的工程设施称为水工建筑物。一项水利工程，为了综合利用水资源，通常同时修建几个不同作用的建筑物，这些建筑物构成一个共同协作完成某一任务或几项水利任务的综合体，称为水利枢纽。

水工建筑物不像房屋建筑工程那样，一般建造在平坦的地形上，而是建造在复杂多变的地形上（山沟里）或水中（如拦河坝、大桥），具有形体庞大、综合性强、建筑材料种类繁多等特点，水工建筑物中常见结构如图 20-1 所示。

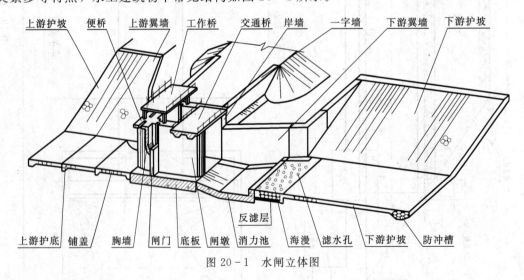

图 20-1 水闸立体图

（一）翼墙

过水建筑物一般都设置上下游翼墙。上游翼墙为了引导水流平稳进入闸室，下游翼墙是为了促使出闸水流均匀扩散，减少冲刷，并起挡土和侧向防渗作用，常见的翼墙形式有：八字形翼墙、圆弧形翼墙、一字形翼墙、斜降式翼墙以及扭面过渡式翼墙等。

（二）铺盖

铺盖是铺设在上游河床或渠道上的一层防冲、防渗保护层，它紧靠闸室或坝体，其作用是减少渗透，保护上游河床，提高坝体或闸室的稳定性，铺盖常采用混凝土或黏土材料建造。

（三）消能防冲设施

经过闸、坝下泄的水流流速较大，带有很大的冲击力。为了防止下游河床或渠道受冲刷，需设置消能防冲设施。一般设有消力池、海漫和防冲槽。

1. 消力池

消力池常用混凝土或钢筋混凝土建造。水流在消力池中发生水跃，翻腾滚动，消耗大部分能量。消力池的底板称为护坦，其上设有排水孔，用以排出闸、坝基础的渗透水，减少底板的渗透压力。

2. 海漫

水流经过消力池后，仍有较大的余能，底部流速仍较大，有一定的冲刷能力，故在消力池后设置一段浆砌石或混凝土护底，以继续消除水流能量，这种结构称为海漫。海漫有水平海漫和倾斜海漫两种。

3. 防冲槽

水流经过海漫后，能量得到进一步消除，但仍有一定的冲刷能力，为保证下游河床免受冲刷，保护海漫，常在海漫末端挖槽抛石加固，形成防冲槽，以保护紧接海漫段的河床免受冲刷破坏。

（四）廊道

廊道在大坝或船闸闸首中，是为灌浆、排水、观测、输水、检查、交通等要求而设置的结构，如图 20-2 所示。

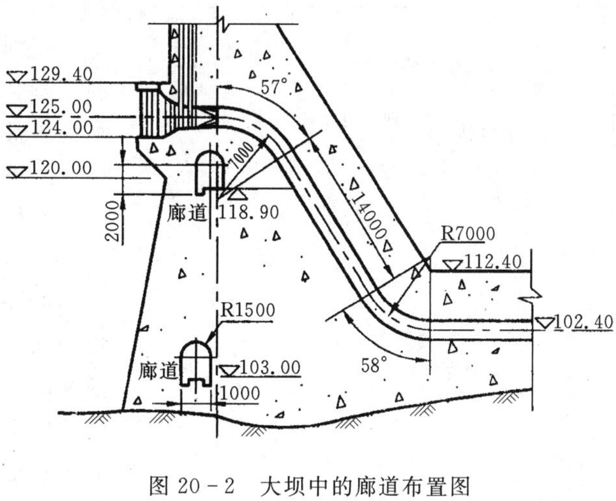

图 20-2 大坝中的廊道布置图

（五）分缝和止水

对于较长的或大体积的混凝土水工建筑物，为防止因温度变化产生的伸缩变形或地基不均匀沉降产生的破坏，一般需要人为设置结构分缝，伸缩缝或沉陷缝，缝宽一般为 1～2.5cm。此外，水工建筑物中凡具有防渗要求的缝，都要设置止水，按照止水设置的方向，有铅直止水和水平止水两种。止水材料有紫铜片或镀锌铁片、沥青油毡、金属止水片、塑料止水片等，如图 20-3 所示。

二、水工图的分类

建造水利工程一般需要经过勘测、规划、设计、施工和竣工验收等几个阶段，每个阶段都要绘制相应的图纸，图纸的基本类型有勘测图、规划图、枢纽布置图、建筑物结构图、施工图和竣工图，各阶段的图纸图示内容及表达方法也各有不同。

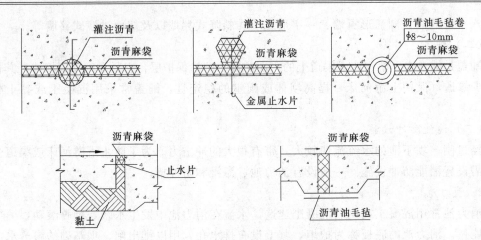

图 20-3　水工建筑物中各种止水形式

（一）勘测图

勘测阶段的图纸称为勘测图。主要有地形图和地质情况剖面图。根据地形和地质情况，工程技术人员才能编写有关技术文件及确定工程修建方案。

勘测图的特点是一般用图例及地质符号绘出，并允许一个图上有两种不同的比例。

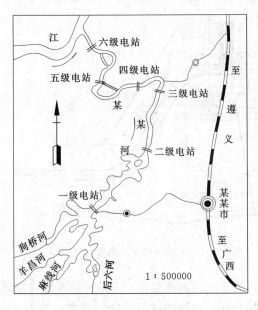

图 20-4　某流域规划图

（二）规划图

规划图是示意性的工程图样。常见的水利工程规划图有流域规划图、灌溉规划图、水资源综合利用规划图等。规划图一般绘制在地形图上，它要反映对水资源综合开发利用的整体布局、拟建工程类别及位置分布等情况。

如图 20-4 所示为某一流域规划图。此河是乌江的一条支流，图中示出了在河道上拟建的六个水电站分布情况，第一级电站上游有四条小河汇流，其中一级、二级电站建成后形成了水库。

规划图的特点是绘图范围大、比例小，各种建筑物的种类、作用只能用图例示出。

（三）枢纽布置图

在水利工程中，由几个建筑物相互协同工作的综合体称为水利枢纽。每个水利枢纽都有它的主要任务，并以此划分枢纽形式。以发电为主的称水力发电枢纽，以灌溉为主的称灌溉水利枢纽。把整个水利枢纽的主要建筑物水平投影画在地形图上，形成的平面图称为水利枢纽布置图。它的主要作用是为各建筑物定位、施工放线、土石方工程施工以及施工总平面布置的依据。

枢纽布置图包括下列内容：

（1）水利枢纽所在地区的地形、河流及水流方向（以箭头表示）、地理位置（用指北针表示）和主要建筑物控制点（即基准点）的测量坐标。

（2）各建筑物形状和相互位置关系。

（3）各建筑物与地面的交线情况。

（4）各建筑物主要高程和其他主要轮廓尺寸等。如图 20-5 所示为某一灌溉水利枢纽布置图。

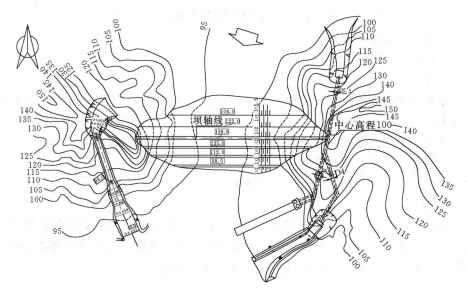

图 20-5 灌溉水利枢纽布置图

（四）建筑物结构图

建筑物结构图是表达水利枢纽或渠系建筑中某一建筑物的形状、大小、结构、材料等内容的图样。它是建造建筑物的依据，主要反映以下内容：

（1）建筑物的整体和各组成部分的形状、大小、构造及所用材料。

（2）建筑物基础的地质情况及建筑物与地基连接方式。

（3）建筑物工作情况，如上、下游水位、水面线等。

（4）建筑物与相邻建筑物连接情况。

（5）建筑物细部构造及附属设备位置。

建筑物结构图的特点是选用比例较大，也可在表达清晰的情况下，选择较小比例。

（五）施工图

施工图是表达施工组织、施工方法和施工程序等情况的图样。常见的有反映施工场地布置的施工总平面布置图，反映建筑物开挖线的开挖图，反映混凝土分期分块的浇筑图，反映建筑物内钢筋配置、用量等的配筋图。

（六）竣工图

一般情况下，工程建设都是按施工图组织施工，但有时由于地质或材料等情况发生变化，不得不对某些图纸进行变更或修改。工程建成之后，根据建筑物建造的实际情况绘制的建筑物图样称为竣工图。竣工图应详细记载建筑物在施工过程中的修改情况及原因，是工程建设档案不可或缺的部分之一，存档资料可供查阅及交流经验用。

第二节　水工图的表达方法

绘制水工建筑物的工程图样，要根据建筑物的特点，选择恰当的表达方法和形式，图示该建筑物的布局、空间结构形状、大小和所使用的材料等。

一、基本表达方法

（一）视图的命名和作用

1. 平面图

建筑物的水平投影在水工图上称平面图，也称俯视图。有时水平剖视也叫平面图。平面图主要表示：

（1）各建筑物平面形状和各组成部分的布置以及相互位置关系。

（2）建筑物的平面尺寸和平面高程。

（3）各剖视图、断面图的剖切位置和投影方向。

2. 立面图

立视图、正视图、左视图和右视图均为立面图。顺水流方向观察建筑物所得视图称为上游立面图，逆水流方向观察建筑物所得视图称为下游立面图。立面图主要表达建筑物的外部形状和大小、建筑物各部分的连接关系和主要高程等。

3. 剖视图和断面图

沿建筑物某一方向用剖切平面剖开建筑物得到的投影图称为剖视或断面图。沿建筑物纵向轴线剖切得到的剖视图或断面图，在水工图中称为纵剖视图或纵断面图；垂直于纵向轴线剖切得到的剖视图或断面图，在水工图中称为横剖视图或横断面图。剖视图主要表明：

（1）建筑物纵（横）向结构形状和纵（横）向各组成部分的相互位置关系。

（2）建筑物主要部分的高程，过水建筑物还需表明水位高程。

（3）地形、地质及建筑物的形状、大小和所使用的材料等。

4. 详图

将物体的部分结构，用大于原图比例所画出的图样称为详图。详图可以画成剖视图或断面图，它与被放大部分的表达方式无关。必要时也可以是一组视图。详图的作用是表达建筑物局部的详细结构，使人们把这一部分结构了解的更加清楚，如图 20-6 所示。

（二）视图的配置

尽可能将一建筑物的各视图按投影关系配置在一张图纸上。如有困难可配置在其他适当的地方。对较大较复杂的建筑物，由于受图纸幅面限制可将某视图单独画一张图纸。水工图中，平面图是比较重要的视图。由于平面图反映建筑物各部分的平面布置以及建筑物与地面的相交等情况，平面图应按投影关系配置在正视图的下方，有时平面图也可以布置在正视图的上方。对于水坝等挡水建筑物的平面图，常把水流方向由上而下用箭头表示，以区分河流的左、右岸。对于过水建筑物如隧洞、溢洪道、分水闸等，常把水流方向选为自左向右，即迎水面在左，背水面在右。关于河流的左右岸，通常认为人面向下游站立，左边是左岸，右边是右岸。

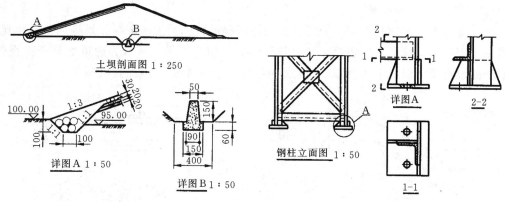

图 20 - 6　水工详图

（三）水工图名称标注

不管水工图怎样配置，都要标注名称，名称应尽可能标在视图正中，视图名称写在视图下方，并在名称下画一粗实线。如果整张图纸不是同一比例，名称的右边或粗实线的下边注明该视图的比例，并且同一张图纸标注形式必须统一。如果整张图纸采用同一比例，则在标题栏注明比例。

二、水工图的其他表达方式

（一）合成视图

对称或基本对称的形体图形，可将两个相反方向的视图或剖视、断面图各画一半，合成为一个视图，中间用点划线分开，并分别标注图名。如图 20 - 7 所示的 B - B、C - C。

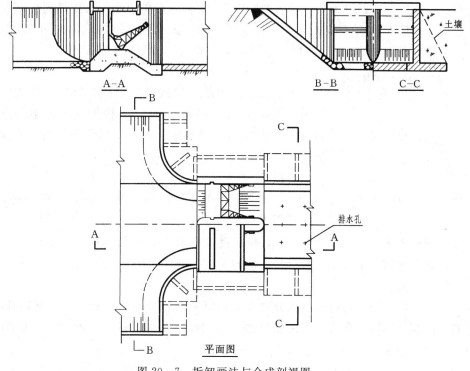

图 20 - 7　拆卸画法与合成剖视图

（二）复合剖视和展开剖视

（1）复合剖视是用几个相交平面剖开物体所得的视图。复合剖视如果将剖切平面旋转展成一个面投影，其图名后要写上"展开"两字。如图20-8所示为廊道的复合剖视图，剖切平面没有旋转成一个面投影，而是直接投影，没有展开，因而直接写2-2。

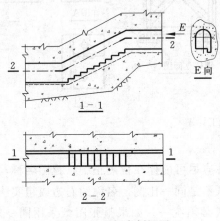

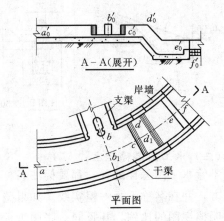

图20-8　复合剖视图　　　　　　　　图20-9　干渠的展开画法

（2）展开剖视是当建筑物的轴线为曲线或折线时，可沿轴线剖开物体，然后将所得剖视图展开在一个平面上画出，这种表示方式称为展开剖视。如图20-9所示为一灌溉渠道，其轴线是圆弧，可用柱面A-A作剖切面，把空间柱面后面的支渠和岸墙向剖切平面作正投影。在平面图上，把支渠和岸墙的水平投影向轴线作法线求交点，闸墩顶面与其对称面相交，所得交线端点为B，其水平投影为b。自b点向轴线作法线得到交点b_1，将柱面展成一平面后b_1位移到b_0，然后，按投影关联在正视图上求得b_0'同理可求d_0'，显然，$b_0'd_0'>bd$，为作图方便，支渠闸墩厚度以及中墩到边墩的距离按实际画出。

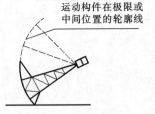

图20-10　假想画法

（三）假想画法

为了表示活动部件的运动范围或相邻构件的轮廓线，可以用双点画线（或虚线）表示出其极限位置或中间位置的假想投影。如图20-10所示，弧形闸门全部开启时的极限位置采用了假想画法。

（四）规定画法

水工建筑物中的某些结构或特殊形体，制图标准规定有其特定的画法。

（1）图样中表示水流方向的箭头，根据需要如图20-11所示的样式绘制。

（2）水工建筑物平面图中的指北针根据需要，如图20-12所示的样式绘制，一般标注在图的左上角。

（3）水工建筑物中有各种永久分缝线，如沉陷缝、伸缩缝、施工缝、材料分界线等，虽然缝的两端处于同一平面，但画图时也必须用粗实线画出这些缝的投影，如图20-13所示。在详图中还应注明缝间距和用文字说明缝中填料。

（4）对于构件上支撑板、筋板等薄板结构和实心的轴、杆、梁等，当剖切平面平行其

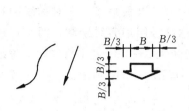

图 20-11 水流方向的箭头的画法

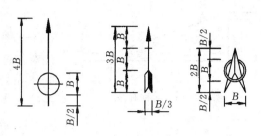

图 20-12 指北针画法

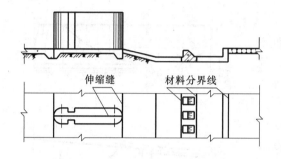

图 20-13 水工图中各种分缝的画法

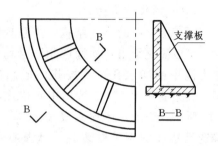

图 20-14 薄壁结构剖面图的画法

轴线、中心线或平行薄板结构的板面时，可不画断面材料符号，用粗实线与相邻构件隔开，如图 20-14 所示。

（5）当构件很长，不需要全部画出时，可用折断画法。实心圆构件、空心圆构件和木材的折断画法如图 20-15 所示。

图中材料为金属。

用于木材料的锯齿形线，
代表材料为木材。

用于折断部分较长的物体，水利工程图中
用的较多，可以作为通用的折断符号。

δ形线用于任何材料的实心圆柱体
图中材料为金属。

波浪形线用于任何材料的物体，
可以作为通用的折断符号。

图 20-15 几种折断画法

（五）省略画法

在不影响图样的表达时，对图样中有规律的重复要素或次要结构，可以简化或省略不画，称为省略画法。

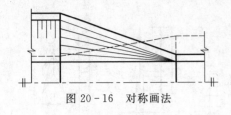

图 20-16　对称画法

1. 对称画法

当图样对称时，可以画一半，在对称线两端加注对称符号。对称符号用细实线绘制，两平行线长 6～8mm，平行线间距 2～3mm，平行线距对称线两头端点 2～3mm，如图 20-16 所示。

2. 省略画法

根据设计阶段的不同情况和实际需要，对于图样中的某些次要结构省略不画。如图 20-7 所示的上部启闭机就没有画出。

（六）简化画法

对于图样中的一些结构，当呈现规律布置时，可以简化绘出。如构造相同且均匀分布的消力池中的滤水孔，可按其外形画出少数孔洞，其余的用"+"表示出中心位置，如图 20-17 所示。当图形的比例较小，致使某些细部构造无法在图中清楚表达，或某些附属设备（如闸门、启闭机等）另有专门的图纸表示时，可以在图中相应位置画出示意图。

（七）拆卸画法

当视图、剖视图中所表达的结构被另外结构或土遮挡时，可假想将其拆掉或掀掉，然后再进行投影。如图 20-17 所示，水平投影图上桥面板及胸墙就被假想拆掉。

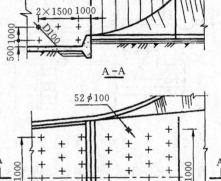

A-A

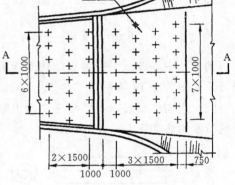

图 20-17　简单化法

（八）折断画法

水工建筑物中对于较长的构件，在长度方向形状一致或有规律的变化，可以用折断线断开，绘制其两端部分。断开处画上折断线，原来倾斜的直线，折断后要互相平行。如图 20-18 所示为一陡坡的折断画法。

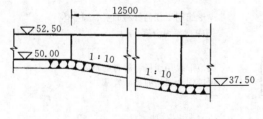

图 20-18　折断画法

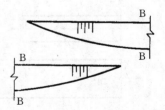

图 20-19　连接画法

（九）连接画法

当形体较长时，允许分两部分绘制，可用连接符号表示相连，并用大写字母编号，如图 20-19 所示。

（十）分层画法

当建筑物结构上下分为多层时，为了少画视图且表达各层结构构造，采用分层画法。在同一视图上按其结构层次绘制，各层之间用波浪线分界，并用文字注写各层结构的名称。如图 20-20 所示。

（十一）曲面画法

水利工程图中，一般用曲面上的素线或截面法所得的截交线来表达曲面，素线和截交线均用细实线绘制。如图 20-21 所示。

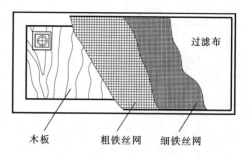

图 20-20 分层画法

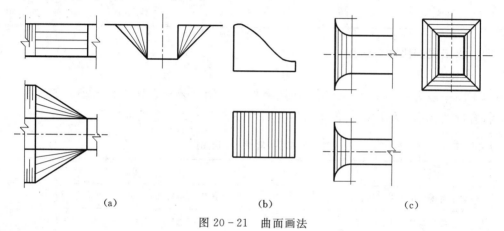

（a）　　　　　　　　　（b）　　　　　　　（c）

图 20-21 曲面画法

三、水工建筑物的图例

由于水工建筑物多采用缩小比例绘制，某些结构表达不清楚或者某些结构另有图纸表达，不必详细画出，只需用图例来表达，水工建筑物图常用图例见表 20-1。

表 20-1　　　　　　　　　　　　　　水工建筑物常用图例

名称	图例	名称	图例	名称	图例
水库		闸		水电站	
		当地材料坝		溢洪道	
泵站		隧洞		水文站	

续表

名称	图例	名称	图例	名称	图例
跌水		渡槽		公路桥	
船闸		涵洞(管)	（大） （小）	渠道	
平板闸门		虹吸	（大） （小）	桥式吊车	

四、水工图的比例与线型

（一）比例

水工图一般为缩小比例，比例大小选择取决于制图要求、建筑物大小、图样种类等，但应符合制图标准，标准建议各类图的比例可按表 20-2 中的规定选用。

表 20-2　　　　　　　　　　水工图常用的比例

图　类	比　例
枢纽总布置图、施工总平面布置	1：5000、1：2000、1：1000、1：500、1：200
主要建筑物布置图	1：2000、1：1000、1：500、1：200、1：100
基础开挖图、基础布置图	1：1000、1：500、1：200、1：100、1：50
结构图	1：500、1：200、1：100、1：50
钢筋图	1：100、1：50、1：20
细部构造图	1：50、1：20、1：10、1：5

（二）图线

除前面所述图线之外，补充下列内容。

绘制工程图样时，可以将主要图线适当画粗，次要图线画细，使所表达的结构重点突出，主次分明。相应的粗实线、虚线、点画线、双点画线的宽度也可区分为粗、中粗、细 3 种。但在同一图幅内表示同一结构的同一线型时，其宽度要一致。

结构分缝（温度伸缩缝等）、材料分界线、钢筋爬梯、钢筋、等高线中的计曲线等，用粗实线表示。

建筑物基础原地面线、被建筑物遮盖的原地面等高线、水底下的河床等高线、不可见结构的分缝线等用虚线表示。

示坡线、重合剖面轮廓线、曲面上的素线（扭面放射线）、钢筋构件轮廓线等，用细实线表示。

第三节　水工图的尺寸标注

前边介绍的平面图形的尺寸标注、组合体的尺寸标注，对水工图仍然适用。水工图中的标高、桩号及规划图、总平面布置图的尺寸以米为单位，其余情况均以毫米为单位，图中不必说明。

一、平面尺寸的标注

着重研究水平方向的基准问题。对于水利枢纽中各建筑物在地面上的位置都是以所选定的基准点、基准线放样定位的，基准点的平面位置是根据测量坐标 (x, y) 确定的，两个基准点相连即确定了基准线的平面位置。对于单个建筑物，若有对称轴，则以对称轴线为基准，否则，应选重要的端面为基准。

二、高度尺寸的标注

由于水工建筑物一般比较庞大，施工时其高度方向尺寸不易直接量取，常用仪器测量，所以建筑物的高度常标注高程以解决高度尺寸问题。对于次要尺寸，通常仍采用标注高度方法，如图 20-22 所示的 50、70 等。有时也在某些部位兼注两高程间的高度，如图 20-22 所示的 96.2 和 37.8。高程尺寸的主要基准为测量水准基面，即绝对标高，其他高度方向的次要尺寸，可采用主要设计高程为基准，或按施工要求选取基准。

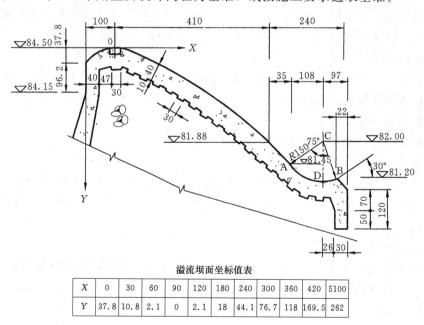

溢流坝面坐标值表

X	0	30	60	90	120	180	240	300	360	420	5100
Y	37.8	10.8	2.1	0	2.1	18	44.1	76.7	118	169.5	262

图 20-22　溢流坝的尺寸标注

三、标高的标注

标高投影符号分三种形式，如图 20-23 所示。

（1）立面标高一般标注在立面视图（包括立视图、铅直方向的剖视图、断面图）中，

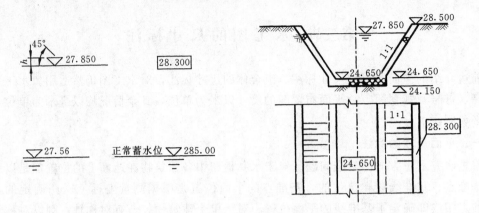

图 20-23　标高符号及标注

符号为等腰直角三角形，高度为后边标注数字高度的 2/3，用细实线绘制，标高数字一律注写在标高符号的右边。

（2）平面标高一般标注在平面视图中，以矩形方框表示，用细实线绘制，当图形较小时，可将符号引出绘制。

（3）水面标高只用于水面高程的标注。在立面图或立面标高的基础上，以三横来表示水面特征，即在水面高度线下画三横短线。

标高数字注写到小数点后第三位。在总平面布置图中，可注写到小数点后第二位。必要时标高符号也可用"EL"表示，但立面、平面及说明中均用"EL"表示。

四、坡度注法

坡度表示一直线或一平面的倾斜程度，即两点之间的高度差与水平距离之比。平面上的坡面以最大斜度线表示，通常表示为 $1:n$，较缓的坡度用 $n\%$ 表示，如图 20-24 所示。

五、曲线的尺寸标注

曲线的标注包括非圆曲线标注和圆弧曲线标注两种。

1. 非圆曲线标注

水工建筑物中常见的曲面为柱面，如溢流坝面、进水口表面、拱圈等。柱面的横剖面为曲线，这种非圆曲线的绘制方法是给出曲线方程，标注出该方程的坐标，列出一系列坐标值，如图 20-22 中的溢流坝剖面图。

2. 圆弧曲线

连接圆弧要注出圆弧所对应的圆心角，并使夹角的一边用箭头指到连接圆弧的切点，使夹角的另一边指到圆弧的另一端，在指向切点的夹角边标注半径尺寸。根据施工放样的需要，圆弧的圆心、切点和圆弧另一端的高程以及长度方向的尺寸均应标出，如图 20-25 所示。

六、桩号的标注

水工建筑物（坝、隧洞、溢洪道、渠道等）的轴线、中心线长度，可采用桩号标注。标注形式为 $k\pm m$，k 为公里，m 为米。起点 0+000 桩号之后的桩号标注成 $k+m$。起点 0+000 桩号之前的桩号标注成 $k-m$。

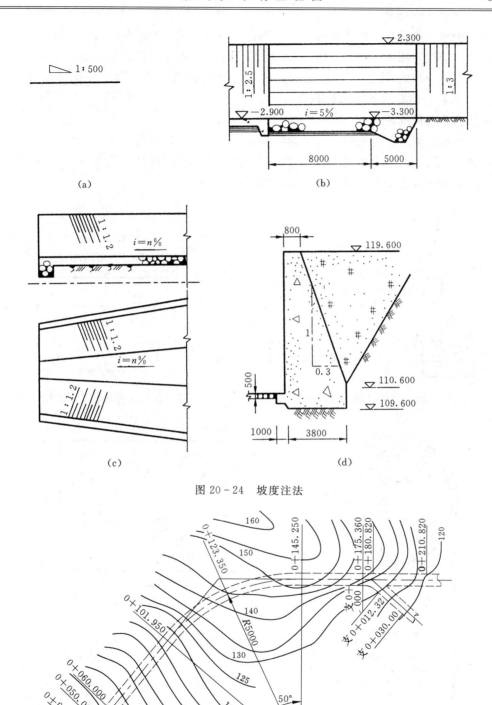

图 20-24　坡度注法

图 20-25　桩号的标注

桩号数字一般垂直于轴线方向注写，并且标注在其同一侧，在轴上同一侧转折处桩号重复标注。当同一图中几种建筑物均采用桩号标注时，可在前加文字说明以示区别，如干 0＋256、支 0＋182。当轴线为曲线时，桩号沿径向设置，桩号数值应按弧长计算，如图 20-25 为桩号的标注方法示意图。

七、方位角的标注

方位角标注时，其角度规定以北为零起算，并按顺时针方向从 0°～360°。

一般标注形式为：方位角 203°53′22″、方位角 48°05′。有时也可写成 SW203°53′22″、NE48°05′此时其字母 SW、NE 等应写在角度数字前面。

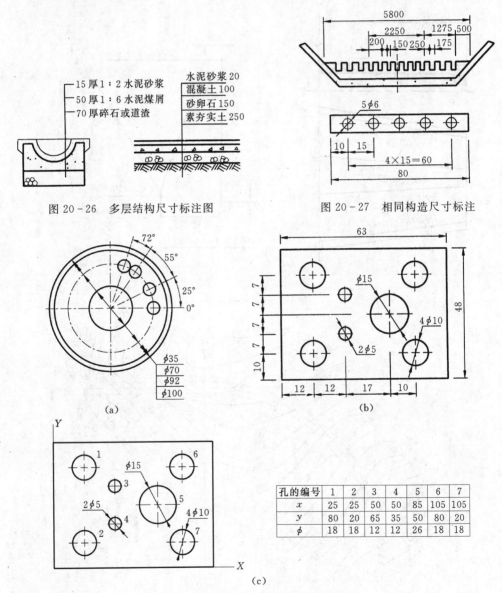

图 20-26　多层结构尺寸标注图　　　　图 20-27　相同构造尺寸标注

孔的编号	1	2	3	4	5	6	7
x	25	25	50	50	85	105	105
y	80	20	65	35	50	80	20
ϕ	18	18	12	12	26	18	18

图 20-28　同一基准出发的尺寸标注

八、多层结构尺寸标注

标注多层构造时，可用引出线标注，并用文字说明，如图 20 - 26 所示。引出线必须垂直通过引出的各层，文字说明和尺寸数字应该按结构的层次注写。

九、相同构造尺寸标注

均匀分布的相同构件或构造，其尺寸标注可按简化注法标注，如图 20 - 27 所示。

十、由同一基准出发的尺寸标注

由同一基准出发的尺寸可按如图 20 - 28 所示的几种方法标注。

第四节　水　工　图　的　阅　读

在设计、施工、科研、学习等活动中，都要求工程技术人员具有熟练阅读水工图的能力。阅读水工图的目的是为了了解设计意图，更好地按设计要求组织施工。

一、阅读水工图的要求

（1）通过看枢纽布置图了解枢纽的地理位置，该处的地形和河流状况，各建筑物的位置和主要尺寸，建筑物之间的相互关系等。

（2）通过看结构图了解各建筑物的名称、功能与作用、工作条件、结构特点以及建筑物各个组成部分的结构形状、大小、作用、所用材料和相互位置，附属设备的位置和作用等。

（3）通过阅读水工图了解水工建筑物视图的表达方法，通过归纳总结，了解整个水利枢纽和水工建筑物的全貌。

二、阅读水工图的步骤和方法

由于水工图内容广泛，大到水利枢纽的平面布置，小到结构的细部构造都需要表达；视图数量多，而且视图之间常常不按投影位置配置；图样所采用的比例变化幅度大；专业性强，且可能涉及《水利水电工程制图标准》《港口工程制图标准》等国家制图标准的内容比较多，因此，阅读水工图时，必须按照一定的方法和步骤，以尽可能减少读图的盲目性。一般遵循"先概括了解，后深入研究，由整体，到局部，再由局部到整体"的读图过程。

1. 概括了解

通过阅读设计技术文件，了解工程总体情况。按图纸目录，依次或有选择地对图纸进行粗读。从标题栏、图纸上的说明了解建筑物的名称、作用、比例、尺寸单位以及与本图有关的图纸等。

2. 视图分析

视图分析可以了解建筑物采用了哪些视图、剖视图、断面图、详图；水工建筑物的总体和分部采用了哪些表达方法；各种剖视图的剖切位置和视向；各视图的主要作用等。重点要搞清各视图之间的相互关系，明确各视图所表达的内容。具体按下列原则分析视图：

（1）枢纽布置图。一般以总平面图为主，再分析构图，以一个特征明显的视图或结构关系清楚的剖视图为主，结合其他视图进行阅读。

（2）结构图。一般先分析主要建筑物的结构图，再分析其他建筑物的结构图。

3. 形体分析

读水工图时，除了要运行形体分析法和线面分析法外，还需知道建筑物的功能和结构常识。运用对照的方法，如平面图、剖视图、立面图对照着读，整体和细部对照着读，图形、尺寸、文字对照着读等。

根据建筑物各组成部分的构造特点，把它分成几个主要组成部分。划分各主要组成部分时，要根据具体情况来确定从哪一个方向划分对读图更为方便。有的沿长度方向划分成几段，有的按高度方向分成几层。如把水闸沿长度方向分为进口段、闸室段、出口段三个部分，沿宽度方向分为边墩、中墩等部分；水电站厂房可沿高度方向分为发电机层、水轮机层、蜗壳层等。然后，再用"分线框，对投影，分部分，想整体"的方法，对每一组成部分进行分析。

4. 综合想整体

把分析所得各组成部分的形状，对照建筑物有关各剖视图、断面图等加以全面整理，明确各组成部分之间相互位置关系，从而想出建筑物的整体形状。

三、读图举例

【例 20-1】 读如图 20-29 所示的分水闸设计图。

1. 概括了解

了解建筑物的名称和作用。分水闸是支渠连接干渠的水工建筑物，通过它把干渠水按量分配给支渠。

2. 视图分析

该分水闸采用了一个平面图、三个剖视图、三个断面图，它们是平面图、A-A 纵剖视图、B-B、C-C 阶梯剖视图以及 1-1、2-2、3-3 断面图。

平面图主要表达分水闸的平面形状、大小以及平面布置，各剖视图、断面图的剖切位置和视向，建筑物各主要组成部分宽度方向的尺寸等。

A-A 纵剖视图主要表达分水闸长度方向与高度方向的形状、大小、构造、材料以及建筑物与地面的连接情况等。

B-B 阶梯剖视图只画了一半，另一半利用 3-3 断面图才能完；C-C 阶梯剖视图也只画了一半，需要 2-2 断面图辅助才能完成；1-1 断面图表达梯形渠道的断面；2-2、3-3 都是补充 B-B、C-C 的不足而绘制的断面图，若 B-B、C-C 两个剖视图完成以后，这两个断面图就没有存在的必要了。

以 A-A 纵剖视和平面图为主，结合其他剖视图和断面图，并配合尺寸标注，可知分水闸是由进口段、闸室段和出口段三部分组成。

3. 形体分析

从视图分析可知，分水闸分为三个部分，每一部分均可用读组合体视图的方法和步骤进行读图。但应注意水工图的表达方法和特点。分线框、对投影、分部分、想整体。通过分析得到分水闸的三个主要组成部分的空间形状如图 20-30 所示。

4. 综合想整体

把分析所得的各组成部分的具体形状对照整体平面图进行整理，从而想象出整个分水闸的空间形状，如图 20-31 所示。

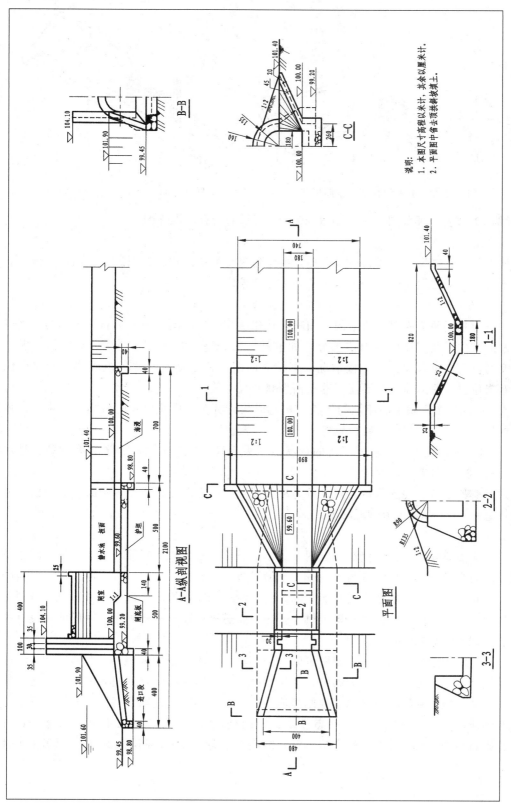

图 20-29 分水闸设计图

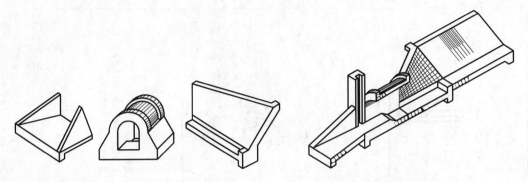

图 20-30　分水闸各部分空间形状　　　　图 20-31　分水闸空间整体形状

【例 20-2】　读如图 20-32、图 20-33 所示的砌石坝设计图。

1. 概括了解

该工程是发电为主的水利枢纽工程，主要建筑物为重力式砌石坝。重力坝在水压力的作用下，主要依靠坝体重力产生的抗滑力来保持稳定。

2. 视图分析

该重力坝用两个视图、两个剖视图来表达建筑物。平面图反映了砌石重力坝的地理位置、水流方向以及大坝的各组成部分，如电站厂房、进厂公路、开关站、导流涵、泄空涵、交通桥等的位置和相互连接情况。下游立面图反映了砌石坝的各组成部分的立面位置，基岩位置、原地面线及导流涵的断面形状和尺寸等。

A-A 剖视图反映了溢流坝的形状、构造形状，材料、尺寸以及闸墩高度、挑流反弧部分的尺寸，弧形闸门的安装位置等。

B-B 剖视图反映了非溢流坝体的形状、压力管道、厂房的大小、形状和材料，进水闸启闭机的安装位置和高度等。

通过概括了解、视图分析可知该重力坝由三段组成，左非、右非和中间溢流坝段。整个坝体总长 136.0m，溢流坝段 39m。

3. 形体分析

（1）非溢流坝段。通过枢纽布置图和下游立视图、B-B 剖视图可知，坝两端的非溢流坝段断面为梯形，坝顶宽度为 6.00m，上游坡度 1：0.15，下游坡度 1：0.65，坝顶高程为 203.00m，左非溢流坝段设有泄空涵，用于泄空水库，检修处理坝体。右非溢流坝段设有压力管道，为两台水轮发电机组供水，压力管道进口设有平板闸门，闸门前边有拦污栅，拦截上游流来的杂草污物。

（2）溢流坝段。从 A-A 剖视图可知，溢流坝段溢流面采用曲线型，尾部设有 9m 的挑流鼻坎，迎水面为 1：0.15 的斜坡，且用混凝土面板防渗。结合枢纽布置图和下游立视图可知，溢流坝段两侧设有导水墙控制溢流范围。溢流坝顶部设四个闸墩，安装弧形闸门用于控制泄水量，高程 205.00m 和高程 203.00m 处设有 4.00m 宽的工作桥和交通桥，桥两边为砌石栏杆。坝下设有三个导流涵洞，断面形状为方圆形，间隔 12.5m，用于施工时排泄上游来水。

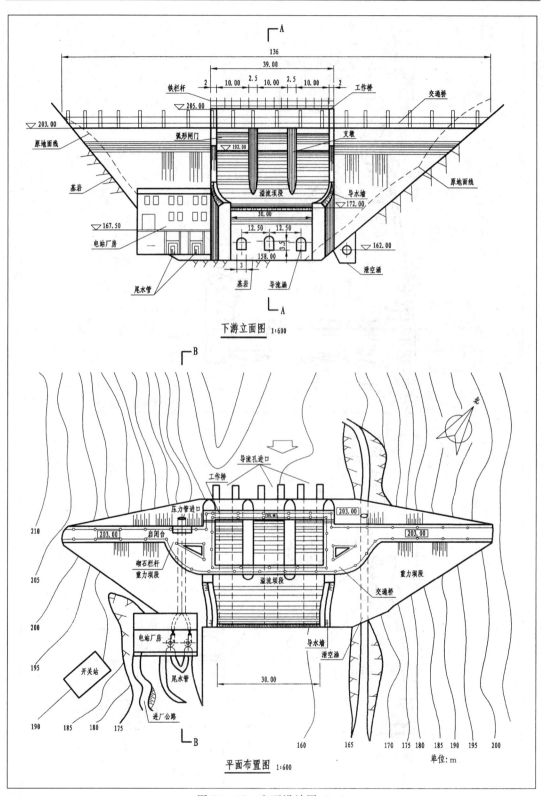

下游立面图 1:600

平面布置图 1:600

单位:m

图 20-32 砌石设计图（一）

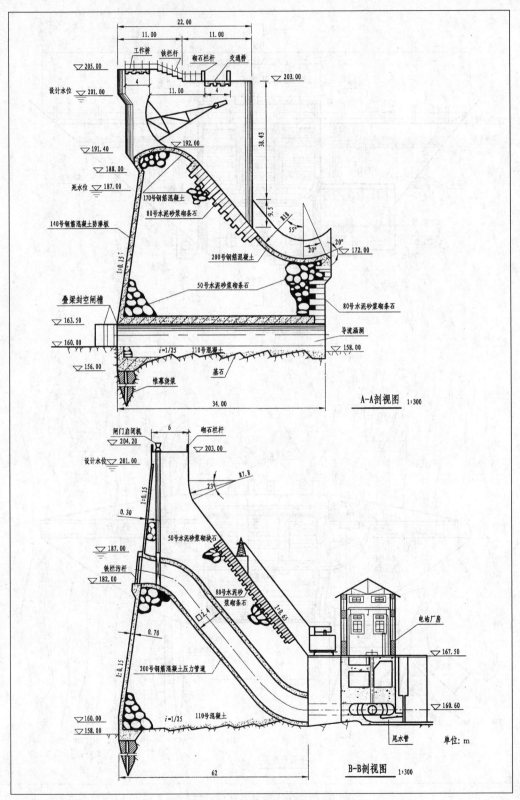

图 20-33　砌石设计图（二）

4. 综合想整体

将以上分析整理组合想象出砌石坝的形状。

【例 20-3】　读如图 20-34 所示的溢洪道设计图。

1. 概括了解

溢洪道是排泄洪水，保证大坝安全的建筑物，是水利工程的主要组成部分之一。

2. 视图分析

该溢洪道采用了一个视图，一个剖视图，五个断面图来表达。

平面图表示了溢洪道各部分之间的连接情况以及溢洪道与地面的连接情况。纵剖视图表示了组成溢洪道各部分的立面情况，如各侧墙的高度、底板厚度和结构、上下游连接情况及地质情况等。断面图表示了组成溢洪道各组成部分的结构和断面形状。通过分析，该溢洪道由上游进口、溢洪道顶部、陡坡段、消力池、护坦五部分组成。整个长度 58.8m。溢洪道进口没有设置闸门，当水库水位超过 108.00m 高程时，水自动通过溢洪道下泄。

3. 形体分析

通过纵剖视图、平面图以及 1-1 断面图可知，溢洪道进口翼墙为"八"字形，底为 1:3 的斜坡。溢洪道顶部为平底，长度 1000m，宽 27m，底板高程 108.00m。陡坡段坡度 1:5，长度 33m。由于平坡变陡坡水流流速加快，侧墙高度变化，分为两段。陡坡下接消力池，通过水跃使水流速度变慢，消除余能，减少出口处的冲刷。溢洪道侧墙坡面都为 1:1 斜坡，均为梯形断面，浆砌石砌筑。

4. 综合想整体

通过溢洪道各段分析，想象出空间形状，再把各段形状连接起来，想出该建筑物全貌。

【例 20-4】　读如图 20-35 所示的船闸设计图。

1. 概括了解

船闸是通航建筑物，修建挡水建筑物（闸、坝等）以后，船舶通过坝或闸时，往往依靠船闸。船闸的作用是促使船舶顺利从上游过渡到下游。

2. 视图分析

该船闸设计图采用了一个平面图、四个剖视图、两个断面图来表达。平面图主要表达船闸的平面形状、平面布置以及各剖视、断面图的剖切位置等。纵剖视图主要表达船闸在高度和长度方向的大小、形状、材料以及各组成部分之间的相互位置关系等。A-A、B-B、C-C 剖视图分别表达上游引航段、闸首的各部分形状、大小和材料；1-1、2-2 断面图主要表达闸室和引航道导墙的形状大小和材料。

通过视图分析可知，船闸按长度方向可分为上游引航道、上闸首、闸室、下闸首和下游引航道五个部分。

3. 形体分析

（1）闸首。闸首是船闸的主体，包括上闸首和下闸首。以平面图和纵剖视图为主，结合 B-B、C-C 剖视图可以看出，上下闸首结构相似，只是两者检修门槽位置不同；下闸首比上闸首多一个工作桥，上下闸首均设有人字形钢闸门，其两侧有输水廊道，廊道断面为矩形，廊道中设有三个门槽，廊道布置情况见平面图。

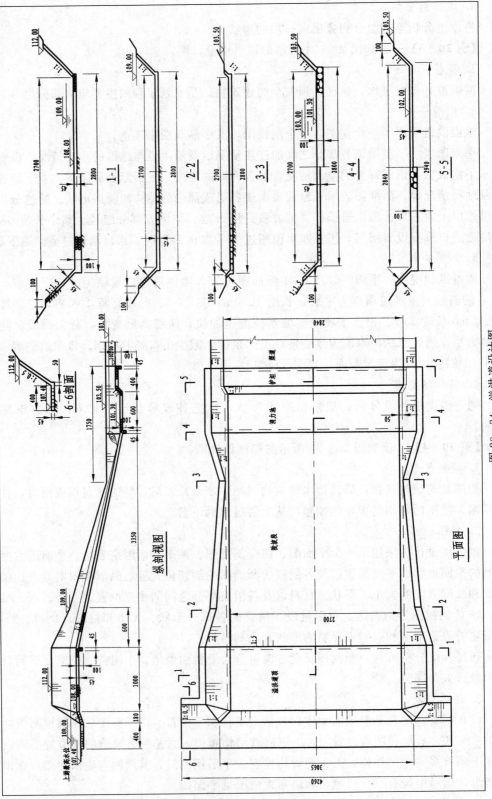

图 20 - 34　溢洪道设计图

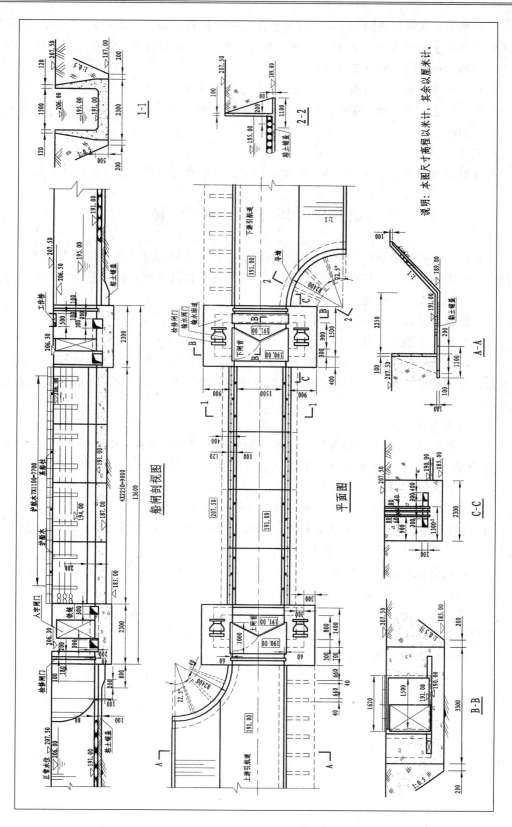

说明: 本图尺寸高程以米计, 其余以厘米计.

图 20 - 35 船闸设计图

（2）闸室。从纵剖视图和平面图可看出闸室共分四段，每段长度均为 22.5m。闸室是闸底板与闸墙连成整体的 U 形混凝土坞式结构，如 1-1 断面所示。闸室的两侧墙上有系船柱、护船木和铁链，墙顶部设有栏杆。

（3）引航道。为了使船舶平稳地进出闸室，布置的有上、下游引航道。一侧有圆柱形导墙与闸首相连，另一侧为扶壁式挡土墙。其断面形状、大小，建筑材料见 2-2 断面和 A-A 剖视图。

4. 综合想整体

把分析得到的各部分空间形体，按图示位置组合整理即可想出船闸的整体形状。

第五节 水 工 图 的 绘 制

工程设计图的绘制应根据设计阶段的不同要求拟定绘图的详细程度和准确程度，一般情况下，施工阶段的图纸相对比较严格而且详细。尽管设计阶段不同，但绘图的步骤与方法基本上相同，作图步骤建议如下：

（1）根据已有的设计资料，分析确定所要表达的内容。

（2）选择视图表达方案。

（3）选择恰当的比例。枢纽布置图的比例一般取决于地形图的比例，但有时可根据需要缩放。单项建筑物要在力求表达清楚的情况下尽量选用小比例，相同等级的视图比例应尽量一致。

（4）合理布置视图。

1）视图应尽量按投影关系配置，并尽可能把有关视图布置在一张图纸上。

2）按所选比例估计各视图所占范围（包括标注尺寸位置），进行合理布局。

（5）绘制视图。

1）先画各视图的作图基准线，如轴线、中心线或主要轮廓线等。

2）画图时，先画建筑物形体大轮廓，再画细部结构；先画主要部分，再画次要部分；先画特征明显的视图，然后再画其他视图。

（6）画断面材料符号、图例等。

（7）标注尺寸和填写必要的文字说明。

（8）检查核对。结构复杂的视图为了使图样清晰、主次分明，要求主要轮廓用粗实线，次要轮廓用中粗线，其他用细实线绘制。

（9）绘制图框线，填写标题栏。

附　　录

附录1　常用建筑材料图例

序号	名　称	图例	备　注
1	自然土壤	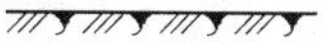	包括各种自然土壤
2	夯实土壤		—
3	砂、灰土	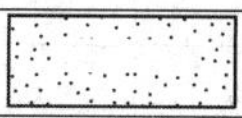	—
4	砂砾石、碎砖三合土	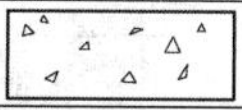	—
5	石材	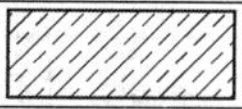	—
6	毛石	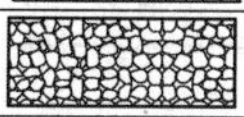	—
7	普通砖	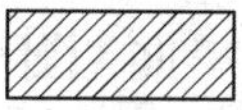	包括实心砖、多孔砖、砌块等砌体。断面较窄不易绘出图例线时，可涂红，并在图纸备注中加注说明，画出该材料图例
8	耐火砖	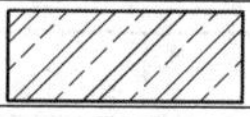	包括耐酸砖等砌体
9	空心砖		指非承重砖砌体
10	饰面砖		包括铺地砖、马赛克、陶瓷锦砖、人造大理石等
11	焦渣、矿渣	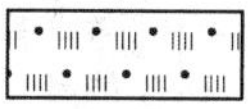	包括与水泥、石灰等混合而成的材料
12	混凝土	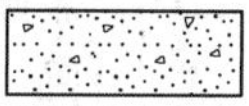	1. 本图例指能承重的混凝土及钢筋混凝土
13	钢筋混凝土	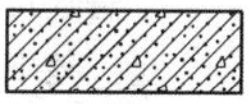	2. 包括各种强度等级、骨料、添加剂的混凝土 3. 在剖面图上画出钢筋时，不画图例线 4. 断面图形小，不易画出图例线时，可涂黑
14	多孔材料	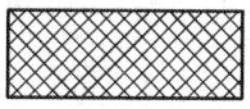	包括水泥珍珠岩、沥青珍珠岩、泡沫混凝土、非承重加气混凝土、软木、蛭石制品等
15	纤维材料	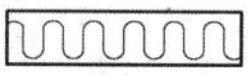	包括矿棉、岩棉、玻璃棉、麻丝、木丝板、纤维板等
16	泡沫塑料材料	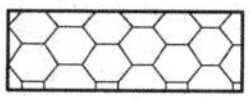	包括聚苯乙烯、聚乙烯、聚氨酯等多孔聚合物类材料
17	木材		1. 上图为横断面，左上图为垫木、木砖或木龙骨 2. 下图为纵断面
18	胶合板	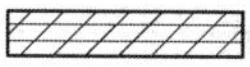	应注明为×层胶合板
19	石膏板	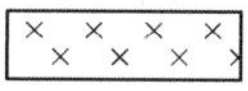	包括圆孔、方孔石膏板、防水石膏板、硅钙板、防火板等

续表

序号	名　称	图例	备　注
20	金属		1. 包括各种金属 2. 图形小时，可涂黑
21	网状材料		1. 包括金属、塑料网状材料 2. 应注明具体材料名称
22	液体	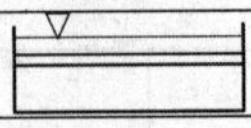	应注明具体液体名称
23	玻璃	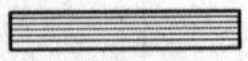	包括平板玻璃、磨砂玻璃、夹丝玻璃、钢化玻璃、中空玻璃、夹层玻璃、镀膜玻璃等
24	橡胶		—
25	塑料		包括各种软、硬塑料及有机玻璃等
26	防水材料	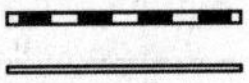	构造层次多或比例大时，采用上图例
27	粉刷	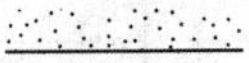	本图例采用较稀的点

附录 2　总 平 面 图 例

序号	名　称	图例	备　注
1	新建建筑物	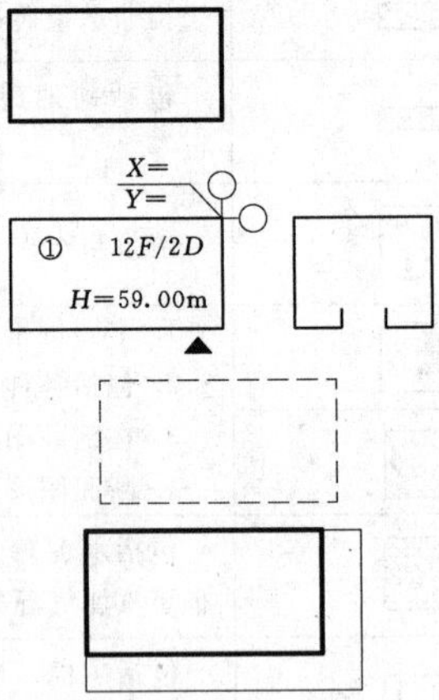 $X=$ $Y=$ ① 12F/2D $H=59.00m$	新建建筑物以粗实线表示与室外地坪相接处±0.00外墙定位轮廓线 建筑物一般以±0.00高度处的外墙定位轴线交叉点坐标定位。轴线用细实线表示，并标明轴线号 根据不同设计阶段标注建筑编号，地上、地下层数，建筑高度，建筑出入口位置（两种表示方法均可，但同一图纸采用一种表示方法） 地下建筑物以粗虚线表示其轮廓 建筑上部（±0.00以上）外挑建筑用细实线表示 建筑物上部连廊用细虚线表示并标注位置
2	原有建筑物		用细实线表示
3	计划扩建的预留地或建筑物		用中粗虚线表示
4	拆除的建筑物	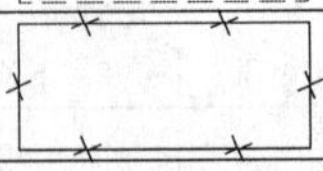	用细实线表示
5	建筑物下面的通道	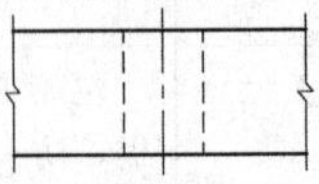	—

序号	名　称	图例	备　注
6	散状材料露天堆场	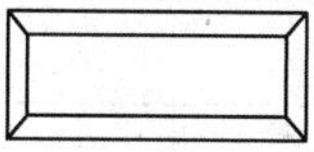	需要时可注明材料名称
7	其他材料露天堆场或露天作业场	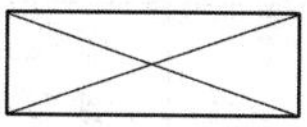	需要时可注明材料名称
8	铺砌场地	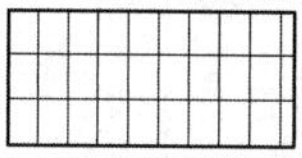	—
9	敞棚或敞廊	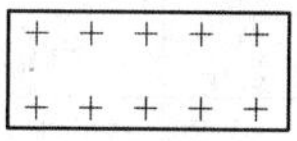	—
10	高架式料仓	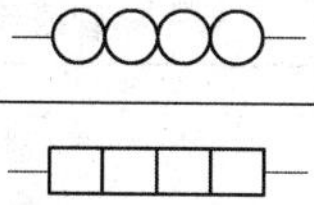	—
11	漏斗式贮仓	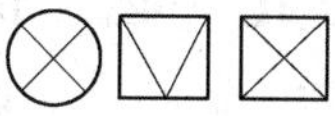	左、右图为底卸式 中图为侧卸式
12	冷却塔（池）	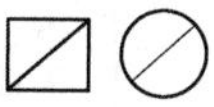	应注明冷却塔或冷却池
13	水塔、贮罐	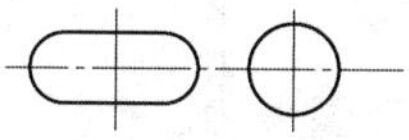	左图为卧式贮罐 右图为水塔或立式贮罐
14	水池、坑槽		也可以不涂黑
15	明溜矿槽（井）	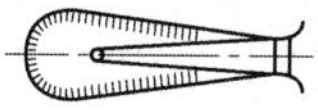	—
16	斜井或平硐	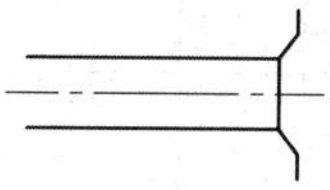	—
17	烟囱	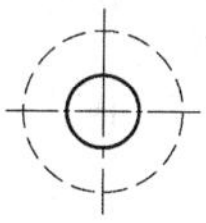	实线为烟囱下部直径，虚线为基础，必要时可注写烟囱高度和上、下口直径
18	围墙及大门	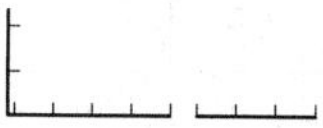	—
19	挡土墙	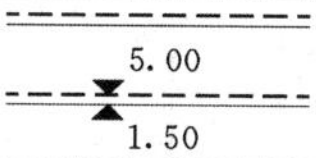 5.00 1.50	挡土墙根据不同设计阶段的需要标注 墙顶标高 墙底标高
20	挡土墙上设围墙		—
21	台阶及无障碍坡道	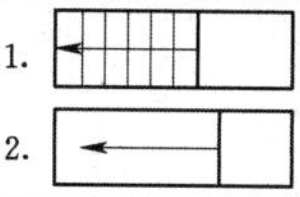 1. 2.	1. 表示台阶（级数仅为示意） 2. 表示无障碍坡道

附录3 管 线 图 例

序号	名　称	图例	备　注
1	管线	—— 代号 ——	管线代号按国家现行有关标准的规定标注 线型宜以中粗线表示
2	地沟管线	代号 代号	—
3	管桥管线	—┼ 代号 ┼—	管线代号按国家现行有关标准的规定标注
4	架空电力、电信线	—○ 代号 ○—	"○"表示电杆 管线代号按国家现行有关标准的规定标注

附录4 绿 化 图 例

序号	名　称	图例	备　注
1	常绿针叶乔木		—
2	落叶针叶乔木		—
3	常绿阔叶灌木		—
4	落叶阔叶灌木		—
5	落叶阔叶乔木林		—
6	常绿阔叶乔木林		—
7	草坪	1. 2. 3.	1. 草坪 2. 表示自然草坪 3. 表示人工草坪

序号	名　称	图例	备　注
8	花卉		—
9	竹丛	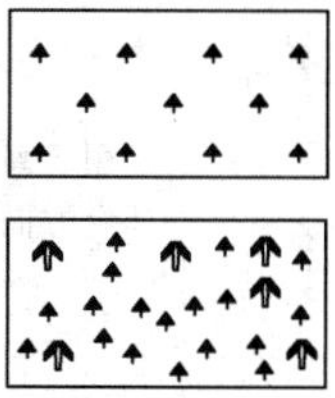	—
10	棕榈植物		—
11	喷泉	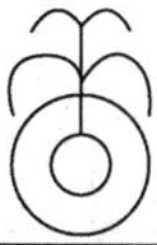	—

附录5　构造及配件图例

序号	名　称	图例	备　注
1	墙体		1. 上图为外墙，下图为内墙 2. 外墙细线表示有保温层或有幕墙 3. 应加注文字或涂色或图案填充表示各种材料的墙体 4. 在各层平面图中防火墙宜着重以特殊图案填充表示
2	隔断		1. 加注文字或涂色或图案填充表示各种材料的轻质隔断 2. 适用于到顶与不到顶隔断
3	楼梯	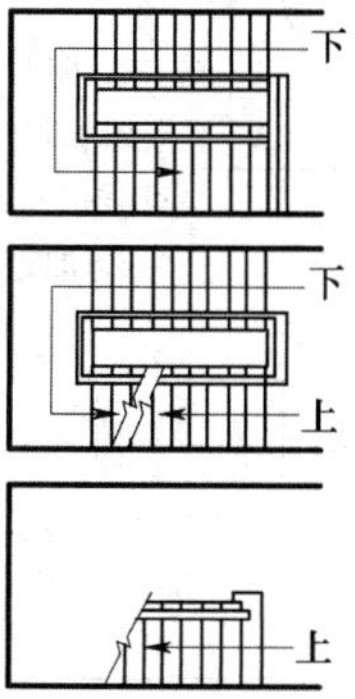	1. 上图为顶层楼梯平面，中图为中间层楼梯平面，下图为底层楼梯平面 2. 需设置靠墙扶手或中间扶手时，应在图中表示

序号	名　称	图例	备　注
4	台阶	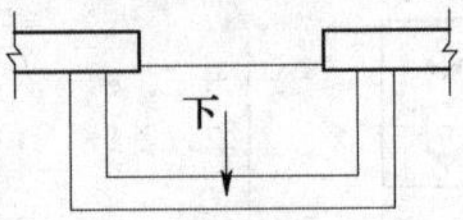	—
5	平面高差	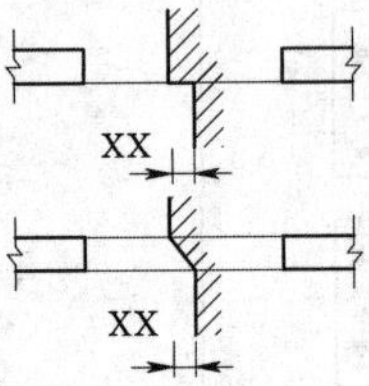 XX XX	用于高差小的地面或楼面交接处，并应与门的开启方向协调
6	检查口		左图为可见检查口，右图为不可见检查口
7	孔洞		阴影部分亦可填充灰度或涂色代替
8	坑槽		—
9	墙预留洞、槽	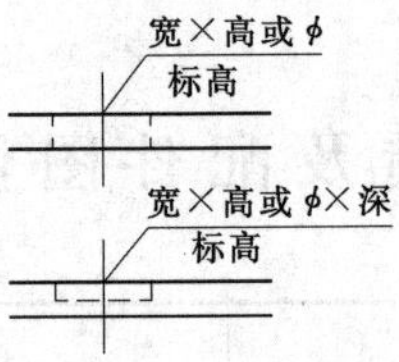 宽×高或φ 标高 宽×高或φ×深 标高	1. 上图为预留洞，下图为预留槽 2. 平面以洞（槽）中心定位 3. 标高以洞（槽）底或中心定位 4. 宜以涂色区别墙体和预留洞（槽）
10	地沟	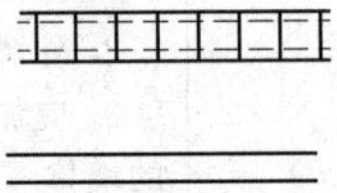	上图为有盖板地沟，下图为无盖板明沟
11	烟道	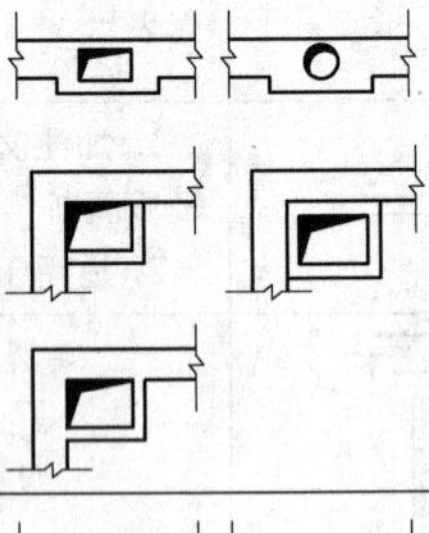	1. 阴影部分亦可填充灰度或涂色代替 2. 烟道、风道与墙体为相同材料，其相接处墙身线应连通 3. 烟道、风道根据需要增加不同材料的内衬
12	风道	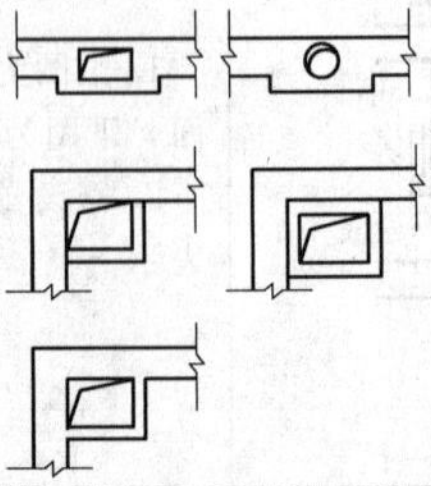	

序号	名　称	图例	备　注
13	空门洞	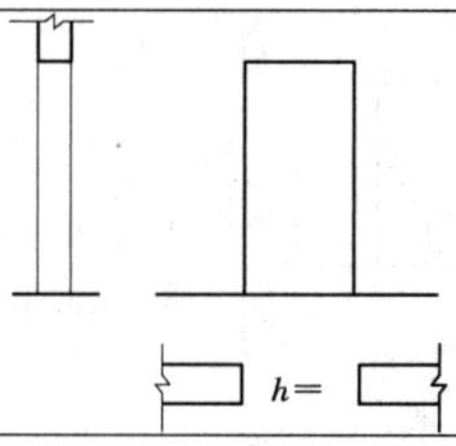	h 为门洞高度
14	单面开启单扇门（包括平开或单面弹簧） 双面开启单扇门（包括双面平开或双面弹簧） 双层单扇平开门	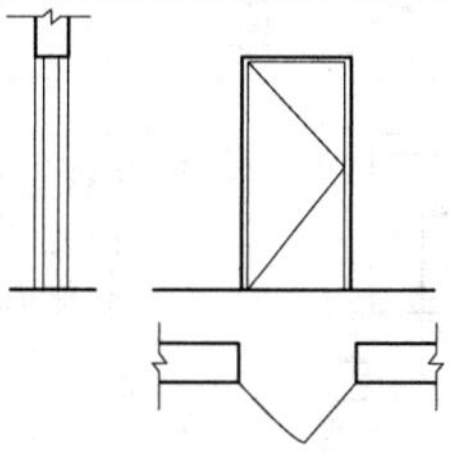	1. 门的名称代号用 M 表示 2. 平面图中，下为外，上为内 门开启线为 90°、60°或 45°，开启弧线宜绘出 3. 立面图中，开启线实线为外开，虚线为内开。开启线交角的一侧为安装合页一侧。开启线在建筑立面图中可不表示，在立面大样图中可根据需要绘出 4. 剖面图中，左为外，右为内 5. 附加纱扇应以文字说明，在平、立、剖面图中均不表示 6. 立面形式应按实际情况绘制
15	单面开启双扇门（包括平开或单面弹簧） 双面开启双扇门（包括双面平开或双面弹簧） 双层双扇平开门	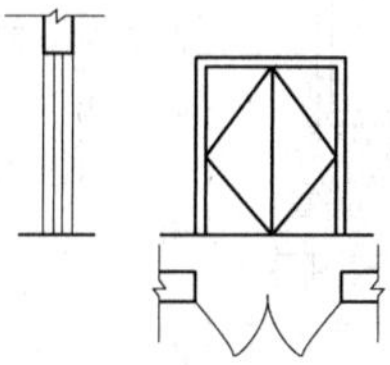	1. 门的名称代号用 M 表示 2. 平面图中，下为外，上为内 门开启线为 90°、60°或 45°，开启弧线宜绘出 3. 立面图中，开启线实线为外开，虚线为内开。开启线交角的一侧为安装合页一侧。开启线在建筑立面图中可不表示，在立面大样图中可根据需要绘出 4. 剖面图中，左为外，右为内 5. 附加纱扇应以文字说明，在平、立、剖面图中均不表示 6. 立面形式应按实际情况绘制

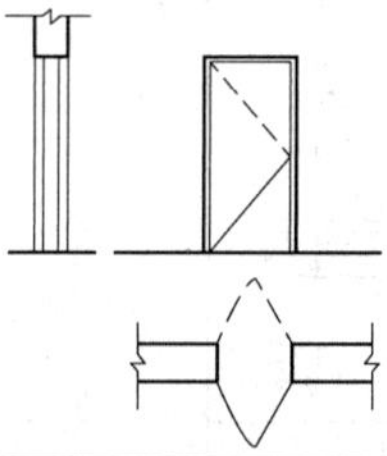

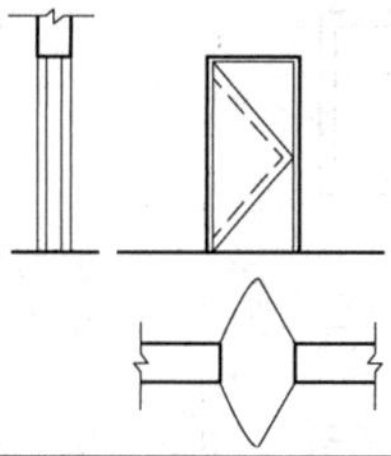

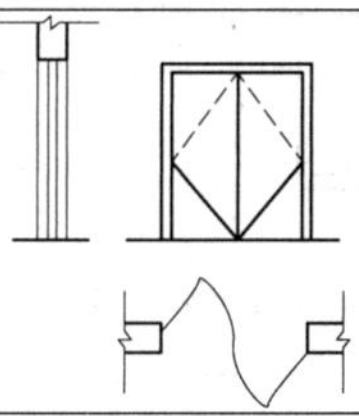

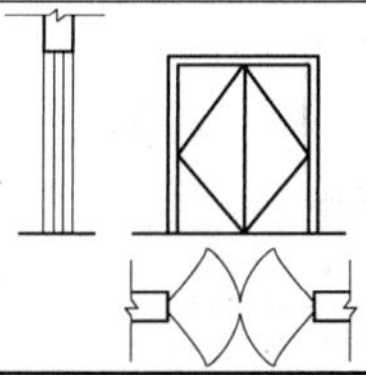

续表

序号	名　称	图例	备　注
16	旋转门	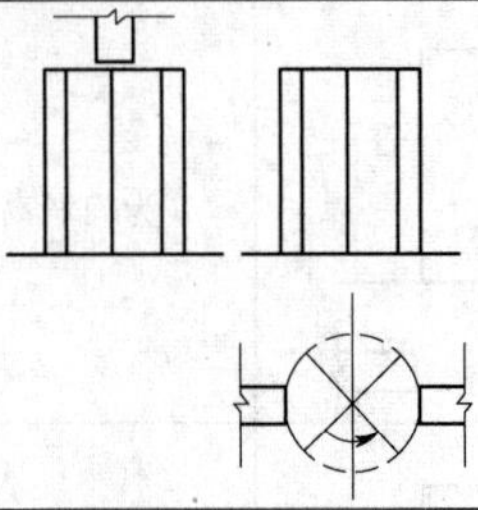	1. 门的名称代号用 M 表示 2. 立面形式应按实际情况绘制
17	自动门	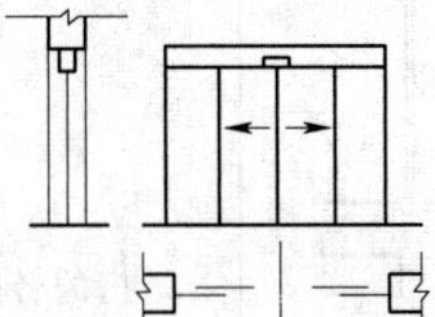	1. 门的名称代号用 M 表示 2. 立面形式应按实际情况绘制
18	竖向卷帘门	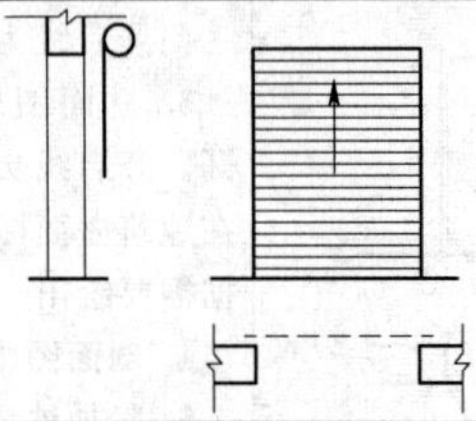	
19	固定窗	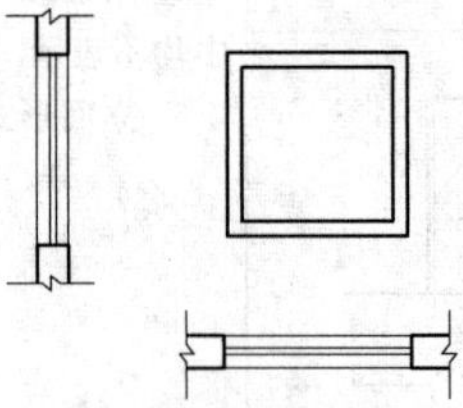	1. 窗的名称代号用 C 表示 2. 平面图中，下为外，上为内 3. 立面图中，开启线实线为外开，虚线为内开。开启线交角的一侧为安装合页一侧。开启线在建筑立面图中可不表示，在门窗立面大样图中需绘出 4. 剖面图中，左为外、右为内，虚线仅表示开启方向，项目设计不表示 5. 附加纱窗应以文字说明，在平、立、剖面图中均不表示 6. 立面形式应按实际情况绘制
20	上悬窗	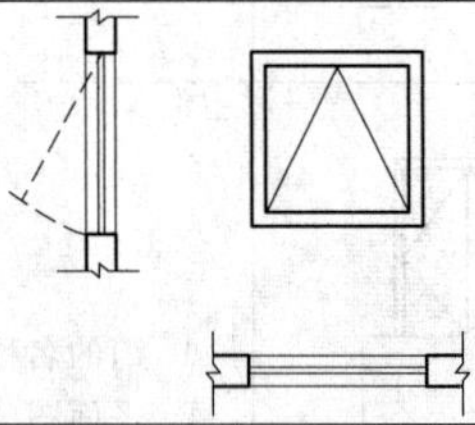	
	中悬窗	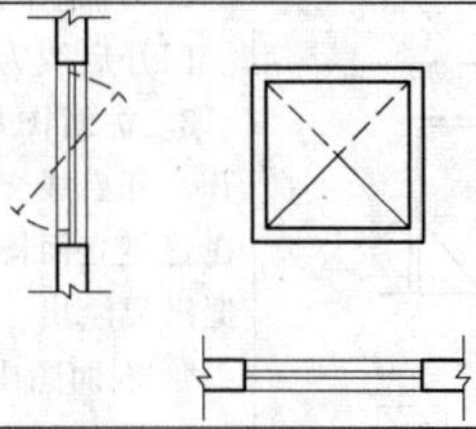	
21	下悬窗	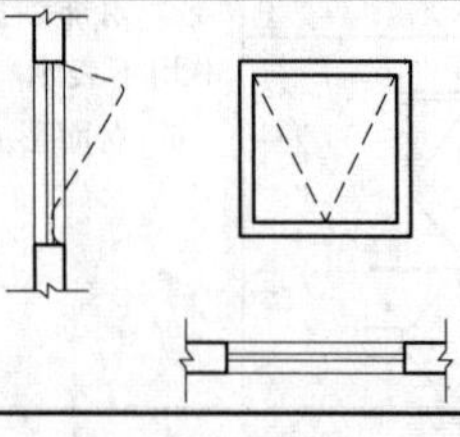	

序号	名 称	图 例	备 注
22	立转窗		
23	内开平开内倾窗		1. 窗的名称代号用C表示 2. 平面图中，下为外，上为内 3. 立面图中，开启线实线为外开，虚线为内开。开启线交角的一侧为安装合页一侧。开启线在建筑立面图中可不表示，在门窗立面大样图中需绘出 4. 剖面图中，左为外、右为内，虚线仅表示开启方向，项目设计不表示 5. 附加纱窗应以文字说明，在平、立、剖面图中均不表示 6. 立面形式应按实际情况绘制
24	单层外开平开窗 单层内开平开窗		
25	双层内外开平开窗	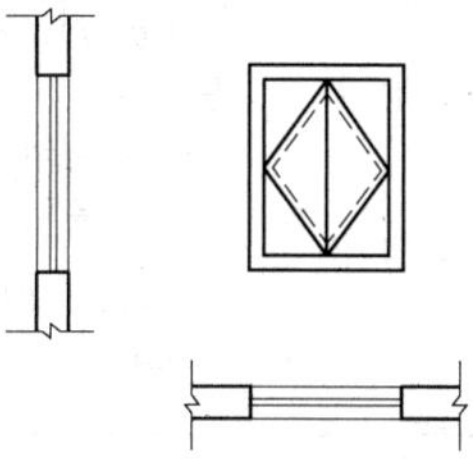	1. 窗的名称代号用C表示 2. 平面图中，下为外，上为内 3. 立面图中，开启线实线为外开，虚线为内开。开启线交角的一侧为安装合页一侧。开启线在建筑立面图中可不表示，在门窗立面大样图中需绘出 4. 剖面图中，左为外、右为内，虚线仅表示开启方向，项目设计不表示 5. 附加纱窗应以文字说明，在平、立、剖面图中均不表示 6. 立面形式应按实际情况绘制

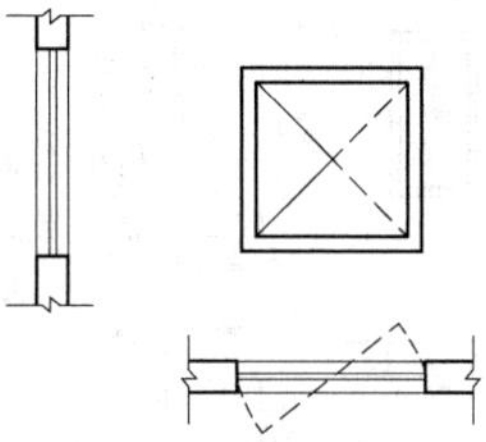

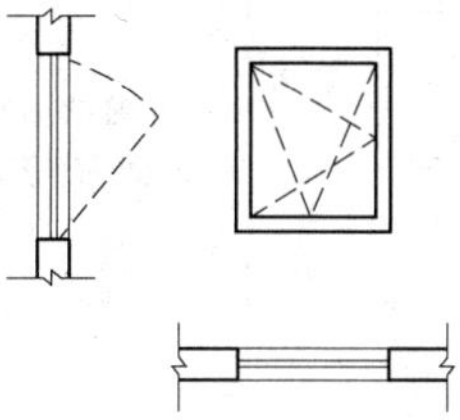

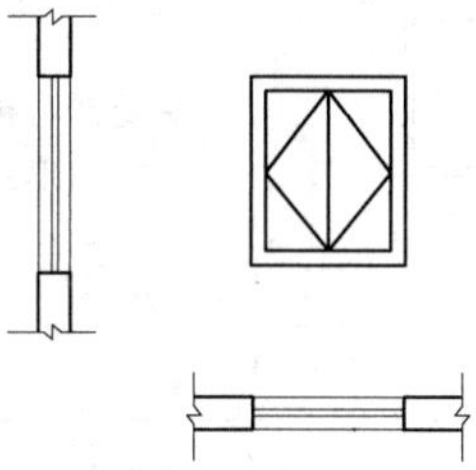

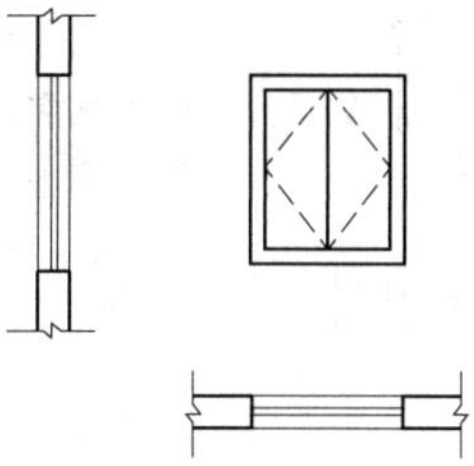

续表

序号	名　称	图例	备　注
26	单层推拉窗	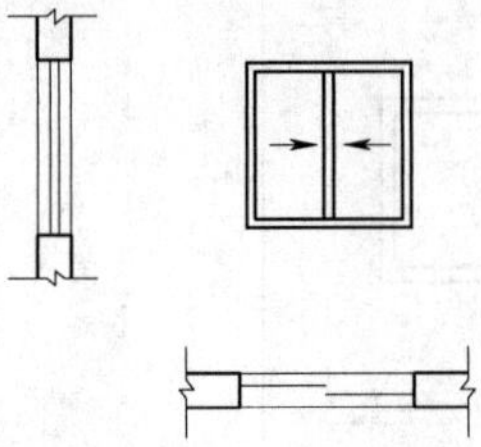	1. 窗的名称代号用 C 表示 2. 立面形式应按实际情况绘制
	双层推拉窗	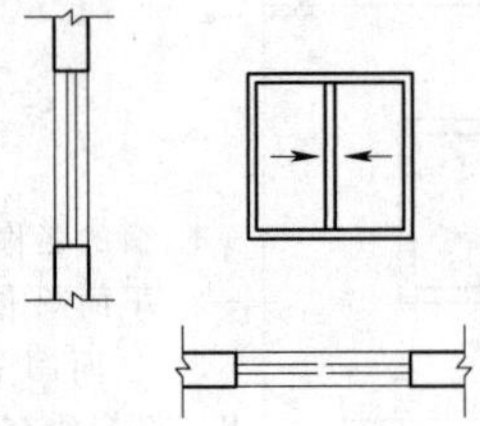	1. 窗的名称代号用 C 表示 2. 立面形式应按实际情况绘制
27	上推窗	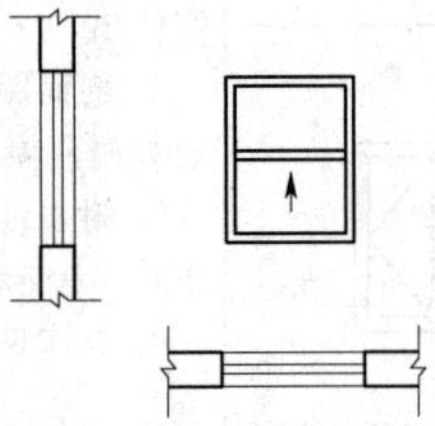	1. 窗的名称代号用 C 表示 2. 立面形式应按实际情况绘制
28	百叶窗	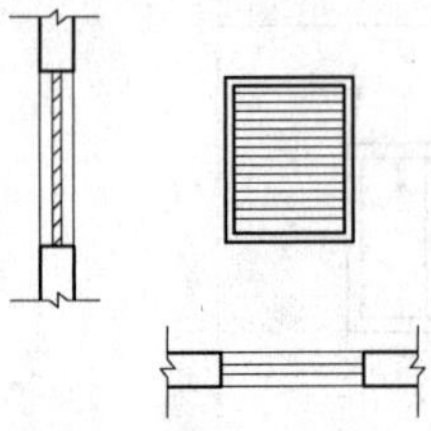	1. 窗的名称代号用 C 表示 2. 立面形式应按实际情况绘制
29	高窗	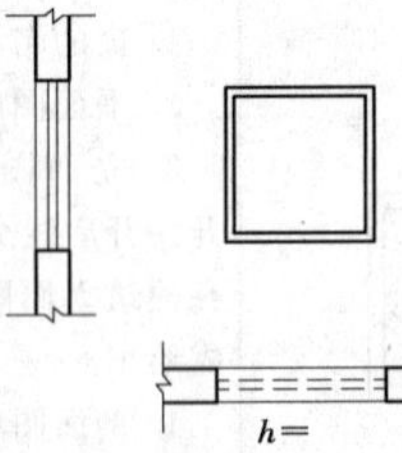	1. 窗的名称代号用 C 表示 2. 立面图中，开启线实线为外开，虚线为内开。开启线交角的一侧为安装合页一侧。开启线在建筑立面图中可不表示，在门窗立面大样图中需绘出 3. 剖面图中，左为外、右为内 4. 立面形式应按实际情况绘制 5. h 表示高窗底距本层地面高度 6. 高窗开启方式参考其他窗型

附录6　水平及垂直运输装置图例

序号	名　称	图例	备　注
1	电梯		1. 电梯应注明类型，并按实际绘出门和平衡锤或导轨的位置 2. 其他类型电梯应参照本图例按实际情况绘制
2	杂物梯、食梯		
3	自动扶梯	下 上	箭头方向为设计运行方向
4	自动人行道		
5	自动人行坡道	上	箭头方向为设计运行方向

参 考 文 献

［1］ 张华. 画法几何及土木工程制图 ［M］. 北京：中国科学技术出版社，2007.

［2］ 何斌. 建筑制图 ［M］. 北京：高等教育出版社，1982.

［3］ 阎立荣. 制图教程 ［M］. 西安：西南交通大学出版社，1992.

［4］ 朱育万. 画法几何及土木工程制图 ［M］. 北京：高等教育出版社，2001.

［5］ 乐荷卿. 建筑透视阴影 ［M］. 湖南：湖南大学出版社，2008.

［6］ 王秀英. 水利工程制图 ［M］. 南京：河海大学出版社，1989.

［7］ 胡守忠. 画法几何及水利工程制图 ［M］. 北京：中国水利水电出版社，2005.

［8］ 中华人民共和国住房和城乡建设部.《房屋建筑制图统一标准》（GB/T 50001—2010）［S］. 北京：中国计划出版社，2011.

［9］ 中华人民共和国住房和城乡建设部.《总图制图标准》（GB/T 50103—2010）［S］. 北京：中国计划出版社，2011.

［10］ 中华人民共和国住房和城乡建设部.《建筑制图标准》（GB/T 50104—2010）［S］. 北京：中国计划出版社，2011.

［11］ 中华人民共和国住房和城乡建设部.《建筑结构制图标准》（GB/T 50105—2010）［S］. 北京：中国建筑工业出版社，2010.

［12］ 中华人民共和国住房和城乡建设部.《建筑给水排水制图标准》（GB/T 50106—2010）［S］. 北京：中国建筑工业出版社，2010.

［13］ 中华人民共和国交通部.《道路工程制图标准》（GB/T 50162—92）［S］. 北京：中国计划出版社，1993.